国外炼油化工新技术丛书

多相催化在燃料生产中的应用

[美] Jacinto Sá 著

王成秀 蓝兴英 邵媛媛 孙亚楠 译

石油工业出版社

内 容 提 要

本书主要介绍了非均相催化的燃料生产过程，内容涉及通过太阳能、光催化、二氧化碳、费托合成以及生物质等多种不同途径进行燃料生产的化工过程。不仅对较为成熟的工艺过程进行了介绍，还介绍了许多近年来兴起的新技术。书中使用了大量的实例，论述生动、形象，易于读者接受。

本书可供从事能源化工、催化剂开发的工程师和研究人员使用，也可作为高校化工及相关院校的本科生、研究生教材。

图书在版编目（CIP）数据

多相催化在燃料生产中的应用 /（美）雅辛托·萨（Jacinto Sa）著；王成秀等译. —北京：石油工业出版社，2019.1

（国外炼油化工新技术丛书）

书名原文：Fuel production with heterogeneous catalysis

ISBN 978—7—5183—2779—9

Ⅰ.①多… Ⅱ.①雅… ①王… Ⅲ.①多相催化—研究 Ⅳ.① O643.32

中国版本图书馆 CIP 数据核字（2018）第 258685 号

Fuel Production with Heterogeneous Catalysis
Edited by Jacinto Sa
ISBN：978—1—4822—0371—4
© 2015 by Taylor & Francis Group, LLC
CRC Press is an imprint of Taylor & Francis Group, an Informa business
All Rights Reserved
Authorized translation from English language edition published by CRC Press, part of Taylor & Francis Group LLC.
本书经 Taylor & Francis Group, LLC 授权翻译出版并在中国大陆地区销售，简体中文版权归石油工业出版社有限公司所有，侵权必究。
Copies of this book sold without a Taylor & Francis sticker on the cover are unauthorized and illegal. 本书封面贴有 Taylor & Francis 公司防伪标签，无标签者不得销售。

北京市版权局著作权合同登记号：01—2016—9442

出版发行：石油工业出版社
　　　　　（北京安定门外安华里 2 区 1 号楼　100011）
　　　　　网　　址：www.petropub.com
　　　　　编辑部：(010) 64523546　图书营销中心：(010) 64523633
经　　销：全国新华书店
印　　刷：北京中石油彩色印刷有限责任公司

2019 年 1 月第 1 版　2019 年 1 月第 1 次印刷
787×1092 毫米　开本：1/16　印张：17.75
字数：450 千字

定价：110.00 元
（如出现印装质量问题，我社图书营销中心负责调换）
版权所有，翻印必究

译者前言

近年来，由于能源市场的波动以及传统化石燃料对环境的破坏越发受到人们关注，燃料的可持续生产成为化工过程的重要命题。非均相催化剂一直以来在燃料生产过程中扮演着重要的角色，因此，对燃料生产过程进行研究的关键是对非均相催化剂进行研究。

本书共有 10 章，第 1 章为基于半导体的太阳能分解水，第 2 章介绍光催化析氢，第 3 章介绍二氧化碳制燃料的过程，第 4 章主要讲述纳米催化剂上的甲烷活化与转移，第 5 章介绍钴催化剂的费托燃料生产，第 6 章介绍合成气制甲醇和乙醇，第 7 章介绍醇类的蒸汽重整过程，第 8 章和第 9 章介绍生物质资源的利用，第 10 章介绍氢气净化的最新技术及发展方向。

本书的翻译工作是在参译者共同努力下得以圆满完成的。其中，第 1 章、第 2 章及第 3 章由王成秀翻译，第 4 章和第 5 章由陈孟子倞及蓝兴英翻译，第 6 章由邵媛媛翻译，第 7 章和第 10 章由曹道帆及孙亚楠翻译，第 8 章由蓝兴英翻译，第 9 章由李首壮及邵媛媛翻译。全书由王成秀负责统稿和审核。在翻译过程中还得到了董准、王敏、朱巍、魏建锦及常宇航等人的很多帮助，在此一并表示感谢！

本书涉及的研究方向众多，专业术语较多，由于译者水平有限，书中难免有疏漏之处，敬请广大读者批评指正。

原书前言

本书阐述了在燃料的可持续生产中催化剂的重要性，重点着眼于催化剂的技术发展现状以及在燃料生产中发挥关键作用的催化过程。能源价格上涨、环境保护要求提高以及人口增长决定了新型的和（或）改进的生产过程的发展，以此来实现过程的可持续性和能量的稳定性，从而满足人类目前的生活方式。

非均相催化剂在改进工业生产过程中的作用必不可少，如在水煤气转化、涉及温室气体排放和经济收益率等的煤燃烧过程等。采集和利用太阳能等新技术在能源对碳的依赖上提供了一些引人注目的新方法，但是这些技术目前还不够经济，还有待进一步研究。

因此，我们编写了在利用非均相催化剂进行燃料生产过程方面的最新进展，包括反应机理、工程解决手段和对领域前景的预期。本书可以为在此领域工作的本科生、研究生和科学家提供参考。本书对所选择的示例包含科学理论和实验等领域，并对这些示例进行了简明扼要的引用。在此，对于未能详细参考和提及的部分工作我们表示歉意，实际上做这些省略只是为了让本书各个章节更为简明易读。最后，为了使本书能够被大多数理科大学生理解，只在十分必要的情况下才使用专业术语。

就个人而言，我向为本书出版做出贡献的各章节作者表示感谢。

目　　录

第1章　利用半导体系统进行太阳能分解水 ······ 1
　1.1　太阳能分解水导论 ······ 1
　1.2　用于太阳能光解水的材料：需求和趋势 ······ 6
　1.3　基于半导体的太阳能分解水的研究进展 ······ 21
　1.4　结论和展望 ······ 34
　参考文献 ······ 37

第2章　光催化析氢 ······ 60
　2.1　导论 ······ 60
　2.2　在光催化析氢中的电子转移行为 ······ 62
　2.3　金属纳米颗粒的尺寸和形状对光催化析氢的影响 ······ 72
　2.4　结论 ······ 82
　参考文献 ······ 83

第3章　CO_2 制备燃料 ······ 86
　3.1　导论 ······ 86
　3.2　CO_2 加氢 ······ 87
　3.3　光催化转化 CO_2 制备燃料 ······ 96
　参考文献 ······ 108

第4章　纳米催化剂上的甲烷活化和转移 ······ 114
　4.1　导论 ······ 114
　4.2　甲烷重整 ······ 116
　4.3　在无氧条件下直接转化成芳烃和烃类 ······ 124
　4.4　结论 ······ 129
　参考文献 ······ 129

第5章　钴催化费托燃料生产 ······ 135
　5.1　导论 ······ 135

  5.2 低温 FT 钴催化剂 ··· 139
  5.3 展望 ·· 149
  参考文献 ·· 150

第 6 章 合成气制甲醇及乙醇 ·· 156
  6.1 甲醇 ·· 156
  6.2 乙醇 ·· 162
  参考文献 ·· 171

第 7 章 蒸汽重整 ··· 178
  7.1 导论 ·· 178
  7.2 单官能团醇蒸汽重整 ·· 179
  7.3 多元醇的蒸汽重整——甘油重整 ·· 190
  7.4 展望 ·· 191
  参考文献 ·· 191

第 8 章 生物质通过多相催化生产液体生物燃料 ······································· 196
  8.1 导论 ·· 196
  8.2 生物燃料的定义、政治影响及当前技术 ······································· 198
  8.3 生物炼厂的概念（第二代与第三代生物质能） ······························ 199
  8.4 生物燃料使用现状 ··· 200
  8.5 原料的获取与生物质的转化及燃烧 ··· 200
  8.6 生物质预处理 ··· 201
  8.7 生物质的组成 ··· 203
  8.8 生物质平台 ·· 206
  8.9 展望 ·· 225
  参考文献 ·· 226

第 9 章 木质纤维素生物质的催化裂解 ·· 233
  9.1 导论 ·· 233
  9.2 热裂解 ··· 235
  9.3 催化热裂解 ·· 240
  9.4 结论 ·· 251
  参考文献 ·· 252

第 10 章 水煤气变换和 PROX 反应净化氢气流的研究进展 ································ 257

10.1 导论 ·· 257
10.2 水煤气变换反应 ·· 258
10.3 富 H_2 流中 CO 的优先氧化 ·· 263
参考文献 ·· 269

第1章 利用半导体系统进行太阳能分解水

Lorenzo Rovelli, K. Ravindranathan Thampi

本章介绍了利用半导体材料在阳光下分解水可持续地生产氢的技术。从此领域的概述开始，简述该技术的历史和发展；接下来阐述该技术的发展现状，重点着眼于目前状况和未来研究趋势；最后，总结并展望相关技术的重要前景。

1.1 太阳能分解水导论

1.1.1 总导论

人工光合过程被称为化学上的"圣杯"。自从这一比喻被 A.J. Brad 和 M. A. Fox[1]提出以来至今将近 20 年，并且在科学界这种说法依然很常见。从某些角度看，这并不令人惊讶：能量相关的问题总是被人们以为是未来几年人类面临的最重要问题[2]。清洁和可持续能源的需求一直处于高优先级至少有两个原因：第一，众所周知化石燃料能源是有限的，并且采集这些能源需要持续增长的资金投入；第二，全球变暖和气候变化等威胁与由于人为因素向大气中不断排放温室气体有关，这已成为共识[3]。完全可再生并且数量巨大的太阳能是最能满足人类能源需求的一种能源，这也被广泛认可。但是，太阳能明显是一种间歇性能源，因此需要一种高效的储能系统。从非化石资源中生产的氢可以说是最好的燃料，因为它是一种清洁能源载体[4]。理想的能量系统就是将作为能量来源的太阳光能和从水中生产出的作为储能物的氢能联系起来。从概念上来看，这两种能量形式可以用来构建这一系统。最"简单粗暴"的构建方式仅包括一个光伏电池模块（PV）来为一个传统的电解槽供电。最"高雅"的构建方式，也是最有挑战性的方法是用太阳能分解水电池这种相对独立一体化设备直接将太阳光能转化为氢能。尽管我们会在本章后文指出第二种构建方式存在的潜在挑战，但第二种方法比起传统的"简单粗暴"方法具有很多优点，尤其是在分布式能量的构建上。因此，第二种方法依然称得上化学上的"圣杯"这一头衔。

1.1.2 太阳能分解水的历史背景

光电化学能量转化的概念起源可追溯至 19 世纪中期，Antoine C. Becquerel 及其子

Alexandre-Edmond Becquerel 在 1839 年发现了光电化学效应（当时称为 Becquerel 效应）[5]。在他们的设备中，浸在电解液中并连接至金属电极的氯化银光电极受光照时产生了电压和电流，这是最早报道的光伏电池设备。带有卤化银受光照的类似系统在同一时期被应用于摄影设备，虽然其潜在机理直到约一个世纪后才被弄清[6]。有趣的是，胶卷摄影和光电化学电池的发展在接下来的几年里紧密相关，因为这两种技术都依赖于相似的光化学机理；但是广泛的实践应用和商业利益只局限于摄影领域。光化学技术在发电领域发挥作用的可能性于 1912 年在 Science 上被阐明，来自 Giacomo L. Ciamician 的卓越贡献。在这篇论文中，他已经意识到最基本的问题是"如何将太阳能通过合适的光化学反应实现固定"，而且认识到对于这一问题的可能解决方法是"人工复制植物的同化过程……"[7]。

然而，直到 20 世纪 50 年代，光学、电子学和单晶半导体的光化学性质的研究广泛展开时，对光电化学的理解和应用才取得显著进展。同时，生物化学家在自然光合作用如何发生这一问题上取得根本性的发现，尤其是光系统 I 和光系统 II、类囊体膜以及植物中采集光的具有特殊结构的叶绿体的作用。理论物理学家和化学家一直在自然光合作用中寻找线索以便于去复制它，并且理想地改进它。在植物光合作用中潜藏的机理上已取得出色的成果[8]。基本上，自然光合作用系统包括一个阳光采集中心和一个反应中心两个功能性单元。第一个单元负责吸收阳光，通过电子激发将其能量转化为光生电荷，并且在去往第二个单元的长距离途中将其高效分离。第二个单元负责将净激发能量转化成电化学势差，该单元是生物能量系统的驱动因素[9]。这些不同领域知识提升的整合，使得研究者在人工光合成系统领域的研究和探索上取得突破性进步。

20 世纪 50 年代中期，Bell 实验室首先研究了水溶液中锗和硅的电化学性质，并且在大量的人工光合成研究中取得初步进展[10]。同时，在这几年 Bell 实验室发展了第一个实际的光伏电池装置[11]，第一个实际的光电化学装置在几年以后被报道，在光电化学领域的基本性质一直被研究至 70 年代。特别是一些金属氧化物半导体（氧化锌、氧化钛、三氧化锑）在 1955 年由 Sister Clare Markham 首先研究[12]。虽然研究最充分的材料是 TiO_2 [13] 和 ZnO [14-16]，这些基本研究于 60 年代扩展至其他半导体材料上，如 CdS [17] 和 GaP [18]，并且这些基本研究促进了理论模型的发展，这些理论模型可以用来描述金属或半导体与液体电解质之间界面上建立"结"的过程。德国化学家 Heinz Gerischer 是理解这种固—液结主要的贡献者。尽管 Gerischer 将大多数努力投入到弄清固—液结上发生光化学过程的潜在机理上[19-21]，他在之后意识到观察到的现象实际上可以引向光电化学太阳能电池的提出，为此他给出了一些设计原则和一些示例材料，例如 CdS、CdSe 和 GaP [22]，以及 ZnO [23]。针对 H. Gerischer 在光电化学领域详尽的工作，感兴趣的读者可参考他的相关专著[24]。

在光电化学应用上最引人注目的进步是 1972 年日本化学家 Akira Fujishima 和 Kenichi Honda 在 Nature 上报道的利用受光照的 TiO_2 光电极和不受光照 Pt 电极进行电化学光解水生成氢气和氧气相关实验[25]。这一实验是第一次成功利用半导体电极实现光能水解。

然而在此 10 多年以前，H. Kallmann 和 H. Pope 已经在利用半导体电极实现光解水方面进行了充分研究。他们采用一种有机光感材料，利用一种受光照蒽晶体成功实现了将水光解成氢气和氧气，并在 1960 年将该成果发表在 *Nature* 上[26]。在 Honda 和 Fujishima 发表了突破性进展的论文之后，人们对金属氧化物，特别是 TiO_2 在光电化学和光催化应用上的研究兴趣急剧增长，尤其是在 20 世纪 70—80 年代。与此同时，在太阳能转化领域出现了一类新半导体材料——Ⅲ-Ⅳ半导体。这些材料，特别是 GaAs、InP 和 GaP 的光电化学性质在 20 世纪 70 年代末至 80 年代初得到充分的研究，相关研究者以得克萨斯大学奥斯汀分校的 Allen J. Bard 团队为主[27-30]，也有一些其他的研究团队[31-34]。到目前为止，关于这一类材料上取得的最引人注目的突破成果是在 1998 年。John A. Turner 和 Oscar Khaselev 利用 $GaInP_2$ 的分解水装置获得了创纪录的效率，达到了 12.4%，见 3.3 节；然而，这一装置的稳定性较差，仅限于几小时[35]。

早期研究主要集中在单晶材料，后期研究则着眼于多晶材料，最近 20 年的研究趋势是利用纳米结构材料的利用。这在很大程度上是由于 Michael Grätzel 和 Brian O'Regan 在 1991 年取得了突破成果，他们的研究表明，通过构建纳米半导体电极可以把太阳能转化装置的转化效率提高一个数量级是可能的[36]。虽然该工作引入了一个再生装置（即一个光伏电池），但是构建纳米结构材料的概念被延伸至用于分解水的光电化学电池。近 20 年来，纳米科技的进步使得涉及表面改性和合成材料的电极得以实现，尤其是涉及染料敏化和量子点激活的光电极，还有保护层、催化材料或表面等离子金属纳米粒子的沉积等。在最近 10 年，相关研究也同样聚焦在寻找合适的催化剂用于析氧和析氢。这实际上是一个非常古老和重要的问题，因为传统上唯一有效的催化剂是贵金属。2008 年，麻省理工学院的 Daniel G. Nocera 团队在此领域取得了重要进展，他们发现了一种由廉价的钴合成的新型非贵金属析氧催化剂，也就是目前广为人知的 Nocera 催化剂[37]。

1.1.3 基于半导体的太阳能分解水理论基础

本书中考虑的各种太阳能分解水装置中，半导体和电解质之间存在固—液结具有根本性作用。因此，关于半导体的一些总体考察以及关于在半导体和电解质之间的固—液结上发生的现象进行简短描述是必要的。但是这一部分仅限于对最重要的概念做一个简要的描述，关于半导体性质和半导体—液体结（SCLJ）的综合讨论，有兴趣的读者可参考该领域相关文献 [38-40]。

1.1.3.1 半导体材料的关键属性

与金属不同，半导体是一种在电子态密度上具有间隙特点的材料。这种间隙足够微小以至于在特定条件下能够实现电子导电。室温下，导带的电子密度和价带的空穴密度总体上很小，这遵循类 Arrhenius 关系 [式 (1.1)]。

$$np = N_C P_V e^{-E_g/(kT)} \qquad (1.1)$$

式中，n 和 p 分别是导带的电子密度和价带的空穴密度；N_C 和 P_V 分别是导带和价带的相应态密度；E_g 是材料的带隙能；k 是 Boltzmann 常数；T 是热力学温度。

然而，半导体这一特性可以通过加热或光照发生急剧改性。对于纯净半导体材料，导带上的负电荷数量等于价带上的正电荷数量。对于掺杂半导体材料，情形就不再一样了：就 p– 型半导体而论，其价带的空穴数量显著高于导带上的电子数量。在这种材料里，电子和空穴分别被称为少数载流子和多数载流子。

$$E_F = \frac{E_V + E_C}{2} + \frac{kT}{2} \cdot \ln\left(\frac{nP_V}{N_C P}\right) \qquad (1.2)$$

式中，E_F 是 Fermi 能级；E_V 和 E_C 分别是价带上边缘能量和导带下边缘能量。式（1.2）说明 p– 型半导体的 Fermi 能级不在带隙的中间（对于纯净半导体，Fermi 能级则在带隙的中间，忽略电子和空穴上减小质量的贡献），而是向价带的上边缘移动。它离价带的距离取决于掺杂度：p– 掺杂度越高，Fermi 能级离价带越近。在一些情形中，掺杂度可以大到使 Fermi 能级出现在价带（对于 p– 掺杂）或导带（对于 n– 掺杂）。透明导电氧化物，例如 Al– 掺杂的 ZnO，是这一类半导体中的重要代表，具有简并性。

1.1.3.2 半导体—液体结和半导体光电极

众所周知，当 p– 掺杂半导体和 n– 掺杂半导体接触时可得到光伏电池设备。就同质结而言，即结两侧都由一种材料组成（例如 n-Si 和 p-Si），当两种材料的 Fermi 能级平衡时，界面会发生能带弯曲。掺杂半导体和电解质接触时会出现类似的情形。在光解水的情况下，这种界面间能带弯曲和与之相关的电场可以光电阳极和光电阴极的形式分别被用于水氧化和水还原。关于 p– 型半导体材料与电解质水溶液接触（通常构成一个发生水还原的光电阴极）的情形将会在本书中重点考虑，用于水氧化的 n– 型光电阳极与此完全类似。在通常采用的光电阴极的系统中，p– 型半导体的 Fermi 能级（也就是在固体中电子的电化学势）在能量上低于电解质的氧化还原电位。这表明在电子的电化学势达到平衡的过程中，从电解质到 p- 型半导体会产生净负电荷流动。这可以引起半导体导带和价带能量的增大；但是由于在 Helmholtz 层吸附态离子（称为确定电位离子）的存在，这些能带的能量将只被固定在界面上。因此，能带的能量增大只会出现在半导体主体上，这导致了能带弯曲的情形，即能带从半导体主体朝界面"向下"弯曲。对于无阴极，这是非常理想的状况，因为这种情况不仅能将电子向界面驱动（从而与任何具有适当氧化还原电位的吸附物种反应），还能向朝向材料体相的孔驱动（从而能在背向接触中被收集）。

把电子驱赶至界面（以至与任何吸附物都有合适的氧化还原电位）以及把空穴驱赶至材料主体（以至与在背接触时被收集），这就是所需要的情形，也就是光电阴极所需要的情形。

但是需要注意，这种电荷分离只对在足够接近界面处生成的电子—空穴对才有效：

原则上，只有在空间电荷层生成的电子—空穴对才可以被电场（能带弯曲）所驱赶分离。实际上，如果电子的扩散相比于与之竞争的电子—空穴对重新结合的速度更快，在足够接近空间电荷层处生成的电子—空穴对也可以被分离。因此，理想情形应该是寻找一个尽可能大的空间电荷层；但不幸的是，大的空间电荷层意味着低的掺杂度，正如式（1.3）所示。

$$W_{SC} = \sqrt{\frac{2\varepsilon_0 \varepsilon_r |V_a - V_{fb}|}{eN_D}} \tag{1.3}$$

式中，W_{SC} 是空间电荷层的宽度；N_D 是掺杂剂的浓度；ε_0 是真空的介电常数；ε_r 是材料的介电常数；V_a 是外加电位；V_{fb} 是平带电位；e 是元电荷。

导电性和空间电荷层宽度明显是此消彼长的两个方面。在实验中，掺杂物的浓度（掺杂度）和空间电荷层宽度可以通过测量电容进行 Mott-Schottky 分析而获得。根据式（1.4）的 Mott-Schottky 方程，电容对外加电位的平方反比曲线关系也使半导体平带电位的建立得以实现，只需在电位轴上进行简单的外推即可。

$$\frac{1}{C^2} = \frac{2}{\varepsilon_0 \varepsilon_r e N_D A^2}\left(|V_a - V_{fb}| = \frac{kT}{e}\right) \tag{1.4}$$

式中，C 为界面电容；A 为界面面积。

必须注意式（1.4）只适用于消耗状态条件，也就是说，它只适用于空间电荷区域外加电位导致多数载流子减少的范畴。而且，Mott-Schottky 分析是基于一个假设——电化学双电层之间的电容比空间电荷层的电容高出几个数量级，且其对总电容（即测量到的电容）的贡献可以忽略。平带电位是半导体的一个重要特征，它反映其在与电解质接触之前的 Fermi 能级。在 p- 型半导体中，平带电位表示价带边缘的能量。导带边缘的能量可以通过将价带边缘能量与带隙值相加而估计出来，其中带隙值可以通过光谱透射率或反射率实验得出。

1.1.4 光解水主要方法回顾

利用半导体材料进行光解水已经开发了许多方法。这些方法中最重要的不同点是利用悬浊半导体颗粒系统与利用半导体电极系统。第一种方法在光催化系统（在 1.3.1 节描述）具有普遍和广泛的应用，也是可能的光解水装置中无可争议的最简单的种类。而第二种方法包括光电化学电池（在 1.3.2 节描述）和光伏电池（在 1.3.4 节描述）。在这两种方法中半导体材料都起到重要作用，它负责采集入射阳光等功能。但是，也有第三种方法，称为染料敏化太阳能光催化分解水，与前述方法不同。在这一概念（在 1.3.5 节描述）中，半导体材料是多孔构架的替代品作为电荷传递中介，而采集光是由表面的染料（或其他感光剂）完成的。染料敏化和光催化系统的一个重要的共同点是由于包含的颗粒尺寸，它们的机理不必依赖 SCLJ，更依赖系统涉及的不同的电荷传递过程动力学竞争。

基于光电化学和光伏的水解电池是相反的情形，两种过程半导体都形成了结，在高效分离光生电子上起到了根本性作用。这或者是两种半导体间的固—固结（如这里提及的大多数光伏电池）或者是半导体和电解质水溶液界面上形成的固—液结。存在着第5类水解电池将两种结合并在一起，被称为水解叠层电池。总体说来，可以考虑两类不同的叠层电池，分别被称为光电阳极—光电阴极电池和光电极—光伏混合电池（在1.3.3节描述）。

有一个与太阳能分解水有关的概念是从废水和生物质中进行太阳能析氢；在这一类装置中，氢的产生伴随着有机分子的降解，如染料、糖类和乙醇。这一概念在实践的观点上是十分有趣的，因为生产氢的目标伴随着净化工业废物或高效利用富含能量的生物质过程。而且这一概念从机理上看，与太阳能分解水有许多相通之处。但是，由于本章的范围总体限于水分解系统，因此这一概念在此不详细讨论；有兴趣的读者可参考第2章。

1.2 用于太阳能光解水的材料：需求和趋势

1.2.1 用于太阳能光解水的半导体：总体需求

在实际应用中，适宜用于太阳能光解水的半导体材料必须满足很多条件。最重要的是，这一材料必须在分解水上有足够的光学活性，也就是足够的太阳能—氢转化效率。总体上，对于商业太阳能光解水系统的可接受能量转化率最低为10%，尽管至今研究过的大量的主流材料不能达到如此高的表现。为达到这一高活性，半导体材料必须能吸收大范围波长的阳光，这一波长范围具有的光能须大于能分解水并有效转化为化学能所需能量的最低值。选择合适的用于实际太阳能光解水装置的半导体材料第二个重要的性能是其稳定性。这表示其光学活性（也即转化效率或产生的氢量）必须可以持续足够长的时间，通常需要在几年内保持实际可用。通常，如果一个系统在1000h的模拟太阳光照测试下的表现没有显著改变，可认为其达到了令人满意的稳定性。此外，理想的装置应该由无毒、廉价并易于获得的材料所构成。对于商业上可行的装置，更重要的方面在于其涉及的材料和加工过程必须易于放大、可复制，对环境安全且相对价廉。

1.2.1.1 半导体材料的光学活性

首先也是最重要的一点，用于太阳能转化的光学活性半导体材料必须可以从太阳光谱中吸收尽可能多的光。用电子学特性来说，这表示考虑到入射光的光子能量，它们的电子带隙需要足够小。吸收阳光使得在半导体吸收剂中能够产生电子—空穴对，接下来需要在表面被分离开；在实际系统中，这通常发生在和其他材料或其他相之间的界面上。但是即使这可以实现，在其之前光生电荷也必须能够在再合并之前到达材料的表面。这意味着该材料内部有高的导电性，且缺乏陷阱态。通常，这要求使用高纯度和无缺陷的材料，因为不纯净和有缺陷对于半导体而言是导致电荷流动性下降的主要原因。除此之外，为确保半导体材料总体上能够用于分解水，其导带和价带边缘必须跨过水分解反应的氧化还原电位：半导体导带的底部边缘能量必须高于 H^+/H_2 的氧化还原电位，而其价带的顶部边缘能量低于 O_2/OH^- 的氧化还原电位。标准 O_2/OH^- 的氧化还原电位是 1.23V/[可逆氢电极（RHE）]，这一条件要求该材料的带隙的热力学最小值为 1.23eV，吸收的相应的光子最大波长为 1008nm。但是，除了要考虑热力学之外，任何实际系统都必须考虑动力学损失。根据用于非均相电荷转移的 Marcus 理论，能带边缘和氧化还原电位之间的能量差必须足够大，以确保为电子（或空穴）以合适速率转移提供足够的驱动力[41]。由于这些动力学损失的普遍存在，也为抵抗存在于任何实际系统的电阻损失，半导体吸收剂材料的最适宜带隙持续增大，超过 2eV[42, 43]。很明显，这里存在一个本质上的矛盾，即大带隙的材料在为独立分解水获得足够驱动力方面是理想的；而另一方面，小带隙材料能够从阳光中采集更大量的光子来产生更多光生电荷。对此有一些明显的例子：大带隙的脱钛矿型 TiO_2 的带隙是 3.2eV（因此只吸收太阳光谱中的紫外部分），因此最大的理论太阳能—氢转化（STH）效率只有 1%；而赤铁矿（$\alpha\text{-}Fe_2O_3$）的带隙是 2.2eV（因此吸收紫外以及一部分可见光波长），最大的理论 STH 效率是 15%[44]。由于水分解过程的总体效率由生成电荷数量及其对水分解的驱动力两方面共同决定，这一矛盾导致如只用一种半导体材料来采集阳光，其实际效率将十分有限。

实际上，为了打破很多种材料的光学活性局限性，更为了克服本质上的矛盾，人们已研究并提出了很多种策略。文献报道中有两种最常见的方法：利用复合吸收材料（如光电化学叠层电池和光催化 Z- 系统，分别在 1.3.1.2 节和 1.3.3 节阐述）以及利用能采集光的染料分子敏化大带隙半导体。更进一步的可行方法当然是简单地将光催化或光化学电池连接至任何外加偏压，来获得分解水所要求的总电压；但是这种体系并不能归类于独立的太阳能分解水，除非外加偏压是光伏电池产生的。在一些实验中，如 Fujishima 和 Honda 的开创性工作，双室电池中的两种液体介质（电解质溶液）被维持在很大的化学势差，因为每变化 1pH 单位，在两个电极之间会产生大约 59mV 的电势差，其做法就是为了利用这一优势[25]。这又类似于利用酸碱提供一个外部化学势。最后，使用牺牲剂是打破材料光学活性限制的又一选择。在这一情形中，与总反应相关的两种氧化还原电位之差小于 1.23eV，使得利用较低带隙的半导体成为可能。但是在这种系统中，每两个水分解半反应中只有一个由光生电荷造成，另一个半反应由牺牲剂分解造成，因此总的水分解反应并没有实现。

1.2.1.2 半导体材料的稳定性

为保证材料发生可行的光电化学或光催化行为，做成高效的太阳能光解电池，上述所有的条件都是非常必要的。但是，材料光学活性对于可行的商业化装置远不能成为唯一的重要参数；第二个重要方面是材料的稳定性，这主要用来表明该装置的效率不会随着时间明显减小。正如 Butler 和 Ginley 所指出的，用于太阳能水解的合适半导体材料必须在不同的层面上具有稳定性[45]；对于光电化学能量转化，实际上主要有 3 个方面可以影响到材料的稳定性，即材料所接触的电解质的特性、提供的电势以及光照效果。这意味着半导体材料必须在抵抗化学溶解、电化学腐蚀和光腐蚀上具有稳定性。

第三个重要方面，即光腐蚀，这是光系统特有的现象。其表现是由非热力学原因的动力学原因造成自我损坏，是由光生空穴损耗半导体本身造成的。实际上，对于一个给定组合的 pH 值和电位，一种材料根据其 Pourbaix 图可能在黑暗中具有稳定性，但是在光照下不稳定。这是因为材料中的光生空穴和光生电子分别是强力的氧化剂和还原剂，所以能导致材料的氧化或还原分解。从热力学观点上看，如果一种半导体的阳极分解反应的氧化还原电位高于价带边缘，这种半导体就被称为对氧化（或阳极）分解不稳定；而如果其阴极分解反应的氧化还原电位低于导带边缘，这种半导体就被称为对还原（或阴极）分解不稳定。据报道，大多数主流材料热力学不稳定，也有能光分解的嫌疑；但是有几种材料在实际测试中表现得相对稳定。

这个明显的矛盾与分解反应和感兴趣反应（水氧化和水还原）之间的良性动力学竞争有关。实际上，从实践角度看来至关重要的是分解反应相对水氧化和水还原的相对氧化还原电位。根据电子转移的 Marcus 理论，电荷转移的速率正比于驱动力的平方。因此，对于处在正常 Marcus 区域的系统，如果水还原成氢气所需的驱动力远远大于半导体材料的还原分解所需的驱动力，后者就不会以明显的速率发生。与之相似，如果水氧化成氧气所需的驱动力远远大于半导体材料的还原（原书错误，应为氧化——译者注）分解所需驱动力，材料的氧化分解则可以避免。后者可以用下例说明，TiO_2 被认为是最稳定和坚固的半导体材料之一，但是实际上从热力学观点上看来对于光分解是不稳定的。另外，CdS 从热力学和动力学来看都是对光分解不稳定的一种材料。值得注意的是，与 TiO_2 不同，CdS 可以吸收相当大部分的可见光谱，因此该材料是改善光谱吸收范围的合适材料，从而在水分解反应中可以获得更高的能量转化效率。从数十年的经验中可以总结几条大致的经验规律：相比于其他半导体，氧化物材料能特别地观察到优秀的电化学稳定性，而且大带隙的半导体大体上比小带隙的材料更稳定。尽管这些结论拥有一些关于材料电子结构的根据，但是由于一些例外的存在而不能完全成立。例如，虽然 ZnO 是一种具有大带隙的氧化物，但在光照下和电解质溶液接触时十分不稳定。不幸的是，ZnO 除了其两性性质导致的不稳定性以外，还是一种优秀的光催化剂。

对于这些不稳定材料（如 ZnO 或 CdS），依然存在一些可能的办法来克服这些问题。最直接的方法是不涉及任何对半导体材料的改性，而是通过引入氧化还原对来将电解质改性。这时是因为其合适的氧化还原电位在动力学上可以和材料的分解反应相竞争。这些氧化还原对被称为牺牲剂，因为它们在被氧化或还原之后不能再生。给电子的牺牲剂加入电解质可以有效竞争过半导体的氧化分解，而吸电子的牺牲剂加入系统能减缓半导体的还原分解。典型的给电子牺牲剂包括简单的有机化合物（如乙醇）或无机的硫化盐或多价离子（如 $Ce^{4+/3+}$）。然而，这种解决办法不能用于所有的水解反应，其存在两个主要的缺陷：由于使用牺牲剂而导致的总成本提高，以及必须持续向系统中加入一种物质从技术角度上说过程的复杂度增高。

还有两种主要的克服稳定性问题方法，都涉及对半导体本身的表面改性：通过沉积合适的催化剂或沉积稳定的钝化材料，可以把一种不稳定的材料改进得更稳定。Pt 对于水的还原和 RuO_2 对于水的氧化都是最原始的催化剂（尽管在最近 10 年出现了广泛的替代催化剂材料，将在 1.2.3 节阐述），由于 TiO_2 的化学稳定性好，此时其通常被用为钝化材料。上述两种方法可以认为是本质上不同的，第一种方法是从半导体材料中尽可能快速地移除高活性的光生电荷载体，而第二种方法主要是在不稳定的半导体材料和电解质之间提供一个物理障碍。与为了从根本上阻止半导体材料光腐蚀和电化学腐蚀设计的催化剂相反，稳定的钝化材料也能有效阻止电解质中半导体的溶解。理想情况下，钝化材料将覆盖整个半导体的表面。另外，催化剂的存在将只会覆盖表面的一小部分。但是实际上，这两种方法通常一并使用，而且在一些系统中，一种引入的材料可以表现出催化剂和钝化剂两方面性能；即使从机理角度来看，有时也不能直接认定一种材料表现为催化剂还是仅作为物理障碍。

1.2.2 用于太阳能分解水材料的改性和纳米结构化

在之前的部分已经指出发展半导体材料十分困难，既需要在水的还原和（或）分解中具有高度光活性，又要在光照下和电解质溶液接触时足够稳定。在实际的水分解系统中，利用一种或多种其他材料对光活性材料进行钝化或催化的表面改性，对于得到一个效率足够且稳定的系统在本质上是必要的。为得到稳定的光活性结构，表面钝化和沉积合适的催化剂是两种主要的方法，但是其他多种手段也被提出并成功证明了，尤其是在提高半导体材料的光活性进而提高水解电池的总体太阳能—氢转化效率上。这些方法可以被归类为表面改性、主体改性和纳米结构化 3 种主要手段。

1.2.2.1 提高光采集量的表面改性

关于表面改性，除了之前所述引入钝化剂和催化剂之外，还有两种方法在近 10 年被研究：表面敏化——通过向大带隙半导体表面固定感光剂分子，以及出现更晚的表面等离子——通过沉积表面等离子金属纳米颗粒。这两种方法在一定程度上具有相似性，两者都以提高系统在可见光谱区域的吸光量为主要目的，最终导致光生电荷载流子数量增多从而提高氢产率。

由于一种目前光电转换效率超过 12% 的光伏电池设备——染料敏化太阳能电池（DSSC）的成功发展，利用吸收可见光的分子来敏化大带隙半导体的想法如今已经广为人知[46]。可能会令人惊讶的是，这一概念已存在一个多世纪，其在彩色摄影领域于1873年首次应用，也于1887年已经被应用在能量转化设备领域[48]。在20世纪60年代，主要由于Heinz Gerischer和Helmut Tributsch的工作，染料敏化被"重新发现"[23]。但是直到80年代末90年代初，由于TiO_2及其他半导体材料的不规则碎片和后来的介孔性薄膜的发展，染料敏化才成为有效转化太阳能的可能手段[36]。

可以理解，染料敏化水解电池的发展明显比其用于其他可再生的过程（即染料敏化光伏电池）更加具有挑战性，而且只是在近10年才取得显著进步。根本原因在于两者涉及不同的电子转移动力学：染料敏化可再生电池中，可以选择合适的氧化还原对来在热力学和动力学上优化系统；而在水解电池中，电解质的氧化还原电位明显是固定值。与DSSC非常相似，这一类水解电池基于用钌基感光剂吸收可见光，其中钌基感光剂被固定在介孔性TiO_2纳米晶体薄膜的表面，并依附于氧化铱纳米颗粒等水氧化催化剂（WOC）[49,50]；这一类装置是光电化学水解电池的一个子集。实际上，带有TiO_2纳米颗粒悬浊液的染料敏化光催化水解系统也被研究过。这类装置基于广泛的支架材料和结构，其范围从简单的TiO_2纳米颗粒[51]到更复杂的半导体/沸石复合物[52]以及层状金属氧化物半导体[53]，这些会在1.3.5节中详细描述。

第二种主要类别的表面改性涉及在半导体表面沉积表面等离子金属纳米颗粒。尽管金属纳米颗粒的作用在20世纪70年代就已被报道和研究，但其以分解水为目的的应用仅在近10年出现，而且仅限于几种材料。在半导体材料上沉积金属纳米颗粒带来的表面等离子效果是多种多样的，但它们大体上都会导致吸光量增加，进而提高光生电荷载流子的数量。最重要的两个机理包括从金属到半导体的热载子转移和等离子共振能量转移（PRET），虽然纯光学效应可能也发挥作用。热载子转移的机理是指从一定金属的导带到半导体导带的光生电子转移。在很多方面，这与染料敏化相似，只是染料分子的功能由金属纳米颗粒来承担，以实现TiO_2等大带隙半导体的可见光敏化。另外，PRET不涉及光生电荷载流子的转移，与激发能量有关。与Förster共振能量转移现象（FRET）类似，PRET现象需要金属纳米颗粒的发射光谱和所用半导体的吸收光谱有重叠。因此，这一机理主要用于和小带隙半导体（如Fe_2O_3或WO_3）合并使用的情形。表面等离子加强的光催化涉及的各种机理的更详细信息可以从最近该领域发表的各种文献中获得[54-56]。

2004年，在表面等离子加强的水分解的研究过程中出现了一个里程碑式的进展，即当沉积金和银的纳米颗粒时，浸在电解质溶液中的TiO_2薄膜被报道在可见光区具有光活性，这被归因于热载子机理的作用[57]。2010年之后，人们对此领域的研究兴趣急剧增加，且有一些表面等离子加强的水解实例被相继报道。已有大量工作投入到研究在Fe_2O_3[58-60]和N-掺杂的TiO_2[61,62]以及不掺杂的TiO_2[63,64]光电极上沉积Au或Ag纳米颗粒。关于Fe_2O_3和N-掺杂TiO_2，光活性的提高通常因为在表面等离子纳米颗粒和半导体之间存在光谱重合而被归因于PRET机理的作用[55]。至今为止，Au和Ag是最好的表面等离子金属，这种方法已被外延至除TiO_2以外的半导体材料上。非均相Au/CeO_2

复合物在可见光照射下，且有 Ag^+ 作为给电子牺牲剂时加强了水氧化[65]。而当 CdS 纳米颗粒连接至 Au 纳米颗粒时，其光催化析氢活性也显著提高。为了使 Au 和 CdS 纳米颗粒之间达到最佳距离，从而避免从半导体到金属的有害电荷转移，CdS 和 Au 纳米颗粒都被一层薄的绝缘 SiO_2 包裹[66]。Ag/WO_3 纳米复合电极也被报道能加强水氧化；但是在这一研究中，复合物的加强更多的是由于光学因素，因为表面等离子也可以导致加强光的散射和减少光的反射[67]。这构建了一个简单的光处理体系——照射在复合物上的光子被"捕获进"下面的半导体，进而使半导体获得更高的吸光可能性。

1.2.2.2 提高光采集量的主体改性

除了表面改性手段之外，半导体材料的主体改性为提高半导体光催化活性并本质上改变材料的组成和（或）结构提供了另一种方法。传统上，大部分半导体材料的改性大多涉及材料组成的改变；但在近几年，半导体材料的结构改性被发展成一种提高其光采集能力进而提高催化能力的新型方法。但是这种方法可以被归类于纳米结构方法，因此将会在下一节中叙述。对半导体材料组成改性最流行的办法是掺杂，即有目的地在主材料中引入特定的杂质（称为掺杂剂）。掺杂剂既可以是金属，也可以是非金属，可以通过多种物理和化学技术被引入主材料。传统上，半导体掺杂被用于提高材料的导电性；但是，最近这一方法已被广泛应用于将大带隙材料的吸收光谱扩展到可见光区。这一效应主要由引入的带内态所引起，带内态是存在于半导体价带和导带之间的额外能态。当有光照时，这一效应会提供在未处理材料中不会存在的电子态，电子将会从其中激发或向其中激发。这使得材料的吸收光谱中出现额外的带，该额外带具有比从带隙中激发的带的能量更低的特点。

这一方法可以通过极性金属氧化物的例子简单地说明，比如 TiO_2。对于这种材料，常用一种合适的非金属作为掺杂剂来替换晶格中的氧原子，进而凭借其高电负性创造出位置比价带稍高的新能态。另外，常用一种合适的金属来替换晶格中的阳离子，进而引入位置比导带稍低的新电子态。ZnO 和 TiO_2 因为其缺乏在可见光谱的吸收能力，成为在这一方法中应用最为广泛的材料。对于这些材料，多种对金属和非金属掺杂剂的报道可参见文献 [68-70]。N- 掺杂的 TiO_2 是关于 TiO_2 阴离子掺杂被报道的最为充分研究的一例，紧接其后的是 C- 掺杂和 S- 掺杂。在 2001 年 Asahi 等发表的开创性报告[71]表明，N- 掺杂的 TiO_2 是作为可见光的光催化剂发挥作用的。一年之后，能吸收可见光的 C- 掺杂 TiO_2 被报道在小的外加偏压下分解水，达到了高于 8.3% 的令人震惊的效率和非常好的稳定性。但是几个研究小组在接下来的研究中指出之前报道的效率可能被严重高估了，而且实际效率更可能是在 1% ~ 3% 这一范围[72]。C- 掺杂的 TiO_2 光催化剂在之后被几个小组合成，但是其在光催化效果上从未实现较大的提高[73, 74]。

众所周知，在半导体物理领域一种材料中的杂质可能会成为再合并中心，从而降低电荷载流子的移动性。这一情形尤其会发生在位置远离带隙边缘的能态——因此称为深度缺陷，它实际上能导致光催化活性的降低。这一问题尤其会在把金属阳离子用作掺杂剂时凸显[68]，而阴离子却不太容易产生再合并中心[75]。为了缓和掺杂带来的再合并效应，大体上采用把杂质限制在主材料表面的方法，如此一来，困于再合并中心的电荷载流子能更容易到达材料表面[75]。共掺杂是另一种降低掺杂引起的再合并现象的方法，以向主材料晶格中引进两种不同掺杂剂的形式进行。硼—氮共掺杂 TiO_2 已显示能减少掺杂引起的再合并现象，原因在于通过电荷补偿效应移除 Ti^{3+} 再合并中心[76]。密度泛函计算已经被用于预测最合适的共掺杂组合，揭示出可能的共掺杂组合，包括用 Mo、W、Nb 和 Ta 的离子作为给电子体，以及 C 和 N 两种最有前途的得电子体[77]。

杂质引起的再合并被认为是 N–TiO_2 等可见光吸收材料总体效率低的主要原因[78]。除此之外，大带隙半导体通过掺杂引出带内态还有第二个主要的内部限制，即在该掺杂度下生成的电荷可能没有足够的驱动力来还原和（或）氧化水。这一限制尤其在 N–TiO_2 系统中凸显，由吸收可见光生成的空穴没有足够的驱动力来将水氧化成氧气[78]。但是，向大带隙半导体中掺杂来实现可见光敏化这一总体方法是非常有前景的，而且这一方法已被证明可应用于除 TiO_2 以外的其他半导体。近期，N–掺杂的 ZnO 首次被证明能在可见光照射下的无外加偏压光催化系统中从水中析出氧气[79]。

1.2.2.3　半导体材料的纳米结构化

如上所述，找到适用于太阳能水解电池的简单材料是极其困难的。对原始状态的材料进行表面和主体的化学改性是非常重要的过程，因为复杂的改进和结合能够使材料具有合适的光活性和稳定性。另一种从根本上实现这一目的的办法则是纳米结构化。近10年来，纳米结构材料的合成方法出现了急剧增长，这使得对纳米材料形态学、形状、尺寸以及最终的各种性质的越来越高级的调控成为可能。另外，伴随着计算化学的进步，新型分析工具的不断发展已使得对于在纳米级的结构和性质之间联系的更深层理解得以实现。在太阳能转化领域，DSSC 是关于纳米结构材料如何能显著提高系统性能上最引人注目和最成功的一例。在这个系统中，采用纳米结构化的介孔 TiO_2 电极在设备的入射光—电转化率（IPCE）和光电流上都比板式单晶电极提高了 3～4 个数量级[80]。纳米结构材料可以在几个不同的方面提高太阳能水解电池的效率。最明显的效应是提高材料的粗糙度因子，使表面积急剧增大，于是可以提供数个优势，如加强光的吸收、提高晶体的负载以及提高催化活性中心数量。

一种越来越流行的设备架构以纳米线和纳米管的有序阵列为代表。Liu 等人预测了纳米线电极能够提供电位来提高催化活性[81]，他们表示比起相应的平坦结构，这种结构可以提供大量降低的过电位来把太阳能转化成燃料。除此之外，这些结构大体上具有很大的宽高比，因此具有长光程的额外优点，使光吸收效率提高且电荷扩散距离降低，最终减少电荷的再合并。光生电荷在到达活性表面之前必须经过的距离对于分离光生载流子以及光活性都是一个至关重要的参数，尤其是对于再合并发生得相对更快，而且/或者电荷的移动性通常不好的具有短电荷扩散长度特点的材料。利用这些效应，近几年通过采用一系列不同的大宽高比结构，比如 TiO_2 纳米管[82]和纳米线[83, 84]、Si 微米线[85]、

Si/TiO_2 复合纳米线 [81, 86, 87]、ZnO/Si 纳米线 [88]、Ti-Fe-O 纳米管 [89]、Ta_3N_5 纳米管 [90, 91]、Fe_2O_3 纳米棒 [92] 以及其他 Fe_2O_3 大宽高比结构 [93, 94],好几种材料的光活性都得到了显著的提高。

另一种通过纳米科技提高设备表现的方法是用来创造复杂形态学和纳米组成的受控纳米结构材料合成,其目的是在空间上分离多种成分进而割裂系统中不同的功能。这种方法的原型以核—壳纳米组成为代表,尽管薄片装配结构和其他主—客纳米结构也已经被非常充分地研究过了。核—壳方法被广泛地用于光催化系统中,其中壳的内表面和外表面可以分别实现水还原和水氧化催化剂(WOC)功能化。除了空间上分离水分解的两个半反应进行从而减少逆反应之外,这一结构也被设计用于促进载流子的分离,进而减少电子—空穴再合并。以上两种效应的合并能够导致总水解活性显著增强,正如最近 SiO_2/Ta_3N_5 所显示的结果 [95]。

利用薄片装配结构是另一种通过空间分离成分实现光催化系统中的高效电荷分离并减少再合并的手段。宾夕法尼亚州立大学的 Thomas E. Mallouk 小组对这一过程的研究具有代表性。这些多层装配结构的不同活性成分,例如感光剂、氧化还原活性电子层和催化剂都被限制在独立的层结构中并被无机物间隔,特别是金属—有机物磷酸盐或层状金属氧化物半导体,如铌酸盐所分离开 [96, 97]。对于大体上没有能驱动电荷载流子分离的电场的光催化系统,将不同种类成分划分开并在空间上分离的需要自然是很迫切的。而且这一方法也可以在光电化学电池上发挥作用,且引进该方法的目的依然是促进电荷分离,进而减小电荷再合并度。一个重要的例子是主—客纳米结构,该结构由一个主体框架和一个客体吸收剂组成;这一方法最近已被成功应用于 Fe_2O_3 光电阳极中。利用这种吸光性能差且空穴扩散长度小的材料产生的光电流在采用大表面积主体(由多种氧化物组成,如 WO_3 [98]、Ga_2O_3 [99],或 Nb-SnO_2 [100])作为基质并沉积一层非常薄的 Fe_2O_3 后被显著地提高了。实现半导体系统中电荷分离的一个与众不同的方法是梯度掺杂。这一概念虽然只是最近才被重新发现,但是从概念本身角度来看是非常简单的,是指在半导体中引入一个掺杂浓度梯度,来建立一个额外的能带弯曲,它不被限制在界面上,也可以深入半导体主体中。利用这种梯度掺杂概念,代尔夫特理工大学的 R.van de Krol 小组最近在混合叠层电池中采用 W- 掺杂的 $BiVO_4$ 光电阳极取得了破纪录的转化效率 [101]。

最后,纳米结构化技术通过带隙设计、空间构建和其他相关概念也在提高半导体材料的光采集量上表现出极大的优点。众所周知,纳米尺寸材料的带隙可以根据颗粒的大小和形状而被简单地改变。这一现象在提高光催化系统的光采集量上很有帮助,即通过合成具有适合吸收光谱的颗粒,从而使其理想地和太阳发射光谱相匹配。近期有一个更细微的调整半导体材料带隙的方法被发展起来,即向晶格中引入无序。这一方法最近被发展为氢化 TiO_2,使其相比于原始状态的 TiO_2 在催化水还原反应上显示了显著的更高活性,因为其吸收光谱被延伸到了可见光区和红外区 [102]。这一系统显示,从水中光催化生成氢气的速率可达到每克催化剂 10mmol/h,即使它采用了甲醇作为牺牲性空穴捕获剂。目前,带隙设计是一种十分普遍的通过纳米技术最优化光采集的方法。除了前述的掺杂方法和无序设计方法之外，应该指出固溶体是一种早就为人所知且仍然十分有价值的能使合成材料具有最优化带隙的方法；这已被利用 GaN：ZnO 等材料光催化分解水的进展所证明[103]。

一种更新的提高纳米材料光采集量的方法是利用光子晶体实现共振光捕获。这种新型光处理方法被归类于纳米尺寸的"空间构建"，利用了光子晶体存在共振光学空穴的特点。在共振光学空穴中，一定波长的光在被反射时具有非常低的损失，进而其和吸光介质相互作用的可能性得到了提高，因为其光程和与吸光介质的接触时间提高了[68, 104]。这种方法最初被用于处理沸石等三维周期晶格[104]，最近已被延伸用于薄膜，其中共振光捕获在光从金属"反射器"基质被反射回吸收薄膜时发生。通过向特定金属基质上沉积一层厚度极薄的受控制的赤铁矿阳极，光学增益可以提高至 5[105]。这一简单的手段可以导致双重优势：不仅赤铁矿电极的光吸收能够增大至一个高数值，而且只需要极薄的薄膜（20～30nm）材料。很明显，如此薄的薄膜厚度对于材料是十分有利的，因为电荷在其中的转移十分缓慢（赤铁矿是一个原型的例子）。最后，带隙设计和利用光子晶体的方法可以被合并使用到一个装置中来更进一步提高光催化性质。特别是已采用这种方法来制造 TiO_2 反蛋白石，用它自己的光子带隙去匹配材料的电子带隙[106]。这个系统已作为光学催化剂和金光子纳米颗粒合并使用，在牺牲的条件下表现出了从水中析出氢气的显著光催化活性。有趣的是，在这一系统中提高的光学催化活性不是来自提高的光采集量，而是来自减少的电子—空穴再合并；在一种材料的光子带隙和其电子吸收带相重叠的这一系统中，自发发射实际上是不可能的，从而限制了电子—空穴再合并的过程。

1.2.3 用作水氧化和水还原催化剂的材料

关于太阳能分解水的一个主要的挑战是位于光采集材料表面的析氢析氧催化剂。在原理上，当氧化还原电位高于 1.23V 时，可以使用多种氧化还原电对实现水的催化分解。Hwidt 和 McMillan 已在 1949 年论证，在酸性条件下用 UV 光照射 Ce^{3+} 水溶液能够从水中析出氢气[107, 108]。之后，Kiwi 和 Grätzel 成功通过添加固体氧化还原催化剂（如 PtO_2 和 IrO_2）提高了氧气析出产率[109]。再之后，Vonach 和 Getoff 报道了当 TiO_2 悬浮于酸性 Ce^{4+} 溶液形成的悬浊液受光照时氧气会析出[110]。从这些早期开创性的报道中可以很明显地看出，在太阳能分解水设备中分解水需要过电位的最大一部分原因是电荷在界面间转移去氧化或还原水时存在动力学障碍。尤其是水氧化生成氧气是极其复杂的反应，每生成一个氧气分子需要积累和储存 4 个氧化当量；因此，在太阳能分解水中 WOC 是最重要的。有趣的是，尽管水还原成氢气具有更简单的机理，每个析出的氢气原子只需要两个还原当量，但是水还原催化剂（WRC）在基于半导体的太阳能分解水装置中仍是十分必要的。这主要是由于水还原通常在半导体表面非常高的过电位上发生。

在这里可以考虑，在半导体粉末上光解水和光电化学电池不同，它既可以在气相又可以在液相实现。事实上，20 世纪 70 年代就已经有了关于水蒸气在掺杂的 TiO_2 和不掺杂的 TiO_2 以及 Fe_2O_3 上反应的报道，而其中一个详尽的早期研究是由 Schrauzer 和 Guth 完成的。他们注意到除了 H_2 和 O_2 的生成速率很慢以外，这一系统在几小时之后就不能再生产气体了[111]。Kawai 和 Sakata 研究了在添加了 RuO_2 的 TiO_2 存在下的水分解，其中 RuO_2 是一种广为人知的具有低析氧过电位的析氧催化剂[112, 113]。与之相似，Sato 和 White 强调了在光照下 Pt 对于水（水蒸气）分解持续生成 H_2 的影响[114]。大约在同时期，Domen 等报道了水蒸气在负载了 NiO 的 $SrTiO_3$ 上经光催化分解生产 H_2 和 O_2。在很多这种早期对液体或气化水在催化剂上受光照的研究中都没有得到化学当量的 H_2 和 O_2。其原因被归结于催化剂表面上存在可被氧化的杂质，它们消耗了很大部分的 O_2；其中可能的杂质包括一些碳化合物。由于总反应没能持续很长时间，在所有可被氧化的杂质都被消耗之前，没有证据能够通过反应证明这些原因是否正确。后来，在液体水中水光解的非化学当量氧气产量明确地被归因于过氧化物的生成及过氧根的稳定表面配合物[115]。所有这些关于在光照半导体材料上水解的析出相的早期研究都明确说明了为了使反应长时间持续进行，接触活性催化剂对从水中析出 H_2 和 O_2 都十分必要。这使得用金属处理的半导体粉末作为光催化剂成为标准惯例。实际上，第一个被报道的利用金属处理的半导体分散剂（Pt 位于 TiO_2 上）由 Bulatov 和 Khidekel 发表[116]。接下来，Lehn 等报道了在 $Rh-SrTiO_3$ 上水的光解[117]。后来，将析氢功能和析氧功能合并在同一颗粒中的双功能催化剂概念出现了，但那是在有感光剂存在的情形下[118]。相比于析氢，析氧在总体上更有惰性，因为它需要 4 个氧化当量才能成功。

在太阳能光解电池中催化剂的主要功能明显是加速惰性的电荷转移动力学。但是，催化活性材料（通常是金属或半导体）在半导体材料表面的存在可能在总体上对系统的热力学产生极大的不平常的影响。在金属催化剂的相关情形中（如作为目前在学术上应用最广泛的 WRC 的铂），将会有一个额外的金属—半导体结在系统中被创造出来。理论上，这个结应该是高度校正化的且可能没有表面态；实际上，任何真正的金属—半导体结都会存在表面态，它将会导致有害的影响，尤其是作为电荷再合并中心。除此之外，为太阳能光解水选择的催化剂必须满足另一个条件：催化材料必须不能干涉光活性材料的光采集能力，也就是说，它不应吸收或反射入射光。这一局限将催化材料的选择限制在了极薄的薄膜或岛状纳米颗粒群中。正如 2.2.1 节中指出的，选择的表面等离子材料同时具有出色的催化性质和光学性质，成为成功克服这一限制的有趣方法[55]。

催化材料的两个最重要的特点自然是其活性和稳定性。一种材料的催化活性通常指单位时间内产出的产品量。对于光电化学系统，生成的光电流对其活性是一个好的且方便的指示物；但是在对水氧化或水还原具有非计量的法拉第产量的催化剂情形中，光电流指示有一个重要的缺点，它不能区分开反应的不同产物。在大部分没有电极的光催化系统的情形中表征催化活性通常用转化频率（TOF），它经常被定义为每单位时间生成的产品量经过对催化剂负载量归一化的结果。转化数量（TON）是一个相关的概念，用于评价催化剂的稳定性和活性，它被定义为生成产品的绝对量经过对催化剂负载量归一化的结果。在这种情形中，产品主要是通过气相色谱法或其他技术，比如通过体积位移测量来探测并量化产品。

除了在加速反应动力学上具有高活性之外，理想的催化材料必须在（太阳能）分解水装置的寿命中具有稳定性。与光活性半导体材料情形类似，催化剂常被暴露在严酷的环境中，该环境由水和氧气的存在、溶液的 pH 值和电解质的组成决定。但是催化剂是非常敏感的功能性材料，会发生中毒现象：它们的活性被微量的杂质污染后实际上可能急剧降低，这可以由溶液或电解质材料的溶解而直接引起。除此之外，需要在此指出重要的一点，在光系统中的环境通常极其严酷，因为存在的强还原性和氧化性物质可能导致光腐蚀，如在 1.2.1.2 节中已经说明的那样。在发生水氧化的地方这种情况特别严重，这是由大多数用于水氧化的金属氧化物半导体生成的强氧化性空穴造成的。至今为止，研究过的最稳定且有活性的 WOC 主要由金属氧化物材料组成的，因为金属氧化物材料通常比相应的金属更稳定。

已经说过电化学测量可以在光电化学设备情形中给出好的催化活性量化指标。在电极和电解质之间转移的电荷大体上可以用 Butler-Volmer 模型来描述；当加在电极上的过电位足够大时，该模型将减小成 Tafel 关系，即在外加过电位和电流的对数之间存在着线性关系。这一关系已在表征水分解设备中的催化性能上广为应用。特别是根据实验获得的电流密度—电压曲线进行 Tafel 分析可以提取出定义电催化剂活性的两个重要参数：交换电流密度和 Tafel 斜率。这两个参数和决定催化剂总体活性的两种主要效应相关：本征效应或电子效应——与催化剂材料的电子结构有关，以及几何效应——与材料的有效催化活性范围有关。总体说来，Tafel 斜率和电荷转移反应机理有关，因此是催化剂本征性质或电子性质的量度。另外，交换电流密度与平衡状态下（即过电位为零时）正反应及逆反应的速率有关，因此更多的是催化剂几何效应的量度。

催化剂的总体活性由电子效应和几何效应共同决定；一些催化剂主要通过电子结构发挥作用（通过降低 Tafel 斜率），而另一些则主要通过几何效应来工作（通过提高交换电流）。通过它们各自的定义可以明显地看出，交换电流更多地决定在平衡状态之后（即在低的过电位下）的电荷传递速率，而 Tafel 斜率在高数值的过电位下对反应的总体速率起到决定性作用。这一现象在设计水分解装置时具有重要的实际指示意义，即需要小电流密度（和反应速率）电池的合适催化材料可能不适用于期望得到大电流密度的电池。尤其是对于相关的太阳能水解情况，电流密度通常比在商业上的黑暗电解槽所需要的低得多，其能达到的最大电流密度最终被太阳光谱限制。Walter 等已经指出[119]，上述现象的一个重要结果就是表现与几何因素更相关的催化剂（例如，具有高粗糙度因子和大比表面积的纳米结构化材料）相比于活性主要来自电子效应的催化剂，在太阳能分解水装置中会相对更成功。最后要考虑的一点主要是太阳能分解水所用 WOC 和 WRC 在制作上必须考虑到合成路线的限制。因为这些系统中存在光活性物质，所以 WOC 和 WRC 催化剂需要在相对温和的条件下沉积。通常采用基于真空的技术或基于溶液的技术，其中电沉积可能是最常见的方法，因为高温合成路线通常可能会导致下面的光活性物质失活。

1.2.3.1 水还原催化剂

从机理的角度来看，在固体表面发生的水还原反应被认为由三个基本步骤构成[120]：

$$M+H^++e^- \longrightarrow M-H_{ads} \quad （Ⅰ）Tafel 步骤$$

$$M-H_{ads}+H^++e^- \longrightarrow M+H_2 \quad （Ⅱa）Heyrovsky 步骤$$

$$M-H_{ads}+M-H_{ads} \longrightarrow 2M+H_2 \quad （Ⅱb）Volmer 步骤$$

在初始的 Tafel 步骤之后，反应将依据 Heyrovsky 或 Volmer 机理进行。机理模型明确说明了吸附的氢原子在两种反应路径中都是关键的中间体。因此，与 Sabatier 原理一致，一种理想的 WRC 应该具有和吸附的中间体能相互作用的特点，该相互作用既不能太弱（为确保反应发生），又不能太强（为了促进释放）[121]。这个原理由广为人知的火山图明确说明，火山图是催化剂活性和约 50 年前提出的键能之间经验关系[122]。在发生在金属表面的水还原反应中得到了经验火山图，它表明了和金属—氢键强度之间的明确的相关性[123]。这一经验性观察已由 H. Gerischer[124] 和 R.Parsons[125] 在 20 世纪 50 年代说明过，表明水还原反应中的交换电流密度在吸附的标准自由能等于零时达到最大化。一个基本的问题是去找出决定表面和被吸附氢原子之间化学键强度进而决定本征催化活性的物理和化学性质。对于金属催化剂的情形，金属的功函数和电负性已经被 S.Trasatti 提出是两个可能的指示物理量[123]。但是还没有一个普遍适用的模型被发明出来，而且对于金属氧化物等复合材料的描述更加复杂，主要是因为氢原子既可以被束缚在金属上，也可以被束缚于非金属。因此目前主要的已知 WRC 都是通过实验发现的；但是在近 10 年，一些基于密度泛函理论的计算研究已经表现出具有一定的预测能力，特别是对于金属催化剂[126]甚至双金属催化剂[127]。研究说明，近期计算化学将会在寻找新 WRC 上成为实验的补充。

已经有 4 种大范围的材料作为 WRC 被研究。它们是纯金属、合金或金属混合物、金属和非金属构成的化合物材料以及无机分子化合物。就催化活性而言，铂被长期认为是能获得的最好金属[126]；因此，主要的太阳能还原水报道都采用铂作为 WRC。很明显，由于铂的稀缺性和昂贵的价格，一些深入研究被投入于寻找不包含贵金属的代替品 WRC。另一个可能的降低铂催化剂价格的办法是在不过多降低催化性能的前提下减少需求的铂的量。关于这一方法的演示已经有铂和其他廉价成分的合金，如和铋的合金[127]，或通过将铂以十分小的量沉积，如最近利用原子层沉积所展示的情况[128]。在非贵金属中，镍被认为是最有活性的 WRC；但是它的表现在总体上都远落后于铂，在代表性的交换电流密度上镍低于铂大约两个数量级[123]。将镍和其他金属做成合金，尤其是和铁、钼、钨等左边的过渡金属，已经表现出是一个有前景的提高催化剂表现的方法；这些合金的活性的提高被归结于几何因素和电子因素的共同作用[129]。钌基材料在最近已经显示出可能成为另一种铂的替代品；RuO_2 可能是最有活性的金属氧化物 WRC[130]，而且

已经成功和 TiO_2 保护的 Cu_2O 光电阳极共同被应用于光电化学水还原。最近的一个工作显示 RuO_2 具有能和铂相比的活性，甚至具有显著的稳定性，因为其对电解质中微量杂质中毒的敏感性较低[131]。镍和钌的纳米颗粒最近也已显示是用于光催化分解水的非常有活性的 WRC 种类，但那是在牺牲系统中：镍纳米颗粒的活性大约是铂纳米颗粒的一半，而钌纳米颗粒在很宽范围的 pH 值中都具有实际上与铂相同的活性[132]。核—壳纳米颗粒是另一类有趣的 WRC，最近它在光催化分解水上已被研究。特别是负载在 GaN：ZnO 光催化剂表面的 Rh/CrO_3 核/壳系统，已经在光催化水分解系统的总体上显示能够有效促进水还原。核—壳结构特别有利于从氢气和氧气中生成水，而该反应除此之外的催化剂，即 Rh 则被 Cr_2O_3 强烈抑制[133]。

第三类的 WRC 材料以由金属和非金属元素构成的化合物为代表。在这一类材料中，钼基化合物作为一类重要的可能的非贵金属 WRC 在近 10 年出现。硫化钼可能是被最广泛研究的种类；虽然已知 MoS_2 是一种差的 WRC[134]，但是 MoS_2 纳米颗粒首先是通过密度泛函理论计算得到的优良结果而被预测为有前景的 WRC 材料[135]，而且接下来也被通过实验证明了这一点[136]。这种材料和 CdS 纳米颗粒一同被成功整合进光催化系统。引人注目的是，这一系统表现出的活性可以和铂相比，或比铂更优秀，其一部分原因是在 CdS 和 MoS_2 之间存在有利界面；但是这些非凡的结果还没有在真正的水分解系统中论证，而且更局限于牺牲系统[137, 138]。在更加近期的时间里，从水溶液中电沉积的无定型硫化钼（MoS_x）已经表现出有前景的催化活性[139]；其与其他过渡金属如 Fe、Co 和 Ni 的结合在催化剂活性上能再提高一个数量级，主要原因是几何效应[140]。就在最近，一个和 TiO_2 保护的 Cu_2O 光电阳极结合的实际的光电化学电池证明了这一类材料的可能性，表明相比于利用铂作为 WRC 得到的光电流，上述装置获得的光电流显著地提高了电极稳定性[141]。硼化钼和碳化钼是最近报道的另外两种作为 WRC 表现出高活性的钼基复合物；有趣的是，这两种化合物在酸性条件和碱性条件下的催化活性都表现能与铂相比[142]。

分子化合物作为析氢催化剂也被充分地研究了。但是总体上，说到无机材料，这些化合物具有两个主要的缺点：由于它们合成困难引起的更高成本以及它们在水中有限的稳定性。在非贵金属中，铁和镍在历史上已成为研究最充分的组分；这一趋势背后的原因与这些元素被自然界利用于氢化酶中进行光还原这一事实有关。如想综合了解这些化合物，读者可以参考专业文献[143]。最近有一种优秀的 Ni 基分子 WRC 和 CdSe 纳米颗粒结合来光催化还原水的实例被报道；尽管这一系统包括得电子牺牲剂，这一报道依然由于系统具有出色的稳定性代表了一个引人注目的研究进展[144]。钴是第三种在分子系统中对生成氢气表现出有良好前景的催化活性的金属[143, 145]。就在近期，在没有外加偏压或牺牲剂的条件下，一种钴肟类化合物和 GaP 光电阳极一同成功实现了催化还原水[146]。一类出现的分子 WRC 包含钼作为金属部分；特别是在近几年，一种分子硫化钼配合物[147]和一种氧代的钼化合物[148]已经展现出作为在水中析氢的催化剂具有高活性和稳定性。引人注目的是，一种分子钼基 WRC 甚至已经被证实在用于光电化学水解电池中时，其活性可与铂相比。在这一工作中，基于钼和硫（Mo_3S_4）的仿生立方烷型群被移植到 p- 型硅上，在没有外加偏压或牺牲剂的存在下表现出很高的水分解效率[149]。

1.2.3.2 水氧化催化剂

与水还原相比，水氧化反应的机理复杂得多，而且强烈依赖于 pH 值和发生反应的表面性质。发生于碱性溶液中金属表面的水氧化反应的总体机理如下[150]：

$$M+OH^- \longrightarrow M-OH_{ads} \quad （Ⅰ）$$

$$M-OH_{ads}+OH^- \longrightarrow M-O_{ads}+H_2O+e^- \quad （Ⅱa）$$

$$2M-OH_{ads} \longrightarrow M-O_{ads}+H_2O+M \quad （Ⅱb）$$

$$2M-O_{ads} \longrightarrow 2M+O_2 \quad （Ⅲ）$$

在酸性溶液中，其机理被认为是相似的，只是在第一步（Ⅰ）中反应物 H_2O 代替了 OH^-。发生在金属氧化物表面上的机理被认为更复杂且已被 S.Trasatti 广泛讨论过[151]。与水还原反应的过程类似，关键的中间体包括一个金属和氧原子间的化学键。于是通过实验测定的多种表面上的催化剂活性和金属—氧键强度的关系能得出特有的火山图并不令人惊讶[152]。除了这种关系之外，也有其他的描述性参数被发展起来以解释和预测金属和氧化物的水氧化活性。特别是表面转移金属阳离子的对称 e_g 轨道对 3d 轨道的占有率表现出了和金属氧化物的催化活性具有很强的相关性[153]。由于水氧化反应更复杂的特性，相比于在水还原反应中的应用，计算研究至今还不够准确，也不够有预测能力，而且可能还需要几年才能在寻找新 WOC 上带来本质上的贡献。

尽管在关于从水中析氧的文献中，铂是应用最广泛的材料之一，事实上对于太阳能分解水来说，铂作为 WOC 的表现很一般。实际上，人们认为只有金属氧化物才能在抵抗从水中析氧所必需的强氧化性环境中具有足够的稳定性[154]。截至 2010 年，最有效的 WOC 被认为是 RuO_2 和 IrO_2，而两者都基于非常昂贵且稀少的金属。由于水氧化需求强的氧化性环境，这些材料通常需要通过和惰性基质如 TiO_2 相结合以达到稳定性。一种胶体形式的氧化铱——$IrO_2 \cdot xH_2O$ 已被发展起来并被深入研究用于多种（大多是牺牲性的）光电极系统[155]。掺杂的 $IrO_2 \cdot xH_2O$ 胶体在随后表明能提高催化剂的表现，虽然用作掺杂剂的是昂贵的铂和铱，且催化剂活性的提高并不显著[156]。最近，S.Fukuzumi 和 Y.Yamada 在光催化水氧化方面报道了具有提高催化表现的氢氧化铱 $[Ir(OH)_x]$ 纳米颗粒[132]。在同一个报道中，作者也展示了一种基于氢氧化钴 $[Co(OH)_x]$ 纳米颗粒的非贵金属基的备选催化剂。有趣的是，在催化水氧化过程中，这种纳米颗粒是从活性较低的均相配合物中原位形成的。除了 Ru 基氧化物和 Ir 基氧化物外，直到近期也只有有限的几种可供选择的 WOC 材料被报道表现出了一般的活性。这些主要是尖晶石组分，例如 $NiCo_2O_4$ 和 Co_3O_4[157] 以及钙钛矿组分，尤其是掺杂了氧化镧的材料，例如 LaCoO$_3$ 和 LaNiO$_3$ [158, 159]。在此情况下，有必要提及最近的一项工作，其中用尖晶石组分 Mn$_3$O$_4$ 作为 WOC，用核/壳结构的 Rh/Cr$_2$O$_3$ 作为 WRC，用 GaN：ZnO 纳米颗粒作为光活性材料，三者结合来实现在可见光下的光催化水解总反应[160]。如想总体了解这些早期的材料（大多是 Ru 氧化物和 Ir 氧化物以及尖晶石组分）以及其作为 WOC 反应的机理，读者可以参考专业文献 [161]。

尽管相比于贵金属氧化物，钙钛矿 WOC 在碱性环境中表现很好，直到21世纪头几年，Suntivich 等才在钙钛矿材料上取得突破性进展。利用基于 3d 轨道电子占有率的设计原则，BSCF（Ba$_{0.5}$Sr$_{0.5}$Co$_{0.8}$Fe$_{0.2}$O$_{3-\delta}$）被发现在碱性条件下催化水氧化时具有比 IrO$_2$ 高出一个数量级以上的本征活性[153]。第二个最近的突破由一种完全是新一代材料的发展所代表，它是基于非结晶态氧化物的 WOC，通过基于溶液的技术被沉积并和第一行廉价过渡金属复合而成，表现为稳定且有活性的 WOC。这代表了一种不仅是实际上，也是概念角度上的本质上的进步，因为根据普遍的理解，人们认为抵抗在水氧化发生处的严苛条件需要高度结晶的氧化物材料（因此需要在高温下制造）[162]。按照时间顺序来说，第一个有活性的非结晶态 WOC 由 D.Nocera 团队在2008年报道。即一种由钴离子和磷酸盐组成的非结晶态薄膜（Co-Pi 催化剂）被报道称在低过电位下，以 1atm❶、室温和中性 pH 值作为起始条件能催化水氧化[37]。这种 Co-Pi 薄膜可以通过简单的电沉积从包含 Co（Ⅱ）离子和磷酸盐电解质的溶液中原位沉积在几乎任何基质上。除此之外，这种自我组装的 Co-Pi 催化剂后来被证实具有自我修复性，即能效仿生物系统具有的更重要特征，并且能保证所需要的坚固性[163]。引人注目的是，这种 Pi 催化剂在高浓度氯化物的存在下也能发挥功能，可能会使在普遍存在的海水中进行（太阳能）水分解得以实现[164]。

一种由镍和硼酸盐组成的相关的非结晶态材料（Ni-Bi 催化剂）在上述报道的两年之后由同一个团队报道[172]。该 Ni-Bi 催化剂在接近中性（pH9）的条件下工作，且和 Co-Pi 系统有若干相同特征，因此扩展了廉价非结晶态 WOC 类别的范围。在 WOC 领域中最近的可能也是最显著的突破，是关于一种由新型合成技术制作的非结晶态混合金属氧化物 WOC。这种技术依靠光化学金属—有机沉积，即一种简单且低温的过程，而且能够广泛应用于多种金属及其结合体，也能实现高度的化学计量控制[173]。最近已论证有一系列概念证实的非定型混合金属材料（最具活性的是 Fe$_{100-y-z}$Co$_y$Ni$_z$O$_x$）具有能和最好的 WOC 相比的催化性质[173]，表明一些和第一行廉价过渡金属复合的其他有活性的混合金属氧化物可能会在近期被报道。

就像在水还原中那样，分子化合物作为 WOC 也已被深入地研究了；但是至今只取得了很有限的成功，主要是因为这些化合物对水氧化发生时的强氧化性条件很敏感。在多种被研究的金属中，钴基络合物和铁基配合物表现为最具可靠性的可能的备选催化剂，在催化水氧化时具有足够的稳定性和活性，虽然还必须要取得一些显著进展[143]。

---

❶ 1atm=101325Pa。

一种正在出现的额外一类可能会被证实具有所要求的坚固性和催化性质的无机配合物是多金属氧酸盐。由于它们完全的无机特征，这些化合物已被证实在水中十分稳定[174]，在不久的未来可能在太阳能分解水上具有很高的实用性。

1.3 基于半导体的太阳能分解水的研究进展

1.3.1 光催化水分解

从实践的角度来看，将太阳能转化为氢燃料的最直接也可能是最廉价的过程就是光催化分解水。在这一系统中，吸光半导体颗粒悬浊于水溶液中，而光生电子和空穴分别被用于还原和氧化水分子。不幸的是，在超过40年的积极努力之后，这一明显简单的目标依然难以实现；相比于包含光电极和光伏结的体系，利用光催化系统分解水至今只实现了很低的转化效率。由于利用光催化剂催化总的水分解反应是特别难以实现的，这一领域的众多研究中的大部分既包括在牺牲剂存在下的析氢，也包括牺牲剂条件下的析氧。这些牺牲剂或是比水更容易被氧化的牺牲性电子供体，或是特别容易被还原的牺牲性电子受体。被广泛应用的牺牲性电子供体包括糖类、简单羧酸（例如乳酸或抗坏血酸）以及醇类（最典型的是甲醇），还有其他还原剂（如三乙醇胺、EDTA和NADH）。另外，过硫酸根阴离子和Ag^+与Ce^{4+}的盐最常被用作氧化性牺牲剂。必须强调的是，在利用牺牲剂的系统中，进行的总反应在总体上是热力学下降的，因此这些是适当的光催化系统；相反，热力学上升的水分解应该被考虑为光合成过程。从这个重要的区别上看，很明显"光催化水分解"这一术语本身在表述没有外加偏压的总体水分解时并不正确；然而，这一表述已被科学界所广泛接受，以至于成为一种惯例，因此在此也被采用。

在20世纪80年代早期，Sakata和Kawai还有法国的Pichat小组发表了一系列关于这种反应的研究，包括$RuO_2/TiO_2/Pt$双功能催化剂[175, 176]。在含有p-型$LaCrO_3$的$SrTiO_3$水悬浊液中用过硫酸根阴离子进行光化学水氧化已被Thewissen等研究。p-型$LaCrO_3$被认为是引起这一系统中被观测到的从半导体导带到过硫酸盐的高速率电子转移的原因[177]。牺牲性系统在学术角度上具有根本利益，因为它通过消除一半的反应来帮助理解反应机理并帮助研究电荷载流子动力学。除此之外，从实践观点来看，它们和自然存在牺牲剂的系统也具有密切关系，比如废水和工业排放，其中的染料和其他有机污染物可能被氧化并同时生成氢染料。例如，利用$RuO_2/TiO_2/Pt$双功能催化剂从水和碳水化合物中生产氢对于实际上的食品工业废水处理将会是非常引人注目的[175]。已有若干作者在从牺牲性系统中进行光催化析氢方面发表了大量文献[178-180]，这些文献将在本书的另一章由Yusuke Yamada和Shunichi Fukuzumi涵盖到，因为这一部分的范围将被限定在实现水分解总反应的系统示例。

至今为止,只有极少数的材料被证实能够在光催化系统中实现水分解总反应;目前在试图利用光催化系统实现水分解总反应上面临的困难可以被归结于两个根本原因。第一,在这种系统中分离光生电子和空穴是极其困难的;这是因为采用的粉末通常由半导体颗粒组成,该颗粒太小以至于在和液体电解质接触时不能容纳一个电场。因此,与利用半导体电极接触电解质时面临的情形相反,在颗粒中的电荷分离不能在电场的作用下持久化,进而趋于更快地消退。第二个在光催化系统中的主要挑战是析氢和析氧在同一颗粒上发生。这就造成了一个主要的实际缺点,即产生于邻近位置的氧气分子和氢气分子趋于以一种强放热反应的形式重新结合成水。除了降低太阳能—氢转化效率之外,这也在反应器设计上带来了安全因素和技术挑战,因为生成的两种气体必须在生成之后尽快被分离。

由于电子—空穴再合并是特别持续的过程,只有当特定催化剂(在光催化系统中通常被称为助催化剂)被沉积于半导体颗粒上时,通常才能在水分解中达到适当的量子产率。与牺牲剂类似,这些材料能作为电子和(或)空穴的清除剂,从而在实现高效电荷分离上发挥本质作用。已知贵金属基的材料是对于水还原和水氧化最有活性的催化剂之一,而且它们已经在传统上被广泛使用为光催化分解水的助催化剂;但是,这一类材料通常在逆反应(氧气和氢气结合生成水)中也有高效的催化作用。核/壳结构的纳米颗粒已经作为解决这一问题的有趣方法被推出。一个相关的例子是被 Domen 小组发展的 Rh/Cr_2O_3 核/壳助催化剂:助催化剂的贵金属基核高效催化光子还原,而 Cr_2O_3 壳作为 O_2 分子的屏障(但不阻碍光子和 H_2 分子)阻止氧气和氢气的化学结合以及氧气被还原[181]。

1.3.1.1 单步光系统

第一个涉及用于分解水的半导体光催化剂研究是关于大带隙的 TiO_2 和 $SrTiO_3$ 的。尤其是 TiO_2,在 20 世纪 80 年代的大部分时间都在 Fujishima 和 Honda 发表开创性报告后被长期研究[25]。在接下来的 10 年,三元氧化物如铌酸盐和钽酸盐作为特别具有吸引力的代替品出现了[182, 183]。与钛酸盐及 TiO_2 类似,这些氧化物具有金属离子带有 d^0 电子结构的特点,该特点被认为是光催化活性的一个重要描述指标[184]。这种第一代材料的重要缺点是其相对大的带隙,造成其吸收边界被限制在了可见光区的蓝—紫部分。为了处理这一局限,从 21 世纪头几年开始,大量的努力被投入到将这些材料的吸收边界延伸至可见光区。这导致了第二代光催化材料的出现,即掺杂的二次氧化的三元金属氧化物。

掺杂的钽酸盐是在可见光下实现水分解的第一类材料,尽管其转化率非常低:Ni-掺杂 $InTaO_4$ 被报道当利用 NiO_x 作为助催化剂时,其分解水的量子产率为 0.66%(在波长接近 420nm 时)[182, 185]。投入于向 TiO_2 中掺杂的努力导致了几种新型材料的出现,其中大部分在可见光区表现出了光活性。然而,在超过 10 年后可以得出,这种方法中的大多数情形不能导致总转化效率出现所被期待的提高[186]。尽管向 TiO_2 晶格中引入掺杂剂生成了可见光活性中心,其光催化活性却降低了,因为能使水氧化和还原的驱动力降低了。除此之外,应该记住向晶格中引入杂质难免会导致加强电荷载流子的分散,进而限制电荷的移动性。

在近 10 年里,固溶体和非氧化物金属材料作为一系列总体光催化水分解的备选物出现了。在最有活性的水分解光催化剂中,一种源自二硅化钛($TiSi_2$)的材料表明,在不需要贵金属助催化剂且波长为 540nm 的条件下分解水的量子产率为 3.9%[187]。利用氮化物(比如 Ge_3N_4[188])及氮氧化物也实现了水分解。虽然前者由于其极大的带隙只能在 UV 光下进行,但是一种氧化锌和氮化锗的固溶体被报道在利用 RuO_2 作为助催化剂时能在可见光照射下分解水[189]。固溶体的合成包括具有同样晶体结构的固体的混合,已经作为轻易调整半导体材料带隙,进而调整吸收范围的有前景方法而出现。至今被报道的最有活性的水分解光催化剂是一种氮化镓和氧化锌的固溶体催化剂(GaN:ZnO)。据报道,这种材料在 420~440nm 的初始量子产率为 2.5%[103,190],但是这一数值后来通过高温煅烧被提升至 6% 左右,报道称高温煅烧在负载铑-铬氧化物混合催化剂时降低了浓度缺陷[191]。这种材料也具有显著的长期稳定性特点,使其成为至今被研究过的最有前景的水分解催化剂[192]。

1.3.1.2 双步 Z-系统

除了持续的电荷载流子再合并之外,还有两个主要因素限制了前述系统的转化率,即吸收边界依然太靠近 UV 区及在邻近处生成的氧气和氢气的化学再合并。一种为克服或至少缓解这些限制的新型方法是双步 Z-系统。与发生在自然界的光合成类似,两个不同的光系统被利用来采集尽可能多的阳光并生成足够的驱动力来分解水。这需要一种可逆的氧化还原对来使电荷在不同颗粒间穿梭,进而在电学上连接两个光催化系统,就像在自然光合作用中光系统 I 和光系统 II 之间的电子转移链的作用一样。Z-系统的概念具有提高光采集量的可能性,因为和单步光催化系统相反,两种小带隙材料可以被应用于此。除此之外,通过在不同颗粒上沉积水氧化和水还原催化剂,产品气体不会在同一处生成,这会促进其分离并减少化学再合并。在近 10 年,这一概念已被广泛研究,而且有多种总体水分解系统被构建出来;如需详细了解,读者可参考文献 [179,180,193]。至今为止,利用 Z-系统获得的转化效率已被证明高于单步光系统。但是其至今获得的量子产率却没有显著高于单步光系统,能代表当前技术水平的系统是作为析氢光催化剂的负载 Pt 的 ZrO_2/TaON 和作为析氧光催化剂的负载 Pt 的 WO_3 组成的以(IO_3^-/I^-)氧化还原对穿梭连接的系统,其在 420nm 的量子产率是 6.3%[194]。

Z-系统一个重要的缺点是在光生载流子和氧化还原穿梭剂之间的持续再合并。这一限制可以在无氧化还原穿梭的双步系统中得以避免,该系统中两个光系统直接接触,使得颗粒间的电荷转移能在它们之间发生。这一概念已被用于析氢的 Rh 掺杂的 Ru/$SrTiO_3$ 颗粒的悬浊液和用于析氧的 $BiVO_4$ 颗粒所论证,其可以在没有任何氧化还原电对穿梭的情况下通过光照(或是 AM1.5G 的模拟阳光环境)分解水[195]。

虽然在通过固溶体进行带隙设计和在双步 Z-系统上取得了进展,至今在光催化系统中得到的量子产率依然远不能达到用于商业的实验目标。实际上，波长大约为 600nm 的 30% 的量子产率，大约对应 5% 的太阳能—氢转化效率，可以被认为是实际应用上合理的起始值。事实上，虽然更昂贵的系统，如光电化学电池和光伏驱动电池，通常被认为需要 10% 的转化效率，但是已经有人指出对于更简单的和更易于放大化的光催化电池，5% 的效率是足够的[184]。很明显，为了实现这一目标，吸光材料的吸收边界必须显著地红移，即材料必须被发展成具有约 2eV 的带隙。除此之外，在当前技术水平下量子产率必须被提升约 5 个单位。K.Domen 指出，一个重要的方法在于实现对吸收材料缺陷的更好控制，这些缺陷会有力地促进电荷的持续再合并和低的量子产率[181]。N.Serpone 和 A.V.Emeline 最近在发表的出色成果中描述了一些其他的作为提高目前光催化剂表现的有前景手段而出现的新方法，例如由表面等离子体加强的水分解以及多光子激发[186]。另一种和光催化水分解电池有关的技术挑战是氧气和氢气的分离。需要强调的是，这一因素（在两种气体生成于一个颗粒的单步系统中就十分重要）可能会对水解装置的最终成本造成显著影响。

1.3.2 光电化学水分解

尽管经过了大约 40 年的深入研究，只有很有限的材料被报道在太阳光照且没有外加偏压下能实现总的光电化学水分解。这是因为很少有材料具有对于水还原的氧化还原电位的足够负电性的导带，而且同时具有对于水氧化的氧化还原电位足够正电性的价带范围。正如在 1.2.1 节所指出的那样，虽然从热力学观点看，1.23V 的带隙是足够的，但实际上需要一个大得多的带隙，因为在动力学上 H_2 和 O_2 的析出都需要很大的驱动力。甚至原型的大带隙材料 TiO_2（在 3.0~3.2eV 范围有一个带隙能 E_g）都不能在没有外加偏压的条件下实现完整的水分解反应，因为其导带能级太接近水还原的氧化还原电位了。实际上，至今只有 $SrTiO_3$（E_g=3.2eV）和 $KTaO_3$（E_g=3.5eV）展示出能够在没有外加偏压的条件下实现水的光电解[196-198]。但是在这两种情况中，能达到的光电流和其太阳能—氢转化效率都非常低，因为这些材料的吸收局限于太阳光谱的 UV 区。

由于利用大带隙的半导体阻碍了两个半反应的有效发生，近期在光电化学电池领域的努力方向是确定能够实现水氧化的合适光电阳极材料以及能够实现另外的半反应——水还原的合适光电阴极材料。基于此想法，如果在光电化学设备中能建立合适的 SCLJ（半导体—液体结），分离光生电荷载流子能更高效，最后可以获得更高效的水还原和水氧化。就像在 1.1.3.2 部分强调的那样，这种有利的带弯情形通常是用 p- 型半导体做光电阴极并用 n- 型半导体做光电阳极来实现。在第一种情形中，光生电子将会被内置电场驱赶向电解质方向，在电解质中水可以被还原成氢气，而空穴会被转移到背接触点。在第二种情形中会发生相反的现象，即光生空穴将会被内置电场驱赶向电解质方向，在电解质中水可以氧化成氧气，而光生电子将会穿越材料到背接触点被收集。描述光电化学水分解基本内容以及至今在多种光电阳极和阴极上取得的成果的相关综述已在最近由几个作者出版，这些作者包括 N. Lewis、K. Sivula 和 R. van de Krol [119, 199-201]。

1.3.2.1 光电阳极材料

多种 n- 型半导体已经在近几十年作为从水中析氧的光电阳极材料被研究了。这些材料能满足的一个基本条件是价带边界需要比从水中析氧的氧化还原电位更具有正电性。TiO_2 是至今最好的具有光催化特点的材料，而且长期以来都被认为是可能的光电阳极材料。在 Fujishima 和 Honda 的开创性成果中，单晶脱钛矿能够成功分解水，尽管其效率很低而且是在两个电池间存在 pH 梯度的条件下完成 [25]。经过几十年的研究，现在已经明确原始状态的 TiO_2 的带隙太大（E_g=3.2eV）而不能实现高效水分解；实际上，由于其吸收特征大致局限于 UV 区域（相当于太阳光谱的 4%），因此用这种材料能达到的太阳能—氢转化效率在理论上被限制在约 2% [199]。减小带隙的方法，如引入掺杂剂 [71, 76] 或无序设计 [102]，至今只能部分提高水分解表现，而且在可见光照射下得到的水氧化光电流通常限于几百 $\mu W/cm^2$ [202, 203]。这可能与一种趋势有关：随着减小 TiO_2 的带隙或减小在掺杂能级中形成的空穴的相对能量，光生空穴会逐渐降低其用于氧化反应的驱动力 [186]。至今只有一项工作表明，利用 C- 掺杂的 TiO_2 实现了显著的高转化率（超过 8.3% 的太阳能—氢转化）[204]，但是后续的报道和评论表示这一数值可能被严重高估了 [72]。

由于小带隙的氧化物材料具有更广泛的阳光吸收范围，它们不可能产生真实系统中水完全分解所需的驱动力，真实系统中的动力学过电位和电阻都能产生强大影响。但是，这一类材料可以带来高得多的理论太阳能—氢转化效率，进而在近 10 年作为光电阳极材料被深入地研究了。至今被研究过的最有前景的 3 种氧化物是二元氧化物 WO_3（E_g=2.7eV）和 $\alpha-Fe_2O_3$（E_g=2.0eV）及近期报道的三元氧化物 $BiVO_4$（E_g=2.4eV），它们最大的理论效率 η_{STH} 分别等于 6%，15% 和 9% [199]。最近，纳米结构化的 $\alpha-Fe_2O_3$ 在对 RHE（可逆氢电极）为 1.23V 的条件下，其达到了 3.0mA/cm^2 以上的十分有前景的光电流，尽管这一材料的电荷转移表现一般 [94]。需要强调，$\alpha-Fe_2O_3$ 对于实际应用也是特别吸引人的，因为其储量丰富，没有毒性，价格低廉，最主要的是它具有稳定性。利用 WO_3 也得到了相似的表现，其被报道在对 RHE 为 1.23V 的条件下，析氧的光电流为 2 ~ 3mA/cm^2，但是这一材料似乎缺少进一步提高的可能性 [205]。利用 $BiVO_4$ 作为光电阳极和 Co-PiWOC 结合使用，在 RHE 为 1.23V 的条件下已被证实达到了 3.6mA/cm^2；考虑到这种材料只在近几年才被深入研究，前述结果还是非常引人注目的 [101]。

由于光电化学水氧化发生的条件很严苛，金属氧化物凭借其优良的稳定性成为光电阳极材料的自然选择。但是，最近其他材料也被报道具有一定的可能性：在非氧化物材料中，地球上储量丰富的硅如果在抵抗光腐蚀上得到恰当的保护，能成为一种可能的光电阳极材料。最近报道了一种被 TiO_2 沉积原子层保护的 n-Si 光电阳极材料，在 AM1.5G 照射的酸性条件下的用于析氧的可逆电势下能产生超过 10mA/cm^2 的电流，在碱性和中性条件下电流则略微低一些 [206]。氮化物 Ta_3N_5 也表现出一些能作为光电阳极材料的可能性；在纳米结构化和沉积作用下提高其活性和稳定性，并且实现量级为 $1mA/cm^2$ 的水氧化光电流[90, 91]。金属氮氧化物是另一类正在涌现的光电阳极材料，相比于其相应的氧化物特别具有带隙更小的特点，进而适合于可见光能量转化。TaON 这一类中被研究得最充分的一种，在研究中量级为 $1mA/cm^2$ 的有前景的光电流已被报道，然而这一类物质进行氧化光解反应的自然趋势被显著降低[207]。

1.3.2.2 光电阴极材料

因为水还原发生的条件比水氧化所要求的更温和，在光电阴极材料的稳定性上的考虑可能不是特别迫切。但是，能有效进行水还原的具有足够负电性的导带边缘的金属氧化物数量十分有限；与之相反，许多种非氧化物半导体表现出具有水还原所需足够能量的导带。因此至今为止，Ⅲ-Ⅴ半导体（尤其是磷化物）和金属硫系化合物（尤其是硫化物和硒化物）成为被研究最广泛的光电阴极材料。

长期以来，在Ⅲ-Ⅴ半导体中，InP，GaP[146] 和 $GaInP_2$ 被认为是高度光活性的 p-型材料，而且已被用于许多极高效的叠层设备中（如 1.3.3 节和 1.3.4 节所述）。但是，这些材料是由稀有元素（尤其是铟）组成的，而且需要被制成单晶且无缺陷状态。因此，材料和制造费用成为这一类材料的一个关键缺点，将其从所有的大规模商业产品的应用中排除。在 p-型硫系化合物中，CdTe 和 $CuIn_{1-x}Ga_xSe_2$（CIGS）已在数十年间被了解具有光活性；但是利用 CdTe 取得的表现十分一般，利用 CIGS 则取得了很高的太阳能—氢转化效率[208]。这两种材料也具有已建立好生产技术的重要优点，因为它们被作为薄膜光伏材料使用。但是，这些材料从大规模商业应用的角度看并不理想：对于 CIGS，其问题是稀缺性和铟的高成本，而与镉的高度毒性相关的环境和健康问题以及碲的供应问题是 CdTe 的重要缺点。但是，有另一种观点认为镉是金属采矿的副产物而且以游离态存在，自然存储才有剧毒风险；但是在 CdTe 化合物状态它高度稳定，因此推荐使用它。从商业角度来看，不含铟的 $CuGaSe_2$ 更有前景，而且这种材料已经表现出很高的水还原光电流（约 $13mA/cm^2$）[209]。与之相似，WS_2，WSe_2 和最近研究的 Cu_2ZnSnS_4（CZTS）全都由廉价、充足而且无毒的元素组成，因此是吸引人的材料。利用 WS_2[210] 和 WSe_2[211] 都已经得到了 6%～7% 的令人印象深刻的太阳能—氢转化效率。只在近几年吸引人注意的基于 Cu_2ZnSnS_4 的光电阴极在和作为催化剂的铂以及作为减少电荷载流子再合并的缓冲层的 n-型 CdS 一同使用，已经展现出超过 1% 的太阳能—氢转化效率[212]。但是这种有前景的材料存在稳定性这一重要问题，已有建议称用纳米级 TiO_2 原子层沉积作为保护层是克服这一困难的有前景手段[213]。

在近 5 年，CuO_2 和 p-硅作为两种最有前景的光电阴极材料出现了，虽然它们的长周期不稳定性问题还没有被解决。廉价且对环境友好的硅基材料在近几年作为光电阴极材料表现出很好的前景。最近，p-掺杂的 Si（E_g=1.2eV）在利用 Pt[214]，甚至利用不含贵金属的 Mo_3S_4[149] 作为 WRC，纳米结构化成大宽高比纳米柱阵列后得到了 5%～6% 的太阳能—氢转化效率（而且在最初几小时的工作中具有好的稳定性）。更新的研究表明,即使利用低成本的非结晶态硅(a-Si)都得到了相似的太阳能—氢转化效率,而且沉积 TiO_2 保护层也能大量提高其稳定性[215]。在这几种具有足够负电性的导带来还原水的金属氧化物中,CuO_2 (E_g=2.0eV)表现为最好的光电阴极备选材料,尤其是因为它非常低的成本及无毒性,也因为它显著的能量转化效率。利用 Pt 催化剂和一层原子沉积保护层,CuO_2 在 RHE 为 0V 的条件下,得到了高达 7.6mA/cm^2 的极高水还原光电流(虽然抵抗光腐蚀的稳定性很低)[216]。更近期的成果发现,利用替代 WRC[131](包括不含贵金属的非结晶态 MoS_x[141]),这种材料的稳定性也已得到了提高,其代价是光电流轻微降低了。

最近,一些对可见光有活性的三元氧化物也已在作为水分解的光电阴极上表现出了一些可能性;尤其是利用 p- 掺杂的钛酸锶、铌酸铜和钽酸铜已经得到了有前景的阴极光电流,Rh- 掺杂的 $SrTiO_3$[217] 和 $CuNbO_3$[218, 219] 的光电流的数量级为数百微安/厘米^2,$Cu_5Ta_{11}O_{30}$[220] 则可超过 1mA/cm^2。可以预计,利用高通量合并方法(已经用其确定了几种可能的材料),在不久的将来会发展一些具有作为光电阴极材料的合适性质的新的多元氧化物[221-223]。另外,在接下来的几年,新型无金属聚合半导体材料可能也会成为光电化学(或光催化)水分解的可能兴趣点。就在最近,类石墨碳氮化合物($g-C_3N_4$)和氧化石墨(GO)已被报道在水还原中表现出阴极光电流[224, 225]。虽然至今其生成的电流十分有限,但是这一类无金属聚合材料可能在光电化学水分解上非常有前景,因为它们有特殊的结构和电子性质,同时被预测有低成本。

1.3.3 叠层光电化学系统

至今还没有单独的吸光材料在阳光照射下能实现具有合适转化效率和所需要的长期稳定性的水中析氧和析氢。这并不令人惊讶,从半导体材料的吸收光谱和光生电荷载流子的驱动力之间的自然的此消彼长来看,可以吸收很大部分阳光的材料趋于生成具有小的水还原和氧化驱动力的电荷载流子,而能生成具有足够分解水驱动力的电子—空穴的材料大多只能吸收入射阳光的一小部分。一种克服这种此消彼长的方法是在同一个设备中利用两个(或更多)不同吸收材料,来构建一个被称作叠层电池的设备。在这一结构中,每一个吸收材料(与其带隙有关)生成的光电压是加和的,因此即使利用带隙相对较小的材料也可以得到以可行速率分解水所需要的足够驱动力,这表明太阳光谱的很大一部分可以被有效采集。但是,其缺点是生成的每个电子—空穴对(因此也就是每个氢气分子)需要的光子都增加了。在原型的双(D)吸收剂结构中,析出一分子的氢气需要4个光子,这一结构因此被命名为 D4 叠层电池;与之对比,生成一分子氢气只需要两个光子的单(S)吸收剂结构则被相应地命名为 S2 方法[226]。叠层电池的两个组分既可以被堆叠成一个整体的无电线装置,又可以在物理上分离开而简单地用电线进行电学连接。不考虑特殊设计的装置,总体上的想法是将两个吸收剂以如下入射光的原则放置:尽可能让(第一个)较大带隙吸收剂没有吸收的光子被(第二个)较小带隙吸收剂所采集。

光电化学叠层电池可以被分成主要的两类：光电阳极—光电阴极叠层电池和光电极—光伏（或混合）叠层电池。在前一类中，n-型材料负责析氧半反应（光电阳极），而p-型半导体负责析氢半反应（光电阴极）。因此，析氢和析氧的电极都是基于SCLJ的形成。在后一类中则相反，其通常只包含一个光电极（至今为止报道的系统中主要是n-型光电阳极）并和一个光伏电池结合。在这种"混合"结构中，水分解的驱动力（光电压）只是部分由SCLJ生成，而其余驱动力则是光伏电池生成的光电压。除了这两类之外，也可以设想一些其他的叠层水解电池结构。例如，在一个光电极中可以合并两个光活性材料来形成一个整体的异质结光电阳极或光电阴极。除了能提高阳光吸收量之外，这一结构还能导致更多的电荷分离，这归功于在两个半导体之间的结产生的电场。这种结可在一个p-型半导体和一个n-型半导体之间建立，比如最近报道的p-$CaFe_2O_4$/n-TaON异质结光电阳极展现出了0.5%的太阳能—氢转化效率[227]；这种结甚至可以在两个n-型（或两个p-型）材料之间建立，比如最近被研究的n-Si/n-Fe_2O_3异质结光电阳极[228, 229]。最后，叠层水分解电池也可以仅在光伏电池的基础上制作，也就是不存在任何活性SCLJ。但是这种结构并不是实际上的光电化学电池，而更属于基于光伏的光电解电池，将会在1.3.4节阐述。

1.3.3.1 光电阳极—光电阴极叠层电池

光电化学叠层电池最直接的设计包括一个n-型半导体和以电学连接（可以通过电线，也可以通过欧姆接触）的一个p-型半导体，并将其浸入电解质溶液中。这种结构已在20世纪70年代末被A.J.Nozik提出，他将该结构称为光电化学二极管[230, 231]；该结构只是以SCLJ形成为基础，在原则上SCLJ比固态p-n结形成得更加直接（而且通常更廉价）。但是实际上，至今为止报道的利用这一概念的太阳能—氢转化率通常低于1%。一个显著的例外是于1987年报道的装置，它由一个被MnO_2薄层保护的n-型GaAs光电阳极和一个p-型InP光电阴极电学连接而成，产生了超过8%的太阳能—氢转化率[232]。但是这一装置有一个明显的缺点，即制作成本非常高。除了这个优秀的例子之外，被报道的最主要的设备包括作为光电阳极材料的TiO_2、$SrTiO_3$、Fe_2O_3或WO_3，与GaP或$GaInP_2$光电阴极材料合并使用，得到的效率通常非常低[230, 231, 233-237]。p-型材料不是Ⅲ-Ⅴ半导体的光电化学二极管实例非常少。其中，基于纳米结构化的p-型Cu-Ti-O光电阴极的设备已被报道和TiO_2光电阳极合并使用得到了0.30%的光转化效率[238]。

1.3.3.2 光电极—光伏混合叠层电池

近几年，包括一个光电极和一个光伏设备的混合叠层电池已经作为一种有前景的光电化学二极管替代品出现了。尽管事实上第一个成功的混合叠层电池实例是用一个p-型光电阴极论证的[35]，但是时间上最近且最有前景的混合电池大部分由一个n-型光电阳极电学连接至一个光伏电池所构成。这是因为，正如在1.3.2节所指出的，已经确定了几种具有可行的稳定性和活性的光电阳极材料（例如 Fe_2O_3，WO_3 和 $BiVO_4$）。但是，关于表面保护的 CuO_2 和 p-Si 光电阴极的近期成果表明，发展光电阴极—光伏叠层电池可能会又一次成为短期未来的兴趣点，尽管目前其存在着长周期稳定性问题的挑战。

至今为止报道的最有效率的混合叠层电池（也是首次被报道的）是一个 p-n GaAs 光伏电池和一个 p-GaInP$_2$ 光电阴极合并的一个整体设备。由 O.Khaselev 和 J.A.Turner 在 1998 年发展的这一设备可以得到 12.4% 的令人印象深刻的光转化效率，归功于 p-n 结生成的显著偏压及 p-n GaAs 和 p-GaInP$_2$ 的补充吸收 [35]。这一装置依然代表着光转化效率的技术发展现状；但是，p-GnInP$_2$ 有限的稳定性和十分高的装置制造成本明显阻止了其规模放大的可能性。最近基于 CIGS a-Si 和 DSSC 等其他光伏材料的具有更廉价可能性的混合叠层电池已被发展起来。例如，一种由沉积在 TiO_2 光电阳极上的 CIGS/CdS 光伏电池构成的整体设备已经展现出能够得到约 1% 的转化效率 [239]。尽管 CIGS 在水溶液条件下的稳定性差问题在此已利用 Nb-TiO_2 保护层着手处理了，但是因为铟的成本问题，CIGS 的大规模商业化可能性依然未知。相比之下，a-Si 太阳能电池和 DSSC 目前则是混合叠层电池的最有前景且最廉价的备选材料。

E.L.Miller 在 2003 年的一项早期工作描述了包含与一个氧化物光电阳极结合的一个或多个 a-Si 光伏结的整体设备，其中 Fe_2O_3，WO_3 和 TiO_2 被指出可能是构建多结电池的阳极 [240]。除了叠层设备两个成分之间的电流匹配需求之外，这种特定结合还有一个主要的缺点，就是金属氧化物要求低温沉积技术来避免下面的 a-Si 层被破坏。虽然利用 Fe_2O_3 光电阳极没有实现水的净分解 [241]，但是利用 WO_3 光电阳极在室外条件下得到了超过 3% 的太阳能—氢转化效率和稳定的操作 [242, 243]。就在最近，新型光电阳极材料 $BiVO_4$ 创造了基于金属氧化物混合叠层电池效率的新纪录。一个由沉积于双结 a-Si 电池上的一层该材料构成的整体设备得到了 4.9% 的太阳能—氢转化效率 [101]。在被合并用于混合叠层电池时，使 $BiVO_4$ 比 WO_3 更有利的关键性质之一被认为是其带隙。虽然对于这种结构的理想带隙是 1.8～2.0eV，但是为了得到约为 10% 的太阳能—氢转化效率要求带隙最多是 2.3～2.4eV，这和 $BiVO_4$ 的带隙十分接近，但是却显著小于 WO_3 的带隙 [101]。

M.Grätzel 和 J.Augustinky 在 20 世纪 90 年代中期提出了将一个或多个 DSSC 和金属氧化物光电阳极合并在一个设备中的想法，并且预测利用 WO_3 作为光电阳极的转化效率可达 4.5% [244]。10 年之后，一个基于两个双极的 WO_3/Pt 和染料敏化 TiO_2/Pt 光电极的整体设备被证明，通过 Z-系统连接，与自然光合成能量原理类似，能产生 1.9% 的太阳能—氢转化效率 [245]，而利用两个串联的 DSSC 时得到的转化效率提高到了 2.8% [246]。此后，由一个 Fe_2O_3 光电阳极和两个串联 DSSC 构成的一种混合电池被证明分解水达到了 1.3% 的太阳能—氢转化效率 [247]。更近期，由 WO_3 光电阳极和仅仅一个 DSSC 合并而成的设备得到了 3.1% 的转化效率纪录，而在同一工作中使用 Fe_2O_3 光电阳极的效率约为 1.2%。只使用一个太阳能电池就得以实现是因为所利用的 DSSC 使用钴基电解质代替传统的碘/三碘根离子氧化还原穿梭剂，具有极高的开路电压；该电池相比于需要两个电池的结构大大简化了总体设备[248]。

1.3.4 基于光伏的水分解

正如已经指出的，固态结相比于固—液结明显更难构建；因此，基于固态光伏结的水分解电池在原则上比光电化学电池更贵。但是，基于光伏的水分解具有重要的优点：它具有已经建立好的光伏发电的技术和生产方法上的基础。最简单的利用光伏能量驱动水分解的方法是利用一个商业光伏电池模块（PV）产生足够的电压来加于一个传统电解槽（EC）。但是目前，这种"暴力的"PV-EC方法太过昂贵，估计其生产的氢气价格为 8~20 美元/kg。尽管 PV 的价格预计将在短期内显著降低，但是很明显，为了使基于光伏的水分解更有竞争性，需要本质上降低成本。期待利用一个整体独立的，将用于采集阳光的光伏吸收单元及用于水还原和氧化的电催化单元合并的装置来实现如此的成本降低是可行的。这个简单的独立装置可能去除传统"暴力的"PV-EC方法的成本中关于玻璃或其他基质、框架和电线的部分。整体方法的太阳能驱动水分解还有一个优点：因为太阳发射光谱的电流密度低，所以驱动水分解反应要求更低的过电位，从而相比于连接在光伏电池板或更普遍的光伏并网上的商业电解槽，该装置可得到高的总体效率。但是光伏驱动水分解有一个重要的缺点：传统 p-n 结太阳能电池产生的电压随着光密度的变化而强烈变化；在实际情形中，正如 K.Sivula 最近指出的那样，这可以导致显著的损失和（或）要求复杂的电子转换机制，该复杂机制的作用是应对烟雾、云及一天中不同时间造成的光密度变化，进而优化装置的效率[249]。

与混合叠层电池的发展相似，被报道的第一个基于光伏的水分解装置选择的光伏材料是基于Ⅲ-Ⅴ半导体和 a-Si 的。事实上，在这一部分展示的一些装置和一些被归类于混合叠层电池的系统有许多相似的特征。很明显，在许多种太阳能水分解电池结构之间建立严格的分类在一定程度上是武断的。但是，在这里遵循的是设备的设计上是否存在活性 SCLJ 分类的传统；原则上，在光伏驱动水分解电池中，光活性装置生成的光电压和任何 SCLJ 的形成都不相关。

关于至今为止基于Ⅲ-Ⅴ半导体的装置取得的最高效率并不令人惊讶：在 21 世纪头几年，基于多结 AlGaAs/Si 系统的整体双带隙设备得到了 18.3% 的太阳能—氢转化效率，这一数字在随后的十多年里都保持着太阳能转化效率的最终纪录[250]。为达到如此高的表现，该装置除了采用高质量结晶的光伏材料和非常复杂的多层结构之外，还使用了大表面积电极；而且，该电极还覆盖了高活性的铂黑和 RuO_2 来分别促进氢气和氧气的析出。一个相似的基于 GaInP/GaAs 光伏系统及同时作为 WRC 和 WOC 的 Pt 的双带隙多层设备表现出了 16% 以上的转化效率[251]。这两项研究都重要地展现出，利用光伏驱动水分解可以得到非常高的转化效率；但是很明显，这些基于Ⅲ-Ⅴ半导体的设备的成本都太高，以至于不能大规模生产和商业化。

多结 a-Si 太阳能电池也已经表现出能在阳光照射下以高效率分解水。由于单结

a-Si 太阳能电池通常产生 0.6～0.7V 的电压，因此要提供水分解的热力学驱动力至少需要两个电池串联起来（或者双结电池）。但是实际上，因为需要动力学过电位，为了得到可行的光电流和转化效率，通常需要 3 个电池。正如在 1.3.3 节提及的，硅在电解质溶液中，尤其是碱性环境中具有不稳定的固有特点，因此如果该太阳能电池必须被浸入水中（正如整体独立装置的情形），它必须被封装或沉积上一层保护层。通常，透明且导电的氧化铟锡（ITO）是可选择的保护材料；但是其作为保护物的有效性强烈依赖于其退火温度，而该温度被下层 a-Si 不能抵抗高温这一事实所限制。在 1989 年，利用三层堆叠的 p-i-n a-Si 电池，采用分别沉积在背部和顶部电池的 RuO_2 和 Pt 基催化剂，已经得到了 5% 的太阳能—氢转化效率[252]。之后，在一个类似的结构中利用 Pt[251] 甚至利用地球储量充足材料如 $NiFe_yO_x$ 和 Co-Mo 合金[253] 来催化两个半反应得到了 7.8% 的转化效率。考虑到 a-Si 太阳能电池自身的转化效率约为 10%，前述结果是十分令人印象深刻的。突出的是，对于前述第二种情形，在 1mol/LKOH 电解质和饮用水中都得到了优秀的长周期稳定性，尽管 a-Si 光伏电池并非物理浸没于电解质。利用略微不同的结构，即被 ITO 覆盖的三结 a-Si 电池被浸没于电解质，但是被环氧树脂封装，也得到了差不多的转化效率和优秀稳定性。由于 ITO 层被严苛的电解质快速地腐蚀（随后导致 Si 暴露于电解质），这一装置的稳定性十分差，但是之后通过沉积一层额外的 F- 掺杂的氧化锡（FTO）层，稳定性被显著提高了[254]。

更近期取得了一个显著的突破，即第一次在中性 pH 值条件下实现了有效的光伏驱动水分解。可在中性 pH 值条件下有效工作的一种新型且廉价的钴基（Co-Pi）WOC 的发展使得这种成果成为可能[37]。可在代替碱性条件的中性条件下操作这一事实，自然地在材料的选择上能允许稳定性和灵活性更高的材料；特别是地球储量充足的 NiMoZn 合金可被用于代替 Pt 用作析氢催化剂。在 21 世纪 10 年代早期，Steven Y. Reece 等报道了一种基于商业三结 a-Si 电池和廉价 Co-Pi 以及 NiMoZn 催化剂结合的水解电池，其在电线结构中产生了 4.7% 的太阳能—氢转化效率[169]。一个类似的无电线整体设备则只产生了 2.5% 的转化效率，因为其耐电解质性能提高了；在电线装置光伏电池中的光—电效率是 7.7%，在无电线装置则是 6.2%。甚至在海水中上述电池也被证明有出色的稳定性，这是 Co-Pi 催化剂特有的，可能与其修复机制有关[255]。因为这种独立无电线系统是基于地球储量充足的材料而且能在自然水和环境条件下有效率地工作，这种装置被称为人造叶，以此强调其和自然光合系统的相似性。Co-Pi WOC 也可以被沉积在晶体硅太阳能电池上来得到一个相似的设备；尽管晶体硅和 a-Si 电池总体上产生差不多的电压，但是晶体硅具有比 a-Si 更能抵抗高温的优点。上述的重要实际意义是沉积在晶体硅的 ITO 保护层的退火温度能被提高至 400℃，使得保护层更有效且设备的寿命显著延长[170]。至今为止，利用 Si 基吸收剂得到的效率都很有前景，但是依然有限且远远落后于利用Ⅲ-Ⅴ半导体得到的效率。最近的一项理论研究提出了一种改进的框架来建立整体的基于光伏的水分解电池模型，并令人惊讶地表明，如果光伏电池和电化学过程之间的结合被最优化，溶液电阻被最小化，并且使用高性能的催化剂，利用晶体硅可以实现高达16%的转化效率[256]。考虑到硅基光伏的相对低成本，这一数值令人震惊地接近利用GaAs太阳能电池能得到的最大转化效率；对于同一工作，后者的数值略高于18%。从商业角度和工程角度上看，向EC供电的简单光伏设备比较效率数值和相关投资回收期是很吸引人兴趣的。最后，将工艺选择引入商业领域时这些考虑将会发挥作用。

很明显，与地球储量充足的催化剂结合的硅基光伏在作为光驱动水分解的低成本备选材料上具有很好的前景。但是，目前利用相对稳定的设备得到的最高转化效率比其能够商业化所要求的一半还低。另外，利用Ⅲ-Ⅴ半导体已经论证了引人注目的效率；但是基于这类材料的设备在实际应用上是受限的，原因在于其有限的稳定性和非常高的成本。成本和效率处于a-Si和Ⅲ-Ⅴ半导体之间的一种吸收材料是CIGS。而且，通过简单改变In/Ga值，这种材料的带隙可以在1.0～1.7eV之间被轻易调整[257]；对于水分解这是一种非常重要的优点，因为可以根据实现电化学反应所需的驱动力来将带隙最优化。在距今很近的时间里，在整体的和电线结构的基于光伏的水分解电池中利用这种材料都被报道达到了10%的引人注目的太阳能—氢转化效率[258]。除了所使用的吸收材料之外，这项工作另一个有趣的理念是使用相互串联的电池代替多结堆叠来产生所需的电压。由于CIGS的小带隙，一个CIGS电池产生的电压不足以驱动水分解，因此需要3个电池串联。3个串联单元的设计通常在多结堆中会产生严重的约束和限制，而在这里使用的设计中，3个串联单元之间的电流匹配要求非常直接，由于3个电池并非堆叠在彼此的上部，而是并排放置，因此自然是得到了相同的光照。CIGS在水溶液环境中的不稳定性在此通过用玻璃和聚合物膜封装而被克服，而且该电池被宣称有可能通过5000h的稳定性测试[258]。这一系统的限制是两个电极是铂纳米颗粒覆盖的铂薄片；但是，已经有廉价的材料被证实具有与铂相当甚至更高的催化水还原和水氧化的活性（如在1.2.3节所描述的）。很明显，铟的稀缺性和CdS缓冲层的存在依然是使用CIGS的两个重要限制。另外，高效率的无Cd缓冲层如氧硫化锌[Zn（O，S）]已经被确定并实践于商业太阳能电池[259, 260]。而且，具有12%的振奋人心的光—电效率的吸收材料CZTS在短期内应该会被证实是一种CIGS的廉价替代品[261]。

即使使用DSSC，光伏驱动水解方法也被证明具有一般的转化效率。对于硅和CIGS电池，通常需要3个DSSC，尽管两个高电压的基于钴氧化还原对的DSSC就足以提供所需电压。在Park等的一份早期报告中报道了两个都是基于双极染料敏化TiO_2/Pt电池板的不同设计：一个设计由3个连接着的电池堆叠而成，其中光通量被引导为与电池平面成45°角；而另一个设计则简单地由3个连接着的电池并列组成。电流匹配在此又是明确的，因为所有的电池都被一样照射进而产生（在原则上）相同的光电流。第一个设计的太阳能转化效率是2.2%，而利用并列结构得到的效率则是3.7%[262]。两者的差别主要是因为利用第一种结构吸收的光量更低；即使当光不直接照进前方电池板，也能得到前述效率这一事实是DSSC所特有的，这使得它在低光亮条件下成为非常有前景的备选物。

最后，一种新型的小型基于光伏的水分解在近期被报道。在这个原创设计中，光伏吸收材料被制成纳米结构的颗粒悬浊于电解质中，然后被纳米多孔的阳极氧化铝膜保护起来以避免光腐蚀和短路，如此只有水氧化和水还原的催化剂被暴露于电解质中[263]。

1.3.5 染料敏化水分解

最近报道，一个太阳能分解水的方法是基于氧化物半导体的染料敏化的。与之前描述的体系相反，在这一方法中半导体材料不作为吸收剂，而是作为分子发色团的框架和电荷转移的中介物。尽管这种染料敏化的概念也可以被用于颗粒光催化剂，但至今为止它主要用于光电化学电池的背景下。在这种设计中，水解电池的结构完全和广为人知的 DSSC 类似，在 DSSC 中敏化氧化物作为光电阳极，惰性金属对电极作为阴极。DSSC 和染料敏化水解电池的根本区别在于，前者中的电解质包括持续再生的可逆氧化还原对，后者发生一种净化学变化：氧气在光电阳极析出而氢气在阴极析出。第一种电池被称为可再生的，而第二种被归类于光合成电池[80]。

这种水解电池与 DSSC 类似，也与光催化系统的情况类似，必须要克服一个主要的挑战，即在半导体和周围的电解质接触时，其表面不会有电场建立。这又是因为构成氧化物薄膜的颗粒太小而不能支持电场。这导致电荷再合并和不利的电子反向转移能够发生并严重限制这种设备的表现，除非采取一些特殊的设计原则来促进持续的电荷分离。在 DSSC 中，通过引入能够降低光激发染料氧化态的合适的氧化还原中介物（如 I_3^-/I^-），成功实现了抵抗再合并及反向电荷转移的有效动力学竞争。很明显，这在水分解的背景下是不可能的，其相关的氧化还原对是严格的 H^+/H_2 和 O_2/OH^-。因此，在染料敏化水解电池中要实现持续的电荷分离进而得到足够的能量转化效率，必须有非常快的水氧化/还原催化剂和一种能促进单向电荷转移的结构。

在约 20 年的时间里，Thomas E. Mallouk 小组是追求这两个目标的最活跃的团队。他们首先从生物系统中获得灵感，来设计一种能够单向电子转移且基于多层状固体装配结构的人工多组分电子转移链。第一代层状固体基于金属—有机磷酸盐（从无机染料和作为电子受体的甲基紫精中衍生出来），在多层结构中导致了较差的划分性和逐层的混合，进而导致了不足的单向电荷转移[264]。但是利用基于层状金属氧化物半导体（LMOS）（如钛铌酸盐）剥离层制作的二维层的第二代层状固体，得到了提高的划分性和单向电子转移性[265, 266]。通过利用 Pt 纳米颗粒将层状固体功能化，这一系统实现了 HI 分解[267]，而牺牲性的析氢最近在一个类似的光催化系统中实现了，该系统中作为电子中介物的铌酸盐纳米层代替了二维钛铌酸盐层[268]。Mallouk 小组的一个出色的综述总结了利用剥离的 LMOS 层在牺牲性析氢上的进展[269]。最近，甚至在染料敏化光催化系统中利用 [NiFeSe] – 氢化酶代替作为框架和电子中介物的铂和 TiO_2 也实现了牺牲性的析氢。引人注目的是，这一结构在生物系统中展示了非常好的稳定性，甚至在空气条件和太阳光照下也展示了好的稳定性[270, 271]。

利用染料敏化光电化学电池进行总水解是在21世纪头十年末期实现的。引人注目的是，这是利用一个简单的介孔 TiO_2 框架（类似于构建DSSC的框架）代替更复杂的多层LMOS层装配结构实现的。TiO_2 薄膜是被用共价连接作为WOC的水合 IrO_2 纳米颗粒的Ru基染料敏化的。得到的 TiO_2-Ru-感光剂-IrO_2 系统作为光电阳极和Pt对电极一同使用，在有偏压存在的条件下以0.9%的内部量子产率驱动水分解[50]。除了要求外部偏压之外，还有两个主要的缺点限制这一结构的表现：第一，一些染料分子没有被利用，因为它们没有被连接到 TiO_2 框架，而是连接到了复合催化剂颗粒上；第二，染料的激发态容易受催化剂的氧化状态所影响而终止。最近发展了一种解决以上两个问题的可能方法，即在染料和催化剂之间引入仿生的电子转移中继物。最近通过采用这种方法，超过2%的内部量子产率已经达到[272]。最后，这种系统的改性已经被发展起来，即用仿生的Mn-氧代集群代替贵金属催化剂，植入由敏化 TiO_2 负载的能产生光子的Nafion膜。这一系统显示能在没有外加偏压的条件下分解水，尽管光电流和稳定性都非常一般，但也已表明其结构的一个组成发生了光分解[273]。

尽管染料敏化水分解取得了显著的成果，但至今为止这些设备得到的转化效率都远远达不到实际应用的要求。这主要是由于持续的电荷再合并所决定的非常低的内部量子产率。为提高量子产率，依然需要更好的WOC且提高电荷分离。关于上述第一点，尽管最近在创新的和廉价的催化剂材料方面取得了成果，但是将 IrO_2 的效率显著提高似乎十分困难。与光电化学或光伏驱动水分解催化剂所需TOF简单地由从太阳光谱中可获得的电流密度所决定相反，在染料敏化水分解中，TOF必须要高得多，来和反向电子转移竞争。因此，尝试提高电荷分离成为更有前景的方法。最近一种核/壳结构显示能成为可能的途径，其中 TiO_2 颗粒被另一种大带隙氧化物，如 ZrO_2 或 Nb_2O_5（一种已经应用于DSSC的概念）所覆盖[274]。而且，正如R. Swierk和T. E. Mallouk所指出的，由于 TiO_2 的导带低，实现在没有偏压的条件下以可行的效率分解水必须有一个双吸收剂的Z-系统[275]。一个还未解决的更严峻的问题是稳定性：对于实际应用，需要 10^9 的TON，而目前的这一数值较之还低8个数量级。一部分原因是氧化的染料不稳定，在水溶液中有分解趋势。可以设想一个类似于发生在自然光合作用中的修复机制，但是从实际角度来看这非常具有挑战性。另外，已经有一种简单的保护策略被推出，其涉及用薄的绝缘层封装光氧化还原装配结构，这可能是最好的能被采用的方法[275]。但是，这里强调的问题是具有高度挑战性的，而且需要在最困难且互相竞争的不利条件下取得完全的成功。

1.4 结论和展望

在过去的40多年里，为实现利用阳光和半导体系统分解水已有多种方法被采用。

科学界已经为实现这一目标投入了巨大的努力,而这一目标毫无疑问地赢得了被称为化学"圣杯"的地位。这一荣誉也强调了可见光水分解技术将给社会带来的影响:氢,一种简单且能量高的燃料,可能在价格上具有竞争力且来源于最充足的可再生能源——太阳能。人类也相应地最终实现了以实际且持续的方式进行人工光合成的荣誉,这也在提醒我们自然光合作用在这个星球生命的起源和支持上的首要地位。以氢气的形式存在的能量被采集之后可以通过和足够的氧气合并而释放,而且这一反应的副产物又是水。从能量上表述,通过光电化学或光合成技术实现光解水可以被看作是电解水,但是没有实际向系统外部输出电子(电),否则就是光伏电池供电的电解水了。这种看法应该通过一个基本事实理解:即使科学家以高效的方式取得了化学的"圣杯",但将其放大成大规模操作系统则是另一个要完成的挑战。很明显,描述过的方法中没有一种已经到达这个阶段;但是,有一些方法显示出比其他的更接近这一目标。另外,经过40年的研究,多种方法共有的一些结论和研究方向可以被总结出来。

很明显,光伏驱动水分解和光电化学水分解是最有前景的方法,原因在于其转化效率和稳定性。有趣但可能不令人惊讶的是,这两种方法都包括一种整流结作为其"心脏"。这既可以是 SCLJ(如在光电化学设备中),也可以是两种半导体之间的结(如在光伏驱动水分解中),也可以是两种结的结合(如在混合叠层电池的情形中)。这些结在这些设备中是最重要的,因为它们在半导体材料中建立了电场,促进了被吸收的光子引起的光生电荷的分离。另外,光催化和染料敏化系统由于其包含的半导体颗粒尺寸原因,缺少工程师建立大型系统所需的电场。因此,这些方法要实现高效的电荷分离需要更复杂的技术。尽管已有不懈努力被投入,但这一困难尚未被克服,并且用这些种类的设备得到的能量转化效率还显著低于光电化学和光伏驱动的水分解所获得的效率。

在过去的几年里,基于光伏的系统和混合叠层电池作为水分解最有前景的技术出现了。在这两种情形中,都利用廉价金属氧化物(如 $BiVO_4$)和 a-Si 取得了 5% 的太阳能—氢转化效率。经常被视为商业化可行技术所需最小值的 10% 转化效率阈值已经通过利用更昂贵、更稀有的金属(如 CIGS)实现了。而且,超过 18% 的出色效率已经通过使用昂贵Ⅲ-Ⅴ半导体获得了;尽管这些材料的实际意义有限,但是这代表了一个重要的里程碑,论证了这些方法的可能性。虽然半导体氧化物如 Fe_2O_3 在实际应用中表现得足够稳定,但这些系统的长周期稳定性仍有待论证。硅基材料在水中且在光照下众所周知的不稳定性已经通过使用保形保护层得以显著缓和,而利用聚合物封装技术可以提供所需的长周期稳定性,只是还不够明确;这种方法已经在一些实例中被论证,而且可以应用于 a-Si、晶体 Si、CIGS 电池和 DSSC。这些技术从毒性和可扩展性等标准上看也显示出了很好的前景:使用的材料如 Fe_2O_3、$BiVO_4$ 和硅使得前者不会成为大问题,而相对可扩展性技术(如 Fe_2O_3 和 $BiVO_4$ 的喷雾热分解,或硅的化学蒸气沉积)通常被应用于这些材料的合成中。很明显,这些直接分解水的技术在系统成本和总体转化效率上最终相比于从光伏太阳能电池(直接或间接)供电的电解槽中生产氢气更有优势。有趣的是,对于可以直接利用太阳能分解水(受限于太阳光通量的固有限制)获得的较小电流密度的情形（这也导致用于析氢和析氧的过电位较低），在原理上利用这些技术确实能获得更高的效率。令人欣慰的是，这在20多年之前已被实践论证了[251]，该实践清楚地表明了整体太阳能水解电池的巨大可能性，尤其是对于分散发电。

相比于混合叠层电池和基于光伏的设备，光电阴极—光电阳极叠层设备的发展明显是滞后的，根本原因在于缺少高效和稳定的光电阴极材料。但是，在保护如 CuO_2 和 p–Si 等不稳定光电阴极材料方面，最近的进展表明，对光电阴极—光电阳极材料的兴趣可能会在不久的未来再次兴起。为了有效提高这些材料稳定性而使用的保护性的外层通常由原子层沉积制得；有必要指出，这种以传统形式存在的不适于高通量过程的技术最近被改进得能用于高通量过程，而且已被应用于 CIGS 电池缓冲层的大规模生产中。

光催化系统一定会成为一种简单且低成本的水分解技术。但不幸的是，这一方法表现得离实际应用还很遥远，其太阳能—氢转化效率目前比实际应用所需的低一个数量级以上。除此之外，这种方法至今为止得到的稳定性通常很差。一个引人注目的例外是 GaN：ZnO 纳米颗粒，其除了是最高效率的单步光催化系统之外，也已展示出极其有前景的稳定性。染料敏化水分解是取得"圣杯"的一种非常高雅的方法，该方法可以通过同时使用光催化和光电化学系统实现；但是，尽管在此领域已取得显著进步，但与这种方法相关的困难至今为止已经造成了非常低的转化效率和十分有限的稳定性。在 DSSC 中成功解决的（希望的）正向和（有害的）反向电子转移之间的微妙动力学竞争为使用这种系统进行复杂得多的水分解反应提供的可能性非常小。

不管以何种方法取得"圣杯"，过去几年那些令人印象深刻的成就都是在可见光捕获材料、纳米结构化构型和新型催化剂等方面的发展中取得的。在过去的5年里，一系列用于水氧化和水还原的高活性且地球储量充足的催化剂已被发展起来。多元氧化物、掺杂材料、固溶体、表面等离子、无序设计和其他带隙设计技术的发展已使得可获得的可见光采集材料的光谱得以扩展。高通量筛选方法和计算技术将在这种努力中起到重要作用。新型沉积技术已允许在高温下控制这些材料在纳米尺度的形态和组成，也允许构建复杂的装配结构来实现持续电荷分离并减少再合并。

而且，理论框架也已被发展起来，其指出了多种体系可实现的最大效率和各种限制系统效率的因素。还有最重要的是，其确定了为最优化目前的系统必须处理的临界损失机制。例如，早期的理论研究对于强调双吸收剂系统的巨大优势具有极高的重要性[226]；在这些研究约30年之后的现在，在实际应用上的显著可能性确实局限于双吸收剂体系或光催化 Z– 系统，或叠层光电化学电池。更近期，理论框架已经能够指出基于地球储量丰富的光伏的水分解技术出人意料的可能性并使人致力于实现这种可能性的未完成工作。特别是，至今为止，最优化水解电池的设计已将和溶液电阻相关的损失最小化的重要性被大大低估了。这一分析更令人惊讶的结论在于，基于晶体硅和钴催化剂的光伏的水解设备在用上述方法最优化之后可以得到 16% 的太阳能—氢转化效率[256]。到目前为止，尚不清楚用真实系统得到离该数值多近的结果。如果这一预测能够实现，我们一定能得出结论称"圣杯"是存在的且确实是能够得到的。

参考文献

[1] A.J. Bard and M. A. Fox, "Artificial Photosynthesis: Solar Splitting of Water to Hydrogen and Oxygen", *Acc. Chem. Res.*, vol. 28, no. 3, pp.141–145, 1995.

[2] R.E. Smalley, "Top Ten Problems of Humanity for Next 50 Years", *Energy & NanoTechnology Conference*, Rice University, Houston, TX, 2003.

[3] Core Writing Team, R. K. Pachauri, and A. Reisinger, *Climate Change 2007: Synthesis Report. Contribution of Working Groups* Ⅰ, Ⅱ *and* Ⅲ *to the Fourth Assessment Report of the Intergovernmental Panel on Climate Change*, IPCC, Geneva, 2007.

[4] J.A. Turner, "Sustainable Hydrogen Production", *Science*, vol. 305, no. 5686, pp. 972–974, 2004.

[5] A.E. Becquerel, "Mémoire sur les effets électriques produits sous l'influence des rayons solaires", *Comptes Rendus*, vol. 9, pp. 561–567, 1839.

[6] R.W. Gurney and N. F. Mott, "The Theory of the Photolysis of Silver Bromide and the Photographic Latent Image", *Proc. R. Soc. A Math. Phys. Eng. Sci.*, vol. 164, no. 917, pp. 151–167, 1938.

[7] G. Ciamician, "The Photochemistry of the Future", *Science*, vol. 36, no. 926, pp.385–94, 1912.

[8] H. Dau and I. Zaharieva, "Principles, Efficiency, and Blueprint Character of Solar-Energy Conversion in Photosynthetic Water Oxidation", *Acc. Chem. Res.*, vol. 42, no. 12, pp. 1861–1870, 2009.

[9] Y.-C. Cheng and G. R. Fleming, "Dynamics of Light Harvesting in Photosynthesis", *Annu. Rev. Phys. Chem.*, vol. 60, pp. 241–262, 2009.

[10] D.R. Turner, "The Anode Behavior of Germanium in Aqueous Solutions", *J. Electrochem. Soc.*, vol. 103, no. 4, p.252, 1956.

[11] D.M. Chapin, C. S. Fuller, and G. L. Pearson, "A New Silicon p-n Junction Photocell for Converting Solar Radiation into Electrical Power", *J. Appl. Phys.*, vol. 25. no. 5, p.676, 1954.

[12] S.C. Markham, "Photocatalytic Properties of Oxides", *J. Chem. Educ.*, vol. 32, no. 10, p. 540, 1955.

[13] P.J. Boddy, "Oxygen Evolution on Semiconducting TiO_2", *J. Electrochem. Soc.*, vol. 115, no. 2, p. 199, 1968.

[14] J.F. Dewald, "The Charge Distribution at the Zinc Oxide-Electrolyte Interface", *J. Phys. Chem. Solids*, vol. 14, pp. 155–161, 1960.

[15] S.R. Morrison, "Chemical Role of Holes and Electrons in ZnO Photocatalysis", *J. Chem. Phys.*, vol. 47, no. 4, p. 1543, 1967.

[16] W.P. Gomes, T. Freund, and S. R. Morrison, "Chemical Reactions Involving Holes at

the Zinc Oxide Single Crystal Anode", *J. Electrochem. Soc.*, vol. 115, no. 8, p. 818. 1968.

[17] R.Williams, "Becquerel Photovoltaic Effect in Binary Compounds", *J. Chem. Phys.*, vol. 32, no. 5, p. 1505. 1960.

[18] R. Memming and G. Schwandt, "Electrochemical Properties of Gallium Phosphide in Aqueous Solutions", *Electrochim. Acta*, vol. 13, no.6, pp.1299–1310, 1968.

[19] H. Gerischer, "Über den Ablauf von Redoxreaktionen an Metallen und an Halbleitern", *Zeitschrift fir Phys. Chemie*, vol. 26, no. 3_4, pp. 223–247, 1960.

[20] H. Gerischer, "Über den Ablauf von Redoxreaktionen an Metallen und an Halbleitern", *Zeitschrift für Phys. Chemie*, vol. 27, no.1_2, pp.48–79, 1961.

[21] H. Gerischer and W. Mindt, "The Mechanisms of the Decomposition of Semiconductors by Electrochemical Oxidation and Reduction", *Electrochim. Acta*, vol. 13, no. 6,pp.1329–1341, 1968.

[22] H. Gerischer, "Electrochemical Photo and Solar Cells Principles and Some Experiments", *J. Electroanal. Chem. Interfacial Electrochem.*, vol. 58, no. I, pp.263–274, 1975.

[23] H. Gerischer and H. Tributsch, "Electrochemical Studies on the Spectral Sensitization of Zine Oxide Single Crystals", *Berichte der Bunsengesellschaf für Phys. Chemie*, vol. 72, p. 437, 1968

[24] H. Gerischer, "Solar Photoeletrolysis with Semiconductor Electrodes", in *Topics in Applied Physics (Vol. 31)—Solar Energy Conversion*, B. O. Seraphin, Ed. Berlin:Springer-Verlag, 1979.

[25] A. Fujishima and K. Honda, "Electrochemical Photolysis of Water at a Semiconductor Electrode", *Nature*, vol. 238, no.5358, pp.37-38, 1972.

[26] H. Kallmann and M. Pope. "Decomposition of Water by Light", *Nature,* vol. 188, no. 4754, pp. 935–936, 1960.

[27] P.A. Kohl and A. J. Bard, "Semiconductor Electrodes. 13. Characterization and Behavior of n-Type Zinc Oxide, Cadmium Sulfide, and Gallium Phosphide Electrodes in Acetonitrile Solutions", *J. Am. Chem. Soe.*, vol. 99, no. 23, pp. 7531–7539,1977.

[28] P. A. Kohl, "Semiconductor Electrodes", *J. Electrochem. Soc.*, vol. 126, no. 1,p.59, 1979.

[29] P. A. Kohl, "Semiconductor Electrodes", *J. Electrochem. Soc.*, vol. 126, no. 4, p.598,1979.

[30] R. E. Malpas, K. Itaya, and A. J. Bard, "Semiconductor Electrodes. 20. Photogeneration of Solvated Electrons on p-Type Gallium Arsenide Electrodes in Liquid Ammonia", *J. Am. Chem. Soc.*, vol. 101, no. 10, pp. 2535–2537, 1979.

[31] R. N. Dominey,N. S. Lewis, and M. S. Wrighton, "Fermi Level Pinning of p-Type Semiconducting Indium Phosphide Contacting Liquid Electrolyte Solutions: Rationale for Effcient Photoelectrochemieal Energy Conversion", *J. Am. Chem. Soc.*, vol. 103, no.5, pp. 1261–1263,1981.

[32] C. M. Gronet, "n-Type GaAs Photoanodes in Acetonitrile: Design of a 10.0% Efficient Photoelectrode", *Appl. Phys. Lett.*, vol. 43, no. l, p. 115, 1983.

[33] M.J. Heben, A. Kumar, C. Zheng, and N. S. Lewis, "Efficient Photovoltaic Devices for InP Semiconductor/Liquid Junctions", *Nature*, vol. 340, no. 6235, pp. 621–623.1989.

[34] D. S. Ginley, "Interfacial Chemistry at p-GaP Photoelectrodes", *J. Electrochem. Soc.*, vol. 129, no. 9, p. 2141, 1982.

[35] O. Khaselev and J.A. Turner, "A Monolithic Photovoltaic-Photoelectrochemical Device for Hydrogen Production via Water Spliting", *Science*, vol. 280, no. 5362, pp.425–427, 1998.

[36] B. C. O'Regan and M. Grätzel, "A Low-Cost, High-Efficiency Solar Cell Based on Dye-Sensitized Colloidal TiO_2 Films", *Nature*, vol. 353, no. 6346, pp. 737–740, 1991.

[37] M. W. Kanan and D. G. Nocera, "In Situ Formation of an Oxygen-Evolving Catalyst in Neutral Water Containing Phosphate and Co^{2+}", *Science*, vol.321, no.5892, pp.1072–1075, 2008.

[38] A. J. Nozik and R. Memming, "Physical Chemistry of Semiconductor-Liquid Interfaces", *J. Phys. Chem.*, vol. 100, no. 31, pp.13061–13078, 1996.

[39] A. J. Nozik, "Photoelectrochemistry: Applications to Solar Energy Conversion", *Annu. Rev. Phys. Chem.*, pp. 189–222, 1978.

[40] K. Rajeshwar, P. Singh, and J. DuBow, "Energy Conversion in Photoelectrochemical Systems— A Review", *Electrochim. Acta*, vol. 23, no. 11, pp.1117–1144, 1978.

[41] R. A. Marcus, "On the Theory of Oxidation-Reduction Reactions Involving Electron Transfer. I", *J. Chem. Phys.*, vol. 24, no. 5, p.966, 1956.

[42] K. Rajeshwar, "Hydrogen Generation at Irradiated Oxide Semiconductor- Solution Interfaces", *J. Appl. Electrochem.*, vol. 37, no. 7, pp. 765-787, 2007.

[43] O. K. Varghese and C. A. Grimes, "Appropriate Strategies for Determining the Photoconversion Efficiency of Water Photoelectrolysis Cells: A Rcview with Examples Using Titania Nanotube Array Photoanodes", *Sol. Energy Mater. Sol. Cells*, vol. 92, no.4, pp. 374–384, 2008.

[44] Z.Chen, T. F. Jaramillo, T. G. Deutsch, A. Kleiman-Shwarsctein, A. J. Forman, N. Gaillard, R. Garland et al., "Accelerating Materials Development for Photoelectrochemical Hydrogen Production: Standards for Methods, Definitions, and Reporting Protocols," *J. Mater. Res.*, vol. 25, no. I, pp.3–16, 2011.

[45] M. A. Butler and D. S. Ginley, "Principles of Photoelectrochemical, Solar Energy Conversion", *J. Mater. Sci.*, vol. 15, no. 1, pp. 1–19, 1980.

[46] A. Yella, H.-W. Lee, H. N. Tsao, C. Yi, A. K. Chandiran, M. K. Nazeeruddin, E. W.-G. Diau, C.-Y. Yeh, S. M. Zakeeruddin, and M. Grätzel, "Porphyrin-Sensitized Solar Cells with Cobalt (Ⅱ/Ⅲ)-Based Redox Electrolyte Exceed 12 Percent Efficiency", *Science*, vol. 334, no.6056,

pp. 629–634, 2011.

[47] H. Vogel, "Ueber die Lichtempfindlichkeit des Bromsilbers für die sogenannten chemisch unwirksamen Farben", *Berichte der Dtsch. Chem. Gesellschaft*, vol. 6, no. 2, pp. 1302–1306, 1873.

[48] J. Moser, "Notiz über Verstärkung photoelektrischer Ströme durch optische Sensibilisirung", *Monatshefte für Chemie*, vol. 8, no.1, p. 373, 1887.

[49] D. Gust, T. A. Moore, and A. L. Moore, "Realizing Artificial Photosynthesis", *Faraday Discuss.*, vol. 155, p.9, 2012.

[50] W. J. Youngblood, S.-H. A. Lee, Y. Kobayashi, E. A. Hernandez-Pagan, P. G. Hoertz, T. A Moore, A. L. Moore, D. Gust, and T. E. Mallouk, "Photoassisted Overall Water Splitting in a Visible Light-Absorbing Dye-Sensitized Photoelectrochemical Cell", *J. Am. Chem. Soc.*, vol. 131, no. 3, pp. 926–927, 2009.

[51] F. Lakadamyali, M. Kato, and E. Reisner, "Colloidal Metal Oxide Particles Loaded with Synthetie Catalysts for Solar H_2 Production", *Faraday Discuss.*, vol. 155, p.191, 2012.

[52] Y. Il Kim, S. W. Keller, J. S. Krueger, E. H. Yonemoto, G. B. Saupe, and T. E. Mallouk, "Photochemical Charge Transfer and Hydrogen Evolution Mediated by Oxide Semiconductor Particles in Zeolite-Based Molecular Assemblies", *J. Phys. Chem. B*, vol. 101, no. 14, pp.2491–2500, 1997.

[53] K. Maeda, M. Eguchi, W. J. Youngblood, and T. E. Mallouk, "Niobium Oxide Nanoscrolls as Building Blocks for Dye-Sensitized Hydrogen Production from Water under Visible Light Irradiation", *Chem. Mater.*, vol. 20, no. 21, pp. 6770–6778, 2008.

[54] P. Wang, B. Huang, Y. Dai, and M.-H. Whangbo, "Plasmonic Photocatalysts: Harvesting Visible Light with Noble Metal Nanoparticles", *Nanoscale*, vol. 14, no. 28, pp.9813–9825, 2012.

[55] S. C. Warren and E. Thimsen, "Plasmonic Solar Water Splitting", *Energy Environ. Sci.*, vol.5, no.1, p.5133, 2012.

[56] S. Linic, P. Christopher, and D. B. Ingram, "Plasmonic-Metal Nanostructures for Efficient Conversion of Solar to Chemical Energy", *Nat. Mater.*, vol. 10, no. 12, pp. 911–921, 2011.

[57] Y. Tian and T. Tatsuma, "Plasmon-Induced Photoelectrochemistry at Metal Nanoparticles Supported on Nanoporous TiO_2", *Chem. Commun. (Camb).*, vol. 21, no.16, pp. 1810–1811, 2004.

[58] J. S. Jang, K. Y. Yoon, X. Xiao, F.-R. F. Fan, and A. J. Bard, "Development of a Potential Fe_2O_3 - Based Photocatalyst Thin Film for Water Oxidation by Scanning Electrochemical Microscopy: Effects of Ag- Fe_2O_3 Nanocomposite and Sn Doping", *Chem. Mater.*, vol.21, no. 20, pp. 4803–4810, 2009.

[59] E. Thimsen, F. Le Formal, M. Grätzel, and S. C. Warren, "Influence of Plasmonic Au

Nanoparticles on the Photoactivity of Fe_2O_3 Electrodes for Water Spitting", *Nano Lett.*, vol.11, no.1, pp.35–43, 2011.

[60] I.Thomann, B.A. Pinaud, Z. Chen, B. M. Clemens,T. F. Jaramillo, and M. L. Brongersma, "Plasmon Enhanced Solar-to-Fuel Energy Conversion", *Nano Lett.*, vol. 11, no.8, pp. 3440–3446, 2011.

[61] D. B. Ingram and S. Linic, "Water Splitting on Composite Plasmonic-Metal/ Semiconductor Photoelectrodes: Evidence for Selective Plasmon-Induced Formation of Charge Carriers Near the Semiconductor Surface", *J. Am. Chem.* Soc., vol. 133, no. 14, pp. 5202–5205, 2011.

[62] D. B. Ingram, P. Christopher, J. L. Bauer, and S. Linic, "Predictive Model for the Design of Plasmonic Metal/ Semiconductor Composite Photocatalysts", *ACS Catal.*, vol. 1, .no. l0, pp. 1441–1447, 2011.

[63] Z. Liu, W. Hou, P. Pavaskar, M. Aykol, and S. B. Cronin, "Plasmon Resonant Enhancement of Photocatalytic Water Spitting under Visible Ilumination", *Nano Lett.*,vol. 11, no. 3, pp. 1111–1116, 2011.

[64] C. G. Silva, R. Juárez, T. Marino, R. Molinari, and H. García, "Influence of Excitation Wavelength (UV or Visible Light) on the Photocatalytic Activity of Titania Containing Gold Nanoparticles for the Generation of Hydrogen or Oxygen from Water", *J. Am.Chem. Soc.*, vol. 133, no. 3, pp. 595–602, 2011.

[65] A. Primo, T. Marino, A. Corma, R. Molinari, and H. García, "Efficient Visible-Light Photocatalytic Water Splitting by Minute Amounts of Gold Supported on Nanoparticulate CeO_2 Obtained by a Biopolymer Templating Method", *J. Am. Chem. Soc.*, vol. 133,no.18, pp.6930–6933, 2011.

[66] T. Torimoto, H. Horibe, T. Kameyama, K. Okazaki, S. Ikeda, M. Matsumura, A. Ishikawa, and H. Ishihara, "Plasmon-Enhanced Photocatalytic Activity of Cadmium Sulfide Nanoparticle Immobilized on Silica-Coated Gold Particles", *J. Phys. Chem. Lett.*, vol. 2, no.16, pp.2057–2062, 2011.

[67] R. Solarska, A. Królikowska, and J. Augustynski, "Silver Nanoparticle Induced Photocurrent Enhancement at WO_3 Photoanodes", *Angew. Chem. Int. Ed. Engl*, vol. 49, no.43, pp.7980–7983, 2010.

[68] S. Rehman, R. Ullah, A. M. Butt, and N. D. Gohar, "Strategies of Making TiO_2 and ZnO Visible Light Active", *J. Hazard. Mater.*, vol. 170, no. 2/3, pp. 560–569, 2009.

[69] S. G. Kumar and L. G. Devi, "Review on Modified TiO_2 Photocatalysis under UV/ Visible Light: Selected Results and Related Mechanisms on Interfacial Charge Carrier Transfer Dynamies", *J. Phys. Chem. A*, vol. 115, no. 46, pp. 13211–13241, 2011.

[70] X. Z. Fujishima and D. Tryk, "TiO_2 Photocatalysis and Related Surface Phenomena", *Surf. Sci. Rep.*, vol. 63, no.12, pp. 515–582, 2008.

[71] R. Asahi, T. Morikawa, T. Ohwaki, K. Aoki, and Y. Taga, "Visible-Light Photocatalysis in Nitrogen-Doped Titanium Oxides", *Science*, vol. 293, pp. 269–271, 2001.

[72] C. Hägglund, M. Grätzel, and B. Kasemo, "Comment on Efficient Photochemical Water Splitting by a Chemically Modified n-TiO_2' (II)", *Science*, vol. 301, no. 5640, p. 1673; discussion 1673, 2003.

[73] E. M. Neville, M. J. Mattle, D. Loughrey, B. Rajesh, M. Rahman, J. M. D. MacElroy, J. A. Sullivan, and K. R. Thampi, "Carbon-Doped TiO_2 and Carbon, Tungsten-Codoped TiO_2 through Sol-Gel Processes in the Presence of Melamine Borate: Reflections through Photocatalysis", *J. Phys. Chem. C*, vol. 116, no. 31, pp. 16511–16521, 2012.

[74] Y. Park, W. Kim, H. Park, T. Tachikawa, T. Majima, and W. Choi, "Carbon-Doped TiO_2 Photocatalyst Synthesized without Using an External Carbon Precursor and the Visible Light Activity", *Appl. Catal. B Environ.*, vol. 91, no. 1/2, pp. 355–361, 2009.

[75] M. Ni, M. K. H. Leung, D. Y. C. Leung, and K. Sumathy, "A Review and Recent Developments in Photocatalytic Water-pitting Using TiO_2 for Hydrogen Production", *Renew. Sustain. Energy Rev.*, vol. 11, no. 3, pp. 401–425, 2007.

[76] G. Liu, L-C. Yin, J. Wang, P. Niu, C. Zhen, Y. Xie. and H.-M. Cheng, "A Red Anatase TiO_2 Photocatalyst for Solar Energy Conversion", *Energy Environ. Sci.*, vol. 5, no. 11, p. 9603, 2012.

[77] W.-J. Yin, H. Tang, S.-H. Wei, M. M. Al-Jassim, J. A. Turner, and Y. Yan, "Band Structure Engineering of Semiconductors for Enhanced Photoelectrochemical Water Splitting: The Case of TiO_2", *Phys. Rev. B*, vol. 82, no. 4, p. 045106, 2010.

[78] J. Tang, A. J. Cowan, J. R. Durrant, and D. R. Klug, "Mechanism of O_2 Production from Water Splitting: Nature of Charge Carriers in Nitrogen Doped Nanocrystalline TiO_2 Films and Factors Limiting O_2 Production", *J. Phys. Chem. C*, vol. 115, no. 7, pp. 3143–3150, 2011.

[79] X. Zong, C. Sun, H. Yu, Z. G. Chen, Z. Xing, D. Ye, G. Q. M. Lu, X. Li, and L. Wang, "Activation of Photocatalytic Water Oxidation on N-Doped ZnO Bundle-Like Nanoparticles under Visible Light", *J. Phys. Chem. C*, vol. 117, no. 10, pp. 4937–4942, 2013.

[80] M. Grätzel, "Photoelectrochemical Cells", *Nature*, vol. 414, no. 6861, pp. 338–344, 2001.

[81] C. Liu, N. P. Dasgupta, and P. Yang, "Semiconductor Nanowires for Artificial Photosynthesis", *Chem. Mater.*, p. 131002125040005, 2013.

[82] Z. Zhang and P. Wang, "Optimization of Photoelectrochemical Water Splitting Performance on Hierarchical TiO_2 Nanotube Arrays", *Energy Environ. Sci.*, vol. 5, no. 4, p. 6506, 2012.

[83] X. Feng, K. Shankar, O. K. Varghese. M. Paulose, T. J. Latempa, and C. A. Grimes, "Vertically Aligned Single Crystal TiO_2 Nanowire Arrays Grown Directly on Transparent Conducting Oxide Coated Glass: Synthesis Details and Applications", *Nano Lett.*, vol. 8, no. 11, pp.

3781-3786, 2008.

[84] G. Wang, H. Wang, Y. Ling, Y. Tang, X. Yang, R. C. Fitzmorris, C. Wang, J. Z. Zhang, and Y. Li, "Hydrogen-Treated TiO_2 Nanowire Arrays for Photoelectrochemical Water Splitting", *Nano Lett.*, vol. 11, no.7, pp. 3026-3033, 2011.

[85] S. W. Boettcher, J. M. Spurgeon, M. C. Putnam, E. L Warren, D. B. Turmer-Evans, M. D. Kelzenberg, J. R. Maiolo, H. A. Atwater, and N. S. Lewis, "Energy-Conversion Properties of Vapor-Liquid-Solid-Grown Silicon Wire-Array Photocathodes", *Science*, vol. 327, no. 5962, pp.185-187, 2010.

[86] Y. J. Hwang, A. Boukai, and P. Yang. "High Density n-Si/n-TiO_2 Core/Shell Nanowire Arrays with Enhanced Photoactivity", *Nano Lett.*, vol. 9, no. 1, pp.410-415, 2009.

[87] C. Liu, J. Tang. H. M. Chen, B. Liu, and P. Yang, "A Fully Integrated Nanosystem of Semiconductor Nanowires for Direct Solar Water Splitting", *Nano Lett.*, vol. 13, no.6, pp.2989-2992, 2013.

[88] K. Sun, Y. Jing, C. Li, X. Zhang, R. Aguinaldo, A. Kargar, K. Madsen et al., "3D Branched Nanowire Hcterojunction Photoelectrodes for High-Efficiency Solar Water Splitting and H_2 Generation", *Nanoscale.* vol. 4, no. 5, pp.1515-1521, 2012.

[89] G. K. Mor, H. E. Prakasam, O. K. Varghese, K. Shankar, and C. A. Grimes, "Vertically Oriented Ti-Fe-O Nanotube Array Films: Toward a Useful Material Architecture for Solar Spectrum Water Photoelectrolysis ", *Nano Lett.*, vol. 7. no. 8, pp. 2356-2364, 2007.

[90] Y. Cong, H. S. Park, S. Wang, H. X. Dang, F. F. Fan, C. B. Mullins, and A. J. Bard, "Synthesis of Ta3N5 Nanotube Arrays Modified with Electrocatalysts for Photoelectrochemical Water Oxidation", *J. Phys. Chem. C*, vol. 116, no. 27, pp. 14541-14550, 2012.

[91] H. X. Dang. N. T. Hahn, H. S. Park, A. J. Bard, and C. B. Mullins, "Nanostructured Ta3N5 Films as Visible-Light Active Photoanodes for Water Oxidation", *J. Phys. Chem.C*, vol. 116, no. 36, pp.19225-19232, 2012.

[92] J. Y. Kim. G. Magesh, D. H. Youn, J.-W. Jang, J. Kubota, K. Domen, and J. S. Lee, "Single-Crystalline, Wormlike Hematite Photoanodes for Efficient Solar Water Spiting", *Sci. Rep.*, vol. 3, p. 2681, 2013.

[93] A. Kay, I. Cesar, and M. Grätzel, "New Benchmark for Water Photooxidation by Nanostructured Alpha-Fe_2O_3 Films", *J. Am. Chem. Soc.*, vol. 128, no. 49, pp. 15714-15721. 2006.

[94] S. D. Tilley, M. Cornuz, K. Sivula, and M. Grätzel, "Light-Induced Water Splitting with Hematite: Improved Nanostructure and Iridium Oxide Catalysis", *Angew. Chem. Int. Ed. Engl.*, vol. 49, pp. 6405-6408, 2010.

[95] D. Wang. T. Hisatomi, T. Takata, C. Pan, M. Katayama, J. Kubota, and K. Domen, "Core/ Shell Photocatalyst with Spatially Separated Co-Catalysts for Efficient Reduction and

Oxidation of Water", *Angew. Chem. Int. Ed. Engl.*, vol. 52, no. 43, pp. 11252–11256, 2013.

[96] D. M. Kaschak, S. A. Johnson, C. C. Waraksa, J. Pogue, and T. E. Mallouk, "Artificial Photosynthesis in Lamellar Assemblies of Metal Poly(pyridyl) Complexes and Metalloporphyrins", *Coord. Chem. Rev*, vol. 185–186, pp. 403–416, 1999.

[97] P. G. Hoertz and T. E. Mallouk, "Light-to-Chemical Energy Conversion in Lamellar Solids and Thin Films", *Inorg. Chem.*, vol. 44, no. 20, pp.6828-6840, 2005.

[98] K. Sivula, F. Le Formal, and M. Grätzel, "WO_3-Fe_2O_3 Photoanodes for Water Splitting: A Host Scaffold, Guest Absorber Approach", *Chem. Mater.* vol. 21, no. 13, pp. 2862–2867, 2009.

[99] T. Hisatomi, J. Brillet, M. Cornuz, F. Le Formal, N. Tétreault, K. Sivula, and M. Grätzel, "A Ga_2O_3, Underlayer as an lsomorphic Template for Ultrathin Hematite Films toward Efficient Photoelectrochemical Water Splitting", *Faraday Discuss.*, vol. 155, p.223, 2012.

[100] M. Stefik, M. Cornuz, N. Mathews, T. Hisatomi, S. Mhaisalkar, and M. Grätzel, "Transparent, Conducting Nb:SnO_2 for Host-Guest Photoelectrochemistry", *Nano Lett.*,vol. 12, no. 10, pp.5431–5435, 2012.

[101] F. F. Abdi, L. Han, A. H. M. Smets, M. Zeman, B. Dam, and R. van de Krol, "Efficient Solar Water Splitting by Enhanced Charge Separation in a Bismuth Vanadate-Silicon Tandem Photoelectrode", *Nat. Comumun.*, vol. 4, p. 2195, 2013.

[102] X. Chen, L.Liu, P. Y. Yu, and S. S. Mao, "Increasing Solar Absorption for Photocatalysis with Black Hydrogenated Titanium Dioxide Nanoerystals", *Science*, vol. 331, no. 6018,pp. 746–750, 2011.

[103] K. Maeda, K. Teramura, D. Lu,T. Takata, N. Saito, Y. Inoue, and K. Domen, "Photocatalyst Releasing Hydrogen from Water", *Nature*, vol. 440, no. 7082, p. 295, 2006.

[104] C. Aprile, A. Corma, and H. Garcia, "Enhancement of the Photocatalytic Activity of TiO_2 through Spatial Structuring and Particle Size Control: From Subnanometric to Submillimetric Length Scale", *Phys. Chem. Chem. Phys.*, vol. 10, no. 6, pp.769–783,2008.

[105] H. Dotan, O. Kfir, E. Sharlin, O. Blank, M. Gross, I. Dumchin, G. Ankonina, and A. Rothschild, "Resonant Light Trapping in Ultrathin Films for Water Splitting", *Nat. Mater.*, vol. 12, no. 2,pp. 158–164, 2013.

[106] G. I. N. Waterhouse, A. K. Wahab, M. Al-Oufi, V. Jovic, D. H. Anjum, D. Sun-Waterhouse, J. Llorca, and H. Idriss, "Hydrogen Production by Tuning the Photonic Band Gap with the Electronic Band Gap of TiO_2", *Sci. Rep.*, vol. 3, p.2849, 2013.

[107] L.J. Heidt and A. F. McMillan, "Conversion of Sunlight into Chemical Energy

Available in Storage for Man's Use", *Science*, vol. 117. no. 3030, pp. 75–76, 1953.

[108] L. J. Heidt and A. F. McMillan, "Influence of Perchloric Acid and Cerous Perchlorate upon the Photochemical Oxidation of Cerous to Ceric Perchlorate in Dilute Aqueous Perchloric Acid", *J. Am. Chem. Soc.* vol. 76, no. 8, pp. 2135–2139, Apr. 1954.

[109] J. Kiwi and M. Grätzel, "Oxygen Evolution from Watervia Redox Catalysis", *Angew. Chemie Int. Ed. English*, vol. 17, no. I1, pp. 860–861, 1978.

[110] W. Vonach and N.Getoff, "Photocatalytie Splitting of Liquid Water by n-TiO_2 Suspension", *Zeitschrift für Naturforsch.* A, vol. 36a, p. 876, 1981.

[111] G. N. Schrauzer and T. D. Guth, "Hydrogen Evolving Systems. 1. The Formation of Molecular Hydrogen from Aqueous Suspensions of Iron(II) Hydroxide and Reactions with Reducible Substrates, Including Molecular Nitrogen", *J. Am. Chem. Soc.*, vol. 98, no.12, pp. 3508–3513, 1976.

[112] T. Kawai and T. Sakata, "Hydrogen Evolution from Water Using Solid Carbon and Light Energy", *Nature*, vol. 282, 1979.

[113] T. Kawai and T. Sakata, "Photocatalytic Decomposition of Gaseous Water over TiO_2 and TiO_2-RuO_2 Surfaces", *Chem. Phys. Lett.*, vol. 72, no. 1, pp. 87–89, 1980.

[114] S. Sato, "Photocatalytic Water Decomposition and Water-Gas Shift Reactions over NaOH-Coated, Platinized TiO_2", *J. Catal.*, vol. 69, no. 1, pp. 128–139, 1981.

[115] K. R. Thampi, M. S. Rao, W. Schwarz, M. Grätzel, and J. Kiwi, "Preparation of $SrTiO_3$ by Sol–Gel Techniques for the Photoinduced Production of H_2 and Surface Peroxides from Water", *J. Chem. Soc. Faraday Trans. 1 Phys. Chem. Condens. Phases*, vol. 84, no.5. p.1703, 1988.

[116] A. V. Bulatov and M. L. Khidekel', "Decomposition of Water Exposed to UV Light in the Presence of Platinized Titanium Dioxide", *Bull. Acad. Sci. USSR Div. Chem. Sci.*, vol. 25, no. 8, p.1794, 1976.

[117] J. M. Lehn, J. P Seuvage, R. Zlessel, and L. Hilaire, "Water Photolysis by UV Irrdiation of Rhodium Loaded Strontium Titanate Catalysts. Relation between Catalytie Activity and Nature of the Deposit from Combined Photolysis and ESCA Studies", *Isr. J. Chem.*, vol. 22, no. 2, pp.168–172, 1982.

[118] E. Borgarello, J. Kiwi, E. Pelizzetti, M. Visca, and M. Grätzel, "Photochemical Cleavage of Water by Photocatalysis", *Nature*, vol. 289, no. 5794, pp. 158–160, 1981.

[119] M. G. Walter, E. L. Warren, J. R. McKone, S. W. Beottcher, Q. Mi, E. A. Santori, and N. S. Lewis, "Solar Water Spitting Cells", *Chem. Rev.*, vol. 110, no.11, pp.6446–6473, 2010.

[120] B. E. Conway and J. O. M. Bockris, "The Adsorption of Hydrogen and the

Mechanism of the Electrolytic Hydrogen Evoluton Reaction", *Naturwissenschaften*, vol. 43, no.19, p.446, 1956.

[121] P. Sabatier, "Hydrogénations et déshydrogénations par catalyse", *Berichte der Dtsch. Chem. Gesellschaf*, vol. 44, no. 3, pp.1984−2001, 1911.

[122] A. Balandin, "Modern State of the Multiplet Theory of Heterogeneous Catalysis", *Adv. Catal.*, vol. 19, pp. 1−210, 1969.

[123] S. Trasatti, "Work Function. Electronegativity, and Electrochemical Behaviour of Metals", *J. Electroanal. Chem. Interfacial Electrochem.*, vol. 39, no. l, pp. 163−184. 1972.

[124] H. Gerischer, "Mechanismus der Elektrolytischen Wassersoffabscheidung und Adsorptionsenergie von Atomarem Wasserstoff", *Bull. des Sociétés Chim. Belges.*, vol. 67, no.7/8, pp. 506−527, 2010.

[125] R. Parsons, "The Rate of Electrolytic Hydrogen Evolution and the Heat of Adsorption of Hydrogen", *Trans. Faraday Soc.*, vol. 54, p.1053, 1958.

[126] J. K. Nørskov, T. Bligaard, A. Logadotir, J. R. Kitchin, J. G. Chen, S. Pandelov, and U. Stimming, "Trends in the Exchange Current for Hydrogen Evolution", *J. Electrochem. Soc.*, vol. 152, no. 3, p. J23, 2005.

[127] J. Greeley, T. F. Jaramillo, J. Bonde, I. B. Chorkendorff, and J. K. Nørskov, "Computational High−Throughput Screening of Electrocatalytic Materials for Hydrogen Evolution", *Nat. Mater.*, vol. 5, no. 11, pp. 909−913, 2006.

[128] N. P. Dasgupta, C. Liu, S. Andrews, F. B. Prinz, and P. Yang, "Atomic Layer Deposition of Platinum Catalysts on Nanowire Surfaces for Photoelectrochemical Water Reduction", *J. Am. Chem. Soc.*, vol. 135, no. 35, pp. 12932−12935, 2013.

[129] E. Navarro-Flores, Z. Chong, and S. Omanovic, "Characterization of Ni, NiMo, NiW and NiFe Electroactive Coatings as Electrocatalysts for Hydrogen Evolution in an Acidic Medium", *J. Mol. Catal. A Chem.*, vol. 226, no. 2, pp.179−197, 2005.

[130] H. Over, "Surface Chemistry of Ruthenium Dioxide in Heterogeneous Catalysis and Electrocatalysis: From Fundamental to Applied Research", *Chem. Rev.*, vol. 112, no. 6, pp.3356−3426, 2012.

[131] S. D. Tilley, M. Schreier, J. Azevedo, M. Stefik, and M. Grätzel, "Ruthenium Oxide Hydrogen Evolution Catalysis on Composite Cuprous Oxide Water-Splitting Photocathodes", *Adv. Funct. Mater.*, vol. 24, no. 3, pp.303−311.

[132] S. Fukuzumi and Y. Yamada, "Catalytic Activity of Metal- Based Nanoparticles for Photocatalytic Water Oxidation and Reduction", *J. Mater. Chem.*, vol. 22, no. 46, p. 24284, 2012.

[133] N. Zhang, S. Liu, and Y.-J. Xu, "Recent Progress on Metal Core@ Semiconductor

[133 cont.] Shell Nanocomposites as a Promising Type of Photocatalyst", *Nanoscale*, vol. 4, no. 7, pp. 2227–2238, 2012.

[134] W. Jaegermann and H. Tributsch, "Interfacial Properties of Semiconducting Transition Metal Chalcogenides", *Prog. Surf. Sci.*, vol. 29, no. 1/2, pp. I–167, 1988.

[135] B. Hinnemann, P. G. Moses, J. Bonde, K. P. Jørgensen, J. H. Nielsen, S. Horch, I. Chorkendorff, and J. K. Nørskov, "Biomimetic Hydrogen Evolution: MoS_2 Nanoparticles as Catalyst for Hydrogen Evolution", *J. Am. Chem. Soc.*, vol. 127, no. 15, pp. 5308–5309, 2005.

[136] T. F. Jaramillo, K. P. Jørgensen, J. Bonde, J. H. Nielsen, S. Horch, and I. Chorkendorff, "Identification of Active Edge Sites for Electrochemical H_2 Evolution from MoS_2 Nanocatalysts", *Science*, vol. 317, no. 5834, pp.100–102, 2007.

[137] X. Zong, H. Yan, G. Wu, G. Ma, F. Wen, L. Wang, and C. Li, "Enhancement of Photocatalytic H_2 Evolution on CdS by Loading MoS_2 as Cocatalyst under Visible Light Irradiation", *J. Am. Chem. Soc.*, vol. 130, no. 23, pp. 7176–7177, 2008.

[138] X. Zong, G. Wu, H. Yan, G. Ma, J. Shi, F. Wen, L. Wang, and C. Li, "Photocatalytic H_2 Evolution on MoS_2/CdS Catalysts under Visible Light Irradiation", *J. Phys. Chem. C*, vol. 114, no. 4, pp.1963–1968, 2010.

[139] D. Merki. S. Fierro, H. Vrubel, and X. Hu, "Amorphous Molybdenum Sulfide Films as Catalysts for Electrochemical Hydrogen Production in Water", *Chem. Sci.*, vol.2, no.7, p.1262. 2011.

[140] D. Merki, H. Vrubel, L. Rovelli, S. Fierro, and X. Hu, "Fe, Co, and Ni Ions Promote the Catalytic Activity of Amorphous Molybdenum Sulfide Films for Hydrogen Evolution", *Chem. Sci.*, vol. 3, no. 8, p.2515, 2012.

[141] C. G. Morales-Guio, S. D. Tilley, H. Vrubel, M. Grätzel, and X. Hu, "Hydrogen Evolution from a Copper(I) Oxide Photocathode Coated with an Amorphous Molybdenum Sulphide Catalyst," *Nat. Commun.*, vol. 5, no. I, p. 3059, 2014.

[142] H. Vrubel and X. Hu, "Molybdenum Boride and Carbide Catalyze Hydrogen Evolution in Both Acidic and Basic Solutions", *Angew. Chem. Int. Ed. Engl.*, vol. 5l, no. 5l, pp.12703–12706, 2012.

[143] P. Du and R. Eisenberg, "Catalysts Made of Earth-Abundant Elements (Co, Ni, Fe) for Water Splitting: Recent Progress and Future Challenges", *Energy Environ. Sci*, vol. 5, no.3, p. 6012, 2012.

[144] Z. Han, F. Qiu, R. Eisenberg, P. L. Holland, and T.D. Krauss, "Robust Photogeneration of H_2 in Water Using Semiconductor Nanocrystals and a Nickel Catalyst", *Science*, vol. 338, no. 6112, pp. 1321–1324, 2012.

[145] V. Artero, M. Chavarot-Kerlidou, and M. Fontecave, "Splitting Water with Cobalt",

Angew. Chem. Int. Ed. Engl., vol. 50, no. 32, pp. 7238−7266, 2011.

[146] A. Krawicz, J. Yang, E. Anzenberg, J. Yano, I. D. Sharp. and G. F. Moore, "Photofunctional Construct That Interfaces Molecular Cobalt-Based Catalysts for H_2 Production to a Visible-Light-Absorbing Semiconductor", *J. Am. Chem. Soc.*, vol. 135,no.32, pp. 11861−11868, 2013.

[147] H. I. Karunadasa, E. Montalvo, Y. Sun, M. Majda, J. R. Long. and C. J. Chang. "A Molecular MoS_2 Edge Site Mimic for Catalytic Hydrogen Generation", *Science*, vol. 335. no. 6069, pp. 698−702, 2012.

[148] H. I. Karunadasa, C. J. Chang, and J. R. Long, "A Molecular Molybdenum-Oxo Catalyst for Generating Hydrogen from Water", *Nature*, vol. 464, no. 7293, pp.1329−1333, 2010.

[149] Y. Hou, B. L. Abrams, P. C. K. Vesborg, M. E. Björketun, K. Herbst, L. Bech, A. M. Setti et al., "Bioinspired Molecular Co-Catalysts Bonded to a Silicon Photocathode for Solar Hydrogen Evolution", *Nat. Mater.*, vol. 10, no. 6, pp. 434−438, 2011.

[150] B. Conway and M. Salomon, "Electrochemical Reaction Orders: Applications to the Hydrogen- and Oxygen-Evolution Reactions", *Electrochim. Acta*, vol. 9, no. 12, pp.1599−1615, 1964.

[151] S.Trasatti, "Transition Metal Oxides: Versatile Materials for Electrocatalysis", in *The Electrochemistry of Novel Materials*, J. Lipkowski and P. N. Ross, Eds. New York: VCH Publishers, 1994, pp. 207−295.

[152] S. Trasatti, "Electrocatalysis by Oxides—Attempt at a Unifying Approach", *J. Electroanal. Chem. Interfacial Electrochem.*, vol. 1II, no. l,pp. 125- 131, 1980.

[153] J. Suntivich, K. J. May, H. A. Gasteiger, J. B. Goodenough, and Y. Shao-Horn, "A Perovskite Oxide Optimized for Oxygen Evolution Catalysis from Molecular Orbital Principles", *Science*, vol. 334, no. 6061, pp.1383−1385, 2011.

[154] H. B. Gray, "Powering the Planet with Solar Fuel", *Nat. Chem.*, vol. 1, no. 2,p. 112. 2009.

[155] A. Harriman, J. M. Thomas, and G. R. Milward, "Catalytic and Structural Properties of Iridium-Iridium Dioxide Colloids", *New J. Chem.*, vol. 1l, no. 11/12, pp. 757−762, 1987.

[156] N. D. Morris and T. E. Mallouk, "A High-Throughput Optical Screening Method for the Optimization of Colloidal Water Oxidation Catalysts", *J. Am. Chem. Soc.*, vol. 124, no.37, pp. 11114−11121, 2002.

[157] A. Harriman, I. J. Pickering, J. M Thomas, and P. A. Christensen, "Metal Oxides as Heterogeneous Catalysts for Oxygen Evolution under Photochemical Conditions", *J. Chem. Soc. Faraday Trans. 1 Phys. Chem. Condens. Phases*, vol. 84, no. 8, p. 2795,

1988.

[158] J. O. Bockris, "The Electrocatalysis of Oxygen Evolution on Perovskites", *J. Electrochem. Soc.*, vol. 131, no. 2. p.290, 1984.

[159] J. O. Bockris and T. Otagawa. "Mechanism of Oxygen Evolution on Perovskites", *J. Phys. Chem.*, vol. 87, no.15, pp. 2960−2971, 1983.

[160] K. Macda, A. Xiong, T. Yoshinaga, T. Ikeda, N. Sakamoto, T. Hisatomi, M. Takashima et al., "Photocatalytic Overall Water Splitting Promoted by Two Different Cocatalysts for Hydrogen and Oxygen Evolution under Visible Light", *Angew. Chem. Int. Ed. Engl.*, vol. 49. no. 24, pp. 4096−4099, 2010.

[161] Y. Matsumoto and E. Sato, "Electrocatalytic Properties of Transition Metal Oxides for Oxygen Evolution Reaction", *Mater. Chem. Phys.*, vol.14, no. 5, Pp. 397−426, 1986.

[162] S. Trasatti, "Electrocatalysis in the Anodic Evolution of Oxygen and Chlorine", *Electrochim. Acta*, vol. 29, no. 11, pp. 1503−1512, 1984.

[163] D.A. Lutterman, Y. Surendranath, and D. G. Nocera, "A Self-Healing Oxygen-Evolving Catalyst", *J. Am. Chem. Soc.*, vol. 131. no.11, pp. 3838−3839, 2009.

[164] Y. Surendranath, M. Dinca, and D. G. Nocera, "Electrolyte-Dependent Electrosynthesis and Activity of Cobalt-Based Water Oxidation Catalysts", *J. Am. Chem. Soc.*, vol. 131,no.7, pp. 2615−2620, 2009.

[165] E. M. P. Steinmiller and K.-S. Choi, "Photochemieal Deposition of Cobalt-Based Oxygen Evolving Catalyst on a Semiconductor Photoanode for Solar Oxygen Production", *Proc.Natl. Acad. Sci. USA*, vol. 106, no. 49, pp. 20633−20636, 2009.

[166] J. A. Seabold and K.-S. Choi, "Effect of a Cobalt-Based Oxygen Evolution Catalyst on the Stability and the Selectivity of Photo-Oxidation Reactions of a WO_3 Photoanode", *Chem. Mater.*, vol. 23, no. 5, pp. 1105−1112, 2011.

[167] D. K. Zhong, M. Cornuz, K. Sivula, M. Grätzel, and D. R. Gamelin, "Photo-Assisted Electrodeposition of Cobalt- Phosphate (Co−Pi) Catalyst on Hematite Photoanodes for Solar Water Oxidation",*Energy Environ. Sci.*, vol. 4, no. 5, p.1759, 2011.

[168] K. J. McDonald and K.-S. Choi, "Photodeposition of Co- Based Oxygen Evolution Catalysts on α-Fe_2O_3 Photoanodes",*Chem. Mater.*, vol. 23, no. 7, pp.1686−1693, 2011.

[169] S. Y. Reece. J. A. Hamel, K. Sung, T. D. Jarvi, A. J. Esswein, J. J. H. Pijpers, and D. G. Nocera,"Wireless Solar Water Splitting Using Silicon-Based Semiconductors and Earth-Abundant Catalysts",*Science*, vol. 334, no. 6056, pp. 645−648, 2011.

[170] J.J. H. Pijpers, M. T. Winkler, Y. Surendranath, T. Buonassisi, and D. G. Nocera, "Light-Induced Water Oxidation at Silicon Electrodes Functionalized with a Cobalt

Oxygen-Evolving Catalyst", *Proc. Natl. Acad. Sci.* USA, vol. 108, no. 25, pp. 10056–10061, 2011.

[171] E. R. Young, R. Costi, S. Paydavosi, D. G. Nocera, and V. Bulović, "Photo-Assisted Water Oxidation with Cobalt-Based Catalyst Formed from Thin-Film Cobalt Metal on Silicon Photoanodes", *Energy Environ. Sci.*, vol. 4, no. 6, p.2058, 2011.

[172] M. Dincă, Y. Surendranath, and D. G. Nocera, "Nickel-Borate Oxygen-Evolving Catalyst That Functions under Benign Conditions", *Proc. Natl. Acad. Sci. USA*, vol. 107, no. 23, pp. 10337–10341, 2010.

[173] R. D. L Smith, M. S. Prévot, R. D. Fagan, Z. Zhang. P. A. Sedach, M. K. J. Siu, S. Trudel, and C. P. Berlinguette, "Photochemical Route for Accessing Amorphous Metal Oxide Materials for Water Oxidation Catalysis", *Science*, vol. 340, no. 6128, pp. 60–63, 2013.

[174] Y. V Geletii, B. Botar, P. Kögerler, D. A. Hillesheim, D. G. Musaev, and C. L. Hill, "An All-Inorganic, Stable, and Highly Active Tetraruthenium Homogeneous Catalyst for Water Oxidation", *Angew. Chem. Int. Ed. Engl.*, vol. 47, no. 21, pp. 3896–3899, 2008.

[175] T. Kawai and T. Sakata, "Conversion of Carbohydrate into Hydrogen Fuel by a Photocatalytic Process", *Nature*, vol. 286, no. 5772, pp. 474–476, 1980.

[176] P. Pichat, J-M. Herrmann, J. Disdier, H. Courbon, and M-N. Mozzanega, "Photocatalytic Hydrogen Production from Aliphatic Alcohols over a Bifunctional Platinum on Titanium Dioxide Catalyst", *Nouv. J. Chim.*, vol. 5, pp. 627–636, 1981.

[177] D. H. M. W. Thewissen, K. Timmer, M. Eeuwhorst-Reinten, A. H. A. Tinnemans, and A. Mackor, "Photo(Electro)Chemical Oxidation of Water by the Persulfate Ion over Aqueous Suspensions of Strontium Titanate $SrTiO_3$ Containing Lanthanum Chromite $LaCrO_3$", *Isr. J. Chem.*, vol. 22, no. 2, pp. 173–176, 1982.

[178] A. Kudo and Y. Miseki, "Heterogeneous Photocatalyst Materials for Water Splitting", *Chem. Soc. Rev.*, vol. 38, no.1, pp. 253- 278, 2009.

[179] X. Chen, S. Shen, L. Guo, and S. S. Mao, "Semiconductor-Based Photocatalytic Hydrogen Generation", *Chem. Rev, vol.* 110, no. 11, pp. 6503–6570, 2010.

[180] J. Zhu and M. Zäch, "Nanostructured Materials for Photocatalytic Hydrogen Production", *Curr. Opin. Colloid Interface Sci.*, vol. 14, no. 4, pp. 260–269, 2009.

[181] K. Maeda and K. Domen, "Photocatalytic Water Splitting: Recent Progress and Future Challenges", *J. Phys. Chem. Lett.*, vol. I, no.18, pp. 2655- 2661, 2010.

[182] H. Kato and A. Kudo, "Photocatalytic Water Splitting into H_2 and O_2 over Various Tantalate Photocatalysts", *Catal. Today*, vol. 78, no. I–4, pp. 561–569, 2003.

[183] Z. Zou and H. Arakawa, "Direct Water Splitting into H_2 and O_2 under Visible Light

Irradiation with a New Series of Mixed Oxide Semiconductor Photocatalysts", *J. Photochem. Photobiol. A Chem.*, vol. 158, no. 2/3, pp. 145–162, 2003.

[184] K. Maeda and K. Domen, "New Non-Oxide Photocatalysts Designed for Overall Water Splitting under Visible Light", *J. Phys. Chem. C*, vol. 111, no. 22, pp. 7851–7861, 2007.

[185] Z. Zou, J. Ye, K. Sayama, and H. Arakawa, "Direct Splitting of Water under Visible Light Irradiation with an Oxide Semiconductor Photocatalyst", *Nature*, vol. 414, no. 6864, pp. 625–627, 2001.

[186] N. Serpone and A. V. Emeline, "Semiconductor Photocatalysis–Past, Present, and Future Outlook", *J. Phys. Chem. Lett*, vol. 3, no. 5, pp. 673–677, 2012.

[187] P. Ritterskamp, A. Kuklya, M.-A. Wüstkamp, K. Kerpen, C. Weidenthaler, and M. Demuth, "A Titanium Disilicide Derived Semiconducting Catalyst for Water Splitting under Solar Radiation-Reversible Storage of Oxygen and Hydrogen", *Angew.Chem. Int. Ed. Engl.*, vol. 46, no. 41, pp.7770–7774, 2007.

[188] J. Sato, N. Saito, Y. Yamada, K. Maeda, T. Takata, J. N. Kondo, M. Hara, H. Kobayashi, K. Domen, and Y. Inoue, "RuO_2-Loaded Beta-Ge_3N_4 as a Non-Oxide Photocatalyst for Overall Water Splitting", *J. Am. Chem. Soc.*, vol. 127, no.12. pp.4150–4151, 2005.

[189] Y. Lee, H. Terashima, Y. Shimodaira, K. Teramura, M. Hara, H. Kobayashi, K. Domen, and M. Yashima, "Zinc Germanium Oxynitride as a Photocatalyst for Overall Water Splitting under Visible Light", *J. Phys. Chem. C*, vol. 111, no. 2, pp. 1042–1048, 2007.

[190] K. Maeda, T. Takata, M. Hara, N. Saito, Y. Inoue, H. Kobayashi, and K. Domen, "GaN:ZnO Solid Solution as a Photocatalyst for Visible-Light-Driven Overall Water Splitting", *J. Am. Chem. Soc.*, vol. 127, no. 23, pp. 8286–8287, 2005.

[191] K. Maeda, K. Teramura, and K. Domen, "Effect of Post-Calcination on Photocatalytic Activity of (Ga1-xZnx)(Nl-xOx) Solid Solution for Overall Water Splitting under Visible Light", *J. Catal.*, vol. 254, no. 2, pp.198–204, 2008.

[192] T. Ohno, L. Bai, T. Hisatomi, K. Maeda, and K. Domen, "Photocatalytic Water Splitting Using Modified GaN:ZnO Solid Solution under Visible Light: Long-Time Operation and Regeneration of Activity", *J.Am. Chem. Soc.*, vol. 134, no. 19, pp. 8254–8259, 2012.

[193] K. Maeda, "Z-Scheme Water Splitting Using Two Different Semiconductor Photocatalysts", *ACS Catal.*, vol. 3, no. 7, pp. 1486–1503, 2013.

[194] K. Maeda, M. Higashi, D. Lu, R. Abe, and K. Domen, "Efficient Nonsacrificial Water Splitting through Two-Step Photoexcitation by Visible Light Using a

Modified Oxynitride as a Hydrogen Evolution Photocatalyst", *J. Am. Chem. Soc.*, vol. 132, no. 16, pp. 5858−5868, 2010.

[195] Y. Sasaki, H. Nemoto, K. Saito, and A. Kudo, "Solar Water Splitting Using Powdered Photocatalysts Driven by Z-Schematic Interparticle Electron Transfer without an Electron Mediator", *J. Phys. Chem. C*, vol. 113, no. 40, pp. 17536−17542, 2009.

[196] J. G. Mavroides, J. A. Kafalas, and D. F. Kolesar, "Photoelectrolysis of Water in Cells with $SrTiO_3$ Anodes", *Appl. Phys. Lett.*, vol. 28, no. 5, p. 241, 1976.

[197] M. S. Wrighton, A. B. Ellis, P. T. Wolczanski, D. L. Morse, H. B. Abrahamson, and D.S. Ginley, "Strontium Titanate Photoelectrodes Efficient Photoassisted Electrolysis of Water at Zero Applied Potential", *J. Am. Chem. Soc.*, vol. 98, no. 10, pp. 2774−2779, 1976.

[198] A. B. Ellis, S. W. Kaiser, and M. S. Wrighton, "Semiconducting Potassium Tantalate Electrodes. Photoassistance Agents for the Efficient Electrolysis of Water", *J. Phys. Chem.*, vol. 80, no. 12, pp. 1325−1328, 1976.

[199] M. S. Prévot and K. Sivula, "Photoelectrochemical Tandem Cells for Solar Water Splitting", *J. Phys. Chem. C*, vol.117, no.35, pp.17879−17893, 2013.

[200] K. Sivula, "Metal Oxide Photoelectrodes for Solar Fuel Production, Surface Traps, and Catalysis", *J. Phys. Chem. Lett.*, vol. 4, no. 10, pp. 1624−1633, 2013.

[201] R. van de Krol, Y. Liang, and J. Schoonman, "Solar Hydrogen Production with Nanostructured Metal Oxides", *J. Mater. Chem.*, vol. 18, no. 20, p. 2311, 2008.

[202] Q. Peng. B. Kalanyan, P. G. Hoertz, A. Miller, D. H. Kim, K. Hanson, L. Alibabaei et al., "Solution-Processed, Antimony-Doped Tin Oxide Colloid Films Enable High-Performance TiO_2 Photoanodes for Water Splitting", *Nano Lett.*, vol. 13, no. 4, pp. 1481−1488, 2013.

[203] S. Hoang. S. Guo, N. T. Hahn, A. J. Bard, and C. B. Mullins, "Visible Light Driven Photoelectrochemical Water Oxidation on Nitrogen-Modified TiO_2 Nanowires", *NanoLett.*, vol. 12, no. 1, pp. 26−32, 2012.

[204] S. U. M. Khan, M. Al-Shahry, and W. B. Ingler, "Efficient Photochemical Water Splitting by a Chemically Modified n-TiO_2", *Science*, vol. 297, no. 5590, pp. 2243−2245, 2002.

[205] R. Solarska, B. D. Alexander, A. Braun, R. Jurezakowski, G. Fortunato, M. Stiefel, T. Graule, and J. Augustynski, "Tailoring the Morphology of WO_3 Films-with Substitutional Cation Doping: Effect on the Photoelectrochemical Properties", *Electrochim. Acta*, vol. 55, no.26, pp.7780−7787, 2010.

[206] Y. W. Chen, J. D. Prange, S. Dühnen, Y. Park, M. Gunji, C. E. D. Chidsey, and P. C. McIntyre, "Atomic Layer-Deposited Tunnel Oxide Stabilizes Silicon Photoanodes

for Water Oxidation", *Nat. Mater.*, vol. 10, no. 7, pp.539−544, 2011.

[207] M. Higashi, K. Domen, and R. Abe, "Highly Stable Water Splitting on Oxynitride TaON Photoanode System under Visible Light Irrdiation", *J. Am. Chem. Soc.*, vol. 134, no.16, pp. 6968−6971, 2012.

[208] D. Yokoyama, T. Minegishi, K. Maeda, M. Katayama, J. Kubota, A. Yamada, M. Konagai, and K. Domen, "Photoelectrochemical Water splitting Using a Cu(In,Ga)Se_2 Thin Film", *Electrochem. Commun.*, vol. 12, no. 6, pp. 851−853, 2010.

[209] B. Marsen, B. Cole, and E. L. Miller, "Photoeletrolysis of Water Using Thin Copper Gallium Diselenide Electrodes", *Sol. Energy Mater. Sol. Cells*, vol. 92, no. 9, pp.1054−1058, 2008.

[210] J.A. Baglio, G. S. Calabrese, D.J. Harrison, E. Kamieniecki, A J. Ricco, M. S. Wrighton, and G. D. Zoski, "Electrochemical Characterization of p-Type Semiconducting Tungsten Disulfide Photocathodes: Efficient Photoreduction Processes at Semiconduetor/Liquid Electrolyte Interfaces", *J. Am. Chem. Soc.*, vol. 105, no. 8, pp. 2246−2256, 1983.

[211] J. R. McKone, A. P. Pieterick, H. B. Gray, and N. S. Lewis, "Hydrogen Evolution from Pt/Ru-Coated p-Type WSe_2 Photocathodes", *J. Am. Chem. Soc.*, vol. 135, no. 1, pp. 223−231, 2013.

[212] D. Yokoyama, T. Minegishi, K. Jimbo, T. Hisatomi, G. Ma, M. Katayama, J. Kubota, H. Katagiri, and K. Domen, "H_2 Evolution from Water on Modified Cu_2ZnSnS_4 Photoelectrode under Solar Light", *Appl. Phys. Express*, vol. 3, no. 10, p.101202, 2010.

[213] L. Rovelli, S. D. Tilley, and K. Sivula, "Optimization and Stabilization of Electrodeposited Cu_2ZnSnS_4 Photocathodes for Solar Water Reduction", *ACS Appl. Mater. Interfaces*, vol. 5, pp. 8018−8024, 2013.

[214] S. W. Boettcher, E. L. Warren, M. C. Putnam, E. A. Santori, D. Turner-Evans, M. D. Kclzenberg, M. G. Walter et al., "Photoelectrochemical Hydrogen Evolution Using Si Microwire Arrays," *J. Am. Chem. Soc.*, vol. 133, no.5, pp. 1216−1219, 2011.

[215] Y. Lin, C. Battaglia, M. Boccard, M. Hettick, Z. Yu, C. Ballif, J. W. Ager, and A. Javey, "Amorphous Si Thin Film Based Photocathodes with High Photovoltage for Efficient Hydrogen Production", *Nano Lett.*, vol.13, no.11, pp.5615−5618, 2013.

[216] A. Paracchino, V. Laporte, K. Sivula, M. Grätzel, and E. Thimsen, "Highly Active Oxide Photocathode for Photoelectrochemical Water Reduction", *Nat. Mater.*, vol. 10, no. 6, pp.456−461, 2011.

[217] K. Iwashina and A. Kudo, "Rh-Doped $SrTiO_3$ Photocatalyst Electrode Showing Cathodic Photocurrent for Water Splitting under Visible-Light Irradiation", *J. Am.*

Chem. Soc., vol. 133, no. 34, pp. 13272−13275, 2011.

[218] U. A. Joshi, A. M. Palasyuk, and P. A. Maggard, "Photoelectrochemical Investigation and Electronic Structure of a p-Type $CuNbO_3$ Photocathode", *J. Phys. Chem. C*, vol. 115, no. 27, pp. 13534−13539, 2011.

[219] U. A. Joshi and P. A. Maggard, "$CuNb_2O_8$: A p-Type Semiconducting Metal Oxide Photoelectrode", *J. Phys. Chem. Lett.*, vol. 3, no. 11, pp. 1577−1581, 2012.

[220] L. Fuoco, U. A. Joshi, and P. A. Maggard, "Preparation and Photoelectrochemical Properties of p-Type $Cu_5Ta_{11}O_{30}$ and $Cu_3Ta_7O_{19}$ Semiconducting Polycrystalline Films", *J. Phys. Chem. C*, vol. 116, no. 19, pp. 10490−10497, 2012.

[221] M. Woodhouse and B. A. Parkinson, "Combinatorial Discovery and Optimization of a Complex Oxide with Water Photoelectrolysis Activity", *Chem. Mater.*, vol. 20, no. 7, pp. 2495−2502, 2008.

[222] J. E. Katz, T. R. Gingrich, E. A. Santori, and N. S. Lewis, "Combinatorial Synthesis and High-Throughput Photopotential and Photocurrent Screening of Mixed-Metal Oxides for Photoelectrochemical Water Spliting", *Energy Environ. Sci.*, vol. 2, no. 1, p.103, 2009.

[223] M. Woodhouse and B. A. Parkinson, "Combinatorial Approaches for the Identification and Optimization of Oxide Semiconductors for Efficient Solar Photoelectrolysis", *Chem. Soc. Rev.*, vol. 38, no. 1, pp. 197−210, 2009.

[224] Y. Zhang, Z. Schnepp, J. Cao, S. Ouyang, Y. Li, J. Ye, and S. Liu, "Biopolymer-Activated Graphitic Carbon Nitride toward a Sustainable Photocathode Material", *Sci. Rep.*, vol. 3, p. 2163, 2013.

[225] T.-F. Yeh, S.-J. Chen, C.-S. Yeh, and H. Teng, "Tuning the Electronic Structure of Graphite Oxide through Ammonia Treatment for Photocatalytic Generation of H_2 and O_2 from Water Splitting", *J. Phys. Chem. C*, vol. 117, no. 13, pp. 6516−6524, 2013.

[226] J. R. Bolton, S. J. Strickler, and J. S. Connolly, "Limiting and Realizable Efficiencies of Solar Photolysis of Water", *Nature*, vol. 316, no. 6028, pp. 495−500, 1985.

[227] E.S. Kim, N. Nishimura, G. Magesh, J.Y. Kim, J. Jang, H. Jun, J. Kubota, K. Domen, and J.S. Lee. "Fabrication of $CaFe_2O_4$/TaON Heterojunction Photoanode for Photoelectrochemical Water Oxidation", *J. Am. Chem. Soc.*, vol. 135. no.14, pp. 5375−5383, 2013.

[228] M. T. Mayer, C. Du, and D. Wang, "Hematite/Si Nanowire Dual-Absorber System for Photoelectrochemical Water Splitting at Low Applied Potentials", *J. Am. Chem. Soc.*, vol. 134, no. 30, pp. 12406−12409, 2012.

[229] R. van de Krol and Y. Liang, "An n-Si/n-Fe_2O_3 Heterojunction Tandem Photoanode

for Solar Water Splitting", *Chimia (Aarau)*, vol. 67, no. 3, pp.168−171, 2013.

[230] A. J. Nozik, "p-n Photoeletrolysis Cells", *Appl. Phys. Let.*, vol. 29, no. 3, p. 150, 1976.

[231] A. J. Nozik, "Photochemical Diodes", *Appl. Phys. Lett.*, vol. 30, no.11, p.567, 1977.

[232] R.C.Kainthla, "Significant Efficiency Increase in Self-Driven Photoelectrochemical Cell for Water Photoelectrolysis",*J. Electrochem. Soc.*, vol. 134, no. 4, p. 84l, 1987.

[233] H. Wang, T. G. Deutsch, and J. A. Turner,"Direct Water Splitting under Visible Light with Nanostructured Hematite and WO_3 Photoanodes and a $GaInP_2$ Photocathode",*J. Electrochem. Soc.*, vol. 155, no. 5, p. F91, 2008.

[234] H. Wang, T. G. Deutsch, and J. A. Turner, "Direct Water Splitting under Visible Light with a Nanostructured Photoanode and $GaInP_2$ Photocathode", *ECS Transactions*, 2008, vol. 6, no.17, pp. 37−44.

[235] H. Wang and J. A. Turner, "Characterization of Hematite Thin Films for Photoelectrochemical Water Splitting in a Dual Photoelectrode Device", *J. Electrochem.Soc.*, vol. 157, no. 11, p. F173, 2010.

[236] H. Mettee, J. W. Otvos, and M. Calvin, "Solar Induced Water Spltting with p/n Heterotype Photochemical Diodes: n-Fe_2O_3/Jp-GaP", *Sol. Energy Mater.*, vol. 4, no. 4, pp.443−453, 1981.

[237] K. Ohashi, J. McCann, and J. O. Bockris, "Stable Photoelectrochemical Cells for the Splitting of Water", *Nature, vol.* 266, no. 5603, pp. 610−611, 1977.

[238] G. K. Mor, O. K. Varghese, R. H. T. Wilke, S. Sharma, K. Shankar, T. J. Latempa, K.-S. Choi, and C. A. Grimes, "P-Type Cu-Ti-O Nanotube Arrays and Their Use in Self-Biased Heterojunction Photoelectrochemical Diodes for Hydrogen Generation", *Nano Lett.*, vol. 8, no. 7, pp.1906−1911, 2008.

[239] B. Neumann, P. Bogdanoff, and H. Tributsch, TiO_2-Protected Photoelectrochemical Tandem Cu(In,Ga)Se_2 Thin Film Membrane for Light-Induced Water Splitting and Hydrogen Evolution", *J. Phys. Chem. C*, vol. 113, no. 49, pp. 20980−20989, 2009.

[240] E. L. Miller, R. E. Rocheleau, and X. Deng. "Design Considerations for a Hybrid Amorphous Silicon/Photoelectrochemical Multijunction Cell for Hydrogen Production", *Int. J. Hydrogen Energy*, vol. 28, no. 6, pp.615−623, 2003.

[241] E. Miller, "A Hybrid Multijunction Photoelectrode for Hydrogen Production Fabricated with Amorphous Silicon/Germanium and Iron Oxide Thin Films", *Int. J. Hydrogen Energy*, vol. 29, no. 9, pp. 907−914, 2004.

[242] A. Stavrides, A Kunrath, J. Hu, R. Treglio, A. Feldman, B. Marsen, B. Cole, E. Miller, and A. Madan, "Use of Amorphous Silicon Tandem Junction Solar Cells for Hydrogen Production in a Photoelectrochemical Cell", *Proceedings of SPIE*

6340, *Solar Hydrogen and Nanotechnology*, p. 63400K, http://dx.doi.org/10.1117/12.678870, 2006.

[243] E. L. Miller, D. Paluselli, B. Marsen, and R. E. Rocheleau, "Development of Reactively Sputtered Metal Oxide Films for Hydrogen-Producing Hybrid Multijunction Photoelectrodes", *Sol. Energy Mater. Sol. Cells*, vol. 88, no. 2. pp. 131–144, 2005.

[244] J. Augustynski, G. Calzaferri, J. C. Courvoisier, and M. Grätzel, "Photoelectrochemical Hydrogen production: State of the Art with Special Reference to IEA's Hydrogen Programme", in *Hydrogen Energy Progress XI: Proceedings of the 11th World Hydrogen Energy Conference*, T. N. Veziroğlu, Ed. Stuttgart, Germany, 1996, p. 2379.

[245] J. H. Park and A. J. Bard, "Photoeletrochemical Tandem Cell with Bipolar Dye-Sensitized Electrodes for Vectorial Electron Transfer for Water Splitting", *Electrochem Solid-State Lett.*, vol. 9, no. 2, pp. E5-E8, 2006.

[246] H. Arakawa, C. Shiraishi, M. Tatemoto, H. Kishida, D. Usui, A. Suma, A. Takamisawa and T. Yamaguchi, "Solar Hydrogen Production by Tandem Cell System Composed of Metal Oxide Semiconductor Film Photoelectrode and Dye-Sensitized Solar Cell", *in Proceedings of SPIE 6650. Solar Hydrogen and Nanotechnology II*. p.665003. http//dx.doi.org 110.1117/12.773366, 2007.

[247] J. Brillet, M. Cornuz, F. Le Formal, J-H. Yum, M. Grätzel, and K. Sivula, "Examining Architectures of Photoanode—Photovoltaic Tandem Cells for Solar Water splitting", *J. Mater. Res.*, vol. 25. no. 1, pp.17–24, 2010.

[248] J. Brillet, J.-H. Yum, M. Cornuz, T. Hisatomi, R. Solarska, J. Augustynski, M. Graetzel, and K. Sivula, "Highly Efficient Water Splitting by a Dual-Absorber Tandem Cell", *Nat. Photonics*, vol. 6, no.12, pp. 824–828, 2012.

[249] K. Sivula, "Solar-to-Chemical Energy Conversion with Photoelectrochemical Tandem Cells", *Chimia (Aarau)*, vol. 67, no. 3, pp. 155–161, 2013.

[250] S. Licht, B. Wang, S. Mukerji, T. Soga, M. Umeno, and H. Tributsch, "Efficient Solar Water Splitting, Exemplified by RuO_2-Catalyzed AlGaAs/Si Photoelectrolysis", *J. Phys. Chem. B*, vol. 104, no. 38, pp. 8920–8924, 2000.

[251] O. Khaselev, A. Bansal, and J. A. Turner, "High-Efficiency Integrated Multijunction Photovoltaic/Electrolysis Systems for Hydrogen Production", *Int. J. Hydrogen Energy*, vol. 26, no. 2, pp.127–132, 2001.

[252] G. H. Lin, M. Kapur, R. C. Kainthla, and J. O. Bockris, "One Step Method to Produce Hydrogen by a Triple Stack Amorphous Silicon Solar Cell", *Appl. Phys. Lett.*, vol.55, no. 4, p.386, 1989.

[253] R. E. Rocheleau, E. L. Miller, and A. Misra, "High-Efficiency Photoelectrochemical Hydrogen Production Using Multijunction Amorphous Silicon Photoelectrodes", *Energy & Fuels*, vol. 12, no.1, pp.3−10, 1998.

[254] N. Kelly and T. Gibson, "Design and Characterization of a Robust Photoelectrochemical Device to Generate Hydrogen Using Solar Water Splitting", *Int. J. Hydrogen Energy*, vol. 31, no. 12, pp. 1658−1673, 2006.

[255] D. G. Nocera, "The Artificial Leaf", *Acc. Chem. Res.*, vol. 45, no.5, pp. 767−776, 2012.

[256] M. T. Winkler, C. R. Cox, D. G. Nocera, and T. Buonassisi, "Modeling Integrated Photovoltaic-Electrochemical Devices Using Steady-State Equivalent Circuits", *Proc.Natl. Acad. Sci. USA*, vol. 110, no.12, pp. E1076−E1082, 2013.

[257] S.-H. Wei, S. B. Zhang, and A. Zunger, "Effects of Ga Addition to $CuInSe_2$ on lts Elec tronic, Structural, and Defect Properties," *Appl. Phys. Lett.*, vol. 72, no. 24, p. 3199, 1998.

[258] T. J. Jacobsson, V. Fjällström, M. Sahlberg, M. Edoff, and T. Edvinsson, "A Monolithic Device for Solar Water Splitting Based on Series Interconnected Thin Film Absorbers Reaching over 10% Solar-to-Hydrogen Efficiency", *Energy Environ. Sci.*, vol. 6, no. 12, pp. 3676−3683, 2013.

[259] N. Naghavi, D. Abou-Ras, N. Allsop, N. Barreau, S. Bücheler, A. Ennaoui, C.-H. Fischer et al., "Buffer Layers and Transparent Conducting Oxides for Chalcopyrie $Cu(In, Ga)(S, Se)_2$ Based Thin Film Photovoltaics: Present Status and Current Developments", *Prog. Photovoltaics Res. Appl.*, vol. 18, no. 6, pp. 411−433, 2010.

[260] K. Ramanathan, J. Mann, S. Glynn, S. Christensen, J. Pankow, J. Li, J. Scharf, L. Mansfield, M. Contreras, and R. Noufi, "A Comparative Study of Zn(O, S) Buffer Layers and CIGS Solar Cells Fabricated by CBD, ALD, and Sputtering", in *Proceedings of the 2012 38th IEEE Photovoltaic Specialists Conference*, 2012, pp. 001677−001681, IEEE:Austin, TX, http://dx.doi.org/10.1109/PVSC.2012.6317918.

[261] M.A. Green, K. Emery. Y. Hishikawa, W. Warta, and E. D. Dunlop, "Solar Cell Efficiency Tables (Version 43)", *Prog. Photovoltaics Res. Appl.*, vol. 22, no. 1, pp. 1−9, 2014

[262] J. H. Park and A. J. Bard, "Unassisted Water Splitting from Bipolar Pt/Dye-Sensitized TiO_2 Photoelectrode Arrays", *Electrochem. Solid-State Lett.*, vol. 8, no. 12, p. G371, 2005.

[263] S. M. Jawahar Hussaini, N. Singh, J. Lee, G. Stucky, M. Moskovits, and E. McFarland, "An Autonomous Solar-to-Chemical Energy Conversion System", *Meet. Abstr.*, vol.MA2013−02, no. 44, p. 2565, 2013.

[264] G. Decher, "Fuzzy Nanoassemblies: Toward Layered Polymeric Multicomposites", *Science*, vol. 277, no. 5330, pp.1232-1237, 1997.

[265] S. W. Keller, S. A. Johnson, E. S. Brigham, E. H. Yonemoto, and T. E. Mallouk, "Photoinduced Charge Separation in Multilayer Thin Films Grown by Sequential Adsorption of Polyelectrolytes", *J. Am. Chem. Soc.*, vol. 117, no. 51, pp. 12879–12880, 1995.

[266] D. M. Kaschak, J. T. Lean, C. C. Waraksa, G. B. Saupe, H. Usami, and T. E. Mallouk, "Photoinduced Energy and Electron Transfer Reactions in Lamellar Polyanion/Polycation Thin Films: Toward an Inorganic 'leaf'", *J. Am. Chem. Soc.*, vol. 121, no.14, pp. 3435–3445, 1999.

[267] Y. ll Kim, S. Salim, M.J. Huq, and T. E. Mallouk, "Visible-Light Photolysis of Hydrogen Iodide Using Sensitized Layered Semiconductor Particles", *J. Am. Chem. Soc.*, vol. 113, no.25, pp. 9561–9563, 1991.

[268] K. Maeda, M. Eguchi, S. A. Lee, W. J. Youngblood, H. Hata, and T. E. Mallouk, "Photocatalytic Hydrogen Evolution from Hexaniobate Nanoscrolls and Calcium Niobate Nanosheets Sensitized by Ruthenium(II) Bipyridyl Complexes", *J. Phys. Chem. C*, vol. 113, no.18, pp. 7962–7969, 2009.

[269] W. J. Youngblood, S.-H. A. Lee, K. Maeda, and T. E. Mallouk, "Visible Light Water Splitting Using Dye-Sensitized Oxide Semiconductors", *Acc. Chem. Res.*, vol. 42, no. 12, pp. 1966–1973, 2009.

[270] E. Reisner, D. J. Powell, C. Cavazza, J. C. Fontecilla-Camps, and F. A. Armstrong, "Visible Light-Driven H_2 Production by Hydrogenases Attached to Dye-Sensitized TiO_2 Nanoparticles", *J. Am. Chem. Soc.*, vol. 131, no.51, pp.18457–18466, 2009.

[271] E. Reisner, J. C. Fontecilla-Camps, and F. A. Armstrong, "Catalytic Electrochemistry of a [NiFeSe]-Hydrogenase on TiO_2 and Demonstration of Its Suitability for Visible-Light Driven H_2 Production", *Chem. Commun.*, no. 5, pp. 550-552, http//dx.doi.org/10.1039/B817371K, 2009.

[272] Y. Zhao, J. R. Swierk, J. D. Megiatto, B. Sherman, W. J. Youngblood, D. Qin, D. M. Lentz et al., "Improving the Efficiency of Water Splitting in Dye-Sensitized Solar Cells by Using a Biomimetic Electron Transfer Mediator", *Proc. Natl. Acad. Sci. USA*, vol.109. no. 39, pp. 15612–15616, 2012.

[273] R. Brimblecombe, A. Koo, G. C. Dismukes, G. F. Swiegers, and L. Spiccia, "Solar Driven Water Oxidation by a Bioinspired Manganese Molecular Catalyst", *J. Am. Chem.Soc.*, vol. 132, no. 9, pp.2892–2894, 2010.

[274] S.-H. A. Lee, Y. Zhao, E. A. Hernandez-Pagan, L. Blasdel, W. J. Youngblood, and T. E. Mallouk, "Electron Transfer Kinetics in Water Splitting Dye-Sensitized Solar

Cells Based on Core—Shell Oxide Electrodes", *Faraday Discuss.*, vol. 155, p.165, 2012.

[275] J. R. Swierk and T. E. Mallouk, "Design and Development of Photoanodes for Water-Splitting Dye-Sensitized Photoelectrochemical Cells", *Chem. Soc. Rev*, vol. 42, no. 6, pp. 2357–2387, 2013.

第 2 章　光催化析氢

Yusuke Yamada, Shunichi Fukuzumi

本章涉及包含一个光敏剂、一个电子供体和一个析氢催化剂的光催化析氢系统。首先，描述了在一个电子供—受连锁体中的光诱导电子传递行为，这样的连锁体可用作感光剂。其次，概述了在电子转移状态中电子从牺牲性电子供体向光敏剂中的转移以及电子从光敏剂向金属纳米颗粒的注入。最后，综述了取决于颗粒的尺寸、形状、负载物和晶体结构的金属纳米颗粒析氢催化剂。

2.1　导论

在生物系统中，二氧化碳和水被利用太阳能进行的光合作用转化成碳水化合物。在此过程中，水被用作电子供体在析氧复合物（OEC）的催化下析出氧气，而从水中提取出的电子被用于还原烟酰胺腺嘌呤二核苷酸磷酸（$NADP^+$）来生成在 Calvin 循环中被用于从二氧化碳中合成碳水化合物的 NADPH。图 2.1 是光合作用的一个示意图。这一过程包括光系统 I（PS I）和光系统 II（PS II）两部分。每部分都包括一个发色团来实现水氧化或 $NADP^+$ 还原。光合作用是最复杂的反应系统之一；但是，多个电子转移（ET）步骤实现电荷分离中的能量损失是一个严重的缺点。因此，两个光激发过程对于补偿能量损失是必要的。

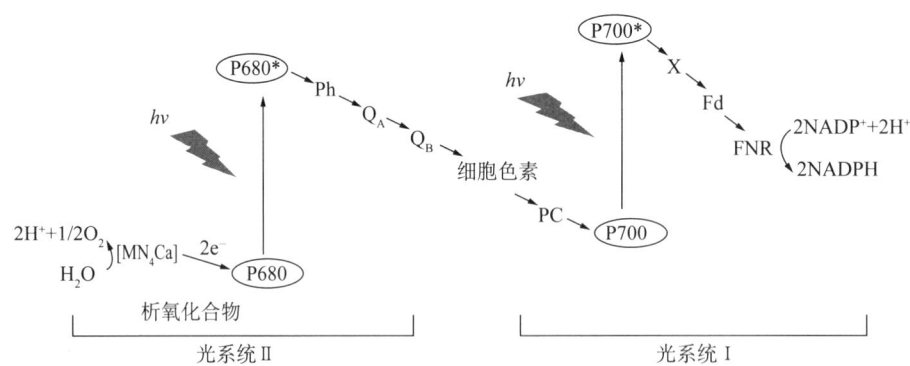

图2.1　光合作用的一个示意图

Fd—铁氧化还原蛋白；FNR—铁氧化还原蛋白—$NADP^+$还原酶；PC—质体蓝素；
Ph—脱镁叶绿素；Q_A—质体醌A；Q_B—质体醌B；X—铁—硫蛋白

第 2 章 光催化析氢

人工光合成模仿了自然的光合作用,其中光能被利用于生产如氢气(H_2)等高能量化学制品。在 20 世纪 70 年代,人工光合成模型被 3 个独立的研究小组首先报道[1-3]。

通常,这些模型包含 3 个单元,即一个光敏剂、一个电子中继物及一个析出 H_2 的催化剂[4]。图 2.2 展示了一个典型光催化 H_2 析出系统的被普遍接受的反应机理,其分别利用 $[Ru(bpy)_3]^{2+}$、甲基紫精(MV^{2+})和胶体 Pt 作为光敏剂,电子中继物和 H_2 析出催化剂及用乙二胺四乙酸(EDTA)二钠盐作为牺牲性电子供体。光催化反应以 $[Ru(bpy)_3]^{2+}$ 受光照生成单重激发态 $^1[Ru(bpy)_3]^{2+*}$ 作为开始。单重激发态经历系统间转移(ISC)产生寿命相对较长(τ = 600ns)的三重激发态 $^3[Ru(bpy)_3]^{2+*}$ [5]。$^3[Ru(bpy)_3]^{2+*}$ 被用于造成电荷分离,从而生成强氧化剂 $[Ru(bpy)_3]^{3+}$ 的 MV^{2+} 氧化终止,$[Ru(bpy)_3]^{3+}$ 在 CH_3CN 中能产生对 SCE(饱和甘汞电极)为 1.29V 的单电子还原电势[5]。然后,$[Ru(bpy)_3]^{3+}$ 被 EDTA 还原回 $[Ru(bpy)_3]^{2+}$。另外,被单电子还原的 MV^{2+}($MV^{·+}$)将电子注入胶体 Pt。在胶体 Pt 表面,反应溶液中的质子被还原析出 H_2。这个反应过程只包括 4 个 ET 步骤。因此,在自然光合作用中伴随着多 ET 步骤的能量损失可以通过选择各种合适成分而显著减小。

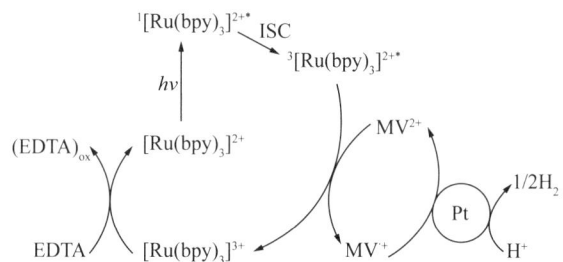

图 2.2 一个典型的光催化 H_2 析出的总循环

ISC—系统间转移

最近出现了一种不含电子中继物的新型光催化 H_2 析出系统[6-9]。这一系统只包括一个牺牲性电子供体、一个光敏剂和一个 H_2 析出催化剂 3 个组分。例如,一种电子供—受连锁体,如 9-均三甲苯基-10-甲基吖啶离子(Acr^+-Mes),与分别作为牺牲性电子供体和 H_2 析出催化剂的烟酰胺腺嘌呤二核苷酸(NADH)及 Pt 纳米颗粒一起使用,按照图 2.3 所示的反应机理析出 H_2[7]。在这一反应系统中,Acr^+-Mes 在光照下形成长时间存在的 ET 状态[6,7]。Acr^+-Mes 的 ET 状态可以直接向 H_2 析出催化剂中注入一个电子,并且可以被牺牲性电子供体还原,因为 ET 状态的寿命长于 10μs[6,7]。

本章在电子供体—受体连接对的分子间 ET 以及从光诱导 ET 状态的电子供体—受体连接对到金属颗粒的 ET 中,都描述了在使用电子供体—受体连接对的 H_2 析出系统中的 ET 行为。然后讨论了金属纳米颗粒(MNP)的尺寸、形状、负载物和晶体结构对 H_2 析出催化剂活性的影响。

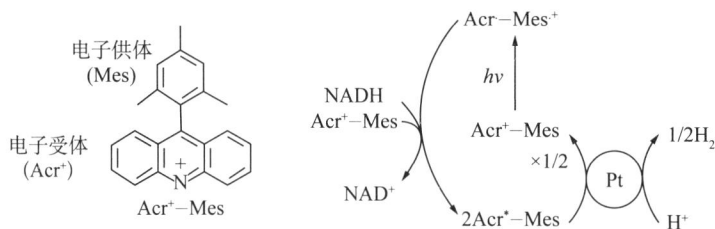

图2.3 9-均三甲苯基-10-甲基吖啶离子（Acr⁺-Mes）的
化学结构及不含电子中继物的光催化H₂析出系统的总循环

该光催化系统分别使用NADH、Acr⁺-Mes和Pt纳米颗粒作为牺牲性电子供体，光敏剂和H₂析出催化剂

2.2 在光催化析氢中的电子转移行为

光催化 H_2 析出不仅用人工光合成系统是可能的，而且用无机半导体催化剂（如 TiO_2）也是可能的。包含多单元的人工光合成系统具有一个优点，即它们能够通过合并被优化的单元来被改良。光敏剂的分子内和分子间 ET 行为都可以通过时间分辨的瞬态吸收光谱来仔细检查。

2.2.1 在电子供体—受体对中的分子内电子转移

从电子供体到电子受体的快速 ET 及其慢速反向 ET 对于实现长时间存在的 ET 状态是至关重要的，长时间存在的 ET 状态可使包括化学反应在内的分子间行为得以实现。从电子供体到电子受体的 ET 速率可以用 ET 的 Marcus 理论预测[10, 11]。根据该理论，当被表述为电子供体的氧化电位和电子受体的还原电位之差的 ET 驱动力（$-\Delta G_{ET}^0$）升高到强放能区域，即 $-\Delta G_{ET}^0 < \lambda$ 时（λ 是重组电子供体、受体以及伴随着 ET 形成的溶剂化范围所需的重组能），预测 ET 速率会下降。当较大的反向 ET 的驱动力处于被称为 Marcus 反转区的强放能状态时，ET 状态的寿命变得更长。一个具有小 λ 值的电子供体—受体连接分子应该具有长的 ET 状态寿命，只要其具有高位三重激发态。

9-均三甲苯基-10-甲基吖啶离子（Acr⁺-Mes）被基于这种理论设计得具有长时间存在的 ET 状态。吖啶用于在吖啶离子及与其对应的单电子还原的中性基团之间电子自交换的 λ 值在氧化还原活性有机化合物中是非常小的（0.3eV）[12]。在吖啶离子的 9-位置，电子供体基团（均三甲苯基，Mes）直接结合生成 Acr⁺-Mes。Acr⁺-Mes 伴随着 ET 的溶剂重组能很小，因为 Acr⁺-Mes 的总电荷即使在 ET 之后（Acr·-Mes·⁺）还维持在 +1。

图 2.4（a）展示了 Acr⁺-Mes 的 X 射线晶体结构[13]。芳香环平面之间几乎垂直的二面角表明最高占据分子轨道（HOMO）和最低未占据分子轨道（LUMO）之间几乎没有互相影响。用密度泛函理论（DFT）计算的 Acr⁺-Mes 的 HOMO 和 LUMO 分别位于

均三甲苯基和吖啶基团上，如图 2.4（b）（HOMO）和图 2.4（c）（LUMO）所示。

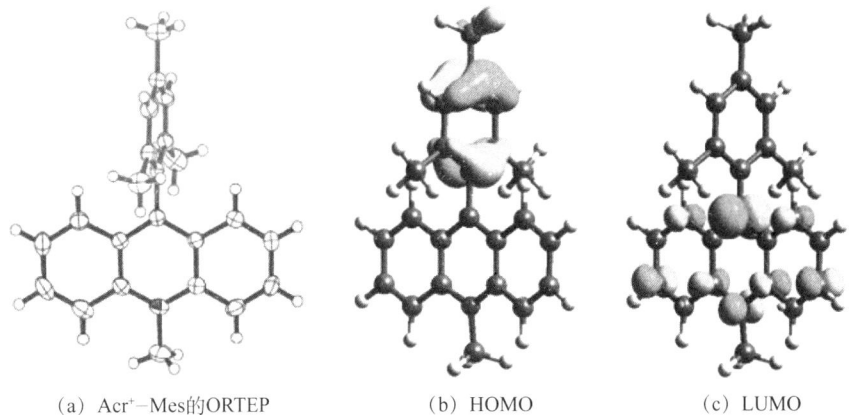

(a) Acr⁺—Mes的ORTEP　　(b) HOMO　　(c) LUMO

图2.4　Acr⁺—Mes的ORTEP图及通过DFT方法用Gaussian 98（B3LYP/6-31G*基组）计算的HOMO和LUMO

（来自Fukuzumi S, et al. J. Am. Chem. Soc., 2004, 126: 1600. Copyright 2004 American Chemical Society，经授权重印）

从光照脱气的 Acr⁺—Mes 乙腈（MeCN）溶液在 430 nm 的纳秒激光激发中，从均三甲苯基到吖啶离子基团单重激发态（¹Acr⁺*—Mes）的光诱导 ET 造成的 ET 状态（Acr·—Mes·⁺）的形成被观察到了。仅有的在约 500nm 处的一个明显峰表明，均三甲苯基自由基阳离子（λ_{max} = 480nm）的吸收带[14]和吖啶基（λ_{max} = 520nm）的吸收带[12]相重叠[图 2.5（a）]。通过光照蒽存在下的含 Acr⁺—Mes 的 MeCN 溶液，该重叠得以确认。蒽造成 Mes·⁺ 基团减少而成为 Mes 基团，使得在 480nm 的吸光度降低［图 2.5（a），实心圆圈］，而在 720nm 的吸光度提高则是蒽自由基阳离子造成的[15]。在 520nm 剩余的吸收带可以归于 Acr· 基团。图 2.5（b）展示了 Mes·⁺ 和蒽自由基阳离子引起吸光度的时间过程，其中在 720nm 的吸光度提高的同时，Mes·⁺ 基团造成吸收带减小[13]。

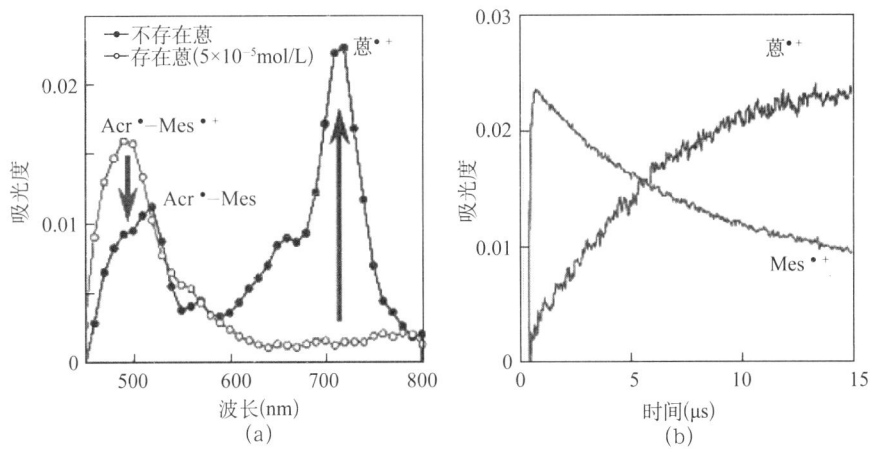

图2.5　不存在蒽和存在蒽的298K下Acr⁺—Mes（5.0×10⁻⁵mol/L）在脱气的MeCN中在430nm激光激发15μs后的瞬态吸收光谱（a）以及吸光度在480nm衰减和在720nm增大的时间图（b）

（来自Fukuzumi S, et al., J. Am. Chem. Soc., 2004, 126: 1600. Copyright 2004 American Chemical Society, 经授权重印）

通常,在电子供体—受体连接分子中的反向 ET 是分子内发生的过程;但是,Acr^+-Mes($Acr^·-Mes^{·+}$)ET 状态中的反向 ET 是分子间过程,不是分子内过程。图 2.6(a)展示了在苯甲腈(PhCN)中激光激发(355nm)后 $Acr^·$ 在 500nm 的衰减时间图。如图 2.6(b)所示,在 PhCN 中 ET 状态的衰减遵循二级动力学。正如根据 ET 的 Marcus 理论所预测的一样,$Acr^·-Mes^{·+}$ 分子内反向 ET 变得非常缓慢;因此,分子间反向 ET 是主导过程。用光照射通过阳离子交换被而负载于硅铝表面的孤立 Acr^+-Mes 分子(预计不会发生分子间相互作用),得到了超过 1s 的长寿命,这比自然光合作用中的电荷分离状态寿命更长[16]。

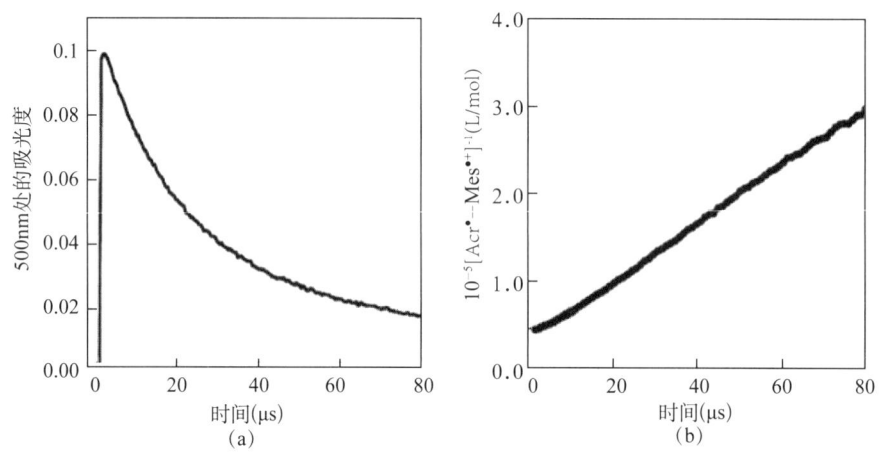

图2.6 298 K下脱气PhCN中的Acr^+-Mes(5.0×10^{-5}mol/L)在355nm激光激发后在500nm的衰减时间曲线(a)以及Acr^+-Mes瞬态吸收光谱衰减的二级曲线(b)

(来自Fukuzumi S, et al. J. Am. Chem. Soc., 2004, 126: 1600. Copyright 2004 American Chemical Society, 经授权重印)

2-苯基-4-(1-萘基)喹啉离子($QuPh^+-NA$)是基于和 Acr^+-Mes 同样设计概念的另一种电子供体—受体连接对[17]。2-苯基喹啉和萘基团分别作为电子受体和供体。如图 2.7(a)所示,对 $QuPh^+-NA$ 的 X 射线晶体学分析揭示 NA 和喹啉($QuPh^+$)基团之间的二面角几乎是垂直的(87°)[17]。基于 $QuPh^+-NA$ 晶体结构的在 B3LYP/6-31G 级别的 DFT 计算表明,在 NA 和 $QuPh^+$ 基团之间几乎没有轨道相互影响,因为 $QuPh^+-NA$ 的 HOMO 和 LUMO 分别位于 NA 和 $QuPh^+$ 基团上 [图 2.7(b)和图 2.7(c)][17]。

通过 $QuPh^+-NA$(1.0×10^{-4}mol/L)的脱气 MeCN 溶液在 390nm 的飞秒激光激发,能够确认形成了光激发 ET 状态($QuPh^·-NA^{·+}$),其中 $QuPh^·$ 造成 $QuPh^+-NA$ 在 420nm 有吸收带,且 $NA^{·+}$ 造成 690nm 也有吸收带[18, 19]。图 2.8(a)展示了 $QuPh^·-NA^{·+}$ 在激光激发 10ps 后得到的瞬态吸收光谱[17]。图 2.8(b)展示了 $QuPh^·-NA^{·+}$ 在 420nm 和 690nm 造成吸光度的时间过程[17]。在 1500ps 内没有观察到 $QuPh^·-NA^{·+}$ 引起的吸光度在 690nm 衰减[17]。

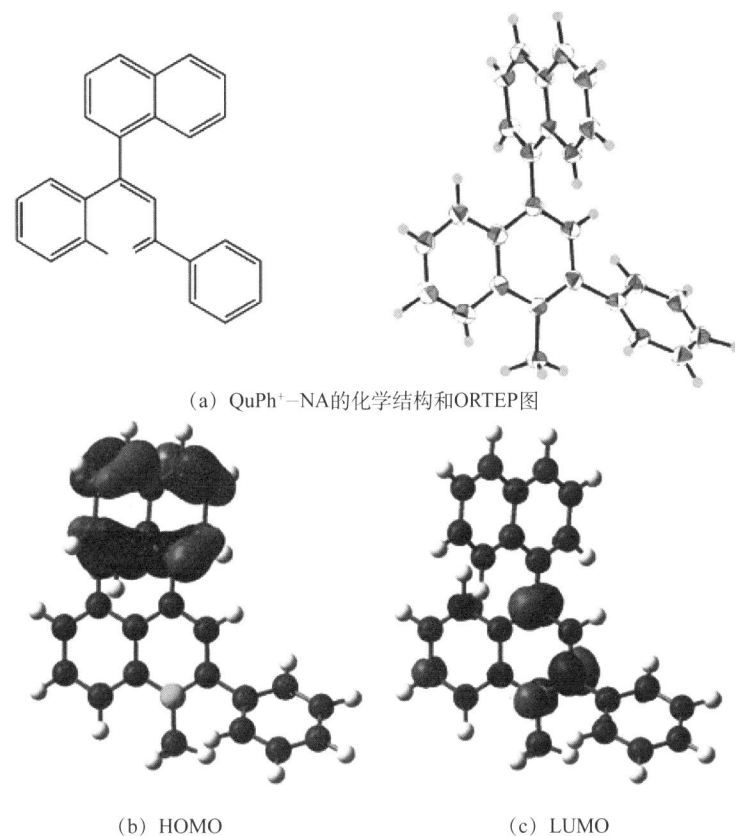

(a) QuPh⁺-NA的化学结构和ORTEP图

(b) HOMO (c) LUMO

图2.7 QuPh⁺-NA的化学结构和ORTEP图以及通过DFT方法用
Gaussian 98（B3LYP/6-31G基组）计算的QuPh⁺-NA的HOMO和LUMO

（来自Kotani H, et al. Faraday Discuss., 2012, 155: 89. Copyright 2012 The Royal Society of Chemistry, 经授权重印）

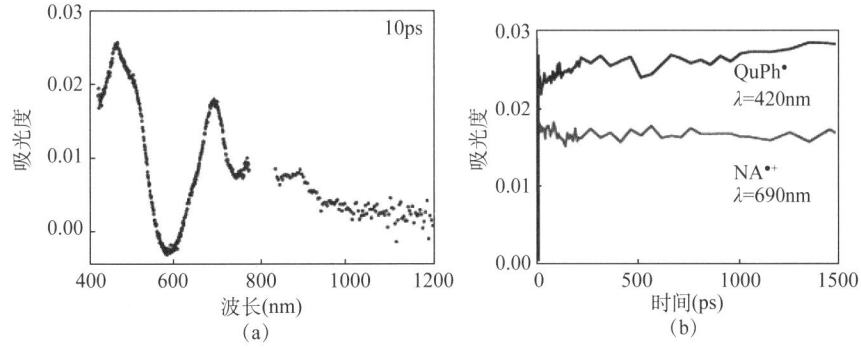

图2.8 通过飞秒激光激发含QuPh⁺-NA（1.0×10^{-3}mol/L）的脱气MeCN溶液观察到的295K下激光激发10ps后获得的瞬态吸收光谱（a）以及QuPh·和NA·⁺分别造成的在420nm和690nm的衰减时间图（b）

（来自Kotani H, et al. Faraday Discuss., 2012, 155: 89. Copyright 2012 The Royal Society of Chemistry, 经授权重印）

通过QuPh⁺-NA的脱气MeCN溶液的纳秒激光激发（355nm），QuPh⁺-NA长时间存在的 ET 状态被观察到了。在 420nm 和 690nm 处由 QuPh·—NA·+ 引起的两个特征吸收带（从图 2.8 的飞秒激光激发也能观察到）以及一个新的在 1050nm 的宽吸收带可以被归为萘的 π− 二聚体自由基阳离子引起[18-20]，如图 2.9（a）所示。长时间存在的 ET 状态（QuPh·—NA·+）和 QuPh+—NA 形成 π− 复合物提供了 π− 二聚体自由基阳离子 [(QuPh·—NA·+)(QuPh+—NA)]，其中 NA·+ 和 QuPh· 基团分别与 NA 和 QuPh+ 基团通过 π 键相互作用[17]。

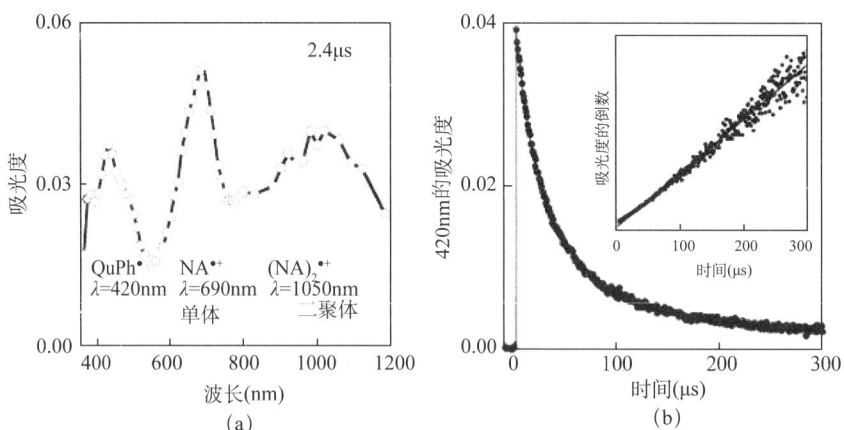

图2.9　298 K下在355nm激光激发2.4μs后获得的QuPh+—NA（$1.0×10^{-4}$mol/L）在脱气MeCN中的瞬态吸收光谱（a）以及在420nm由QuPh·引起的吸光度随时间衰减图及二级曲线（b）
（来自Kotani H, et al. Faraday Discuss., 2012, 155: 89. Copyright 2012 The Royal Society of Chemistry, 经授权重印）

π− 二聚体自由基阳离子中的分子内部反向 ET 太慢，使得两个 π− 二聚体自由基阳离子之间的分子间反向 ET 不能实现（原文语法有误，应为两个 π− 二聚体自由基阳离子之间的分子间反向 ET 得以实现——译者注）。分子间的反向 ET 被图 2.9（b）（内部）所示的在 420nm 由 QuPh· 基团引起的吸光度的二级曲线所证实[17]。分子间反向 ET 的速率常数是 $3.3×10^9$L/(mol·s)，该数值由二级曲线的斜率和 QuPh· 在 420nm 的摩尔吸光系数 [$ε=1500$L/(mol·cm)] 决定[17]。QuPh+—NA 长时间存在的 ET 状态的 π− 二聚体自由基阳离子的量子产率也由比较法决定，为 83%[17]。

在此已经讨论了这些电子供体—受体连接对的光诱导状态，它们或是 ET 状态，或是三重激发态[21, 22]。但是，已经证实实际产生的状态是 ET 状态，紧接着是 π− 二聚体自由基阳离子和其 ET 状态的生成，这也被 π− 二聚体自由基阳离子 π-π* 转移导致的近红外吸收探测到了[20]。

2.2.2　从电子供体到光激发光敏剂的分子间电子转移

通过瞬态吸收光谱，从电子供体到光敏剂的分子间 ET 被仔细观察到了。Acr+—Mes（Acr·—Mes·+）的光激发 ET 状态可以用 Mes·+ 基团（$E^o_{red} = 1.88$V vs. SCE）[13, 25] 来氧

化在催化析出 H_2 过程中被用作牺牲性电子供体的 NADH (E_{ox}^o = 0.76V vs.SCE)[23, 24]。包含 Acr^+–Mes 和 NADH 的 H_2O 和 MeCN [1∶1（体积比）] 脱气混合溶液在 430nm 的纳秒激光激发明显地表明，由于 $Acr^·$ 的生成，瞬态吸收带在 520nm，如图 2.10（a）所示[7]。光激发 10μs 后，在 520nm 的吸收带逐渐升高，表明了 $Acr^·$–Mes 的进一步生成。另外，$NADH^{·+}$ 造成的瞬态吸收没有被观察到，但是观察到伴随着如图 2.10（b）所示的由 $Acr^·$–Mes 造成在 520nm 的吸收带增加，在 420nm 的初始漂白带增加了。这表明额外的 $Acr^·$–Mes 生成原因在于 $NAD^·$ 的 ET，该 ET 能以从 $NADH^{·+}$ 的快速去质子化[7]到 Acr^+–Mes 的方式生成，如图 2.11 所示。

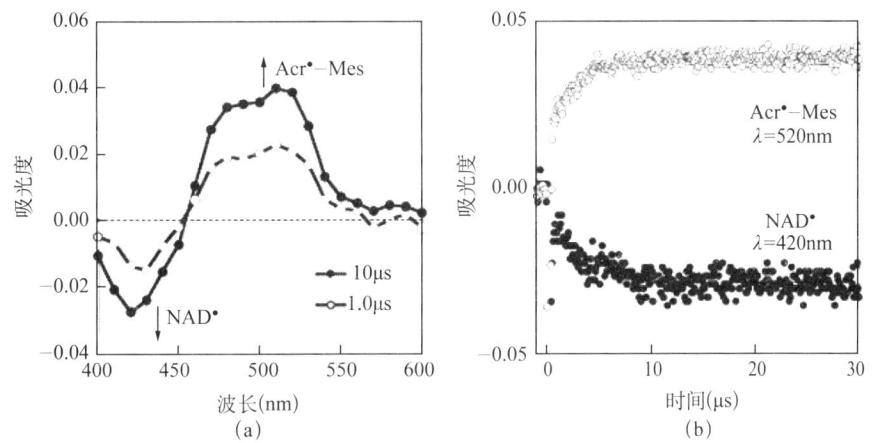

图2.10 298 K下Acr^+–Mes（0.10mmol/L）和NADH（1.0mmol/L）的脱气H_2O和MeCN [1∶1（体积比）] 混合溶液（2.0mL）在430nm纳秒激光激发1.0μs和10μs后获得的瞬态吸收光谱（a）以及$Acr^·$–Mes在520nm的形成和$NAD^·$在420 nm的衰减时间图（b）

（来自Kotani H, et al. Phys. Chem. Chem. Phys., 2007, 9: 1487. Copyright 2007 The Royal Society of Chemistry, 经授权重印）

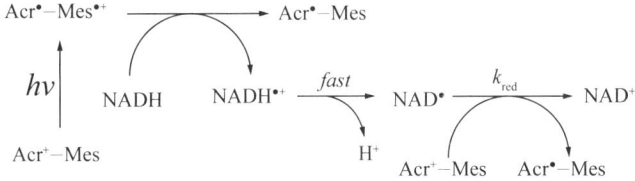

图2.11 光诱导的从NADH到Acr^+–Mes的ET

在 520nm 的瞬态吸收带的缓慢增加取决于 Acr^+–Mes 的浓度，如图 2.12（a）所示。$Acr^·$–Mes 生成的准一级速率常数（k_{obs}）按比例随着 Acr^+–Mes 的浓度增加，而从 $NAD^·$ 到 Acr^+–Mes 的 ET 的二级速率常数（k_{red}）由图 2.12（b）中的线性曲线斜率决定为 3.1×10^9L/(mol·s)[7]。接近扩散限制数值[26]的大 k_{red} 数值是合理的，原因在于从 $NAD^·$ (E_{ox}^o = −1.1 V vs.SCE)[24] 到 Acr^+–Mes 的 Acr^+ 基团 (E_{red}^o = −0.66V vs.SCE)[13, 27] 的 ET 的大驱动力（0.44eV）。

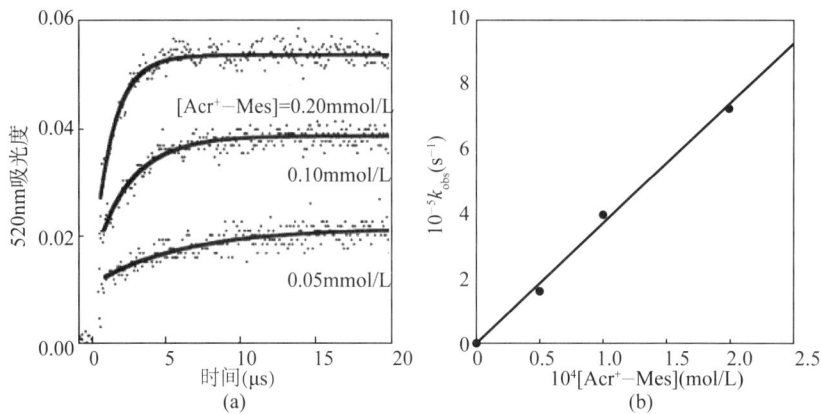

图2.12　520nm下多种Acr⁺-Mes浓度下Acr·-Mes的时间图（a）和
从NAD·到Acr⁺-Mes的ET的准一级速率常数（k_{obs}）对［Acr⁺-Mes］的曲线（b）

（来自Kotani H, et al. Phys. Chem. Chem. Phys., 2007, 9: 1487. Copyright 2007 The Royal Society of Chemistry, 经授权重印）

与之相似，光激发的QuPh⁺-NA（QuPh·-NA）和草酸盐之间的动力学也通过纳秒激光闪光光解得到了研究。草酸盐在光催化H_2析出过程中也能作为二电子供体，与NADH类似。含有QuPh⁺-NA（0.056mmol/L）的磷酸盐缓冲液（pH=6.0）和MeCN［1∶1（体积比）］脱气混合溶液在355nm的激光激发实现了ET状态（QuPh·-NA·⁺）的形成，这由如图2.13（a）所示的在激光激发后4.0μs的420nm（QuPh·基团）、690nm（NA·⁺基团）和1000nm［(QuPh·-NA·⁺)(QuPh⁺-NA)］的瞬态吸收带所确认[17, 28]。在没有草酸盐存在时，这些瞬态吸收带在光激发后的持续时间里单调衰减［图2.13（a）］。另外，有草酸盐存在时，甚至在光激发20μs后420nm的吸收带仍存在，但是分别属于NA·⁺和π-二聚体自由基阳离子［(QuPh·-NA·⁺)(QuPh⁺-NA)］的690nm和1000nm的吸收带在这一时间段内消失了[28]。这一观察结果表明，正如预测，从草酸盐到π-二聚体自由基阳离子的NA·⁺基团的ET是由从草酸盐（E_{ox} = 0.80V vs. SCE）[28]到QuPh·-NA·⁺的NA·⁺基团（E_{red} = 1.87V vs.SCE）[17]的大的ET驱动力（1.07V）引起的。

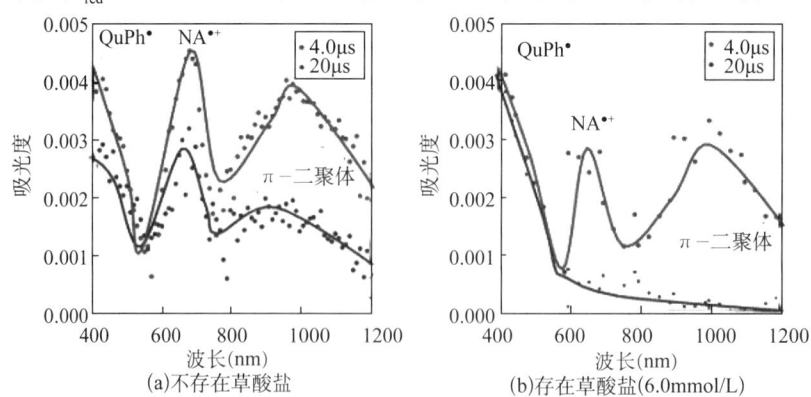

图2.13　298K下在355nm纳秒激光激发后4.0μs和20μs后在磷酸盐缓冲液（pH 6.0）和MeCN［1∶1（体积比）］脱气混合溶液中QuPh⁺-NA（0.056mmol/L）的瞬态吸收光谱

（来自Yamada Y, et al. Phys. Chem. Chem. Phys., 2012, 14: 10564. Copyright 2012 The Royal Society of Chemistry, 经授权重印）

如图 2.14（a）所示，从草酸盐到 QuPh·−NA·+ 的 NA·+ 基团的 ET 是通过在多种草酸盐浓度条件下在 690nm 的吸收带衰减来监测的[28]。其速率遵循准一级动力学，而且其准一级速率常数（k_{obs}）随着草酸盐浓度的升高按比例线性增大，正如图 2.14（b）所示。图 2.14（b）线性曲线的斜率决定了从草酸盐到 NA·+ 基团的 ET 的二级速率常数（k_{ox}）为 9.1×10^6 L/(mol·s)[28]。

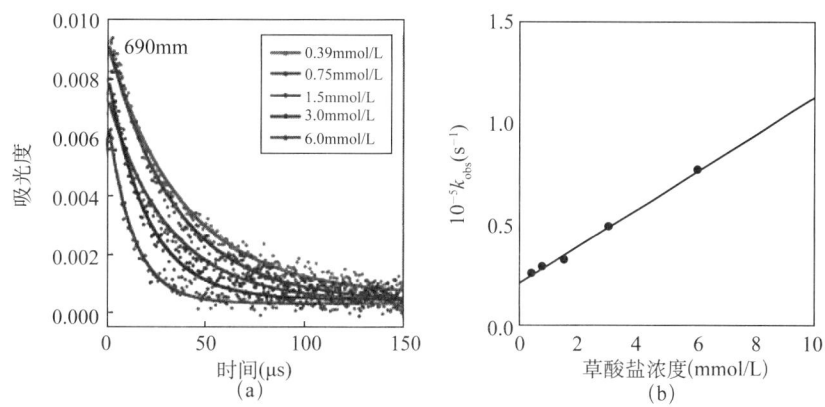

图2.14　在 QuPh+−NA（0.056mmol/L）存在下，多种草酸盐浓度条件下的 QuPh·−NA·+ 在 690nm 的吸光度衰减时间图（a）。QuPh·−NA·+ 是磷酸盐缓冲液（pH6.0）和 MeCN[1∶1（体积比）]脱气混合溶液激光激发（$\lambda=355$nm）产生的。从草酸盐到 QuPh·−NA·+ 的 ET 的准一级速率常数（k_{obs}）对草酸盐浓度的曲线图（b）

（来自 Yamada Y, et al. Phys. Chem. Chem. Phys., 2012, 14: 10564. Copyright 2012 The Royal Society of Chemistry, 经授权重印）

与 NA·+ 基团引起的在 690nm 的吸收带衰减相反，QuPh· 基团引起的在 420nm 的吸收带残留到激光激发后 0.3ms 或更长时间[图 2.15（a）][28]。在激光激发后 0.8ms 残留的 QuPh·−NA 产量是由不存在草酸盐时获得的最大吸光度决定的，且该产量对草酸盐浓度的曲线如图 2.15（b）所示[28]。在激光激发后 0.8ms 残留的 QuPh·−NA 产量随着草酸钠浓度升高到 6.0mmol/L 的过程中按比例线性增大，其中 6.0mmol/L 是其在磷酸盐缓冲液（pH=6.0）和 MeCN[1∶1（体积比）]混合溶液中的最高浓度。当通过利用四正丁基溴化铵盐将草酸盐的浓度提高到 35mmol/L 时，QuPh·−NA 在 420nm 的吸光度是不存在草酸盐时得到的最大吸光度的 2 倍，如图 2.15（c）所示[28]。提高草酸盐的浓度没有进一步提高在 420nm 的吸光度[28]。因此，在存在高浓度草酸盐时生成了两种等价的 QuPh·[28]。

图 2.16 描绘了 QuPh·−NA 形成的总反应路径[28]。光激发的 QuPh+−NA（QuPh·−NA·+）和 QuPh+−NA 形成 π− 二聚体自由基阳离子[(QuPh·−NA·+)(QuPh+−NA)][28]。然后，从草酸盐到 π− 二聚体自由基阳离子的 NA·+ 基团的 ET 形成，从而产生了草酸盐自由基阴离子。草酸盐自由基阴离子以 2×10^6 s^{-1} 的一级速率常数自发分解成 CO_2 和 CO_2·−[29-31]。由于 CO_2·− 正如其很高的单电子氧化电位（$E^o_{ox}=-2.2$V vs.SCE）所证明的那样[32,33]，是一种强的单电子还原剂，从 CO_2·− 到 QuPh+−NA 的 ET 以热力学反应发生

从而产生 QuPh·−NA [28]。因此，草酸盐在光催化 H_2 析出系统中是作为二电子供体。

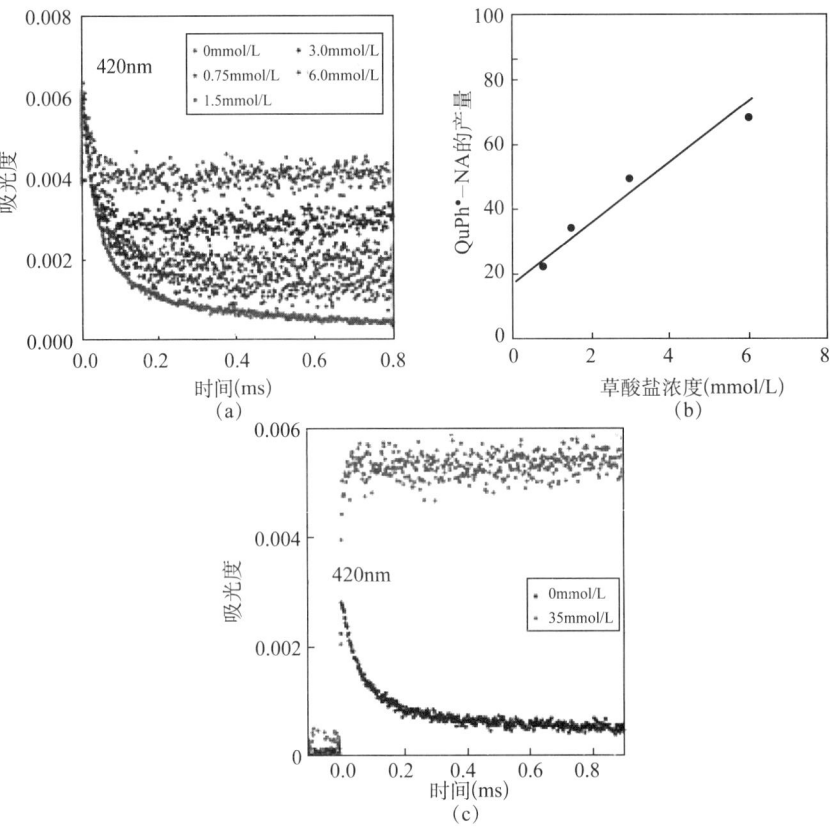

图2.15 298 K下包含QuPh⁺−NA（0.056mmol/L）的磷酸盐缓冲液
（pH6.0）和MeCN [1∶1（体积比）] 的脱气混合溶液在不同草酸盐浓度存在下
在355nm纳秒激光激发探测到的QuPh·−NA在420nm的吸光度衰减时间图（a），关于草酸盐浓度的
QuPh·−NA产量（b）以及298K下包含QuPh⁺−NA（0.056mmol/L）的磷酸盐缓冲液（pH6.5）和MeCN
[1∶1（体积比）] 的脱气混合溶液在不存在和存在 [COO（n−Bu_4N）]$_2$（35mmol/L）时在355nm纳
秒激光激发探测到的QuPh·−NA在420nm的吸光度形成及衰减时间图（c）

（来自Yamada Y, et al. Phys. Chem. Chem. Phys., 2012, 14: 10564. Copyright 2012 The Royal Society of Chemistry, 经授权重印）

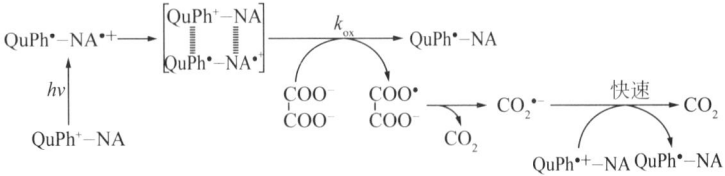

图2.16 从草酸盐到QuPh⁺−NA的光诱导ET

（来自Yamada Y, et al. Phys. Chem. Chem. Phys., 2012, 14: 10564. Copyright 2012 The Royal Society of Chemistry, 经授权重印）

2.2.3 电子向析氢催化剂的转移以及催化剂上的氢析出

在牺牲性电子供体把电子供体—受体连接对的光诱导 ET 状态还原之后，被还原的物质应该向被用作析氢催化剂的 MNP 注入一个电子。这一 ET 过程也可以通过时间范围超过几秒的瞬态吸收光谱监测。Acr$^+$—Mes 的还原态（Acr$^·$—Mes）是通过光照数秒包含 Acr$^+$—Mes（0.16mmol/L）和 NADH（1.0mmol/L）的邻苯二甲酸盐缓冲液（pH4.5）和 MeCN 的脱气混合溶液生成的，正如在 520nm 出现特征吸收带所证明的那样[图 2.17（a），粗线]。

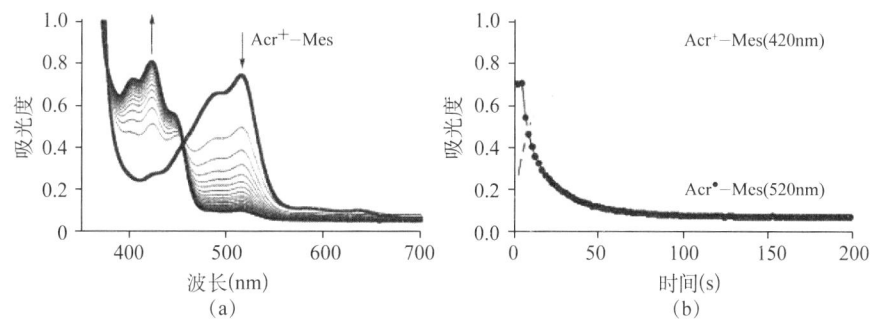

图2.17 当向Acr$^·$—Mes的邻苯二甲酸盐缓冲液

（pH4.5，50mmol/L）和MeCN [1:1（体积比）] 脱气混合溶液（2.0mL）中

加入PtNP（2.0μg）时产生的从Acr$^·$—Mes（0.16mmol/L）到PtNP的ET中观察到的UV−Vis吸收光谱

变化（a）和Acr$^·$—Mes造成的在520nm的吸光度衰减以及Acr$^·$—Mes造成的在420nm的吸光度增加时间图（b）

（来自Kotani H, et al. Size - and shape - dependent activity of metal nanoparticles as hydrogen-evolution catalysts:
Mechanistic insights into photocatalytic hydrogen evolution. Chem. - Eur. J., 2011, 17: 2777. Copyright Wiley - VCH Verlag
Gmbh & Co. KGaA. 经授权重印）

向包含 Acr$^·$—Mes 的溶液中添加包含铂纳米颗粒（PtNP）（2.0μg）的溶液并经过磁力搅拌造成 Acr$^·$—Mes 引起的在 520nm 的吸收带减小，且伴随着 Acr$^+$—Mes 引起的在 420nm[ε = 4700L/（mol·cm）]的吸收带出现，表明了存在从 Acr$^·$—Mes 到 PtNP 的有效 ET [6]。Acr$^·$—Mes 引起的在 520nm 的吸光度的衰减时间图与 Acr$^+$—Mes 引起的在 420nm 的吸光度升高时间图相一致，如图 2.17（b）所示[6]。该 ET 速率遵循准一级动力学，且其准一级速率常数（k_{obs}）随着加入 PtNP 的量增加而按比例增加[6]。

在电子向 PtNP 注入之后，质子还原导致了 PtNP 表面的 H_2 析出过程。应该将 H_2 析出速率和电子向 PtNP 的注入速率相比较来决定哪个是光催化 H_2 析出的速率控制步骤。图 2.18（a）展示了从 Acr$^·$ 基团到 PtNP 的 ET 造成的在 420nm 的吸光度衰减时间图以及通过气相色谱法定量的 H_2 析出量的时间图。它们的比较明显表明了 H_2 析出速率与从 Acr$^·$—Mes 到 PtNP 的 ET 速率相当。因此，从 Acr$^·$—Mes 到 PtNP 的 ET 是 H_2 析出反应的速率控制步骤。但是，QuPh$^·$—NA 是作为光敏剂被使用的；从 QuPh$^·$—NA 到 PtNP 的 ET 比

H_2 析出快得多，因为 QuPh˙ 相比于 Acr˙ 是更强的还原剂 [图 2.18 (b)] [9]。在这一反应系统中，速率决定步骤是质子还原或 H_2 析出步骤。

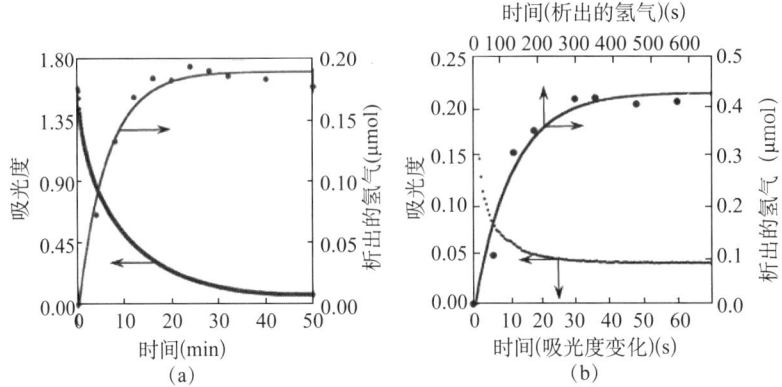

图 2.18　H_2 析出时间图及在醋酸盐缓冲液（pH5.0）和 MeCN [1∶1（体积比）] 混合溶液中从 Acr˙-Mes 到直径 4.5nm（0.1μg）球形 PtNP 的 ET 中由 Acr˙-Mes 造成的在 520nm 的吸光度的衰减时间图（来自 Kotani H, et al. Size-and shape-dependent activity of metal nanoparticles as hydrogen-evolution catalysts: Mechanistic insights into photocatalytic hydrogen evolution. Chem.-Eur. J., 2011, 17: 2777. Copyright Wiley-VCH Verlag Gmbh & Co. KGaA, 经授权重印）以及从 QuPh˙-NA 到 PtNP（1.5mg/L）的 ET 中由 QuPh˙-NA 造成的吸收的衰减时间图和在邻苯二甲酸盐缓冲液（pH4.5）及 MeCN [1∶1（体积比）] 混合溶液中氢气析出的时间图 (b)（来自 Yamada Y, et al. J. Am. Chem. Soc., 2011, 133, 16136, 2011. Copyright 2011 American Chemical Society, 经授权重印）

2.3　金属纳米颗粒的尺寸和形状对光催化析氢的影响

2.3.1　Pt 纳米颗粒尺寸和形状的影响

虽然光催化析出 H_2 的速率决定步骤是从光敏剂到 H_2 析出催化剂的 ET 或导致 H_2 析出的催化剂表面的质子还原，但是被用作 H_2 析出催化剂的 MNP 的氧化还原性质和表面条件在提高 H_2 析出效率上起到至关重要的作用。纳米颗粒的氧化还原性质和表面条件可能依赖于很多特征，比如颗粒尺寸、形状和晶体结构。最近在尺寸和（或）形状控制的纳米颗粒无机合成上的进展使得我们能够评估每一个因素对 H_2 析出催化剂的影响。

在 MNP 中，PtNP 已成为应用最广泛的 H_2 析出催化剂，因为其在电化学测试中用于质子还原的过电位低 [34-37]。但是，在实际应用中金属 Pt 的使用应该减少，因为其高的成本和有限的供应。通过控制形状和尺寸来提高 PtNP 催化活性能够减少使用的 Pt 的量 [6]。尺寸控制的球体或立方体的 PtNP 是在适当条件下制备的 [6]。图 2.19 展示的尺寸和形状控制的 PtNP 的 TEM 图表明，球体和立方体的平均直径分别是 3.6nm±0.6nm 和 8.6nm±0.8nm [图 2.19 (c) 和图 2.19 (d)] [6]。PtNP 的尺寸和形状如表 2.1 中所列出那样,通过选择适当的制备条件系统地改变[6]。

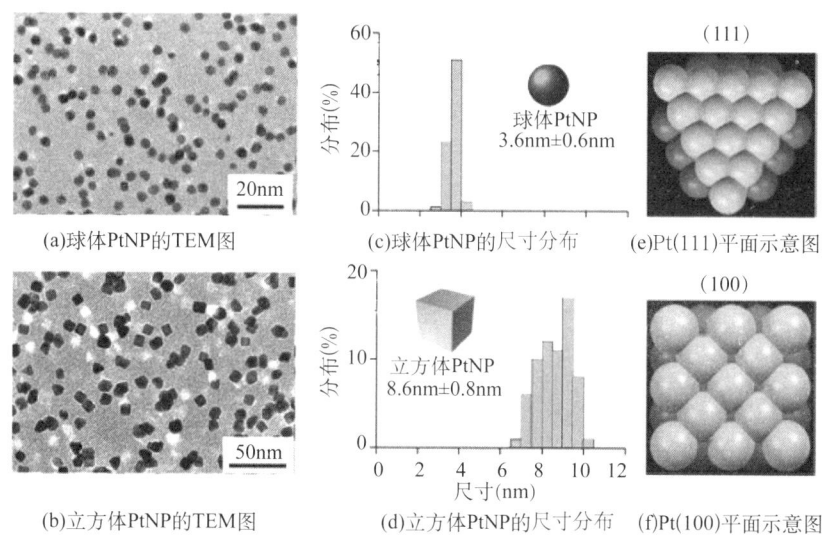

图2.19 球体PtNP和立方体PtNP的TEM图、尺寸分布以及Pt(111)平面和Pt(100)平面的示意图
(来自Kotani H, et al. Size-and shape-dependent activity of metal nanoparticles as hydrogen-evolution catalysts: Mechanistic insights into photocatalytic hydrogen evolution. Chem. -Eur. J., 2011, 17: 2777. Copyright Wiley-VCH Verlag GmbH & Co. KGaA, 经授权重印)

表2.1 用于和NADH及Acr$^+$-Mes光催化析出H_2的PtNP的形状和直径

项目	形状	直径(nm)	$10^{-4}k_{et}$ [L/(mol(Pt)·s)]
a	球体	2.1±0.3	2.5
b	球体	3.6±0.6	5.2
c	球体	4.5±0.7	6.0
d	球体	5.1±0.5	4.0
e	球体	8.0±1.1	3.5
f	立方体	6.3±0.6	7.0
g	立方体	8.6±0.8	4.1

利用NADH、Acr$^+$-Mes和PtNP分别作为电子供体、光敏剂和H_2析出催化剂的光催化H_2析出的总体催化循环被描绘于图2.3中。通过测定从作为反应系统的速率决定步骤(如上所述)的从Acr·-Mes到PtNP的ET的速率常数(k_{et}),多种形状和尺寸的PtNP的催化活性已被评估。具有不同形状和尺寸的PtNP的催化活性被按照速率常数比较,速率常数是通过表面Pt原子数标准化的。表面Pt原子数(N_s, mol/g)按照下式估计[38]:

$$N_s = \frac{1}{N_A} \times \frac{Sd_s}{Vd_v} = \frac{2.9 \times 10^{-3}(\text{nm} \cdot \text{mol}/\text{g})}{r(\text{nm})} \tag{2.1}$$

式中，N_A 是阿伏伽德罗常数；r 是半径，nm；S 是表面积，nm^2；V 是体积，nm^3；d_s 和 d_v 是由金属 Pt 的密度决定的（$d_s = 12.5 atoms/nm^2$ 且 $d_v = 2.15 \times 10^{-20} g/nm^3$）。

从 Acr·-Mes 到具有多种形状和尺寸的 PtNP 的 ET 的 k_{et} 值是由观察到的准一级速率常数（k_{obs}）对 PtNP 表面的 Pt 原子浓度 [mol(Pt)/L] 的线性曲线的斜率决定的。在表 2.1 中列出的 PtNP 中，平均直径为 6.3nm±0.6nm 的立方体 PtNP 在光催化 H_2 析出中展示出最大的 k_{et} 值[6]。至于球体 PtNP，平均直径为 4.5nm±0.6nm 的 k_{et} 值最大，如图 2.20（b）所示[6]。金属 NP 在多种催化反应中的这种受形状和尺寸影响的催化作用已被报道[39-44]。总体上，立方体 PtNP 比其他形状的 PtNP 更有活性，因为立方体 PtNP 的表面包括（100）平面，其中 Pt 原子松散排列，如图 2.19（f）所示。图 2.19（e）所示的（111）表面是热力学最稳定的表面，其表面能最小。Pt 原子在（100）表面的松散排列提高了其表面能，并有利于其和基质相互作用[6]。

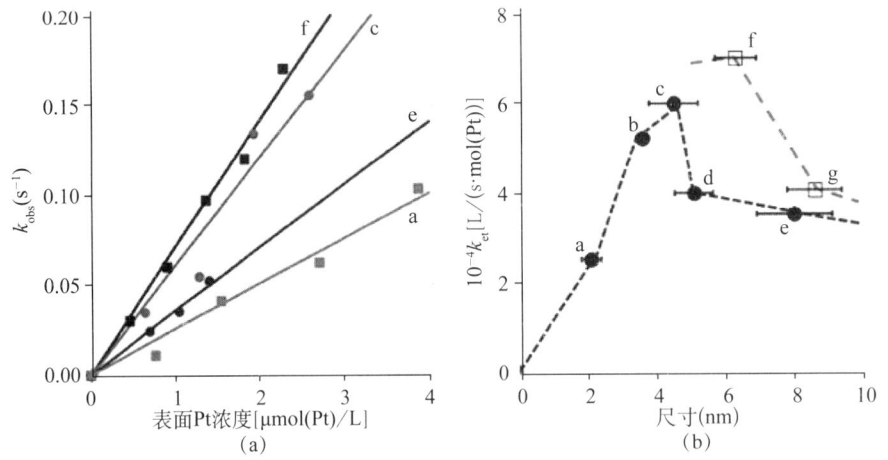

图 2.20 从 Acr·-Mes 到多种尺寸和形状的 PtNP 的 ET 的准一级速率
常数（k_{obs}）对 Pt 在 PtNP 表面上浓度的曲线（a）以及 k_{et} 对球体和立方体 PtNP 尺寸的曲线
a—g 所指代的（a）中的线和（b）中的点与表 2.1 中的项目一致
（来自 Kotani H, et al. Size-and shape-dependent activity of metal nanoparticles as
hydrogen-evolution catalysts: Mechanistic insights into photocatalytic hydrogen evolution.
Chem.-Eur. J., 2011, 17: 2777. Copyright Wiley-VCH Verlag GmbH & Co. KGaA. 经授权重印）

从 Acr·-Mes 到 PtNP 的 ET 的 k_{et} 值随着质子浓度 $[H^+]$ 的增加而按比例增加，如图 2.21 所示（黑圆圈）。ET 速率随着 $[H^+]$ 线性增加（图 2.21），表明从 Acr·-Mes 到 PtNP 的 ET 结合了质子转移且结合了质子的 ET（PCET）导致了 PtNP 表面上 Pt-H 键的形成，如图 2.22 所示[6]。之后紧接着还原过程 H_2 的析出可能是从两个 Pt-H 物质中还原消除的结果[6]。

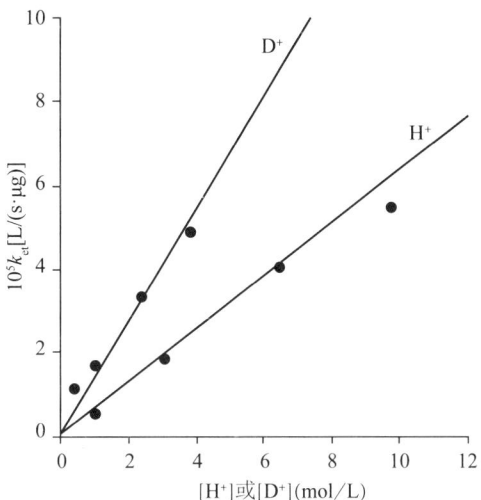

图2.21 298K下在从Acr·−Mes到包含CH₃COOH/CH₃COONa缓冲液（50mmol/L）的H₂O/MeCN［1∶1（体积比）］或包含CH₃COOD/CH₃COONa缓冲液（50mmol/L）的D₂O/MeCN［1∶1（体积比）］中的直径为4.5nm球体PtNP的ET中观察到的［H⁺］或［D⁺］对k_{et}的影响

（来自Kotani H, et al. Size-and shape-dependent activity of metal nanoparticles as hydrogen-evolution catalysts: Mechanistic insights into photocatalytic hydrogen evolution. Chem.-Eur. J., 2011, 17: 2777. Copyright Wiley-VCH Verlag GmbH & Co. KGaA. 经授权重印）

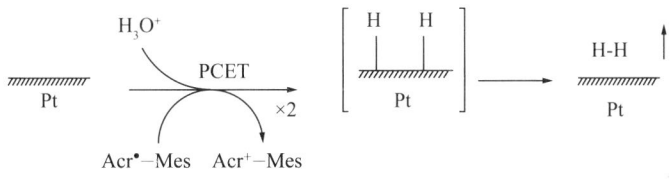

图2.22 PtNP上H₂析出的机理

（来自Kotani H, et al. Size-and shape-dependent activity of metal nanoparticles as hydrogen-evolution catalysts: Mechanistic insights into photocatalytic hydrogen evolution. Chem.-Eur. J., 2011, 17: 2777. Copyright Wiley-VCH Verlag GmbH & Co. KGaA. 经授权重印）

当H₂析出发生在包含CH₃COOD/CH₃COONa缓冲液的D₂O中时，在从Acr·−Mes到PtNP的ET中观察到了大量的反动力学同位素效应［KIE=k_{et}（H）/k_{et}（D）= 0.47］（图2.21中的灰圆圈）[17]。总体上，反KIE是过渡态相对于基态的较大的零点能量差造成的[45, 46]。反KIE经常能在表面反应中被观察到，如氯原子和C₂H₄的反应[46]，利用Pd/C催化剂将硝基苯氢化成苯胺反应[47]，涉及铜—锌超氧化物歧化酶的酶反应[47]，用磷化氢基铱配合物氢化二烯烃反应[48]，以及H₂在金属表面的吸附[49, 50]。在这种表面反应中观察到的反KIE来源于表面吸附造成的零点能量变化[51, 52]。因此，图2.21中的大量反KIE可能是PtNP上形成Pt−H键比形成Pt−D键的零点能量更高造成的[6]。

2.3.2 Ru 纳米颗粒尺寸和形状的影响

虽然优化 PtNP 的尺寸和形状导致了在催化 H_2 析出中其催化性能的提高，但是珍贵的 Pt 被期待着能用使用于有限应用中的金属来替代。Ru 是替代 Pt 的一个选择，因为其在多种烯烃氢化中的高活性[53]，表明 H_2 易与 Ru 表面相互作用。RuO_2 纳米颗粒已作为 H_2 析出催化剂被检验，结果是其活性相比于 PtNP 非常一般[54-58]。Ru 纳米颗粒（RuNP）已被报道，在分别利用 $QuPh^+$-NA 和 NADH 作为光敏剂和电子供体的光催化 H_2 析出过程中能作为可与 PtNP 相比的活性 H_2 析出催化剂[9]。RuNP 的尺寸和负载物对其在光催化 H_2 析出中的催化活性和持久性的影响被弄清了。

用于催化 H_2 析出的 RuNP 的尺寸通过选择适宜的制备条件被控制在 2.0nm±0.3nm 到 8.0nm±1.0nm，如图 2.23 所示[9]。为了比较多种尺寸的 RuNP 的催化活性，光催化 H_2 析出是通过光照（λ>340nm）包含 NADH（1.0mmol/L）、$QuPh^+$-NA（0.22mmol/L）（图 2.23 中注释的 $QuPh^+$-NA 为 2.2mmol/L——译者注）和 RuNP 的缓冲液（pH4.5）及 MeCN [1∶1（体积比）] 的脱气混合溶液（2.0mL）来进行的[9]。从反应溶液包含的 RuNP 的尺寸在 3.3~8.0nm 的反应条件下，在室温下观察到了对于 NADH 接近化学当量的 H_2 的量[9]。图 2.24（a）展示了通过 RuNP 的质量浓度标准化的 H_2 析出速率（v_{H_2}）对 RuNP 尺寸的曲线[9]。H_2 析出是在光照（λ>340nm）包含 NADH（1.0mmol/L），$QuPh^+$-NA（2.2mmol/L）和不同尺寸 RuNP（12.5mg/L）的邻苯二甲酸盐缓冲液（pH4.5）及 MeCN [1∶1（体积比）] 的脱气混合溶液的条件下进行的。能观察到尺寸在 4.1nm±0.7nm 的 RuNP 具有最大的 H_2 析出速率[9]。

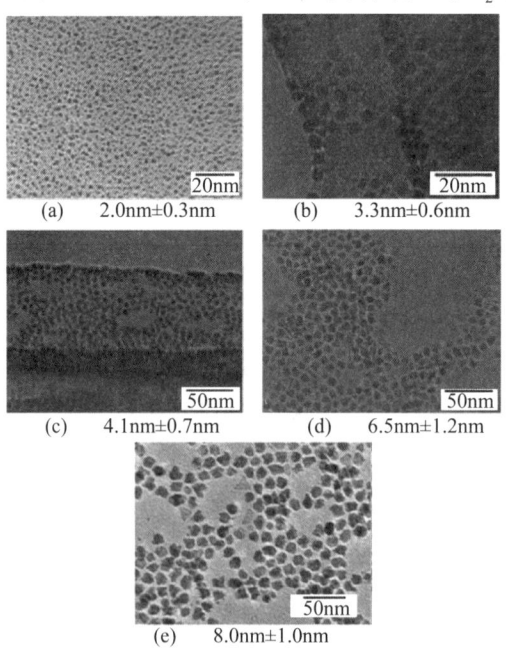

图 2.23 不同尺寸的 RuNP 的 TEM 图

（来自 Yamada Y, et al. J. Am. Chem. Soc., 2011, 133: 16136. Copyright 2011 American Chemical Society. 经授权重印）

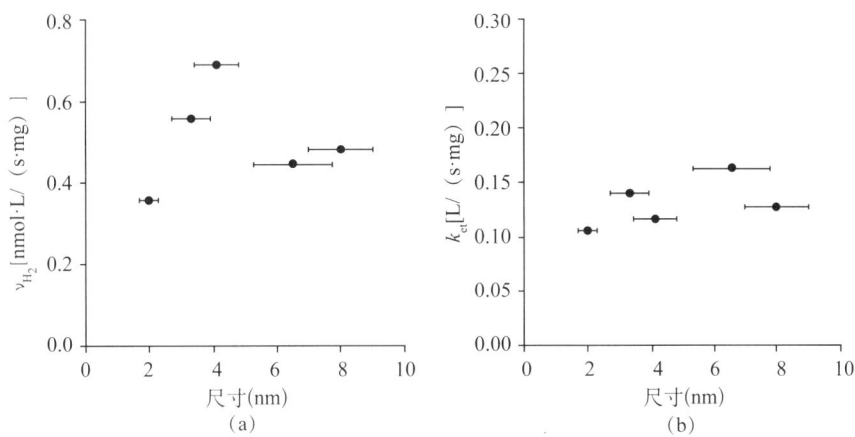

图2.24 RuNP尺寸对H_2析出速率的影响曲线（a）和尺寸对从QuPh-NA到RuNP的ET速率（k_{et}）的影响（b）

（来自Yamada Y, et al. J. Am. Chem. Soc., 2011, 133: 16136. Copyright 2011 American Chemical Society.经授权重印）

关于用Ru电极电催化析出H_2的反应系统，已有Volmer-Tafel机理被提出[59]。该机理包含两步，即"质子还原"（$H^+ + e^- \longrightarrow H^*$；$H^*$是吸附在钌电极表面上的H）和"氢原子结合"（$2H^* \longrightarrow H_2$），其中前一步和后一步分别被称为Volmer步骤和Tafel步骤[59]。在酸性溶液中，Tafel步骤及其接下来的H_2解吸被提出是室温下的速率决定步骤[59]。

在用$QuPh^+$-NA和RuNP的光催化H_2析出过程中，从光诱导的$QuPh^·$-NA到RuNP的ET比H_2析出快得多，如图2.18（b）所示[9]。较小的RuNP对于在其表面进行质子还原上具有优势，因为注入的一个电子的一个负电荷被RuNP整体共享[9]。较小的颗粒具有高的比表面积，因此较小的RuNP的表面比较大的RuNP带更多负电。较小RuNP的带负电更多的表面更易于和带正电的质子相互作用。另外，较大尺寸可能更利于氢原子结合步骤，因为较大颗粒比较小颗粒可以在一个催化剂颗粒上接收更多电子和氢原子[9]。图2.25总结了RuNP的尺寸对质子还原和氢原子结合步骤反应速率的影响。可能4.1nm±0.7nm的尺寸是用来析出H_2的最平衡的RuNP尺寸。

这些覆盖了有机物来用于催化应用的MNP的主要缺点是缺乏稳定性，部分原因在于在光催化H_2析出过程中有机物解离形成结块。已有报道称，在光催化H_2析出过程中覆盖聚乙烯吡咯烷酮的RuNP的稳定性比覆盖聚乙烯吡咯烷酮的PtNP的稳定性更低[60]。RuNP的结块可以通过用金属氧化物负载RuNP来被有效抑制[60]。通过使用被负载在金属氧化物的3%（质量分数）RuNP做H_2析出催化剂，同时使用NADH和$QuPh^+$-NA作为电子供体和光敏剂，观察到光催化H_2析出。如图2.26所示，利用负载在MgO（菱形）、TiO_2（倒三角）和CeO_2（三角）的RuNP作为H_2析出催化剂时，在30min内的反应溶液中观察到了对NADH为非化学计量的H_2的析出，表明这些金属氧化物使RuNP失活了[60]。另外，通过光照利用Ru/SiO_2和$Ru/Al_2O_3-SiO_2$作为H_2析出催化剂的反应溶液，析出了对NADH为化学当量的H_2（2.0 μmol）[60]。利用Ru/SiO_2的反应系统中的H_2析出速率比利用$Ru/Al_2O_3-SiO_2$的析出速率的2倍还多；因此，SiO_2

对于 RuNP 是最好的负载物。

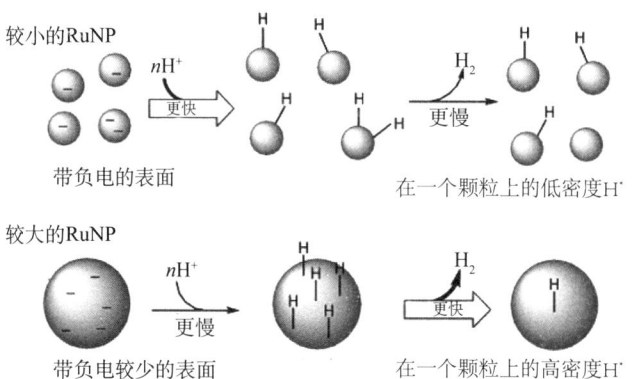

图2.25 RuNP尺寸对质子还原和氢原子结合步骤速率的影响

(来自Yamada, Y, et al. J. Am. Chem. Soc., 2011, 133: 16136. Copyright 2011, American Chemical Society. 经授权重印)

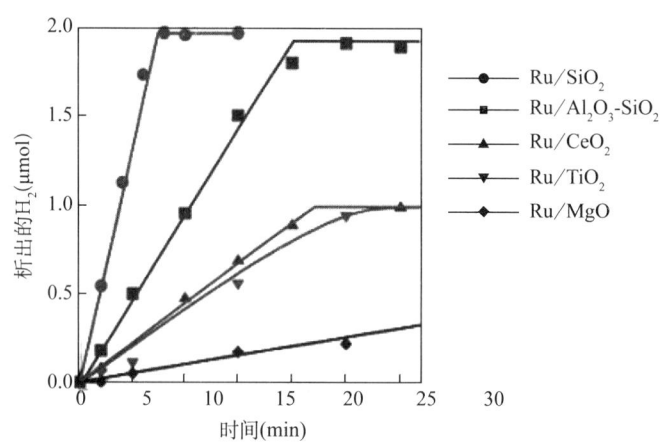

图2.26 通过光照（λ>340nm）包含QuPh$^+$-NA、NADH和负载于金属氧化物 [3.0%（质量分数）Ru；100mg/L] 上的RuNP的邻苯二甲酸盐缓冲液（pH4.5）及MeCN [1∶1（体积比）] 的脱气混合溶液（2.0mL）进行的H_2析出过程

(来自Yamada Y, et al. J. Phys. Chem. C, 2013, 117: 13143. Copyright 2011 American Chemical Society. 经授权重印)

可以通过使用多种形态的SiO_2来提高RuNP的催化活性[60]。被负载在不同形态SiO_2上的Ru的TEM图如图2.27（a）至图2.27（c）所示：SiO_2负载物的形态为不定形状（u-SiO_2），具有六角形排列的介孔结构（m-SiO_2）以及无孔的球形（s-SiO_2）[60]。光催化H_2析出是通过光照使用这些Ru/SiO_2催化剂作为光催化系统的H_2析出催化剂的反应溶液来进行的。在这些Ru/SiO_2催化剂中，观察到Ru/u-SiO_2催化剂的H_2析出速率最快 [图

2.27（d），圆圈］，其 H_2 析出速率是 9.1μmol/h[60]。Ru/s-SiO_2［图 2.27（d），方形］和 Ru/m-SiO_2［图 2.27（d），三角形］催化剂的 H_2 析出速率较慢，其速率分别为 6.3μmol/h 和 4.7μmol/h[60]。Ru/m-SiO_2 和 Ru/s-SiO_2 催化剂的 H_2 析出速率较慢的原因在于被 SiO_2 包围的 RuNP 的微环境，其中 RuNP 相比于 Ru/u-SiO_2 更少暴露于溶液[60]。

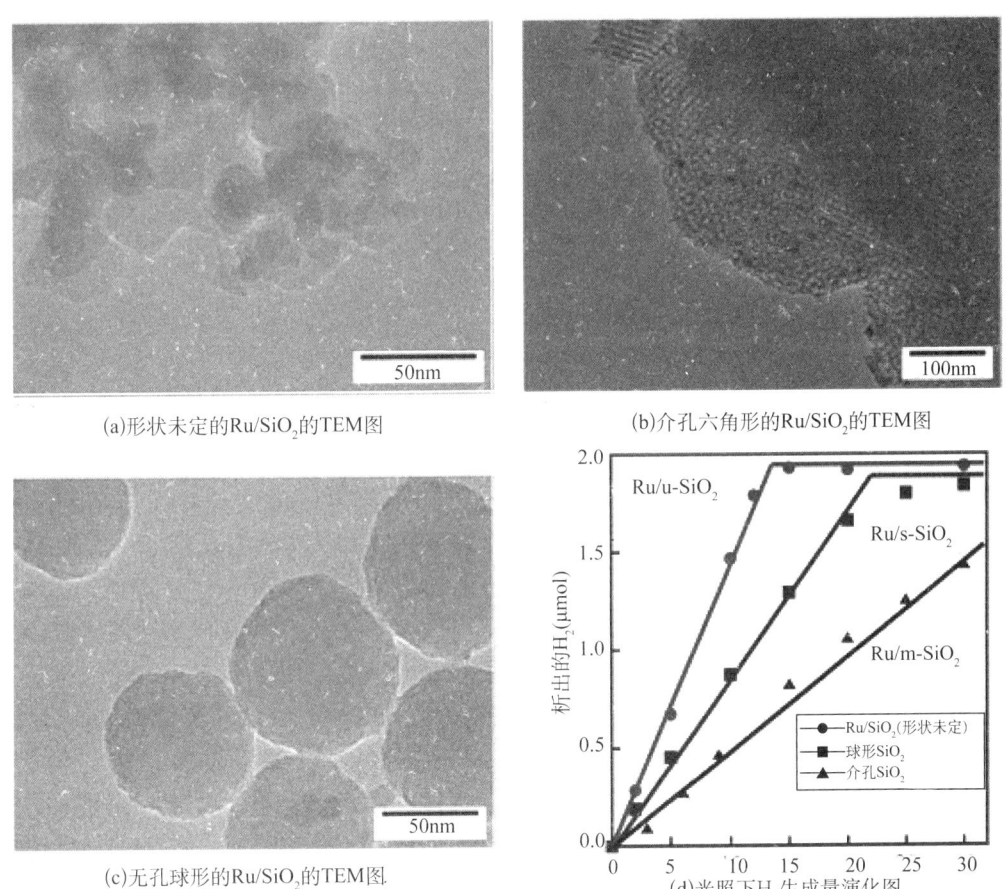

图2.27　不同形状的Ru/SiO_2的TEM图及通过光照（λ>340nm）包含 QuPh[+]-NA、NADH和负载于CVD方法合成的SiO_2上的RuNP的邻苯二甲酸盐缓冲液（pH 4.5）及MeCN［1∶1（体积比）］的脱气混合溶液进行的H_2析出过程

（来自Yamada Y, et al. J. Phys. Chem. C, 2013, 117: 13143. Copyright 2011 American Chemical Society. 经授权重印）

通过重复的光催化 H_2 析出，Ru/u-SiO_2 的稳定性被考察并与 PtNP 相比较[60]。当使用 Ru/u-SiO_2 和 PtNP 作为 H_2 析出催化剂重复光催化反应时，用 Ru/u-SiO_2 进行第四次以及用 PtNP 进行第五次光催化反应时由 H_2 析出被观察到，如图 2.28 所示[60]。通过 Ru 质量标准化的析出 H_2 总量是 1.7mol/g-Ru，接近用 PtNP 得到的量（2.0mol/g-Pt）[60]。因此，通过优化 SiO_2 负载物的形态提高了 RuNP 的持久性[60]。

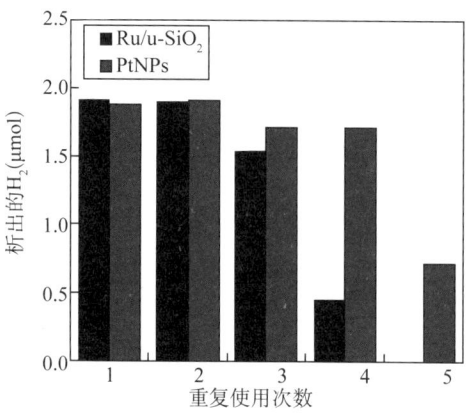

图2.28 利用Ru/u-SiO$_2$和PtNP进行的重复光催化反应析出的H$_2$量
(每次反应之后都向反应溶液中加入包含NADH的混合溶液)

(来自Yamada Y, et al. J. Phys. Chem. C, 2013, 117: 13143, Copyright 2011 American Chemical Society. 经授权重印)

2.3.3 Ni 纳米颗粒尺寸和晶体结构的影响

RuNP 在光催化 H$_2$ 析出中是一种高效的 H$_2$ 析出催化剂；但是，人们希望用廉价且地球储量丰富的金属替代 Ru。在自然系统中，氢化酶，即一类在自然系统中实现 H$_2$ 和质子相互转化的酶，在其酶活性中心包含 Fe 和（或）Ni [6, 61, 62]。在此背景下，Fe 纳米颗粒（FeNP）和 Ni 纳米颗粒（NiNP）已在光催化生产 H$_2$ 中作为 H$_2$ 析出催化剂被考察了[63]。对于 FeNP，只观察到有很少的 H$_2$ 析出[6]；但是 NiNP 展示出对于光催化 H$_2$ 析出具有确定的催化活性[8]。这一结构似乎很合理，因为 Ru-Ni 双核复合物已被报道为氢化酶的功能性和结构性模型[64]。

图 2.29 比较了在光照（λ>340nm）包含分别作为牺牲性电子供体、光催化剂和 H$_2$ 析出催化剂的 NADH、QuPh$^+$-NA 和 MNP（M=Ni, Pt，或 Ru）的邻苯二甲酸盐缓冲液（pH4.5）及 MeCN［1∶1（体积比）］的混合溶液实现的光催化 H$_2$ 析出过程[8]。NiNP 在 8min 内以 11μmol/h 的 H$_2$ 析出速率析出了对 NADH 为化学当量的 H$_2$（2.0μmol），表明 NiNP 是一种高效的 H$_2$ 析出催化剂。但是，利用 NiNP 的反应系统的 H$_2$ 析出速率约为利用 PtNP 和 RuNP 作为 H$_2$ 析出催化剂的 H$_2$ 析出速率的 40%[8]。

在光催化 H$_2$ 析出中用作 H$_2$ 析出催化剂的 NiNP 的催化作用依赖于其尺寸[8]。通过 TEM 观察与 DLS 测定的 NiNP 尺寸分别为 6.6nm±1.6nm［图 2.30（a）］、11nm±2nm［图 2.30（b）］、36nm±12nm［图 2.30（c）］和 210nm±80nm［图 2.30（d）］[8]。通过粉末 X 射线衍射图确定的这些 NiNP 的晶体结构是密排六方（hcp）结构[8]。该光催化 H$_2$ 析出是通过光照包含 QuPh$^+$-NA、NADH 及多种尺寸（6.6～210nm）的 hcp-NiNP 的混合溶液进行的[8]。如图 2.31 所示，较小 hcp-NiNP 的 H$_2$ 析出速率更快［图 2.31（a）］。除了 hcp 结构外，已知 NiNP 在室温下具有面心立方（fcc）结构[8]。当用 fcc-NiNP 代替 hcp-NiNP 在光催化 H_2 析出中作为 H_2 析出催化剂时,光照 20min 没有析出化学当量的 H_2,如图 2.31(b)所示[8]。如图 2.31(c)所示,不管何种尺寸,hcp-NiNP 都比 fcc-NiNP 表现出了高得多的催化活性。

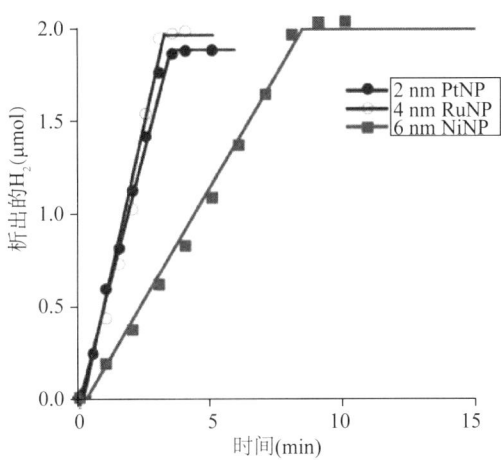

图2.29　298 K下光照（λ>340nm）包含QuPh$^+$—NA（0.44mmol/L）、NADH（1.0mmol/L）和多种催化剂（12.5mg/L，NiNP、RuNP和PtNP）的邻苯二甲酸盐缓冲液（pH4.5）及MeCN [1：1（体积比）]的脱气混合溶液（2mL）实现的光催化H_2析出过程

（来自Yamada Y, et al. Energy Environ, Sci., 2012, 5: 6111. Copyright 2012 The Royal Society of Chemistry, 经授权重印）

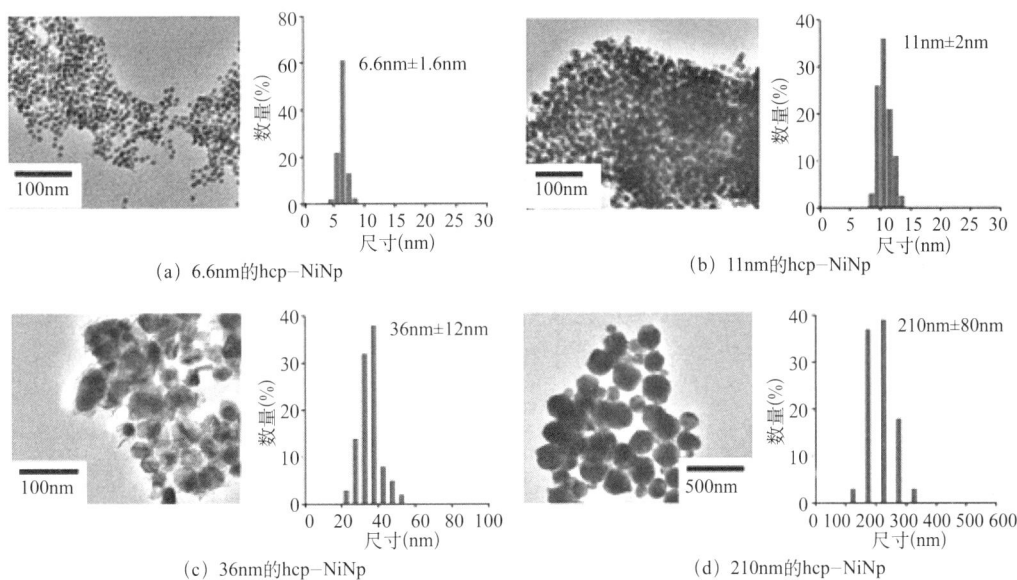

(a) 6.6nm的hcp–NiNp　　(b) 11nm的hcp–NiNp

(c) 36nm的hcp–NiNp　　(d) 210nm的hcp–NiNp

图2.30　通过动态激光散射测定的不同尺寸的hcp-NiNP的TEM图和颗粒尺寸分布

（来自Yamada Y, et al. Energy Environ, Sci., 2012, 5: 6111. Copyright 2012 The Royal Society of Chemistry, 经授权重印）

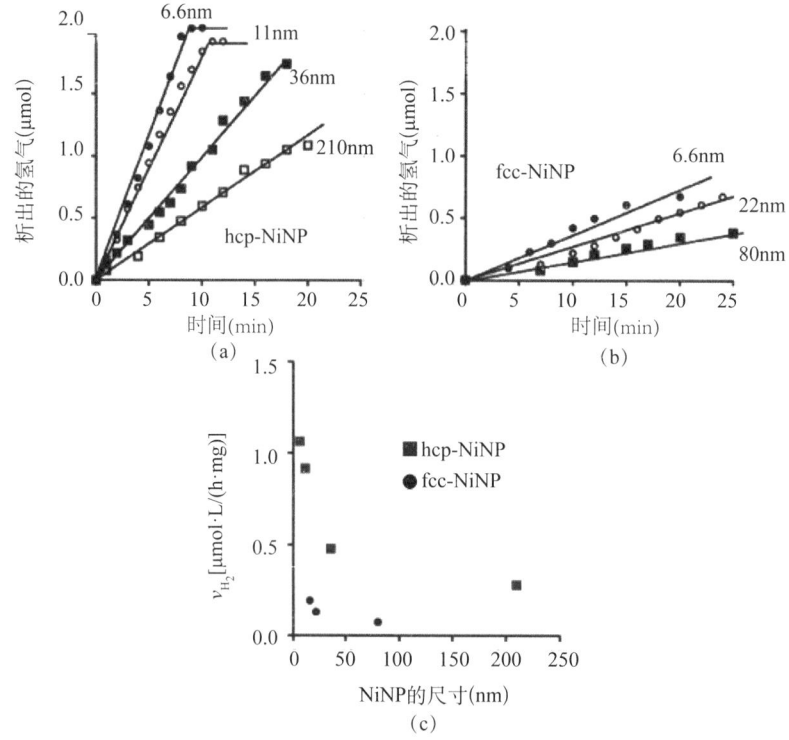

图2.31 在298 K下通过光照（λ>340nm）包含NADH（1.0mmol/L）、QuPh⁺-NA（0.44mmol/L）及多种尺寸的hcp-NiNP（a）或fcc-NiNP（b）（12.5mg/L）的邻苯二甲酸盐缓冲液（pH4.5）和MeCN［1∶1（体积比）］脱气混合溶液进行的H_2析出过程，以及通过NiNP质量浓度标准化的H_2析出速率对NiNP尺寸的图像（c）

（来自Yamada Y, et al. Energy Environ, Sci., 2012, 5: 6111. Copyright 2012 The Royal Society of Chemistry, 经授权重印）

NiNP依赖于晶体结构的催化作用已经在很多反应系统中被报道[65-67]。例如，相比于fcc-NiNP，hcp-NiNP在甘油的蒸汽重整中表现出了对H_2的高选择性[66]。还有，hcp-NiNP已被报道在丙烯加氢中比fcc-Ni具有更高的催化活性[67]。fcc-Ni结构是热力学稳定相，而hcp-Ni结构被认为是亚稳定相[65]。hcp-NiNP的出色催化活性可能归因于hcp结构的高表面能，其表面更易于和基质相互作用。

2.4 结论

本章综述了利用电子供体—受体连接对（Acr⁺-Mes和QuPh⁺-NA）作为光敏剂，并且利用MNP（Pt、Ru和Ni）作为H_2析出催化剂的光催化H_2析出系统。首先，在一个电子供体—受体连接对中的分子内ET已通过纳秒瞬态吸收光谱弄清。其次，从电子供体（NADH或草酸盐）到光激发态的电子供体—受体连接对的长寿命ET被监测到了。

最后，从被还原的光激发态到作为 H_2 析出催化剂的 MNP 的 ET 被仔细研究了。观察表明，MNP 涉及速率控制步骤。尽管 Pt 已被确定是质子还原的最有活性的催化剂，但是减少其用量或用地球储量丰富的金属来代替它是必要的。因此，已经通过使用代替金属研究了 MNP 的催化活性。关于催化剂的进一步研究仍然是需要的，但是 Ni 和 Ru 纳米颗粒已成为优化尺寸、形状及晶体结构的有前景的备选品。

参 考 文 献

[1] J. M. Lehn, J. P. Sauvage, *New J. Chem.* 1 (1977) 449.

[2] A. Moradpour, E. Amouyal, P. Keller, H. Kagan, *New J. Chem.* 2 (1978) 547.

[3] K. Kalyanasundaram, J. Kiwi, M. Grätzel, *Helv. Chim. Acta* 61 (1978) 2720.

[4] M. Grätzel, *Acc. Chem. Res*. 14 (1981) 376.

[5] F. Teply, *Collect. Czech. Chem. Commun*. 76 (2011) 859.

[6] H. Kotani, R. Hanazaki, K. Ohkubo, Y. Yamada, S. Fukuzumi, *Chem-Eur. J.* 17 (2011) 2777.

[7] H. Kotani, T. Ono, K. Ohkubo, S. Fukuzumi, *Phys. Chem. Chem. Phys.* 9 (2007) 1487.

[8] Y, Yamada, T. Miyahigashi, H. Kotani, K. Ohkubo, s. Fukuzumi, *Energy Environ. Sci.* 5 (2012) 6111.

[9] Y. Yamada, T. Miyahigashi, H. Kotani, K. Ohkubo, S. Fukuzumi, *J. Am. Chem. Soc.* 133 (2011) 16136.

[10] R. A. Marcus, *Annu. Rev. Phys. Chem.* 15 (1964) 155.

[11] R. A. Marcus, N. Sutin, *Biochim. Biophys. Acta* 811 (1985) 265.

[12] S. Fukuzumi. K. Ohkubo, T. Suenobu, K. Kato, M. Fujitsuka, O. Ito, *J. Am. Chem. Soc.* 123 (2001) 8459.

[13] S. Fukuzumi, H. Kotani, K. Ohkubo, S. Ogo, N. V. Tkachenko, H. Lemmetyinen, *J. Am. Chem. Soc.* 126 (2004) 1600.

[14] S. M. Hubig, J. K. Kochi, *J. Am. Chem. Soc.* 122 (2000) 8279.

[15] S. Fukuzumi, I. Nakanishi, K. Tanaka, *J. Phys. Chem. A* 103 (1999) 1212.

[16] S. Fukuzumi, K. Doi, A. Itoh, T. Suenobu, K. Ohkubo, Y. Yamada, K. D. Karlin, *Proc. Natl. Acad. Sci. U. S. A.* 109 (2012) 15572.

[17] H. Kotani, K. Ohkubo, S. Fukuzumi, *Faraday Discuss*. 155 (2012) 89.

[18] L. Biczók, H. Linschitz. *J. Phys. Chem. A* 105 (2001) 11051.

[19] J. K. Kochi, R. Rathore. P. L. Maguères, *J. Org. Chem.* 65 (2000) 6826.

[20] S. Fukuzumi, H. Kotani, K. Ohkubo, *Phys. Chem. Chem. Phys.* 10 (2008) 5159.

[21] A. C. Benniston, A. Harriman, P. Y. Li, J. P. Rostron, H.J. van.Ramesdonk, M. M. Groeneveld, H. Zhang, J. W. Verhoeven, *J. Am. Chem. Soc.* 127 (2005) 16054.

[22] A. C. Benniston, A. Harriman, P. Y. Li, J. P. Rostron, J. W. Verhoeven, *Chem. Comunun.* (2005) 2701.

[23] X.Q. Zhu, Y. Yang. M. Zhang. J.P. Cheng, *J. Am. Chem. Soc.* 125 (2003) 15298.

[24] S. Fukuzumi, T. Tanaka, in:M. A. Fox, M. Chanon (Eds.), *Photoinduced Electron Transfer, Part C*, Elscvier, Amsterdam, The Netherland, 1988.

[25] S. Fukuzumi, D. M. Guldi, in:V. Balzani (Ed), *Electron Transfer in Chemistry*, Wiley-VCH, Weinheim, Germany, 2001, p. 270.

[26] S. Fukuzumi, H. Miyao, K. Ohkubo, T. Suenobu, *J. Phys. Chem.* A109(2005)3285.

[27] K. Ohkubo. H. Kotani, S. Fukuzumi, *Chem. Commun.* (2005)4520.

[28] Y. Yamada, T. Miyahigashi, K. Ohkubo, S. Fukuzumi, *Phys. Chem. Chem. Phys.* 14 (2012) 10564.

[29] Q. G. Mulazzani, M. D'Angelantonio, M. Venturi, M. Z. Hoffman, M. A.J. Rodgers, *J. Phys. Chem.* 90 (1986) 5347.

[30] I.Rubinstein, A. J. Bard, *J. Am. Chem. Soc.* 103 (198) 1512.

[31] F. Kanoufi, AJ. Bard, *J. Phys. Chem. B* 103 (1999) 10469.

[32] A.I. Krasna, *Photochem. Photobiol.* 31 (1980) 75.

[33] F. Pina, Q. G. Mulazzani, M. Venturi, M. Ciano, V. Balzani, *Lnorg. Chem.* 24 (1985) 848.

[34] H. Kotani, K. Ohkubo, Y. Takai, S. Fukuzumi, *J. Phys. Chem.* B110 (2006) 24047.

[35] J. R. Darwent, P. Douglas, A. Harriman, G. Porter, M. C. Richoux, *Coord. Chem. Rev.* 44 (1982) 83.

[36] S. Fukuzumi, Y. Yamada, T. Suenobu, K. Ohkubo. H. Kotani, *Energy Environ. Sci.* 4 (2011) 2754.

[37] S. Fukuzumi, Y. Yamada, *J. Mater. Chem.* 22 (2012) 24284.

[38] J. R. Anderson, *Structure of Metallic Catalysts*, Academic Press, London, UK, 1975.

[39] Y. Sun, Y. Xia, *Science* 298 (2002) 2176.

[40] N. Tian, Z. Y. Zhou, S. G. Sun, Y. Ding, Z. L.Wang, *Science* 316 (2007) 732.

[41] K. An, N. Musselwhite, G. Kennedy, V. V. Pushkarev, L. R. Baker, G. A. Somorjai. *J. Colloid Interface Sci.* 392 (2013) 122.

[42] Y. Li. Q. Liu, W. Shen. *Dalton Trans.* 40 (2011) 5811.

[43] F. Zaera, *Catal. Lett.* 142 (2012) 501.

[44] Y. Kang. J. B. Pyo, X. Ye, R. E. Diaz, T. R. Gordon, E.A. Stach, C. B. Murray, *ACS Nano* 7 (2013) 645.

[45] M. Wolfsberg, *Acc. Chem. Res.* 5 (1972) 225.

[46] M. J. Tanner, M. Brookhart, J. M. DeSimone, *J. Am. Chem. Soc.* 119 (1997) 7617.

[47] E. A. Gelder, S. D. Jackson, C. M. Lok, *Chem. Commun.* (2005) 522.

[48] O. W. Howarth, C. H. McAteer, P. Moore, G. E. Morris, *J. Chem. Soc.,Chem. Commun.*

(1982) 745.

[49] V. C. Srivastava, P. Raghunathan, S. Gupta, *Int. J. Hydrogen Energy* 17 (1992) 551.

[50] M. G. Basallote, S. Bernal, J.M. Gatica, M. Pozo, *Appl. Catal.*, A 232 (2002) 39.

[51] N. Ozawa, T. A. Roman, H. Nakanishi, H. Kasai, *Surf. Sci.* 600 (2006) 3550.

[52] M. Conte, K. Wilson, V. Chechik, *Org. Biomol. Chem.* 7 (2009) 1361.

[53] P. Lara, K. Philippoi, B. Chaudret, *ChemCatChem* 5 (2013) 28.

[54] J. M. Kleijn, G. K. Boschloo, *J. Electroanal. Chem.* 300 (1991) 595.

[55] J. M. Kleijn, J. Lyklema, *Colloid Polym. Sci.* 265 (1987) 1105.

[56] M. Kleijn, H. P. van Leeuwen, *J. Electroanal. Chem.* 247 (1988) 253.

[57] E. Amouyal, P. Keller, A. Moradpour, *J. Chem. Soc., Chem. Commun.* (1980) 1019.

[58] Y. Yamada, K. Yano, S. Fukuzumi, *Aust. J. Chem.* 65 (2012) 1573.

[59] M. W. Breiter, *J. Electroanal. Chem.* 178 (1984) 53.

[60] Y. Yamada, S. Shikano, S. Fukuzumi, *J. Phys. Chem.* C117 (2013) 13143.

[61] M. Y. Darensbourg. E. J. Lyon, J. J. Smee, *Coord. Chem. Rev.* 206 (2000) 533.

[62] G. J. Kubas, *Chem. Rev.* 107 (2007) 4152.

[63] J. Handman, A. Harriman, G. Porter, *Nature* 307 (1984) 534.

[64] S. Ogo, R. Kabe, K. Uehara, B. Kure, T. Nishimura, S. C. Menon, R. Harada et al., *Science* 316 (2007) 585.

[65] H. S. Bengaard, J. K. Nørskov, J. Sehested, B. S. Clausen, L.P. Nielsen, A. M. Molenbroek, J. R. Rostrup-Nielsen, *J. Catal.* 209 (2002) 365.

[66] Y. Guo. M. U. Azmat, X. Liu, J. Ren, Y. Wang, G. Lu, *J. Mater. Sci.* 46 (201) 4606.

[67] G. Carturan, S. Enzo, R. Ganzeria, M. Lenrda, R. Zanoni, *J. Chem. Soc. Faraday Trans.* 86 (1990) 739.

第 3 章 CO_2 制备燃料

Atsushi Urakawa, Jacinto Sá

本章编纂了以将一种最充足且最有害的温室气体转化成燃料为目标的最新技术。这些技术涵盖了从传统 CO_2 加氢到光催化转化的内容。每部分都包含这一过程的回顾、近期发展和未来展望。

3.1 导论

烃类燃料凭借其可利用性和高能量密度成为目前最重要的能量来源[1]。但是,其利用已导致大气中温室气体,尤其是 CO_2 浓度的急剧升高[2],以至于威胁到了人类生活,这敦促着补救这一问题的策略的发展。降低 CO_2 排放的策略之一是将其捕获并储存进地质建造中;但是,这一过程需要能量且不是无泄漏的。关于 CO_2 泄漏的潜在风险值得警觉,因为 CO_2 的快速释放可以导致严重事故,正如 1986 年喀麦隆的 Nyos 湖 1700 人窒息死亡事件所证实的那样[3]。

将热力学稳定的 CO_2 转化为有用的化学品和燃料需要能量输入,这可以光、电及化学能的形式提供,且这些反应通常是在有能力的催化剂功能的协助下完成的[4]。为了人类和自然环境的可持续发展,人们对化石燃料的依赖应该减少,而且利用可再生能量对于活化 CO_2 或为 CO_2 转化生产高能量分子是必需的。有一些方法从实践的角度看是具有吸引力的。风能、地热、太阳能及水力等可再生能源被转化成最便于分配、共享和交换形式的电能。电能用途的多样性使得电催化转化对于 CO_2 转化很有前景[5]。一种非常常见的电催化过程就是通过电解水生产 H_2,该过程只向系统中加入水和电力。这一技术基础牢固,发展成熟,而且是可以大规模工业应用的。生成的 H_2 可以被直接应用于燃料电池,但是它也可以提供一种方法来通过 CO_2 加氢生产高价值化学品和燃料。醇类和包含烯烃的烃类等基础化学品可以通过 CO_2 加氢生产,为 CO_2 转化成商业化学品和燃料的基础原料提供一个途径。考虑到世界范围内排放的大量 CO_2(2012 年大约为 $345 \times 10^8 t$ [6]),以及在排放处捕获 CO_2 来进一步利用的能力增加,应该开发能够转化大量 CO_2 的技术。相比于其他 CO_2 转化技术,高转化速率,也即在更短时间、更小空间里转化大量 CO_2 的可能性使得这一技术在实践上非常具有吸引力。利用非均相催化剂催化 CO_2 加氢,由于其过程具有大规模连续操作的实践意义,将在 3.2 节讨论。

作为地球上最充足的可再生能源的阳光可以被直接应用于CO_2转化,即模仿自然过程,通过光催化反应将CO_2和水转化成化学品。经常伴随着光催化水分解反应的利用光子活化CO_2过程是从碳足迹角度减少CO_2的最终解决办法,因为这种方法几乎没有CO_2释放。该技术的当前技术水平和未来发展展望将会在3.3节讨论。

3.2 CO_2加氢

关于在排放处的CO_2捕获和储存技术的发展及安装的持续努力使人们能够以很低或可能为零的成本处理大量的CO_2。为满足输送和空间要求,被捕获的CO_2通常以压缩的液态形式储存。这一事实从化学反应设计的角度看是有利的,因为CO_2在蒸气压(293K下为5.73MPa)下可以获得,而且如果需要,能易于进一步压缩来促进需要高压的反应。CO_2和最轻的高能双原子分子H_2的反应为生产烃类燃料以及在未来能被用作能量矢量的基础化学品提供了多种途径。图3.1阐明了在接下来的几十年里或将成为大量潜在需求的主要产品。

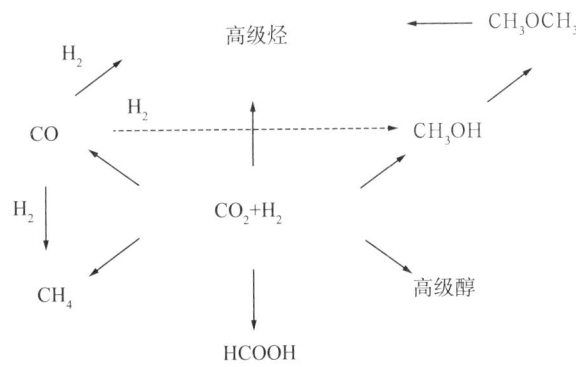

图3.1 CO_2加氢转化为可作为能量载体的化学物质

其中,甲烷[合成天然气(SNG)]及用于汽油和柴油等运输用燃料的烃类分别可以通过甲烷化和费托(F-T)合成来合成,该过程通过CO或直接使CO_2加氢发生。这些产品凭借其在目前存在的运输和分配的基础设施中的竞争力在当前是有用的。还有甲醇、二甲醚(DME)及一些低碳醇(如乙醇)可以液态形式储存并兼容于目前存在的运输和储存基础设施。这些化学品可以在内燃机以纯物质或混合物的形式直接作为燃料使用,或直接用于燃料电池[7]。重要的是,它们可以在甲醇制烯烃(MTO)和甲醇制汽油(MTG)中作为烯烃和汽油等基础化学品的基本原料[7]。甲酸是用一分子CO_2和一分子H_2生产的产品。它在作为化学品基本原料和燃料上的使用相比于图3.1中的其他产品更加有限。但是甲酸凭借其分子具有的高氢原子密度可以被考虑为最有前景的氢气存储的可运输媒介之一[7]。

尽管超出了本章的范围，CO_2 也被用于甲烷的干重整中，根据式（3.1），该过程中甲烷和 CO_2 被用于生产合成气，来代替甲烷的蒸汽重整生产合成气。

$$CH_4 + CO_2 \longrightarrow 2CO + 2H_2 \quad \Delta H_{298K} = 247.5 \text{kJ/mol} \tag{3.1}$$

$$CH_4 + H_2O \longrightarrow CO + 3H_2 \quad \Delta H_{298K} = 205.9 \text{kJ/mol} \tag{3.2}$$

诺贝尔奖得主 George A. Olah 及其同事最近的工作将两个反应合并来生产具有特定 H_2 和 CO 比值（为 2）的合成气。

$$3CH_4 + 2H_2O + CO_2 \longrightarrow 4CO + 8H_2 \quad \Delta H_{298K} = 659.3 \text{kcal/mol} \tag{3.3}$$

这一过程已被命名为双重整，而且这种具有特定组成的合成气被称为"甲醇气"（metgas），因为其具有合成甲醇的化学当量 CO 氢气比[8]。

$$CO_4 + 2H_2 \longrightarrow CH_3OH \quad \Delta H_{298K} = -90.7 \text{kJ/mol} \tag{3.4}$$

因此，整个过程中，甲烷、水和二氧化碳以 3：2：1 混合的气体生产出 4 个当量的甲醇。甲醇合成需要的氢气是通过重整反应从 CH_4 和 H_2O 中得来的，这需要大量的热力学能输入。但是，这一过程是利用甲烷转化了 CO_2，而其中的甲烷由于最近在页岩气、致密气、煤层气，甚至甲烷水合物方面的发现，除此之外，还由于未来有通过 CO_2 甲烷化生产甲烷的可能性，被视为充足的物质。因此，尽管依赖于化石燃料，通过利用非常廉价且充足的反应物分子以及将吸热重整反应式（3.1）和式（3.2）及放热甲醇合成反应式（3.4）合并起来，为基于可再生能量的更加绿色的技术提供中间物和中介解决方案在经济上和能量上是可行的。这些策略不是本章的主题，尽管它们在直到更持久、更少的 CO_2 排放成为可能之前作为可行的技术绝对是很重要的。

评价用于 CO_2 加氢的氢气的来源也是很重要的，因为通过蒸汽重整反应式（3.2）进行的传统氢气生产不应被使用，因为其具有高能量需求，进而具有炼厂操作带来的 CO_2 排放。作为有前景且更加绿色的选择，氢气应该通过风和阳光等可再生能源生产的电能[9]，或利用光催化水分解反应直接从阳光中获得的电能[10] 电解水生产。这些途径为赢得利用来自可再生能源的氢气活化热力学稳定的 CO_2 的挑战提供了手段。

在接下来的章节里将主要集中在合成和使用等方面通过选择的技术现状实例来简要总结作为化学能量矢量大量生产的图 3.1 中的反应，接下来是关于 CO_2 加氢在近期未来的前景展望。

3.2.1 一氧化碳

一氧化碳在工业上是一种重要的分子，它在通过费托合成生产烃类燃料、润滑油以及通过甲醇合成和加氢甲酰化反应生产含氧化合物中作为碳源和 C_1 基础原料。CO 可以通过被称为反水煤气转换（RWGS）的反应将 CO_2 加氢来生产。

$$CO_2 + H_2 \longrightarrow CO + H_2O \qquad \Delta H = 41.2 \text{kJ/mol} \qquad (3.5)$$

这一反应是吸热的，且高温非常有利于反应，一个高达 950bar❶ 的高压研究表明，在催化作用下反应压力的影响很小[11]。通常该反应受热力学限制，而且知道被平衡限制的转化率是至关重要的。该平衡的限制非常重要，因为对 RWGS 有活性的催化剂在被称为水煤气转换（WGS）反应 [式（3.5）] 的逆反应中也有活性。RWGS 反应式（3.5）经常和甲烷化反应竞争（3.2.2 节），后者更易于在较低温下反应，如图 3.2 所示[12]。根据图 3.2，得到好的 CO_2 转化率和 CO 的高选择性需要很高的温度。但是，这没有考虑到反应途径和动力学因素；更高的 CO 选择性是可以达到的，因为 CO 转化为甲烷的进一步加氢是受动力学限制的[11]，而且也可以通过添加可能抑制甲烷化反应的反应促进剂来实现。

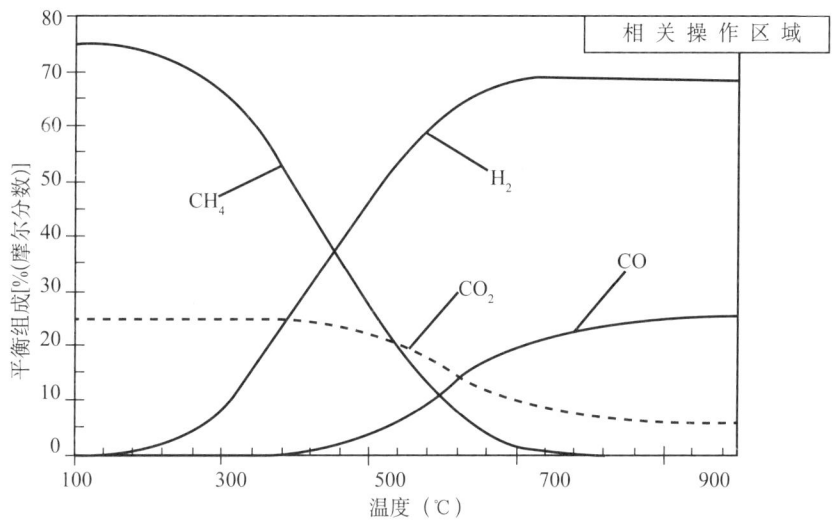

图3.2　在0.1MPa下，H_2 与 CO_2 进料物质的量比为3时RWGS反应的产物气体的热力学平衡组成
（来自Jess A, et al. Chem. Ing. Tech., 2013, 85: 489. 已经授权复制）

可能达到不受限制的平衡转化率的策略是将 RWGS 和生产其他（一种或多种）产品的（一种或多种）二次反应合并，甚至包括相分离，如此平衡可以显著地向产品的一侧移动。这一方法在直接得到目标产品而不是 CO 时尤其具有实用性，因为 CO 通常是一种中间物，而不会是期望的最终产物。这种实例之一是通过 RWGS 反应进行甲醇合成，这会在 3.2.4 节讨论。

在 WGS 和 RWGS 反应中很多种催化剂有活性。最近的报道主要是关于低于 600K 的低温转换反应[13, 14]，而且已知不同的催化剂是在不同的特定 RWGS 反应途径中

---

❶ $1\text{bar}=10^5\text{Pa}$。

生效。

组成通常和甲醇合成催化剂相似的铜催化剂被广泛应用于 RWGS 反应。已经发现在 Cu 金属表面积和 RWGS 反应活性之间具有明显的相关性（图 3.3）[15]。对于甲醇合成已经有同样的线性关系被报道 [16]，表明通过 CO_2 加氢合成甲醇中 RWGS 可能具有决定性影响。还已知钾促进剂能促进 RWGS 反应 [17]，且降低压力有利于 WRGS 的活性 [18]。钾促进剂的高效率可以用其通过形成纳米晶体甚至薄层覆盖于负载材料和 Cu 表面达到的高分散度来解释，正如没有甲酸盐物质被吸附于 Cu 表面所证明的那样 [18]。

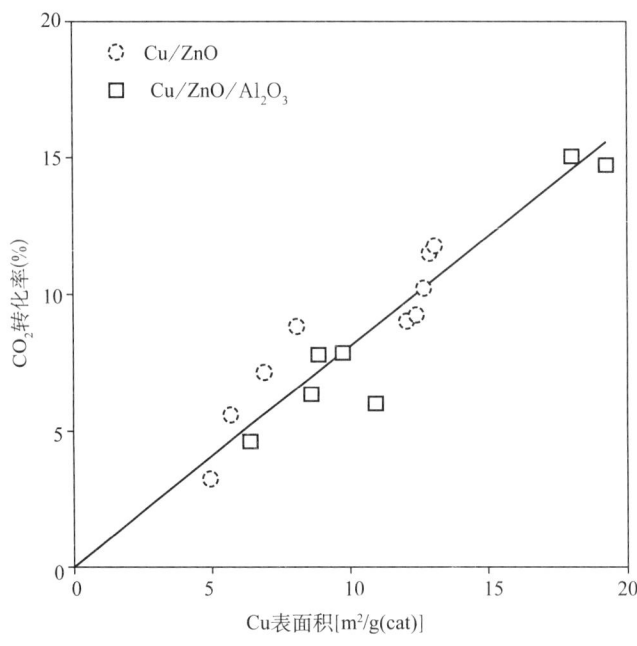

图 3.3 作为 Cu 金属表面积的函数在 RWGS 反应中 Cu/ZnO 和 Cu/ZnO/Al_2O_3 催化剂的活性
（来自 Stone F S, Waller D. Top. Catal., 2003, 22: 305. 已经授权复制）

另一类别的 WGS/RWGS 催化剂是被负载于可还原的氧化物负载物（如 TiO_2、CeO_2）的贵金属（如 Pt、Au）。反应中负载物的活性作用已经通过光谱和产物时程分析（TAP）研究所证实 [19]。这些材料的主要优点是对空气没有敏感性，不需要活化，且相比于 Cu 催化剂具有更宽阔的温度窗口 [21]。这些催化剂的一个问题是由催化剂表面积炭引起的失活 [21]，尽管用在经济上具有吸引力的 Ni 改性的 CeO_2 在 RWGS 反应中具有长周期稳定性的出色表现 [22]。

3.2.2 甲烷

甲烷是天然气的主要成分且被广泛应用于发电和住宅供热。在工业上，催化甲烷化反应被用于在氨合成中降低 CO 和 CO_2 的浓度。论及通过 CO_2 加氢生产甲烷用作燃料，鉴于甲烷的成本和氢气相比差不多，现存的气路网可能是生产甲烷的主要动力。

催化 CO_2 加氢生成 CH_4 也被称为 Sabatier 反应，而且是放热反应，需要 4 个 H_2 分子来转化 1 个 CO_2 分子。

$$CO_2 + 4H_2 \longrightarrow CH_4 + 2H_2O \quad \Delta H_{298K} = -252.9 kJ/mol \tag{3.6}$$

尽管该反应在热力学上是有利的，但是这一反应需要催化剂来促进在碳原子上所需的 4 个加氢步骤来克服动力学限制。这很重要，因为转化率和选择性对于评价该过程的表现并不充分，还需要代表产量的值，如质量时间产率（每克催化剂每小时生产的甲烷克数）。

活性催化剂通常包含 Ni 或贵金属，如 Ru、Rh 及 Pt [14, 23]。这些材料被负载于包括介孔性材料的金属氧化物上，例如 SBA-15，以此来提高转移特性 [24]。商业催化剂通常包含被负载于铝上的镍且在相对低温下操作，约在 470K 或低于 470K。近期工作证明，$Rh/\gamma-Al_2O_3$ 甚至可以在室温和大气压力下发生催化反应，尽管观察到了 CO_2 引起的 Rh 表面氧化造成的失活 [25]。以桶溅射法这种特殊方法制备催化剂时能够提高分散度，据报道，制备的 Ru/TiO_2 催化剂在大约 433K 下达到了 100% 甲烷产率 [26]，表现出了很好的催化性能和稳定性。在热力学上，较低的温度更利于实现更高的甲烷产率；因此，为使催化剂在低温下具有高度活性，进一步的催化剂优化和设计将成为 CO_2 甲烷化的主要研究和开发（R&D）路线。

相比于 RWGS 反应，其提出的反应机理包括金属成分的活性参与或独立参与。CO_2 甲烷化被提出的反应机理涉及表面中间体的出现：

(1) 第一步是 CO_2 解离成 CO 和氧气且遵循 CO 甲烷化路径 [21]。

(2) 与负载表面反应生成（双）碳酸盐，其导致 CO 在加氢之前吸附于金属表面 [27]。

(3) 活性表面炭的生成，其接下来被还原来形成 C—H 键 [28]。

在该反应中探测到了表面甲酸盐、（双）碳酸盐以及其他含碳物质，但是至今为止还没有关于碳原子如何加氢以及被吸附的氢气或气态氢气是否反应生成 C—H 键的明确证明。

3.2.3 高级烃

据预测，全球对汽油和柴油的需求将维持在很高水平。费托合成是从合成气生产液态烃燃料的关键转化技术之一，合成气可以从天然气蒸汽重整式（3.2）或煤气化中很方便地生产。合成气在催化剂作用下可以被进一步转化成直链烃类 [12]。

$$CO + 2H_2 \longrightarrow (-CH_2-) + H_2O \quad \Delta H_{298K} = -152 kJ/mol \tag{3.7}$$

费托合成一般在 400~600K 且高压下进行，如此能帮助提高反应速率，也能提高链长度。较高温度有利于提高反应速率，但是会导致非期望的甲烷生成更显著。因此，较低温度更有助于提高碳链长度，尽管十分长的碳链（蜡）需要被打碎来使其能被使用。很明显，优化反应条件和催化剂在最终的产物分布及产率上起到决定性作用。Co 基 FT 催化剂被广泛用于研究类似 CO_2 基过程的体系，这类催化剂通常采用氧化铝上负载 Fe 或 Co 得到。最近的综述总结了催化剂和工艺发展的趋势及技术现状[12, 14, 29]。

Fe 催化剂在传统费托合成中的优势在于相比于 Co 更加廉价，具有更广的操作温度窗口，且在低 H_2/CO 值下有好的活性[12]。Fe 催化剂经常被报道的主要缺点是其 WGS 活性，在该过程中生产了大量 CO_2[12, 29]。但是这种 WGS 活性在使用 CO_2 基合成气时能成为有利的 RWGS 活性[29]。实际上，用于 Fe 催化剂的大多数有利促进剂，如 K[30, 31]、Cu[32] 及 CeO_2[33]，都在 RWGS 反应中展示出好的活性，并减少了甲烷化反应。Mn 也被报道是 Fe 催化剂的促进剂，能改善 Fe 的结构和电子性质，来抑制甲烷化并提高烯烃对烷烃的比值[31]。在合成气中用 CO_2 代替 CO 对于产品分布影响很小[34]。反应机理决定了 RWGS 反应平衡造成的限制，而创新的策略，比如利用膜来除去水[35]，对于进一步发展是很重要的。

另外，Co 催化剂在基于 CO 的费托合成中表现出色，因为其低 WGS 活性减少了非期望 CO_2 的生成。Pt、Ru 或 Re 等促进剂被添加，来提高催化剂的可还原性，并使钴维持在金属状态。但是，当利用 CO_2 基合成气时，传统 Co 催化剂更倾向于催化非期望的甲烷化[36]，而且产物分布不遵循 Anderson-Schulz-Flory 产物分布可能性；而使用 CO 基合成气时则遵循该规律[29]。这些观察结果表明了 CO_2 对反应路径改变的影响。至今为止，还没有明确的策略来改善用于 CO_2 加氢合成高级烃的 Co 催化剂。

3.2.4 甲醇和二甲醚

甲醇是最有名的，也是最受广泛推荐的 CO_2 加氢生产的化学能载体备选物之一。甲醇是非常灵活的分子；它是一种出色的燃料，也是甲醛和乙酸合成等重要工业反应的众多关键起始物料之一。甲醇可以通过和汽油混合或直接在燃料电池中被用作燃料。DME，一种凭借其更好的燃烧表现成为柴油的可能替代品的物质，可以通过脱水反应从甲醇中合成。除此之外，烯烃等基础化学产品可以通过甲醇制烯烃（MTO）过程生产。甲醇的多用途性和不断增长的关键性以及衍生的 DME，已经使 George A. Olah 提出了现代世界从油气经济向"甲醇经济"的转变[37]。实际上，已经有几种采用可再生能源供能，利用捕获的 CO_2 和电解生成的 H_2 的工业化过程存在了 [例如，冰岛的 Carbon Recycling International（CRI）和加拿大的 Blue Energy Fuels]。关于在甲醇合成中催化剂和合成过程的历史、技术发展现状以及挑战将在第 6 章详细讨论。在此简要讨论超越当前技术水平的最近取得的成果。

通过 CO_2 加氢合成甲醇，通常有 3 个竞争反应被报道。第一个是从 CO_2 中直接合成甲醇。

$$CO_2 + 3H_2 \longrightarrow CH_3OH + H_2O \qquad \Delta H_{298K, 5MPa} = -40.9 \text{kJ/mol} \qquad (3.8)$$

第二个是 CO 加氢生成甲醇。

$$CO + 2H_2 \longrightarrow CH_3OH \qquad \Delta H_{298K, 5MPa} = -90.7 \text{kJ/mol} \qquad (3.9)$$

两种甲醇合成反应都是放热的。第三个是吸热的 RWGS 反应 [式 (3.5)]。为充分理解催化表现，必须考察动力学和热力学两方面。前者受催化剂的选择和反应物在反应器中的停留时间影响很大，而后者受温度和压力等反应条件影响很大。通常在固定床反应器中 CO_2 每通过一次，转化率在 20%～40% 范围内，而一个中试规模的操作报道了 35%～45% 的更高数值[38]。还应注意到，在大多数报道中显著的 CO 生成是在 RWGS 反应中观察到的。这些低 CO_2 转化率和低甲醇选择性在实际中可以通过将未反应的 CO_2、H_2 及 CO 回收到进料物流中来解决，以此达到总体 CO_2 的几乎完全转化和高的甲醇选择性。但是人们期望通过在高反应物空速和高甲醇生产力下实现高 CO_2 转化率来省略回收过程。正如从式 (3.8) 和式 (3.9) 以及 Le Châtelier 原理中显而易见的，较低温度和较高压力对于甲醇合成有利，而更高温度对于 RWGS 反应有利。但是这一基于热力学的预测忽视了动力学因素的重要影响，即该反应发生得有多快。低温下，该反应进行得不够快，导致通过 RWGS 反应生成甲醇时具有低的 CO_2 转化率和（或）高 CO 选择性。

最近有报道称，高压过程对于碳氧化物达到几乎完全转化是高度有利的。Heeres 及其同事已经利用一个间歇反应器（图 3.4）很好地证明了液体产物（甲醇和水）从反应物中的相分离对于克服单相热力学极限是有利的[39]。相分离发生的范围是通过包括露点和液相形成的具体热力学计算预测的[40]。相分离可以被有利地利用来克服富含 CO 和富含 CO_2 的合成气的单相平衡甲醇转化率，分别达到了 468K 下 99.5% 和 484K 下 92.5% 的碳氧化物转化率[39]。对于富含 CO_2 的合成气的情形，相比于同样温度下更传统的 7.5MPa 压力下的反应，通过相分离可以得到高出 46.9% 的碳氧化物转化率。

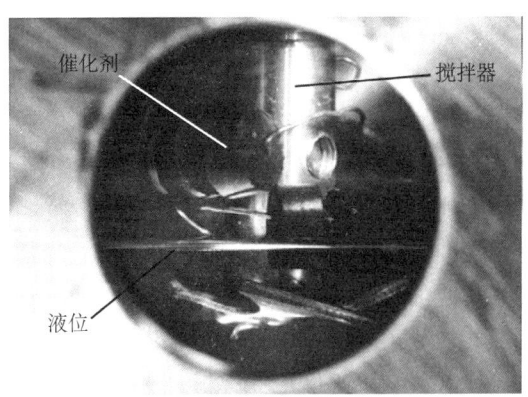

图3.4　直观检查用商业 $Cu/ZnO/Al_2O_3$ 催化剂在合成气
（H_2∶CO∶CO_2 = 0.70∶0.28∶0.02）中进行甲醇合成的液态产物形成
（来自 van Bennekom J G, et al. Chem. Eng. Sci., 2013, 87: 204. 已经授权复制）

另一项研究证明了仅在高压条件下具有的动力学和热力学优势[41]。图3.5（a）展示了在高H_2分压下反应的显著动力学优势。该研究持续地表明甲醇是通过RWGS反应生成的，而且接下来的CO加氢步骤被加速并在260℃下CO_2：H_2不大于1：10时达到平衡转化率，其甲醇选择性几乎是完全的。该反应在较低的反应温度下太慢，于是导致较低的CO_2转化率和较低的甲醇选择性，如图3.5（b）所示。而且，高于最佳温度时，CO_2转化率和甲醇选择性都降低了，这一观察结果和热力学计算相一致[41]。这两个研究明显地表明，根据热力学考虑，例如采用高压方法，能开创设计CO_2加氢生成甲醇的高效过程的新方法。

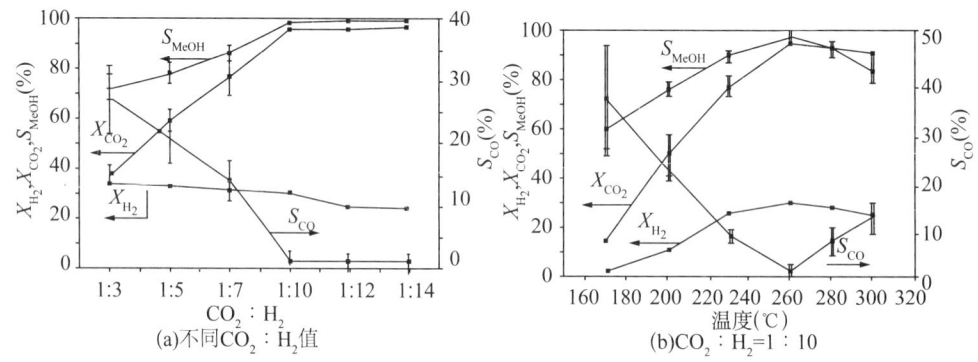

图3.5　使用$Cu/ZnO/Al_2O_3$催化剂时在260℃下不同CO_2：H_2值和在CO_2：H_2 = 1：10时反应温度对CO_2转化率（X_{CO_2}）、H_2转化率（X_{H_2}）以及甲醇选择性（S_{MeOH}）和CO选择性（S_{CO}）的影响

反应条件：360bar（包括10%的Ar和相应90%的H_2来作为GC分析的内标），GHSV = 10471h^{-1}

（来自Bansode A, Urakawa A J. Catal., 2014, 309: 66.经授权复制）

DME可以通过$\gamma-Al_2O_3$和沸石等固体酸来连续操作的甲醇脱水反应合成。该反应可以作为甲醇合成的后处理来操作，但是它可以和甲醇合成合并起来直接生产DME。这一合并了的方法通常利用甲醇合成催化剂（例如$Cu/ZnO/Al_2O_3$）和脱水催化剂（例如H-ZSM-5）的混合物[14]。关于在合并方法中的脱水催化剂需要强调两个重要的性质。第一点是稳定性。水的存在可能造成严重的失活，而且这已在$\gamma-Al_2O_3$中被显著观察到了[42]。这对CO_2加氢生成甲醇是有害的，因为在其生产过程中生成H_2O副产物。该反应最常见且高效的催化剂可能是HZSM-5，因为它不失活，甚至已有报道称水有促进活性的影响[42]。第二点是甲烷合成和脱水反应活性中心的附近区域。根据报道[43]及其作者的经验，为提高两种活性中心的接近程度，在制成球状物之前将两种催化剂混合（磨碎）会出人意料地降低催化表现。而两种分别制成球状物的催化剂的物理混合物与高性能甲醇合成过程相结合时得到了更好的甚至出色的结果[41]。这可能由脱水反应中水的生成所引起。水可能导致WGS反应来阻止甲醇合成，尽管还需要进一步的机理研究和高效催化剂及过程的发展。

3.2.5 低碳醇

低碳醇碳数大于等于 2，尤其是乙醇，在全球是被高度需求的。它们可以被用于包括燃料在内的多种应用中。CO_2 加氢生产这些产品的主要挑战在于选择性，即怎样在期望的链长停止 C—C 键生成。与费托反应的产物不同，醇类产品通常需要高纯度，而具有选择性的催化剂是至关重要的[44]。当通过 CO_2 加氢反应生产醇类时，最可能的第一步是 RWGS 反应和接下来的 C—C 键生成，因此可以用费托类型催化剂。乙醇合成的催化剂和平衡极限将在第 6 章详细讨论。

3.2.6 甲酸

甲酸是被广泛用作防腐剂和抗菌剂的基础商业化学品之一。除了化学应用之外，甲酸还因被用作燃料 H_2 的储存介质而获得了大量的关注[7]。甲酸本身也可以作为燃料被直接注入甲酸燃料电池（DAFAC），在阳极生成质子[45]。通过 CO_2 加氢合成甲酸一直是有挑战性的，Noyori 及其同事报道了一个突破，他们利用了 Ru 基均相催化剂并用超临界态 CO_2 作为溶剂和具有极高转化数的反应物[46]。

$$CO_2 + H_2 \longrightarrow HCOOH \quad \Delta H_{298K} = -31.0 kJ/mol \tag{3.10}$$

这一反应在非极性介质中不是热力学有利的，且高压条件对于提高反应速率是必要的，尤其是提高 H_2 分压，因为 H_2 向 Ru-甲酸盐复合物的植入是速率限制步骤[47]。但是，主要的问题是逆反应；好的催化剂对于甲酸分解成 CO_2 和 H_2 也是有活性的。因此，经常有通过添加胺等碱性分子来使甲酸产物在水介质中稳定[48]，或通过酯化反应和醇类进一步转化被报道。

另一个通过 CO_2 加氢合成甲酸的巨大挑战是利用非均相催化剂。有一些已知的传统催化剂，例如被负载于金属氧化物的金属，在甲酸分解中具有活性。据推测，它们可能在正反应中能显示一些活性。但是，困难在于热力学；甲酸在产品收集之前易于分解。人们已经付出了一些努力来将活性非均相 Ru 催化剂固定在金属氧化物负载物上。主要的困难是被固定的复合物稳定性低，而且一些复合物被过滤到了液相中[49]，使得这种方法目前难以在连续过程中使用。甲酸进一步转化成其他化学品使其在燃料应用中很困难。人们仍然期望一个全新的大规模甲酸合成策略。

3.2.7 CO_2 加氢：前景及挑战

当前可行的催化过程在技术上允许通过 CO_2 加氢生产燃料。高级选项有合成甲醇、

DME、甲烷及通过费托反应合成高级烃类，但是目前还缺乏连续大规模生产甲酸的技术。甲醇在作为燃料和 C_1 基础原料使用上的灵活性及多用途性使其在众多 CO_2 加氢生产的化学品中特别受大规模生产的重视。在 CO_2 加氢的进一步技术创新和进步上依然有很大空间。如前文所述，一些反应同时受动力学和热力学限制，该限制通常通过高效催化剂设计和优化反应条件及反应器种类来处理。在甲醇合成中已发现通过高压方法能得到超过被广泛报道的产率。此外，由于存在严重的热力学限制，通过使用膜反应器或非稳态操作可以显著有利于 CO_2 加氢反应和 RWGS 反应中发生的基本反应。已有多种催化剂被使用于 CO_2 加氢中，而且取得并保持了活性中心的高度分散，例如利用介观结构材料是提高动力学优势、降低操作温度和压力的关键因素。而且，有必要提醒 CO_2 转化过程的能量需求，因为这些过程不应该排放比其消耗量更多的 CO_2。生命周期评估可以避免常见的陷阱[50]，能够有利于理解转化及相关过程的碳足迹。

特别值得强调 H_2 的首要地位及其在这些过程中的实际应用成本。为了降低 CO_2 排放，H_2 必须用可再生能源生产，而不是通过传统的天然气蒸汽重整的 H_2 生产方法生产。电解水可能是这方面最先进的技术。包括新型电极催化剂设计在内的经济且可放大的电解水技术将会对 CO_2 转化过程的可行性做出间接但极大的贡献。

3.3 光催化转化 CO_2 制备燃料

植物可以通过光合作用将 CO_2 和 H_2O 转化成糖类和氧气。转化快速生长的庄稼和微藻类生物质是回收碳的另一种策略。光合作用的阳光—燃料转化效率大约是 1%[51]，且生物质转化需要额外的能量输入，导致总效率远低于 1%。自然过程在执行其任务即支持植物生长上是极度有选择性且高效的。但是，为了降低大气中的 CO_2 浓度，人工光合成（人类模仿的）过程必须比自然过程做得更好。最持久的选择是直接将太阳能转化为化学能，即将 CO_2 光转化成碳氢化合物，如甲烷和甲醇。

Halmann[52] 在 1978 年报道了利用单晶 p- 型 GaP 阴极和碳阳极将 CO_2 光电化学还原成甲酸、甲醛和甲醇。其是通过跟进 Fujishima 和 Honda 的工作初始发现的，在该初始发现中，他们报道了利用 TiO_2 光电化学分解水[53]。在 1979 年，Inoue 等[54] 论证了可以使用半导体粉末实现将 CO_2 光还原成若干烃类。水生成氢气的 ΔG 为 237 kJ/mol，ΔH 为 285 kJ/mol；从 CO_2 生成 CO 的相应数值在 25 ℃ （1atm） 分别是 257kJ/mol 和 283kJ/mol。因此，H_2O 和 CO_2 过程需要的每个光子的最小能量分别是 1.229eV 和 1.33eV。在概念上，共同分解 CO_2 和 H_2O 的带隙最小应该为 1.33eV，这等于吸收波长小于 930nm 的光子。而且，还必须考虑和熵变 [约为 87J/（mol·K）] 有关的能量损失以及 CO_2 生成 $CO + O_2$ 的其他损失。最优的半导体带隙是在 2～2.4eV 之间，这表明其吸收波长低于 600nm 的光子，将能达到的最大效率限制在约 17%[55]。

3.3.1 基于 TiO_2 的光催化系统

作为被研究最广泛的光催化剂的 TiO_2 具有 $3.0 \sim 3.2eV$ 的带隙，这表明实现人工光合成需要利用 UV-A 光线来克服带隙并分离电荷。但是，大带隙意味着 TiO_2 能够实现大多数期望的反应，因为这些反应的氧化还原电位是在该带隙中的。用原始 TiO_2 实现的唯一困难的步骤是将 CO_2 还原成 CO[54]，除非该材料的电子高度简并，而在这种情形下纳米颗粒就被采用了[56]。

3.3.1.1 原始 TiO_2 光催化剂

如前文所述，Inoue 等人[54]首先报道了 TiO_2 光催化 CO_2 和 H_2O 生成甲酸、甲醛和甲醇。他们发现当导带相对 H_2CO_3/CH_3OH 的氧化还原电位变得更具有负电性时，甲醇的产量增加，与之相关，人们感兴趣的反应也更加趋于落入该带隙中（图 3.6）。

Anpo 和 Chiba[57]将 TiO_2 纳米颗粒固定在透明硼硅酸耐热玻璃上，利用它可以将 CO_2 光还原成 CH_4 和 CH_3OH。有趣的是，当温度从 275K 提升至 673K 时，大量的产品都解吸了，表明产品是强化学吸附于催化剂表面的。他们也证明了生成的产品种类取决于水和 CO_2 的比值。水和 CO_2 的低比值导致了更高的甲醇产量，而高比值时包括 C_2H_6 在内的烷烃以及烯烃占主导地位。

Yamashita 等[59]证明光催化表现受到 TiO_2 晶体最终结构的强烈影响，因为他们利用 TiO_2（100）得到的 CH_4 和 CH_3OH 产量分别是 $3.5nmol/(g_{cat} \cdot h)$ 和 $2.4nmol/(g_{cat} \cdot h)$，而利用 TiO_2（110）代替时该产量显著下降了；但是，对于该表现的不同并没有提出解释。

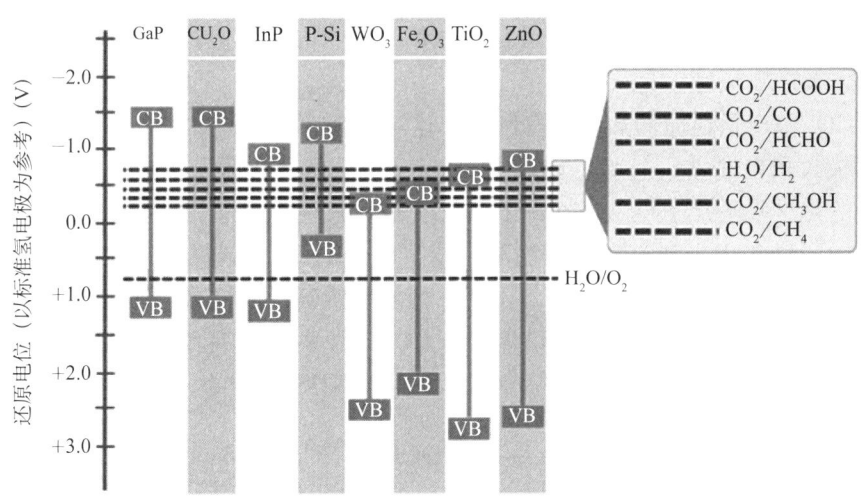

图3.6 半导体的带隙以及在pH值为7时测定的多种化合物热力学还原电位

（来自Ronge J, et al. Chem. Soc. Rev., DOI: 10.1039/C3CS60424A, 2014. 已经授权复制）

如果反应在 CO_2 压力下进行,反应的产率会显著提高。在烷烃和烯烃的生成上,通过将反应压力从 1MPa 提高至 2.5MPa,正如 Mizumo 等[60]所述,产量提高了 4 倍。反应产物生成曲线的形状揭示出随着反应压力的提高,产物的生成呈指数形式增加。提高压力也导致其他被氧化的物质生成,也就是酸和醛。但是在约 1MPa 时甲醇的生成达到最大值。例如,乙醇等更大分子的醇类在更高压力下的生成表明了甲醇甲烷化的发生。同一作者在之后不久进行了一项电子自旋共振(ESR)研究,他们宣称 Ti^{3+} 中心是 CO_2 在水中光还原的发起物[61]。而且,2-丙醇等空穴捕获剂的存在显著提高了光催化产量[62]。

当孤立的 Ti 被负载在沸石,尤其是 MCM-48 上时,人们取得了另一个在光催化过程的显著进展。作者将产量的增加归因于 Ti 位置的高度分散性和在 MCM-48 的三维孔道结构中大孔的存在[63]。Green 等[64]和 Anpo 等[65]论证称二氧化碳优先吸附于未配位的钛表面中心,也就分别是在五配位和四配位中心。

最近的一种试图提高 TiO_2 光催化表现的方法是设计包含另一种半导体的混合材料,这被认为能提高电荷分离并改变表面化学。一个实例是 TiO_2/ZnO 系统,其被发现相比于 TiO_2 能够显著提高甲烷生成速率。Xi 等[66]报道 TiO_2/ZnO 的甲烷生成速率是 $55\mu mol/(g_{cat} \cdot h)$,这比利用 TiO_2 P25 [$9.3\mu mol/(g_{cat} \cdot h)$] 在 UV 照射下测定的数值高出 5~6 倍。

复合和混合材料也可以用来提高可见光照射下的光催化表现。Liang 等[67]报道称利用石墨烯-TiO_2 纳米复合物代替 P25 时,在可见光照射下的甲烷产率提高了 2~4 倍,这使该方法成为将 TiO_2 活性转移至可见光区的有前景方法。直接用 N、S 及 C 等轻元素掺杂 TiO_2 的效果比较小,因为掺杂也改变了表面化学,导致其在 UV 照射下活性显著降低,这没有被在可见光下获得的活性所弥补。

尽管已付出很多努力,但使用水作为电子供体,用 TiO_2 将 CO_2 还原生成甲烷和甲醇的光效率依然低于 0.1%。用 TiO_2 获得的低产率与以下两个因素有关:

(1) 价带空穴的强氧化性(pH 值为 7 时 E_{vb} = +2.10V vs. NHE),这导致空穴和分子中间物以及产物反应。

(2) CO_2 单电子还原的热力学有利性,这基于在水溶液均相系统中该过程的氧化还原电位的极大负电性 [$E^0 (CO_{2aq}/CO_{2aq}^-) = -1.9V$]。但是,质子供体的存在以及 CO_2 在催化剂上的化学吸附几乎可以降低一个数量级的氧化还原电位[68]。

主要的研究集中于通过设计新型和(或)改进的 TiO_2 基材料来提高光催化表现和光采集能力;但是,其反应机理依然不明。如果能明确反应机理,这有助于合理设计总体表现提高的材料。以水作为电子供体,将 CO_2 还原生成甲烷和甲醇时遵循如下化学式的多步骤过程[62,69]。其电位也是在 pH7 下相对于 NHE 测定的。

$$CO_2 + 2H^+ + 2e_{CB}^- \longrightarrow HCOOH \qquad E^0 = -0.61V \qquad (3.11)$$

$$HCOOH + 2H^+ + 2e_{CB}^- \longrightarrow HCOH + H_2O \qquad E^0 = -0.48V \qquad (3.12)$$

$$HCOH + 2H^+ + 2e_{CB}^- \longrightarrow CH_3OH \qquad E^0 = -0.38V \qquad (3.13)$$

$$CH_3OH + 2H^+ + 2e_{CB}^- \longrightarrow CH_4 + H_2O \qquad E^0 = -0.24V \qquad (3.14)$$

$$H_2O + 2h_{VB}^+ \longrightarrow OH^- + H^+ \qquad E^0 = +2.32V \qquad (3.15)$$

$$2H_2O + 2h_{VB}^+ \longrightarrow H_2O_2 + 2H^+ \qquad E^0 = +1.35V \qquad (3.16)$$

$$2H_2O + 4h_{VB}^+ \longrightarrow O_2 + 4H^+ \qquad E^0 = +0.82V \qquad (3.17)$$

TiO_2 的导带电子具有足够的能量（pH7 时 $E_{CB} = -0.50V$），以将 CO_2 还原成甲烷 [E^0 (CO_2/CH_4) = $-0.24V$]。这一过程被认为以在氧化物表面上生成 CO_2^- 基团阴离子开始[70]。但是，Yang 等最近的研究[71]质疑了这些过程一起进行的可行性。他们给出了一个替代的生成 CO（一种可能的中间物）的解释，这不依赖于利用光生电子。利用红外光和被标记的 CO_2，他们表示 CO 是从两个可能的反应之一生成的：

$$^{13}CO_2 + {}^{12}C \longrightarrow {}^{13}CO + {}^{12}CO \qquad (3.18)$$

$$H_2O + {}^{12}C \longrightarrow {}^{12}CO + H_2 \qquad (3.19)$$

式 (3.18) 所示反应被认为是逆 Boudouard 反应，而式 (3.19) 总结的反应被认为是水引发的光催化表面碳气化。因为他们测得了更高的 ^{12}CO 生成量，所以他们认为式 (3.19) 是 CO 生成的主要贡献者。展示的结果表明，尽管 CO 生成于光活化的水（蒸汽），但是碳来源不是 CO_2，而是半导体结构中的残炭，残炭更像是从合成中留下的。这种积炭随着时间应该会消耗殆尽，而反应应该会停止；但是，这一实验没有持续足够长时间来证明这一点以及明确证实 CO_2 光分解不是发生在 TiO_2 上。

Dimitrijevic 等[72]最近报道了在 CO_2 还原中的初始步骤。他们观察到了在光照下 H 原子和 CH_3 基团的生成，表明存在向 TiO_2 表面上被吸附的 CO_2 和质子的竞争性电子转移 [图 3.7 (a)]。初始的电子转移导致 C = O (O = C = O) 键断裂，而和 H 原子的连接导致了甲酸盐物质的生成。竞争性电子转移的初始步骤遵循二电子、单质子转移，见式 (3.20)。

$$CO_2 + H^+ + 2e_{CB}^- \longrightarrow HCOO^- \qquad (3.20)$$

连续添加电子/质子导致甲氧基基团生成。计算 [图 3.7 (b)] 表明，CO_2 更易于在脱钛矿 (101) 表面的五配位 Ti 中心上线性垂直吸附[73]。被溶解的 CO_2 生成和水竞争光生空穴的碳酸盐及重碳酸盐物质。

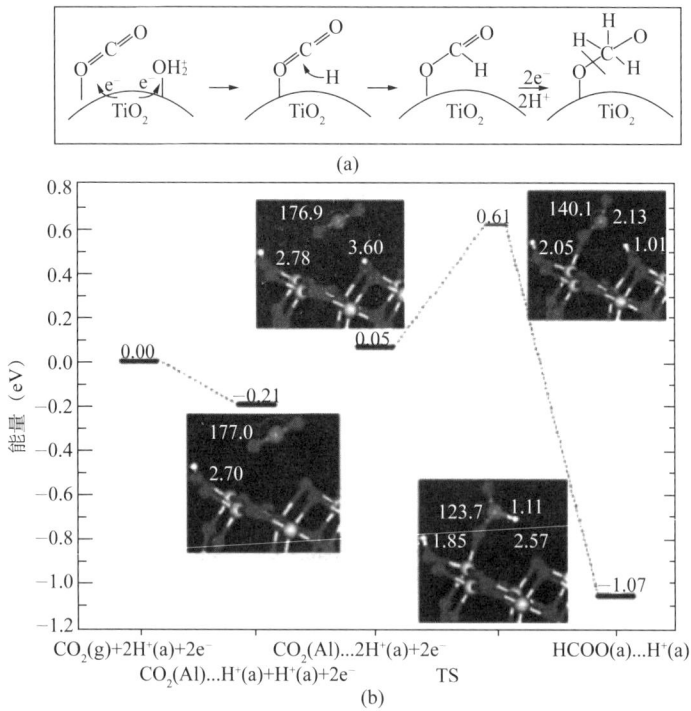

图3.7 在TiO_2上有水的存在下光催化CO_2转化为甲氧基基团的示意图(a)以及在脱钛矿(101)表面从CO_2和氢气到甲酸盐的反应路径的理论计算(b)

数字177.0、176.9、123.7和140.1附近的4个颜色较浅的原子为C,其余原子中,深色的为O,浅色的为Ti

(来自Dimitrijevic N M, et al. J. Am. Chem. Soc., 2011, 133: 3964. 已经授权复制)

该作者总结了水充当的3个角色:(1)电荷稳定剂(阻止电荷—空穴再合并);(2)电子供体(水和空穴反应生成OH基团);(3)电子受体(生成H原子,该反应涉及TiO_2表面的电子和质子)。该研究揭示了处理表面上的氢和水的重要性。

3.3.1.2 金属改性的TiO_2光催化剂

TiO_2光催化剂的表现能通过添加如Ag、Cu、Pt或Ru等金属助催化剂而受到显著影响。通常,最明显的变化是反应速率的提高以及产物的形成和分布的改变,这取决于金属种类、数量及制备过程等参量。关于这一主题有许多综述,例如Roy等[74]和Kubacka等[75]的综述。在接下来的部分报道最广为人知的实例。

最先被添加于TiO_2的金属之一是以RuO_2形式存在的钌[76]。RuO_2的加入导致了反应效率的小幅度提高。RuO_2被认为能捕获价带空穴(空穴槽),这在水作为电子供体时的关键步骤——水氧化中有所涉及[77]。主要的反应产物是甲酸;但是,甲醛和乙醇也被检测到了。

RuO_2/TiO_2也可以在H_2存在下导致CO_2的光甲烷化作用。CO_2的甲烷化遵循Sabatier反应:

$$CO_2 + H_2 \longrightarrow CH_4 + H_2O \quad \Delta G^\circ = -27 \text{kcal/mol} \quad (3.21)$$

Rhampi等[78]论证,在UV照射下只生成甲烷,其速率为116μL/h,比46℃黑暗条件下的速率高 4～5 倍。作者确认该提高的原因是在 TiO_2 光激发过程中生成的电子和空穴的提高。他们也表示 CO_2 光甲烷化导致了 Ru 的碳化物表面物质（Ru—C）的生成，该物质接下来被加氢生成甲烷，这与 CO_2 甲烷化的热过程类似。但是，来自另一个小组的接下来的研究排除了 Ru—C 生成的可能，因为他们发现样本上的表面炭的存在形式不是惰性石墨，就是部分加氢的 C—O 物质[79]。

Hirano 等[80] 报道称向 TiO_2 悬浊液加入铜粉末时，在 UV 照射下，甲醇、甲醛和甲酸的产率得到提高。但是在 CO_2 加压的水中，Adachi 等[81] 只检测到了甲烷、乙烯、乙烷及氢气的生成。最好的结果是在 TiO_2 中加入 5%（质量分数）的 Cu 得到的，其中生成了 $15\mu L/g_{cat}$ [$0.65\mu L/(g_{cat}\cdot h)$] 的甲烷、$22\mu L/g_{cat}$ [$0.92\mu L/(g_{cat}\cdot h)$] 的乙烯以及低于 $3\mu L/g_{cat}$ [$0.13\mu L/(g_{cat}\cdot h)$] 的乙烷。若干研究确认加入 Cu 或 Pt 通常导致生成甲烷以及低浓度的甲醇和其他烃类，如 C_2H_4 和 C_2H_6 [82]。

Varghese 等通过向 TiO_2 纳米管掺杂 N 来将 Cu 掺杂与 Pt 掺杂 TiO_2 的反应性延伸到了太阳光区域[83]。图 3.8（b）和图 3.8（c）显示了产物生成速率。两种金属都显著提高了产物的生成量，这被认为是由于光激发的电子从 TiO_2 向金属移动，并接下来移动到表面物质所引起[84]，也就促进了水和 CO_2 的还原。但是，Pt 和 Cu 以另一种方式影响了产物的生成。在 Cu 的情形中，高浓度的 CO 被检测到了，表明 CO_2 是优先还原的；而在 Pt 的情形中，高浓度的 H_2 被检测到，表明水是优先还原的[85]。事实上，把 Pt 和 Cu 合并时探测不到 CO，且烃类的生成速率从 104ppm/（$cm^2\cdot h$）（只用 Cu）提升至 111ppm/（$cm^2\cdot h$）。

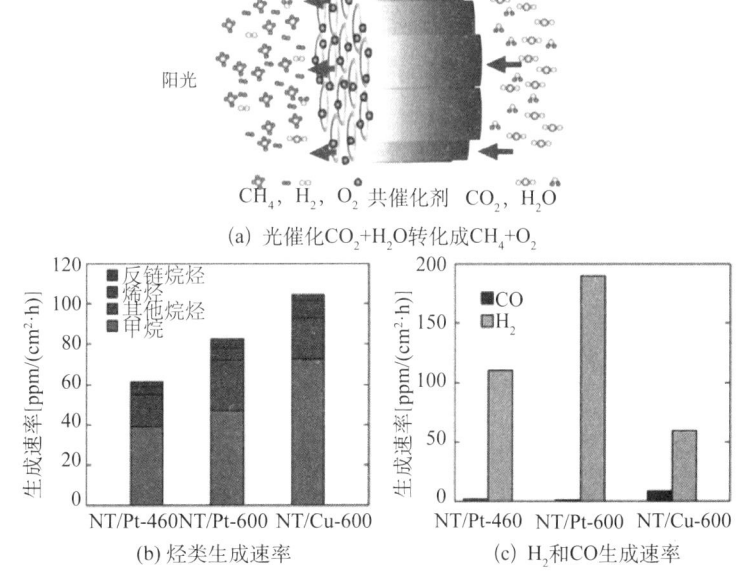

图 3.8 在阳光照射下的带有共催化剂的 N 掺杂的 TiO_2 纳米管上的
光催化 CO_2+H_2O 转化成 CH_4+O_2 的示意图以及在阳光照射下的带有在 460℃ 或
600℃ 退火的 Pt（NT/Pt）和 Cu（NT—Cu）共催化剂的 N 掺杂 TiO_2 纳米管阵列上的产物生成

（来自 Varghese O K, et al. Nano Lett., 2009, 9: 731. 已经授权复制）

将 Pd 作为共催化剂添加导致了更多的烃类生成，降低了 CO 和（或）醇类的生成（图 3.9）[86]，这是相比于加入 Ag 观察到了大量醇类尤其是甲醇生成的情形[87]。他们报道称，在含 1%（质量分数）Ag 的 TiO_2 上的最大甲醇产量为 4.12μmol/（g_{cat}·h）。Ag 和前述金属一样作为电子槽存在[88]；但不同的是，它的催化特性有利于生成部分加氢的 CO 产物。

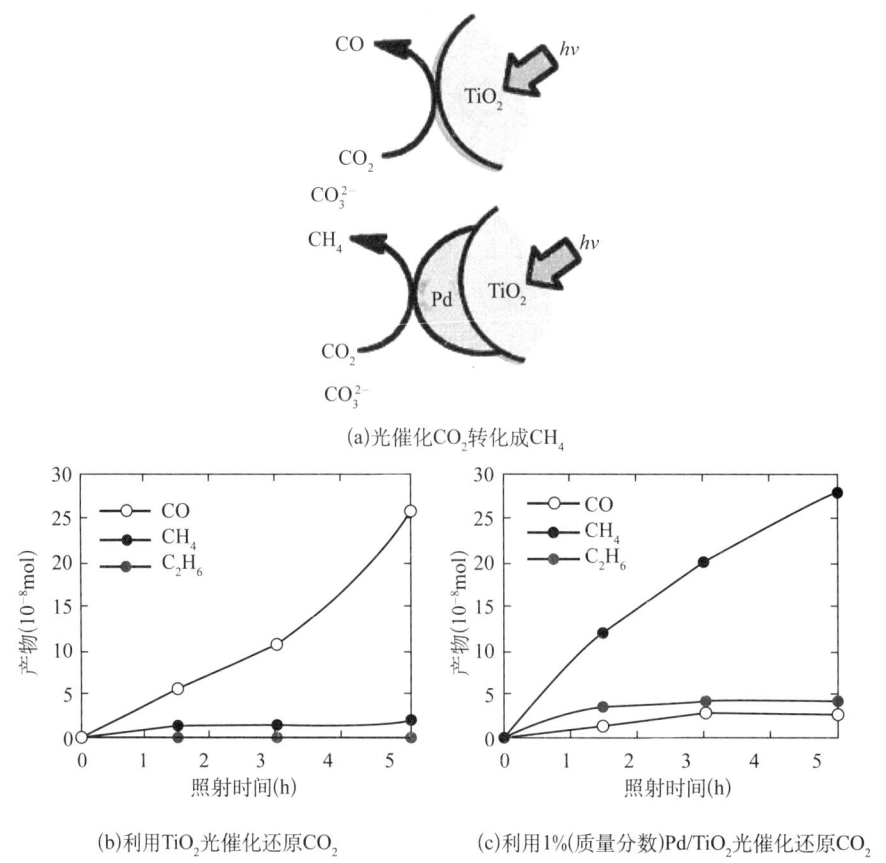

(a) 光催化 CO_2 转化成 CH_4

(b) 利用 TiO_2 光催化还原 CO_2

(c) 利用 1%(质量分数)Pd/TiO_2 光催化还原 CO_2

图 3.9　在 UV 照射下的 Pd/TiO_2 上的光催化 CO_2 转化成 CH_4 的
示意图以及利用 TiO_2 和 1%（质量分数）Pd/TiO_2 光催化还原 CO_2（650Torr❶）

（来自 Yui T, et al. ACS Appl. Mater. Interfaces, 2011, 3: 2594. 已经授权复制）

AbouAsi 等[89]表明，如果利用 AgBr，在可见光下进行光催化还原 CO_2 是可能的。与前述 Ag 系统一样，AgBr/TiO_2 系统伴随着甲烷（主产物）生成了大量的乙醇、甲醇及 CO（图 3.10）。但是，不同于其他在 TiO_2 上的 Ag 系统，该系统 Ag 的作用是采集太阳光，并向 TiO_2 注入电子，TiO_2 是他们认为的所有还原步骤发生的场所。

---

❶ 1Torr=133.322Pa。

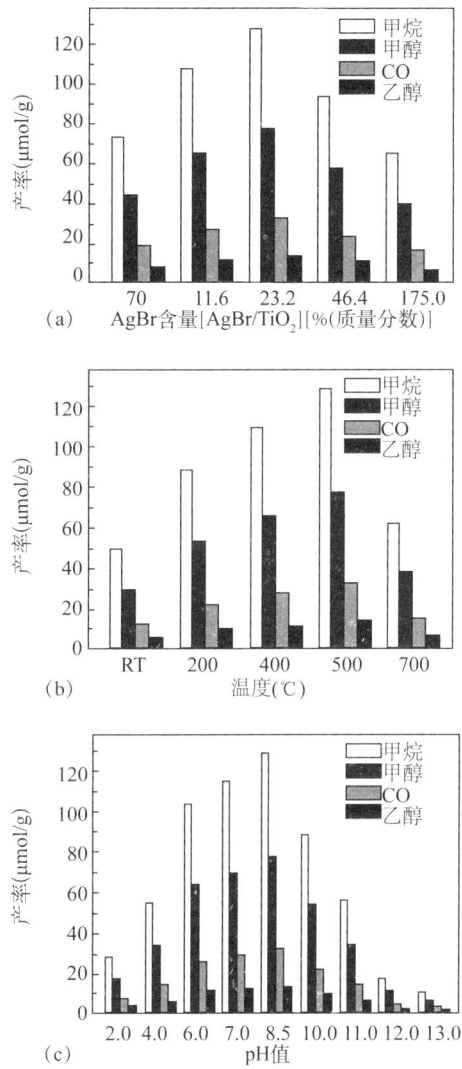

图3.10 在可见光照射5h下pH8.5水介质中500℃烧结AgBr/TiO₂的
不同AgBr含量（a），在pH8.5水介质中22.3%（质量分数）AgBr/TiO₂的不同煅烧
温度（b）以及22.3%（质量分数）AgBr/TiO₂在500℃烧结过程不同pH值的光催化产物产率（c）

（来自Abou Asi M，et al. Caral. Today，2011，175：256.已经授权复制）

3.3.2 固体半导体替代品

Inoue 等[54]的一项初始研究揭示 SiC 是最好的光还原 CO₂ 的半导体之一，一部分原因在于其相对于与 CO₂ 向甲酸、甲醇及甲烷等有用的化学品转化相关的氧化还原电位的带隙位置。在他们的研究中，SiC 分别以 1.0×10^{-3} mol/L 和 5.35×10^{-3} mol/L 的产率

生成甲醛和甲醇。甲醇产物的产率比利用 TiO_2 观察到的结果高出 25 倍，且是利用 CdS 或 GaP 测得结果的 5 倍。但是，这从未成为首选材料，部分原因在于其过低的能量转化率，该数值比利用 TiO_2 得到的数值大约低两个数量级[90]。另一个原因在于其提高空间有限，而提高空间是 TiO_2 基系统的一个主要优点。

钛酸盐，尤其是钙钛矿——$SrTiO_3$[90]，能以高出 TiO_2 3 倍的速率生产甲醇，进而得到相比于 TiO_2 显著提高的能量转化率。这种提高的首要原因似乎与 $SrTiO_3$ 的带隙对于所期望反应的氧化还原电位具有更好的位置有关，其带隙本身与 TiO_2 非常相似。$SrTiO_3$ 对光还原 CO_2 具有活性的发现是引人注目的，因为这打开了利用混合半导体氧化物作为光催化剂的前景，比如 $NaNbO_3$[91]、$FeCaO_4$[56]、$InTaO_4$[92] 和 $BiVO_4$[93]。这一类材料非常灵活、廉价，而且易于调整和优化。这可以通过改变参数来实现，比如元素组成和金属种类。

Bi_2WO_6 是 Aurivillius 化合物中最简单的物质之一，该物质包括多层堆积的角结合的 WO_6 八面体层和氧化铋层，可以吸收可见光（$\lambda>420nm$）。标准状态的 Bi_2WO_6 在 CO_2 还原中展示出了很低的光催化活性。但是，当被制成纳米片形状时它的活性提高了。标准状态的 Bi_2WO_6 的甲烷生成速率为 $0.045\mu mol/(g_{cat}\cdot h)$，而利用纳米片时该数值被提升至 $1.1\mu mol/(g_{cat}\cdot h)$，它只将 CO_2 还原成 CH_4[94]。该作者将这一提高归因于 3 个可能的因素：(1) 高的比表面积；(2) 由纳米片极薄的几何形状造成的电荷快速流动性，这应该会降低电荷再合并；(3) 暴露的 (001) 平面，这被认为是光催化 CO_2 还原的活性中心。

利用 Zn_2GeO_4 纳米带也得到了相似的结果[95]。该作者报道相比于块状材料（1h 后仅为微量）其甲烷生成速率显著提高 $[1.5\mu mol/(g_{cat}\cdot h)]$。光催化表现提高的原因和关于 Bi_2WO_6 提出的原因相似。当 Pt 和 RuO_2 作为共催化剂被添加进材料时，甲烷生成速率显著提高了。当每种共催化剂以 1%（质量分数）的量添加时，甲烷生成量从 $1.5\mu mol/(g_{cat}\cdot h)$ 跃升至 $25\mu mol/(g_{cat}\cdot h)$。

但是，这一实验必须在 UV 光照下进行，因为 Zn_2GeO_4 具有大带隙（$E_g=3.8eV$）。当该材料经氮化处理得到 $Zn_{1.7}GeN_{1.8}O$ 的结构形式时，其光催化过程可以被延伸到可见光区[96]。生成的材料被发现在可见光照射下（$\lambda>420nm$）具有活性。与前述一样，添加 1%（质量分数）的 Pt 和 RuO_2 显著提高了甲烷生成速率，数值接近 $10\mu mol/(g_{cat}\cdot h)$。这一结果是引人注目的，因为它表明纳米尺度的化合物和块状材料具有显著不同的表现，这带来了极其大量的机会。

Ahmed 等[97] 最近提出利用双层氢氧化物（LDH）结构，该结构具有提高 CO_2 吸收量的优点，因为在反应过程中碳酸盐物质插入了层间，它们随后可以转化成甲醇（图 3.11）。碳酸盐来自 CO_2 和水的反应。表 3.1 总结了他们的 LDH 系统的光催化表现。LDH 结构的光吸收发生于 UV 区，而且如果 Cu 被添加至结构中，其光催化活性提高。

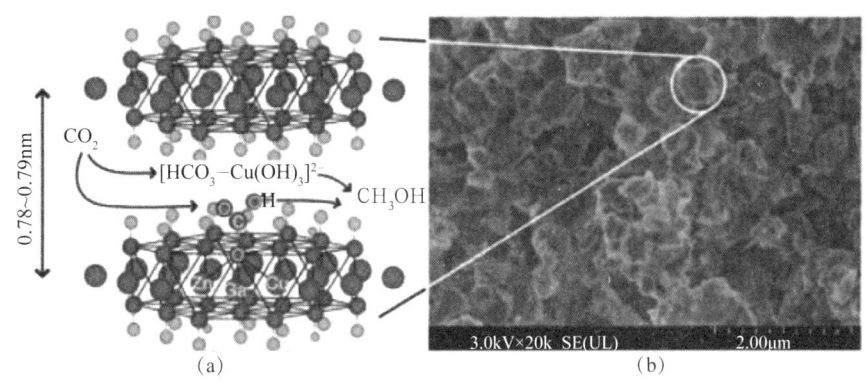

图3.11 LDH结构和光还原CO_2生成甲醇的示意图（a）及LDH的电子显微扫描图（b）

(来自Ahmed N, et al. Caral. Today, 2012, 185: 263. 已经授权复制)

表3.1 用500W Xe弧光灯的UV-Vis光照LDH光催化剂[①]催化H_2还原CO_2生成CH_3OH和CO的光催化转化率

项目	光催化剂	生成速率 [nmol/(h·g_{cat})]			转化率（基于C）(%)	对于CH_3OH的选择性 [%（摩尔分数）]
		CH_3OH	CO	Σ		
A	$Zn_3Ga|CO_3$	51 (±4)	80 (±6)	130	0.02	39 (±4)
B	$Zn_{1.5}Cu_{1.5}Ga|CO_3$	170 (±14)	79 (±6)	250	0.03	68 (±4)
C	$Zn_3Ga|CO_3$[②]	50 (±4)	74 (±6)	120	0.02	40 (±4)
D	$Zn_{1.5}Cu_{1.5}Ga|CO_3$[②]	310 (±9)	18D (±2)	500	0.07	63 (±1)
E	$Zn_3Ga|Cu(OH)_4$	300 (±9)	130 (±10)	430	0.04	71 (±2)
F	$Zn_{1.5}Cu_{1.5}Ga|Cu(OH)_4$	490 (±15)	70 (±6)	560	0.05	88 (±2)
G	$Zn_3Ca|Cu(OH)_4$-3×ex	280 (±8)	120 (±9)	390	0.04	71 (±3)
H	$Zn_{1.5}Cu_{1.5}Ga|Cu(OH)_4$-3×$ex$	430 (±13)	48 (±4)	480	0.05	90 (±1)

来源：Ahmed N, et al. Canal. Today, 2012, 185: 263. 已经授权复制。

① 催化剂量为100mg。圆括号中的数值是评估过程中的实验误差。

② 在真空下 423K 预热 1h。

3.3.3 磷化物和硫化物

1978 年，Halmann 证明在阳光照射下利用 p- 型磷化镓半导体进行 CO_2 的非生物还原有可能生成有机原材料和燃料。经光照 18h（λ=365nm）之后，生成的甲酸、甲醛和甲醇的浓度分别为 1.2×10^{-2}mol/L、3.2×10^{-2}mol/L 和 1.1×10^{-4}mol/L [52]。Halmann 根据式（3.22）估计在 −0.8 ~ −0.9V 之间的偏压中甲醛和甲醇的光转化效率分别为 5.6% 和 3.6%。考虑到只有 17.3 % 的太阳光可以促进 p-GaP（E_g=2.3eV）的电荷分离，甲醛和甲醇最大的太阳能转化率分别被估计为 0.97% 和 0.61%。

$$光转化效率 = \frac{100 I_c \left[(\Delta H / Z) - V_B \right]}{I_a} \quad (3.22)$$

式中，I_c 是电流密度，mA/cm^2；I_a 是入射光密度，mW/cm^2；ΔH 是燃烧热（对于氢气、甲酸、甲醛和甲醇，分别是 2.962eV、2.639eV、5.915eV 和 7.259eV）；Z 是将一分子 CO_2 还原成一分子产物所需的电子数（对于氢气、甲酸、甲醛和甲醇，分别是 2，2，4 和 6）；V_B 是电偏压，V。

此后，Irvine 和同事遵循了 Hamman 的策略。他们利用了 CdS 并报道称，在波长为 320～580nm 的光照射下获得的甲酸和甲醛的生成量分别为 7.1×10^{-4} mol/L 和 9.1×10^{-6} mol/L[98]。CdS 遵循所谓质子化路径，这导致了醛类、酸类和醇类的生成，尽管在反应中测到了过多的分子种类。

ZnS 也被测试了独立[99] 或和其他金属合并[100] 使用于 CO_2 光还原的表现。由于 ZnS 具有大带隙（$E_g = 3.66$eV），因此需要 UV 区的光照。利用块状 ZnS 测得了接近 0.001% 的量子产率[99]，等于在 $\lambda \geqslant 290$nm 光照 72h 后的 1.8mmol 甲酸盐/mmol ZnS 的产量。该机理被认为涉及从 ZnS 到被吸附的碳酸氢盐（CO_2 固定的关键步骤）的两个电子的转移。当 Zn、Ag、Pb、Ni 和 Cd 等金属合并使用时观察到了甲酸产量的显著提高。在 Cd 的情形中，在作为空穴收集剂的 2-丙醇存在下的甲酸量子产率从 0 跃升至 32.5%，这是第二好的金属，也就是 Zn 的 2 倍。

尽管磷化物和硫化物系统具有潜力，然而它们包含 Cd 等金属，这些金属毒性很高且能被生物富集，因此阻碍了其大规模商业应用，至少在进行关于其渗入环境的研究之前不行。

3.3.4 CO_2 光还原：前景及挑战

将太阳能转化成包含于化学键中的能量是在能量储存和生产领域工作的科学家的最终目的，因为这一过程不涉及温室气体的排放，而且能量可以被储存起来随时利用。光合作用是将阳光、水和 CO_2 转化成糖类和氧气的自然过程。该能量转化效率在最优条件下可达 7%，尽管对于庄稼，其整个生命周期的效率通常不会被期望超过 1%[101]。人工光合成是将阳光的能量采集并储存到化学键中的人造化学过程。最广为人知的人工光合成过程是水分解和二氧化碳还原。水分解生成 H_2 和 O_2，而 CO_2 还原生成 CH_4 等烃类、CH_3OH 和 O_2。当前人工光合成的产率比自然过程得到的要低一个数量级[102]。

任何光催化反应的结果都取决于光采集、电荷生成和分离以及催化过程本身 3 个基本过程。为了提高目前的效率（约为 0.1%），这 3 个基本过程都需要被理解并改进。

关于光采集，如前文所述，TiO_2 是最被广泛使用的光催化剂；但是，其大带隙也就意味着为了促进电荷分离，我们需要 UV 光子，这在太阳光谱中只占 4%。Asahi 等[103] 试图通过用轻元素掺杂 TiO_2 来将吸收带转移至可见光区以避免这一困难。他们报道称用氮在取代位置掺杂 TiO_2 后，其对可见光的吸收被显著提高了，这使该方法成为提高在可见光区的光催化活性的常见策略。但是，这一策略经常导致在 UV 区的光催化活性显著降低，而该损失没有被可见光区获得的活性所补偿[104]。而且，降低带隙会降低能被光催化的反应的反应力。

一个替代策略是利用可以采集阳光并向 TiO_2 中注入电子的光敏剂。最有名的是包含覆盖 TiO_2 表面的光敏剂的 Grätzel 电池[105]。Grätzel 电池的成功和从染料到 TiO_2 的快速电子注入（小于 10fs）[106] 以及电子向氧化态染料的慢速反向转移（可达毫秒）[107] 有关，这使得电子向电极对的转移（寿命延长）得以实现。有机染料的问题在于光截面小、不稳定以及空穴无活性。正如之前提及的，CO_2 光还原需要涉及空穴和电子。因此，采用的策略应是发展具有大的光截面、在反应条件下稳定以及具有能造成光氧化的活性空穴的固体光敏剂。

金属纳米颗粒凭借其局域的表面等离子体成为有趣的光敏剂备选物，它具有大的光截面。金族金属展示出了表面等离子体共振，这可以通过改变其形状、尺寸和（或）组成来调节，使其能够和太阳光谱相匹配[108]。而且由于它们的电子层具有 d^{10} 结构，因此它们是化学稳定的。最近，Au 和 Ag 局域表面等离子体结构的激发显示能够提高太阳能电池从光敏剂到半导体的电荷转移[109]，增加了在阳光照射下的光电流[110]，并且光引发了催化氧化[111]。但是，关于局域表面等离子体依然还有很多未被弄清，包括导致电荷分离的机理。我们近期已经进行了一项高分辨率 X 射线吸附研究，这证实了电荷分离的发生以及电子具有足够的能量来被注入 TiO_2[112]。这是关于机理被报道的首次研究；但是，预计在未来会有更多的研究被发表，因为这些系统的普及性持续增长。

第二方面与电荷的分离和移动性有关，这是光催化系统至关重要的过程。如前文所述，制备纳米尺寸材料可以有效提高电荷寿命和移动性。预计这一方法将会在下个 10 年内变成主要方法，这主要是因为纳米科学和材料合成上的进展使得研究者和工业能够制备 10 年前难以想象的材料。纳米材料不仅具有好的表现，而且在许多情形中展示出了块状材料不具有的优良性质。

关于催化表现，这一领域中金属共催化剂依然将会是主流；但是，以提高 CO_2 吸附为目的的催化剂表面改性预计将会变得重要。这可以通过添加使催化剂表面变得更具碱性的化学品来实现，这进而会促进 CO_2 吸附，因为 CO_2 是弱酸。考虑到共催化剂能够促进光还原，关于负载、金属种类以及形状尺寸的方法研究是亟待解决的。更长远的趋势似乎是利用能促进反应的特定步骤的多元素材料。

另一个被严重忽视的重要因素是氧化方面，尤其是关于 RuO 之外的研究。Nocera 小组报道称，当 Co^{2+} 被加入催化剂组成中时氧化产品的产率会显著提高[113]。钴改性是利用和多孔结构中游离金属配位的钴醇盐或具有端巯基的物质。在配位之后，有机前驱体将通过氧化被清除，形成 CoO 中心。因此，我们预计这一领域将在未来成为深入研究的领域。

反应的机理以及活性中心，即使是 TiO_2 上也依然有很多未知。在能说明反应机理以及指出活性中心之前在人工光合成上不会取得显著进步。在实际操作光谱上取得的最新进展使得科学家对于在下个10年至少能够在TiO_2发生的反应上提出一致的反应机理抱有希望。人们期望将为达到这一目标发展起来的方法应用于对其他光催化剂的研究,使得具有新的或改进性质的光催化系统能够实现合理的发展。

最后,我们预计反应器的设计将会变得更加重要,因为一些报道已经证实具有电线的反应器比无电线的更高效[114]。而且,有电线的反应器能解决气体分离的问题,因为这些气体是在不同的部分生成的,而且每个过程都可以独立地优化。两个部分被一个质子交换膜分开,并用能把电子从光采集部分运输到黑暗部分的电线连接。最近,3D打印技术的发展使得研究者设计的反应器的加工和优化能够为光催化系统带来发展[115]。这并非意味着工程解决办法在这一领域的发展中没有作用;相反,科学家和工程师应该合作来确保取得合理且不断增加的进步。

最后要说,工作于这一领域的科学家应该以一个统一标准的方式来展示结果。然而这正是目前缺少的,这种缺乏在我们看来会对此领域的相关研究以及其进展不利。

参 考 文 献

[1] Energy Information Administration, Annual Energy Review. US Department of Energy (2008).

[2] R. Lal, *Energy Environ. Sci.* 1 (2008) 86.

[3] M. Halbwachs. J. C. Sabroux, *Science* 292 (2001) 438.

[4] (a) X. Xiaoding. J. A. Moulijn. *Energy Fuels* 10 (1996) 305;(b) E. V. Kondratenko. G. Mul, J. Baltrusaitis, G. O. Larrazábal, J. Pérez-Ramírez, *Energy Environ. Sci.* 6 (2013) 3112.

[5] C. Costentin, M. Robert, J.-M. Savéant, *Chem. Soc. Rev.* 42 (2013) 2423.

[6] PBL Netherlands Environmental Assessment Agency, "Trends in Global CO_2 Emissions". http://edgar.jrc.ec. europa.eu/news_docs/pbl-2013-trends-in-global-co2-emissions- 2013-report-1148.pdf.

[7] M. Grasemann, G. Laurency, *Energy Environ. Sci.* 5 (2012) 8171.

[8] (a)G. A. Olah, A. Goeppert, M. Czaun, G. K. S. Prakash, *J. Am. Chem. Soc.* 135 (2013) 648; (b) G. A. Olah, *Catal. Lett.* 143 (2013) 983.

[9] M. Carmo, D. L. Fritz, J. Mergel, D. Stolten, *Int. J. Hydrogen Energy*. 38 (2013) 4901.

[10] (a) A. Kudo, Y. Miseki, *Chem. Soc. Rev.* 38 (2009) 253: (b) K. Maeda, K. Domen, *J. Phys. Chem. Lett.*1 (2010) 2655.

[11] B. Tidona, A. Urakawa, P. Rudolf von Rohr, *Chem. Eng. Process.* 65 (2013) 53.

[12] P. Kaiser. R. B. Unde, C. Kern, A. Jess, *Chem. Ing. Tech.* 85 (2013) 489.

[13] C. Ratnasamy, J. P. Wagner, *Catal. Rev.* 51 (2009) 325.

[14] W. Wang, S. Wang, X. Ma, J. Gong, *Chem. Soc. Rev.* 40 (2011) 3707.

[15] F. S. Stone, D. Waller, *Top. Catal.* 22 (2003) 305.

[16] T. Fujitani, J. Nakamura, *Catal. Lett.* 56 (1998) 119.

[17] C. S. Chen, W. H. Cheng, S. S. Lin, *Appl. Cat. A*.238 (2003) 55.

[18] A. Bansode, B. Tidona, P. Rudolf von Rohr, A. Urakawa, *Catal. Sci. Technol.* 3 (2013) 767.

[19] (a) A. Goguet, F. C. Meunier, D. Tibiletti, J. P. Breen, R. Burch, *J. Phys. Chem. B* 108 (2004) 20240. (b) L. C. Wang, M. Tahvildar Khazaneh, D. Widmann, R. J. Behm, *J. Catal.* 264 (2009) 67.

[20] Q. Fu, H. Saltsburg, M. Flytzani-Stephanopoulos, *Science* 301 (2003) 935.

[21] A Goguet, F. Meunier, J. P. Breen, R. Burch, M. I. Petch, A. Faur Ghenciu, *J. Catal.* 226 (2004) 382.

[22] L. Wang, S. Zhang, Y. Liu, *J. Rare Earths* 26 (2008) 66.

[23] W. Wang, J. Gong, *Front. Chem. Sci. Eng.* 5 (2011) 2.

[24] B.Lu, K. Kawamoto, *RSC Adv.* 2 (2012) 6800.

[25] (a) M. Jacquemin, A. Beuls, P. Ruiz, *Catal. Today* 157 (2010) 462; (b) A. Beuls, C. Swalus. M. Jacquemin, G. Heyen, A. Karelovic, P. Ruiza, *Appl. Cat. B.* 113−114 (2012) 2.

[26] T.Abe, M. Tanizawa, K. Watanabe, A. Taguchi, *Energy Environ. Sci.* 2 (2009) 315.

[27] M. Marwood, R. Doepper, A. Renken, *Appl. Cat. A*.151 (1997) 223.

[28] N. M. Gupta, V. S. Kamble, K. Annaji Rao, R. M. Iyer, *J. Catal.* 60 (1979) 57.

[29] R. W. Dorner, D. R. Hardy, F. W. Williams, H. D. Willauer, *Energy Environ. Sci.* 3 (2010) 884.

[30] T. Herranz, S. Rojas, F. J. Pérez-Alonso, M. Ojeda, P. Terreros, J. L. G. Fierro, *Appl. Cat. A.* 311 (2006) 66.

[31] R. W. Dorner. D. R. Hardy, F. W. Williams, H. D. Willauer, *Appl. Cat. A.* 373 (2010) 112.

[32] S. Li, S. Krishnamoorthy, A. Li, G. D. Meitzner, E. Iglesia, *J. Catal.* 20 (2002) 202.

[33] F.J. Pérez-Alonso, M. Ojeda, T. Herranz, S. Rojas, J. M. González-Carballo, P. Terreros, J.L.G. Fierro, *Catal. Commun.*9 (2008) 1945.

[34] T. Riedel, M. Claeys, H. Schulz, G. Schaub, S. S. Nam, K. W. Jun, M. J. Choi, G. Kishan, K. W. Lee, *Appl. Cat. A.* 186 (1999) 201.

[35] M. P. Rohde, D. Unruh, G. Schaub, *Ind. Eng. Chem. Res.* 44 (2005) 9653.

[36] R. W. Dorner, D. R. Hardy, F. W. Williams, B. H. Davis, H. D. Willauer, *Energy Fuels* 23 (2009) 4190.

[37] (a) G. A. Olah, A. Goeppert, G. K. S. Prakash, *J. Org. Chem.* 74 (2009) 487; (b) G. A. Olah, A. Goeppert, G. K. S. Prakash, "Beyond Oil and Gas: The Methanol Economy," Wiley-VCH Verlag Gmbh & Co. KGaA, Weinheim (2009).

[38] F. Pontzen, W. Liebner, V. Gronemann, M. Rothaemel, B. Ahlers, *Catal. Today* 171 (2011) 242.

[39] J. G. van Bennekom, R. H. Venderbosch, J. G. M. Winkelman, E. Wilbers, D. Assink, K. P. J. Lemmens, H. J. Heeres, *Chem. Eng. Sci.* 87 (2013) 204.

[40] J. G. van Bennekom, J. G. M. Winkelman, R. H. Venderbosch, S. D. G. B. Nieland, H.J. Heeres, *Ind. Eng. Chem. Res.* 51 (2012) 12233.

[41] A. Bansode, A. Urakawa, *J. Catal.* 309 (2014) 66.

[42] K. W. Jun, H. S. Lee, H. S. Roh, S. E. Park, *Bull. Korean Chem. Soc.* 23 (2002) 803.

[43] A. García-Trenco, A. Martínez, *Appl. Cat. A*. 41−412 (2012) 170.

[44] V. Subramani, S. K. Gangwal, *Energy Fuels* 22 (2008) 22, 814.

[45] X. Yu, P. G. Pickup, *J. Power Sources* 182 (2008) 124.

[46] (a) P. G. Jessop, T. Ikariya, R. Noyori, *Nature* 368 (1994) 231; (b) P. G. Jessop, T. Ikariya, R. Noyori, *Science* 269 (1996) 1065.

[47] (a) P. G. Jessop, Y. Hsiao, T. Ikariya, R. Noyori, *J. Am. Chem. Soc.* 118 (1996) 344; (b) A. Urakawa, F. Jutz. G. Laurenezy, A. Baiker, *Chem. Eur. J.* 13 (2007) 3886; (c) A. Urakawa, M. Iannuzzi, J. Hulter, A. Baiker, *Chem. Eur. J.* 13 (2007) 6828.

[48] C. Federsel, R. Jackstell, A. Boddien, G. Laurenczy, M. Beller, *ChemSusChem* 3 (2010) 1048.

[49] (a) L. Schmid, O. Kröcher, R. A. Köppel, A. Baiker, *Micopor. Mesopor Mater.* 35-36 (2000) 181; (b) M. Rohr, M. Günther, F. Jutz, J.-D. Grunwaldt, H. Emerich, W. van Beek, A. Baiker, *Appl. Cat. A*. 296 (2005) 238; (c) M. Baffert, T. K. Maishal, L. Mathey. C. Copéret, C. Thieuleux, *ChemSusChem* 4 (2011) 1762.

[50] N. von der Assen, J. Jung, A. Bardow, *Energy Environ. Sci.* (2013) 2721.

[51] (a) I. Zelitch, *Science* 188 (1975) 626; (b) N. S. Lewis, *MRS Bull.* 32 (2007) 808; (c) O. Morton, "Eating the Sun: How Plants Power the Planet", Harper, New York (2008).

[52] M. Halmann, *Nature* 275 (1978) 115.

[53] A. Fujishima, K. Honda, *Nature* 238 (1972) 37.

[54] T. Inoue. A. Fujishima, S. Konishi, K. Honda, *Nature* 277 (1979) 637.

[55] (a) K. Tanaka, K. Miyahara, I. Toyoshima, *J. Phys. Chem.* 88 (1984) 3504; (b) O. K. Varghese, C. A. Grimes, *Sol. Energy Mater. Sol. Cells* 92 (2008) 374.

[56] Y. Matsumoto, M. Obata, J. Hombo, *J. Phys. Chem.* 98 (1994) 2950.

[57] M. Abpo, K. Chiba. *J. Mol. Catal.* 74 (1992) 207.

[58] J. Rongé, T. Bosserez, D. Martel, C. Nervi, L. Boarino, F. Taulelle, G. Decher, S. Bordiga, J. A. Martens, *Chem. Soc. Rev.* (2014) doi: 10.1039/C3CS60424A.

[59] H. Yamashita, N. Kamada, H. He, K.-I. Tanaka, S. Ehara, M. Anpo, *Chem. Lett.* (1994) 855.

[60] T. Mizuno, K. Adachi, K. Ohta, A. Saji, *J. Photochem. Photobiol. A*: *Chem.* 98 (1996) 87.

[61] S. Kaneco, H. Kurimoto, K. Ohta, T. Mizuno, A. Saji, *J. Photochem. Photobiol. A*: *Chem.* 109(1997) 59.

[62] S. Kaneco, Y. Shimizu, K. Ohta, T. Mizuno, *J. Photochem. Photobiol. A: Chem.* 115 (1998) 223.

[63] M. Anpo, H. Yamashita, K. Ikeue, Y. Fuji, S. G. Zhang, Y. Ichihashi, D. R. Park, Y. Suzuki, K.Koyano, T. Tatsumi, *Catal. Today* 44 (1998) 327.

[64] J. Green, E. Carter, D. M. Murphy, *Chem. Phys. Lett.* 477 (2009) 340.

[65] (a) M. Anpo, H. Yamashita, Y. Ichihashi, S. Ehara, *J. Elcctroanal. Chem.* 396 (1995) 2l; (b) M. Anpo, T. Takeuchi, *J. Catal.* 216 (2003) 505; (c) M. Anpo, J. M. Thomas, *Chem.Commun.* (2006) 3273.

[66] G. Xi, S. Ouyang, J. Ye, *Chem. Eur. J.* 17 (2011) 9057.

[67] Y. T. Liang, B. K. Vijayan, K. A. Gray, M. C. Hersam, *Nano Lett.*11 (2011) 2865.

[68] (a) H. Yoneyama, *Catal. Today* 39 (1997) 169; (b) J. C. Hemminger,R. Carr, G. A. Somorjai, *Chem. Phys. Lett.* 57 (1978) 100.

[69] (a) H. I. Tseng, W. C. Chang, J. C. S. Wu, *Appl. Cat. B.* 37 (2002) 37; (b) A. D. Belapurkar, K. Kishore, *Photochem. Photobiol. A* 163 (2004) 503;(c)G. R. Dey, K. K.Pushpa, *Res. Chem Intermed.* 33 (2007) 631.

[70] G. Centi, S. Perathoner, G. Wine, M. Gangeria,*Green Chem.* 9 (2007) 671, and references cited therein.

[71] C.-C. Yang, Y.-H. Yu, B. van der Linden,J. C. S. Wu, G. Mul, *J. Am. Chen. Soc.* 132 (2010) 8398.

[72] N. M. Dimitrjevic, B. K. Vijayan, O. G. Poluektov, T. Rajh, K. A. Gray, H. He, P. Zapol, *J. Am. Chem. Soc.* 133 (2011) 3964.

[73] H. He, P. Zapol, L. Curtiss, *J. Phys. Chem.* 114 (2010) 21474.

[74] S. C. Roy, O. K. Varghese, M. Paulose, C. A. Grimes, *ACSNano* 4 (2010) 1259.

[75] A. Kubacka, M. Fermández-García, G. Colón, *Chem. Rev.* (2011) doi: 10.1021/cr100454n.

[76] M. Halmann, V. Katzir, E. Borgarello, J. Kiwi, *Sol. Energy Mater.* 10 (1984) 85.

[77] J. Kiwi, M. Grätzel, *Chimia* 33 (1979) 289.

[78] K. R. Thampi, J. Kiwi, M. Grätzel, *Nature* 327 (1987) 506.

[79] J. Melsheimer, W. Guo, D. Ziegler, M. Wesemann, R. Schlögl, *Catal. Lett.* 11 (1991) 157.

[80] K. Hirano, K. Inoue, T. Yatsu, *J. Photochem. Photobiol. A: Chem.*64 (1992) 255.

[81] K. Adachi, K. Ohta, T. Mizuno, *Sol. Energy* 53 (1994) 187.

[82] For example (a) R. Cook, R. C. Macduff, A. F. Sammells, *J. Electrochem. Soc.* 135

(1988) 429; (b) M. Anpo, K. Chiba, *J. Mol. Catal.* 74 (1992) 207: (c) M. Anpo, H. Yamashita, I. Ichihashi, Y. Fujii, M. Honda, *J. Phys. Chem. B* 101 (1997) 2632.

[83] O. K. Varghese, M. Paulose, T. J. LaTempa, C. A. Grimes, *Nano Lett.* 9 (2009) 731.

[84] A. L. Linsebigler, G. Lu, J. T. Yater Jr, *Chem. Rev.* 95 (1995) 735.

[85] X. Feng, J. D. Sloppy, T. J. LaTempa, M. Paulose, S. Komarneni, N. Bao, C. A. Grimes, *J. Mater. Chem.* 21 (2011) 13429.

[86] T. Yui, A. Kan, C. Saitoh, K. Koike, T. Ibusuki, O. Ishitani, *ACS Appl. Mater. Interfaces* 3 (2011) 2594.

[87] J. C. S. Wu, T.-H. Wu, T. Chu, H. Huang, D. Tsai, *Top. Catal.* 47 (2008) 131.

[88] J. Sá, M. Fernádez-Garcia, J. A. Anderson, *Catal. Commun.* 9 (2008) 1991.

[89] M. Abou Asi, C. He, M. Su, D. Xia, L. Lin, H. Deng, Y. Xiong, R. Qiu, X.-Z. Li, *Catal. Today* 175 (2011) 256.

[90] B. Aurian-Blajemi, M. Halmann, J. Manassen, *Sol. Energy* 25 (1980) 165.

[91] H. Shi, T. Wang. J, Chen, C. Zhu, J. Ye, Z. Zou, *Catal. Lett.* 141 (2011) 525.

[92] P. W. Pan, Y. W. Chen, *Catal. Commnun.* 8 (2007) 1546.

[93] Y. Liu, B. Huang, Y. Dai, X. Zhang, X. Qin, M. Jiang, M. H. Whangbo, *Catal. Commun.* 11 (2009) 210.

[94] Y. Zhou, Z. Tian, Z. Zhao, Q. Liu, J. Kou, X. Chen, J. Gao, S. Yan, Z. Zou, *ACS Appl. Maler. Interfaces* 3 (2011) 3594.

[95] Q. Liu, Y. Zhou, J. Kou, Z. Tian. J. Gao, S. Yan, Z. Zou, *J. Am. Chem. Soc.* 132 (2010) 14385.

[96] Q. Liu, Y. Zhou, Z. Tian, X. Chen, J. Gao, Z. Zou, *J. Mater. Chem.* 22 (2012) 2033.

[97] N. Ahmed, M. Morikawa, Y. Izumi, *Catal. Today* 185 (2012) 263.

[98] J. T. S. Irvine, B. R. Eggins, J. Grimshaw, *Sol. Energy* 45 (1990) 27.

[99] H. Kisch, G. Twardzik, *Chem. Ber.* 124 (1991) 1161.

[100] H. Inoue, H. Moriwaki, K. Maeda, H. Yoneyama, *J. Photochem. Photobiol. A* 86 (1995) 191.

[101] J. Barber, *Chem. Soc. Rev.* 38 (2009) 185.

[102] A. Nishimura, N. Sugiura, S. Kato, *N. Proc. Int. Energy Convers. Eng. Conf. Rhode Island* (2004) 824.

[103] R. Asahi, T. Morikawa, T. Ohwaki, K. Aoki, Y. Taga, *Science* 293 (2001) 269.

[104] S. Hoang, S. Guo, N. T. Hahn, A. J. Bard, C. B. Mullins, *Nano Lett.* 12 (2012) 26.

[105] (a) B. O'Regan, M. Grätzel, *Nature* 353 (1991) 737: (b) M. Grätzel, *Nature* 414 (2001) 338.

[106] O. Bräm, A. Cannizzo, M. Chergui, *Phys. Chem. Chem. Phys.* 14 (2012) 7934.

[107] A. Hagfeldt, M. Grätzel, *Chem. Rev.* 95 (1995) 49.

[108] For example: http://nanocomposix com/products.

[109] (a) K. R. Catchpole, A. Polman, *Opt. Exp.* 16 (2008) 21793; (b) D. Duche, P. Torchio, L. Escoubas, F. Monestier, J.-J. Simon. F. Flory, G. Mathian, *Sol. Energ. Mat. Sol.* 93(2009) 1377; (c) M. D. Brown, T. Suteewong, R. S. S. Kumar, V. D'Innocenzo, A.Petrozza, M. M. Lee, U. Wiesner, H. J. Snaith, *Nano Lett.* 11 (2011) 438; (d) L. M.Peter, *J. Phys. Chem. Lett.* 2 (2011) 1861.

[110] (a) Y. Nishijima, K. Uno, Y. Yokota, K. Murakoshi, H. Misawa, *J. Phys. Chem. Lett.* 1 (2010) 2031; (b) F. Wang, N. A. Melosh, *Nano Lett.* 11 (2011) 5426;(c)Y. Tian, T.Tatsuma, *J. Am. Chem. Soc.* 127 (2005) 7632.

[111] (a) P. Christopher, H. Xin, S. Linic, *Nature Chem.* 3 (2011) 467; (b) D. Tsukamoto, Y. Shiraishi, Y. Sugano, S. Ichikawa, S. Tanaka, T. Hirai, *J. Am. Chem. Soc.* 134 (2012) 6309; (c)P. Christopher, H. Xin, A. Marimuthu, S. Linie, *Nature Mater.*11 (2012) 1044; (d) S. Linic, P. Christopher, D. B. Ingram, *Nature Mater.* 10 (2011) 911; (e) W. Hou,S. B. Cronin, *Adv. Funct. Mater.* 23 (2013) 1612;(f)Z. Zhang, L. Zhang, M. N. Hedhili, H. Zhang, P. Wang, *Nano Lett.* 13 (2013) 14.

[112] J. Sá, G. Tagliabue, P. Friedli, J. Szlachetko, M. H. Rittmann-Frank, F. G. Santomauro, C.J. Milne, H. Sigg, *Energy Environ. Sci.* 6 (2013) 3584.

[113] (a) M. W. Kanan, D. G. Nocera, *Science* 321 (2008) 1072; (b) Y. Surendranath, M. Dincǎ, D. G. Nocera, *J. Am. Chem. Soc.* 131 (2009) 2615.

[114] S. Y. Reece, J. A. Hamel, K. Sung, T. D. Jarvi,A. J. Esswein, J. J. H. Pijpers, D. G. Nocera, *Science* 334 (2011) 645.

[115] M. D. Symes, P. L. Kitson, J. Yan, C. J. Richmond, G. J. T. Cooper, R. W. Bowman, T. Vilbrandt, L. Cronin, *Nature Chem.*4 (2012) 349.

第 4 章　纳米催化剂上的甲烷活化和转移

Rajaram Bal, Ankur Bordoloi

4.1　导论

作为传统催化材料的可持续替代品的纳米催化是从当前科学技术中产生的最火热的领域之一。纳米催化研究的主要目标是通过改变反应中心的尺寸、维度、化学组成及形态学来生产具有 100% 选择性、极高活性、低能耗及长寿命的催化剂[1–3]。这种方法开创了原子催化剂设计方式。纳米颗粒（NP）催化剂的发展实际上始于 20 世纪 50 年代，当时的实验室试图降低大规模商业应用的成本，发展了颗粒尺寸小于 100nm 的负载型金属催化剂。

天然气在世界很多地区都是比较充足的资源。甲烷是天然气、煤层气和生物气的主要组成部分。甲烷在原油生产中作为伴生气被大量生产，而且在炼油和化工生产中作为副产品产出。它也可以从海底以甲烷水合物的形式大量获得。到 2009 年，被证实的天然气储量为 $6219.25 \times 10^{12} ft^3$❶。根据这份 2009 年的报告，到 2017 年技术的进步可能将天然气资源提高至 $7775 \times 10^{12} ft^3$（提高约 25%）。这种提高可能归因于从页岩中可开采的额外甲烷。这些储量的大部分位于中东，有 $2658 \times 10^{12} ft^3$，占世界总储量的 40%；而欧洲和原苏联有 $2331 \times 10^{12} ft^3$，占世界总储量的 35%。按照甲烷目前 $115.554 \times 10^{12} ft^3$ 的使用速率，目前的储量至少能支持未来 50 年的能量需求。英国石油（BP）在 2009 年末的数据证实，天然气储量主要集中在俄罗斯（24%）、伊朗（16%）和卡塔尔（14%）3 个国家。世界天然气分布如图 4.1 所示。

甲烷在很多方面都是理想的燃料，因为其在人口最密集的中心处易获取，易于脱除硫组分实现提纯，并且在现有烃类中它具有相对生成 CO_2 的最高燃烧热。另外，甲烷是未充分利用的化学品和液体燃料资源。很多甲烷在远离工业园区的位置被发现，而且其经常在海边生产。管线不可能将这种偏远处的气体运输至潜在市场，且将其液化来用远洋货轮运太过昂贵。这种气体约 11% 被重新注回了，不幸的是，另外 4% 被烧掉或排空了。

---

❶ $1ft^3 = 0.0283168 m^3$。

第4章 纳米催化剂上的甲烷活化和转移

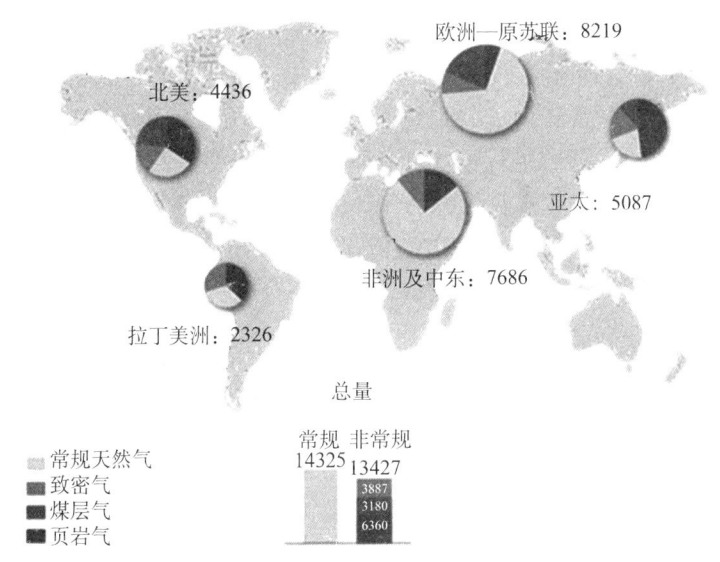

图4.1 世界天然气分布（单位：$10^2 ft^3$）

（《世界能源展望2009》）

甲烷（天然气）通常和液态石油一起生产，而一些合同要求生产者将这些气体和油一并运送。因为这种安排，甲烷可能实际上具有"负的价值"，也就是说，它是生产者的累赘。出于安全原因，含气的地下煤矿必须从煤层中排空甲烷。大多数煤矿将这些甲烷排至大气，不仅流失了珍贵的燃料资源，还会促进全球变暖，因为甲烷是强力的温室气体。煤矿不能生产出足够的甲烷来为大型甲醇化工厂提供燃料，但是一个或多个含气量大的煤矿通常能为一个小型 [每年 (2500～3000) ×10^4gal❶] 甲醇化工厂生产足够的甲烷。或者，目前用于海岸油环的更小的 [每年 (300～500) ×10^4gal] 移动甲醇生产装置可能成为用于煤矿的可行选择。

对于甲烷化学的精通将会提供化学品和液体燃料，为应用于这些领域的石油带来替代品，并使得利用目前还不能运输至目标市场实现商业化的虽偏远但是充足的天然气成为可能。除此之外，它还可以降低CH_4（超过21倍体积当量的CO_2）或伴随石油生产的气体燃烧造成的强烈温室效应，甚至也可能为改进填埋可燃气提供方法。

由于捕获CO_2以避免全球变暖变得越来越重要，CO_2-甲烷重整制合成气（H_2+CO）已被看作是利用CO_2的重要过程。除了高能耗需求之外，该过程还具有在催化剂（尤其是Ni催化剂）上快速积炭的缺点。因此，发展一种在CO_2重整反应中只有少量或没有积炭生成非贵金属催化剂具有极高的实际重要性。在自由市场经济中，设备的获利将取决于产品卖价以及备选技术的成本。甲烷在烃类中惰性最强，因此其在低温下（低于600℃）的活化是非常有挑战性的。

目前活化甲烷（图4.2）的方法有：(1) 蒸汽和二氧化碳重整或甲烷部分氧化（POM）生成一氧化碳和氢气，随后进行费托化学合成；(2) 甲烷直接氧化生成甲醇和

---

❶ 1gal（美）=3.78541dm^3。

甲醛；（3）甲烷氧化偶联生成乙烯；（4）在无氧气存在下直接转化成芳烃和氢气。

合成气（CO 和 H_2 的混合物）是甲醇和氨合成以及羰基合成，还有很多生产液体燃料、烯烃以及含氧化合物费托合成的用途多样的基础原料。因此，如果从甲烷中得到合成气的生产是经济性的，那么甲烷通过转化成合成气来生成高附加值的产品是很有前景的。目前的合成气是通过甲烷蒸汽重整（SRM）或高级烃蒸汽重整生产的。由于其具有一些局限/缺点（高能量需求、高 H_2/CO 值、低 CO 选择性/产量、高资本成本及低空时产率），蒸汽重整过程在甲烷转化中的利用不能商业化。

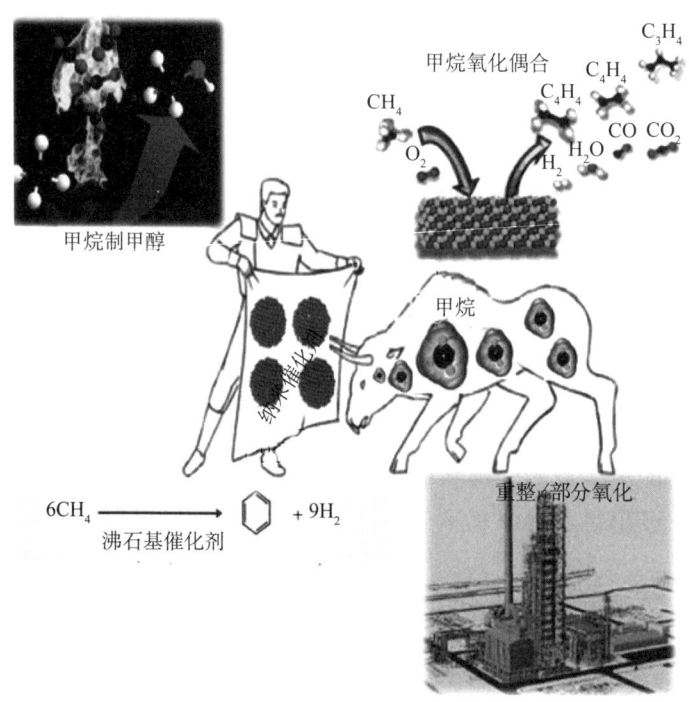

图4.2 甲烷活化过程

4.2 甲烷重整

合成气也被用于生产氨、尿素及合成甲醇；脱除一氧化碳之后，氢气被广泛用于石油工业的加氢处理和加氢裂化过程。如今，主要的生产合成气的过程是基于甲烷的蒸汽重整，其中甲烷是天然气的主要组成。

$$CH_4 + H_2O \longrightarrow CO + 3H_2 \qquad \Delta H_{298K} = 206 kJ/mol \qquad (4.1)$$

$$CO_4 + H_2O \longrightarrow CO_2 + 3H_2 \qquad \Delta H_{298K} = -41.2 kJ/mol \qquad (4.2)$$

这是高度吸热过程且具有一些缺点：要使甲烷转化率超过95%需要高温高压；需要耐高温和耐高压的材料；而且得到的3.0的H_2与CO物质的量比不是甲醇或费托合成反应期望的化学计量数（那需要2.0的H_2与CO物质的量比）。

POM制合成气是一种温和放热反应，没有前述反应的限制且在能量上更高效。实际上，具有2.0的H_2与CO物质的量比的POM能成为甲烷蒸汽重整反应生成合成气的可行替代反应。

$$CH_4 + \frac{1}{2}O_2 \longrightarrow CO + 2H_2 \quad \Delta H_{298K} = -36 KJ/mol \quad (4.3)$$

尽管干重整［式（4.4）］似乎是可利用的且能捕获二氧化碳的强有力技术，但是其伴随着生成焦炭倾向的强吸热性是其缺点之一，这使其相比于上述两个反应在当前的应用上受到阻碍。

$$CH_4 + CO_2 \longrightarrow 2CO + 2H_2 \quad \Delta H_{298K} = 247.3 kJ/mol \quad (4.4)$$

甲烷氧化偶联（OCM）涉及高温下在催化剂上CH_4和O_2的反应，生成初级产物C_2H_6以及二级产物C_2H_4。不幸的是，CH_4和C_2H_4都可能转化成CO_2，而C_2H_4和C_2H_6（C_2产物）的单程合并产率被限制在约25%。

在约800℃的OCM过程中，下面的选择性［式（4.5）至式（4.7）］和非选择性［式（4.8）］反应同时发生：

$$2CH_4 + \frac{1}{2}O_2 \longrightarrow C_2H_6 + H_2O \quad \Delta H = -174.2 kJ/mol \quad (4.5)$$

$$C_2H_6 + \frac{1}{2}O_2 \longrightarrow C_2H_4 + H_2O \quad \Delta H = -103.9 kJ/mol \quad (4.6)$$

$$C_2H_6 \longrightarrow C_2H_4 + H_2 \quad \Delta H = 114.6 kJ/mol \quad (4.7)$$

$$C_xH_y + O_2 \longrightarrow CO_2 + H_2O + 大量的热 \quad (4.8)$$

如今，世界每年的能量需求达到约$350 \times 10^{18} J$，该数值到2050年会增大2~5倍。在下个世纪原油的使用量将会降低，主要因为全球气候变化、石油资源的耗减以及伴随着的原油质量的下降。除此之外，当前的能量系统不是闭合的循环系统，因此在生态学上是有害的。近年来，煤和天然气使用量的增加以及替代能源的发展变得尤为重要，因为它们能够满足人们今后对能源的需求[4]。有效利用天然气对于保护新型能源和环境是至关重要的，其中天然气主要由甲烷组成，通常也包括少量的更高级烃类（例如乙烷、丙烷），有时也包括其他气体，如硫化氢、二氧化碳和氮气。但是，天然气储量位于偏远地区，因此难以被带到能源市场，因为其压缩、运输和储存的成本很高。与其相反，石油产品在当前市场中相对廉价。在近几十年，一些研究者和公司在研究将天然气转化成液体或更高级烃类的经济可行的途径上投入了大量的努力。但是，尚未实现具有高生产速率的好过程。

将天然气转化成合成气对于自然利用甲烷是一个重要的过程,因为合成气可以被用于氨/尿素合成、炼油操作、甲醇合成、费托合成,以及精制化学品合成和发电等其他应用。蒸汽重整是生成合成气的常规路线。SRM 过程以 $H_2/CO = 3$ 的比值生产合成气(H_2+CO)。在这一催化过程中,甲烷在催化剂的存在下和水蒸气反应。这一反应的产物就是合成气[5]。由于 SRM 过程导致具有大 H_2/CO 值的合成气生成,因此这一类重整过程被认为是获得高纯度氢气流量的理想过程。SRM 是一种吸热过程,因此需要很高温度,这使得这一过程十分昂贵。对经济可行性因素的关注促使替代的甲烷重整过程得以发展,比如干重整、自热重整和部分氧化[5, 6]。传统的 SRM 反应催化剂是将 Ni 负载于多种载体上,如 Al_2O_3、MgO 和 $MgAl_2O_4$,或者其混合物[7]。选择负载材料是至关重要的因素,因为已经证明,当金属催化剂被负载于惰性氧化物上时对 SRM 不是很有活性[8]。Watanabe 等[9] 报道了通过喷淋镍和硝酸铝混合溶液而制得的负载于空心 Al_2O_3 球上的纳米尺寸 Ni 颗粒。他们利用固定床石英管式反应器进行了 SRM,报道了其催化剂 92% 的甲烷转化率。Sadykov 等[8] 也报道称,通过不同路线合成的包含植入复合氧化物基质的 Ni 颗粒的纳米复合物催化剂,该基质包含 Y 或 Sc 固定的 Zr(YSZ,ScSZ)和掺杂的二氧化铈—氧化锆或 La-Pr-Mn-Cr-O 钙钛矿,并带有 Pt、Pd 或 Ru 促进剂。负载于铝的尺寸为 9~15nm 的微晶纳米 NiO/SiO_2 已通过溶胶—凝胶法被制备,且被成功应用于 SRM[10]。

天然气的干重整是甲烷在催化剂的存在下和二氧化碳反应的过程,该反应的产物是 $H_2/CO = 1$ 的合成气[5, 11]。由于甲烷干重整获得的合成气的 H_2/CO 值为 1,当需要以 H_2 和 CO 作为原材料来合成重要液体燃料而需要合成气原料时,这一过程被认为是理想的。另外,这种重整过程被认为非常昂贵,因为是吸热过程,它消耗大量能量。

甲烷干重整的主要缺点是焦炭的显著生成,其生成后会沉积在具有反应活性的催化剂表面。焦炭在催化剂表面的沉积会导致催化剂的使用寿命降低。被引入催化过程进料的 CO_2 反应物的存在提高了焦炭的产量,这可以解释这一过程中为何生成大量的焦炭。干重整是甲烷重整的一个独特过程,它由两种含碳温室气体驱动(CH_4 和 CO_2)[5, 11]。

甲烷和 CO_2 重整在工业上应用的主要挑战是关于发展具有活性,但是在反应器的催化剂上和冷区都具有很低生焦速率的催化材料。这一过程的炭的生成可以通过利用有利于 CO_2 解离成 CO 和 O 的反应的载体来得到控制,O 能够清洁金属表面[12]。尽管天然气 CO_2 重整的研究在 20 世纪 20 年代就已经开始了,但它在 20 世纪 90 年代重新引起了研究兴趣,因为其具有温室气体化学上的潜在应用价值[13]。它是有前景的处理并回收利用两种温室气体(CH_4 和 CO_2)的方法,也是一种生产高价值的合成气的路线[14]。

相比于 SRM 和 POM,甲烷的二氧化碳重整提供了具有相对低 H_2/CO 值的合成气,这对于直接作为含氧化合物合成、加氢甲酰化、羰基合成等过程的基础原料使用是更理想的[14, 15]。还有,这一反应凭借其强吸热特征通常被认为是化学能量传送系统

(CETS),该过程中从阳光或核能产生的能源驱动这一强吸热重整反应并将这些廉价能量转化成高价值的化学能[16]。

但是,该催化过程中金属活性中心的烧结以及积炭造成的催化剂快速失活的主要缺点仍然存在[14-16]。因此,近期这一领域的研究主要集中在发展具有抗结焦和抗烧结能力的催化剂上。据报道,许多种利用 Ni 或 Ru、Rh、Pd、Ir、Pt 等贵金属的催化剂在该反应中保持活性。贵金属相比于镍更具有好的催化特性以及对积炭的低选择性,但是贵金属的不易获得和高成本限制了其大规模应用[16]。由于 Ni 的易获得性和经济性,Ni 催化剂已被广泛研究[17-20]。

尽管 Ni 催化剂展现出了高活性和高选择性而且廉价,但是其在该反应中的主要缺点是积炭和 Ni 金属颗粒烧结造成的快速失活[17,18]。因此,近年来很多努力已被投入于发展具有更好表现的 Ni 催化剂,其中更好表现是指低的结焦量和抵抗金属烧结的更高稳定性[19,21]。之前的实验和理论研究已经确认 Ni 颗粒的尺寸对抑制生焦具有至关重要的作用[18]。已有报道称,积炭只能在金属集群大于一个决定尺寸时才会发生。因此,为了阻止积炭,需要确定金属族群的尺寸小于焦炭生成所需的关键尺寸。因此,为了得到应用于催化过程的具有高表面积介孔纳米晶体粉末,最近已有许多方法被探索[19]。他们提供了具有更多边和角的催化剂,能够带来更好表现。

在催化剂载体中,铝酸镁尖晶石 $MgAl_2O_4$ 已被广泛应用于工业过程[16]。这种材料具有独特的性质,例如,高熔点(2135℃)、高温下的高机械强度、高化学惰性、高热冲击抵抗性及催化性质[14]。已经有一些制备 $MgAl_2O_4$ 尖晶石粉末的合成方法被采用,例如,溶胶—凝胶法、水热法、燃烧法及共沉淀法。在该材料的很多应用中,尤其是作为催化剂载体,更期望高的表面积、小的晶体尺寸、高多孔性及更多的活性中心。由于具有低密度和好的热稳定性,该材料在催化重整中已被长期作为催化剂使用[19]。

还有研究报道称,二氧化铈是一种阻止金属烧结并有利于活性和抗结焦性的高效促进剂[21]。它以高的氧存储/输送能力(OSC)闻名,该能力就是在缺氧环境下利用晶格氧并在富氧环境下快速重新氧化的能力。它能提高镍的分散度,于是加强了抵抗烧结和生焦的能力[22]。最近被使用的干重整催化剂见表 4.1。

表4.1 干重整催化剂综述

催化剂	空速[mL/(h·g)]	温度(℃)	转化率(%)		参考文献
			CH_4	CO_2	
Ni-CeO_2(26%Ni)	300000	750	50	NA	[22]
Ni-CeO_2(13%Ni)	300000	750	40	NA	[22]
Ni-CeO_2(7%Ni)	300000	750	35	NA	[22]
Ni/CeO_2-ZrO_2	30000	973	39	39	[21]
$Ce_2Z1.51N10.49Rh0.03$	30000	800	90	90	[20]
Ni/Al	200000	750	68	NA	[19]
Ni/Ce(3%)Al	200000	750	75	NA	[19]
Rh-Ni(3%)/CeAl	200000	750	85	NA	[19]

续表

催化剂	空速[mL/(h·g)]	温度（℃）	转化率（%） CH$_4$	转化率（%） CO$_2$	参考文献
Ni/Al$_2$O$_3$	30000	800	92	95	[15]
Ni/MgO—Al$_2$O$_3$	30000	800	92.5	91.8	[15]
NiO—MgO—Al$_2$O$_3$（15%Ni,2%Mg,83%Al）	15000	700	94.64	95.9	[16]
(0.5%)Mo—(1%)Ni/SBA-15	4000	800	96	NA	[15]
7%（质量分数）Ni/MgAl$_2$O$_4$	18000	700	70	74	[18]
NiFe$_2$O$_4$SG	54000	800	80	95	[20]
La$_2$NiO$_4$/α—Al$_2$O$_3$	1500	800	98	NA	[17]

Gonzalez-Delacruz 等[23] 报道了利用 CO 或 H$_2$ 的还原过程对甲烷干重整（DRM）的 Ni/ZrO$_2$ 催化剂中镍颗粒尺寸的影响。利用 CO 作为还原剂在高温处理下观察到了镍金属相分散度的提高。他们的 X 射线吸收光谱分析揭示，用 CO 处理的样本比用 H$_2$ 还原的样本具有更低的 Ni 配位数。该报告还阐述，使用 CO 将会导致生成 Ni(CO)$_4$ 复合物，促进镍颗粒尺寸的减小，并维持同样的镍含量。他们用多个 CO 处理 Ni 催化剂的实验论述并证实了总体再分散现象。Qu 等[24] 研究了使用固定在单壁碳纳米管（SWNT）顶端的 Ni NP 进行的甲烷 CO$_2$ 重整。他们观察到：（1）SWNT 区域在高温下更好地负载纳米催化剂；（2）在 SWNT 顶端的 NP 是足够小的，以至于能够减少甚至消除炭在它们表面的沉积；（3）SWNT 顶端的 NP 在 DRM 过程中不烧结。Rezaei 等[1] 研究了用纳米晶体氧化锆负载的 Ni 催化剂催化的甲烷 CO$_2$ 重整，其转化率约 70%。该作者还关联了催化剂表现、催化剂表面积、反应温度和进料比。已经发现有多个报道[25-27] 称，制备具有高比表面积的催化剂对甲烷通过 DRM 的活化具有很大影响。纳米催化剂相比于组成相似的普通催化剂具有一些优点，而且它们的影响可以改变反应条件和反应结果。Ni$_x$Mg$_{1-x}$O 纳米盘已经用拓扑分解方法制成并被报道用于 DMR（疑为 DRM——译者注）。镍和镁都被发现能够以可调节的组成非常均匀地分散；但是表面定向是优先的，且不受组成变化影响。被还原的 Ni$_x$Mg$_{1-x}$O 固溶体被发现在甲烷干重整中是稳定的，因为 Ni 是均匀分散的[28]。

POM 凭借下述原因可能成为相比于其他生成合成气方法更好的过程。尽管部分氧化的机理至今依然不明，但是根据文献报道，其在大体上可以被分成两类：一类是涉及甲烷和蒸汽总燃烧及干重整反应的间接氧化机理，其经常被称为燃烧重整反应（CRR）机理；另一类是直接氧化机理，其中表面炭和氧反应生成初级产物，这被称为直接部分氧化（DPO）机理。根据 CRR 机理，合成气是二级产物，但是合成气也是 DPO 机理中的初级产物。

POM 在化学计量和热力学上给出了一些信息。这一过程凭借其相比于其他重整过程具有的热力学优势，可能会在未来的甲烷转化中变得更加重要。甲烷转化的可能路径如图 4.3 所示。但是在高温下，甲烷和氧气的主要反应产物除了一些中间物之外，仅限于 CO、CO$_2$、H$_2$O 和 H$_2$[29, 30]。

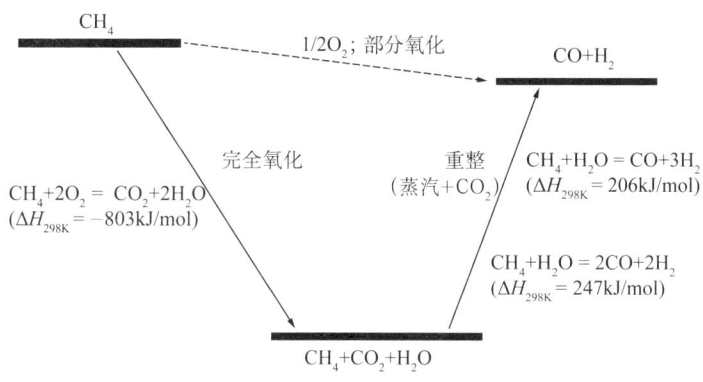

图4.3 甲烷的部分氧化

（1）部分氧化是轻微放热的，因此反应器在热量方面应该会更经济，也会使该过程在能量上更高效。

（2）部分氧化过程关于氢可能是高效的，因为该过程生成的 H_2/CO 值大约是2，而这一比值对于甲醇合成的后处理过程是理想的，其中甲醇合成是气体燃料和液体燃料连接的桥梁。

（3）POM 生产十分少量的 CO_2，这可以在使用合成气之前被轻易地脱除。

（4）部分氧化过程能够避免在大规模生产过程中昂贵的过热系统的使用。

对于部分氧化生成合成气，催化剂已经成为战略领域。部分氧化的均相催化剂被分为贵金属催化剂和非贵金属催化剂两大部分。

贵金属催化剂，如基于均相形式的铑、钌、铱、铂和钯在部分氧化中展示出了优秀的催化表现。由于在工业上的极高重要性，已有多种载体被应用于部分氧化过程的贵金属催化剂和非贵金属催化剂[31]。载体可以被分成如下种类：（1）陶瓷制品；（2）水滑石类；（3）碱金属/稀土金属掺杂的钙钛矿以及其他种类的氧化物；（4）氧化铝/氧化钙；（5）其他。

催化部分氧化是由 Liander[32]、Padovani 和 Franchetti[33] 以及 Prettre 等[34] 首先报道的，其在 727～927℃、1atm 下镍负载型催化剂上的 H_2/CO 值为2。在文献中也能找到很多证据证实，镍在生产具有必要的 H_2/CO 值的合成气中是非常有活性的，但是它也会促进炭的生成。Lunsford 及同事的相关基础研究证明，温度高于 700℃ 时 CO 的选择性为 95%，且甲烷实现了完全转化。但是，更高化学当量的氧（例如 $O_2/CH_4 > 0.5$）对该过程的稳定操作是必需的。在催化剂床层中观察到了 $NiAl_2O_4$、NiO/Al_2O_3 和 Ni/载体 3 种催化剂。前两种负责甲烷生成 CO_2 和水的完全燃烧；而第三种对甲烷和 CO_2 以及 H_2O 重整生成合成气具有活性[35]。镍是一种出色的部分氧化催化剂，但是它也造成积炭。为了对载体改性、限制炭的生成、提高催化系统的稳定性，并进一步延长催化剂寿命，人们已经投入了很多努力。

负载于氧化镱、CaO、TiO_2、ZrO_2、ThO_2、UO_2 及稀土氧化物改性的氧化铝载体的镍催化剂已经被 Choudhary 等报道用于 POM [36-44]。他们发现包含 MgO、CaO 和稀土化物，或者氧化铝催化剂的 NiO 在极短的接触时间内具有十分出色的结果。研究者发现，催化剂的催化表现的优劣顺序如下：NiO/ThO_2 > Ni/UO_2 > NiO/ZrO_2。但是，SiO_2 和 TiO_2 被发现不是该反应的好载体，因为在反应条件下 Ni 烧结，而且有无活性的二元金属氧化物相生成。对载体进行合适的改性能使催化剂的稳定性在一定程度上得到提高；而与之相反，由于镍金属表面积的降低以及不希望的炭的生成，催化剂失活仍然难以避免。Ruckenstein [45, 46] 和 Santos 等 [47] 具体研究了 Ni/MgO 催化系统，观察到反应中催化剂的高稳定性和大量炭的生成。他们总结出，高的催化剂稳定性是由于固溶体的生成，例如，Ni 占据 MgO 的晶格中心而被均匀分散在催化剂中。Ni 以很小颗粒的形式存在，而 MgO 的弱碱性在一定程度上抑制了炭的沉积 [48-50]。向氧化铝添加稀土金属氧化物或碱金属氧化物，或用稀土金属氧化物作为载体可以限制炭的沉积 [51-57]。负载于稀土金属氧化物改性的和碱金属氧化物改性的氧化铝上的镍催化剂已经进行了 500h 的测试，其间没有观察到 CH_4 转化率和 H_2/CO 值降低 [58]。向催化剂载体添加稀土氧化物的促进作用可能是因为其具有储存氧的能力，其可以通过氧化积炭来起到帮助作用。人们也相信，CeO_2 等稀土氧化物的存在可以稳定载体，并在高温反应中阻止其烧结。

多种改性的氧化铝载体已经作为消除积炭的替代品被探索。$CaAl_2O_4$ 类的载体对烧结和积炭具有高的抵抗力，因此具有好的 CH_4 转化率及 CO 和 H_2 的选择性。在 $AlPO_4$ 类载体环境下，能够观察到较差的稳定性。在 Ni 载体的情形中，钙钛矿（Ni/CaO：8SrO：$2TiO_3$）也对积炭有很好的抵抗性 [59, 60]。报告提出载体可以控制金属晶体的尺寸，将其维持在低于生成的炭造成问题的临界值 [58]。他们也表示，载体中的氧原子可能和表面炭反应，进而保持镍表面没有炭。另一个控制负载型催化剂中的镍金属晶体颗粒的方法是通过还原包含 Ni/Mg/Al 水滑石类前驱体的 Ni 来制备催化剂 [61]。催化活性和选择性与催化剂中镍金属的还原性相关，而且镍金属含量以及和反应物的接触时间对催化剂表现具有显著的影响。目前，对这种催化剂系统的进一步研究还在进行中。

Co 和 Fe 等金属也被和 Ni 一同用来提高稳定性并减少镍催化剂的积炭。Provendier 等 [42] 观察到添加铁可以通过控制镍从结构到表面的可逆迁移来稳定镍催化剂。Choudhary [43] 观察到向 NiO/Yb_2O_3、NiO/ZrO_2 和 NiO/ThO_2 催化剂中添加钴造成了炭生成速率的显著降低，也导致了甲烷氧化转化成合成气的催化剂活化温度的大幅降低，因为 Co 的存在促进了 Ni 的还原，进而提高了其催化活性。对于 Co 和 Fe 负载的独立研究也已完成，但是观察到了相对低的活性，因为 CoO 和 Fe_2O_3 对于甲烷的完全氧化具有更高活性 [56, 62, 63]。负载型催化剂对 POM 的活性顺序为 Ni/Co > Fe。人们注意到，只有使用促进剂提升 Co 还原性时，Co 催化剂才对部分氧化制合成气有活性 [40, 64, 65]。与之相似，金属 Co 是 Co 催化剂催化 POM 反应的活性组分，而且，其活性也取决于制备方法和载体的选择 [66-68]。

总之，负载型 Ni 和 Co 催化剂用于甲烷部分氧化制合成气已被广泛研究。很少有研究注意到 Fe 催化剂。催化 POM 的 Ni 催化剂的失活是由炭沉积及高流率造成的 Ni 流失造成的。Co 和 Fe 具有比 Ni 更高的熔点和沸点，如果能得到更好的表现，则可能成为 Ni 催化剂的替代品。对 Ni 催化剂改性来抑制炭生成的技术的更多线索可能从关于蒸汽重整的文献中获得，其中控制微晶尺寸及加入掺杂剂的方法已经建立完备[69]。

Green 等[70, 71]总结了所有用贵金属催化剂进行的合成气生产。Pd 催化剂的表现最像 Ni，伴随着大量的炭生成，但是，Ir 和 Rh 催化剂表现出对积炭的高抵抗性[72, 73]。Poirier 及同事观察到 POM 的产物在采用高的气体小时空速（GHSV）时基本受动力学控制[74]。而且，Rh 被发现比 Ni 更具有活性，尽管 Rh 在氧化铝载体上的负载量很低。

Hochmuth 等[75–78]和 Schwiedernoch 等[79]观察到，通过 POM 生产合成气的贵金属的活性不仅取决于贵金属本身，也和制备方法及载体性质有关。Basile 等[80]观察到在黏土载体上合成气生成的活性遵循 Rh > Ru ~ Ir = Pt > Pd 的顺序。Yan 等[81]表明，Rh 催化剂的转化率和选择性是相对稳定的，但是在 Ru 催化剂的情形中则观察到了变化。而且，脉冲反应研究表明，这两种催化剂系统上的反应机理是不同的，在 Rh 催化剂上 CO 是生成的唯一含碳主产物。另外，在 Ru 催化剂的情形中 CO_2 和 CO 一同生成。Ir 展示出的载体对 POM 的活性顺序如下：TiO_2 ≤ ZrO_2 ≤ Y_2O_3 > La_2O_3 > MgO ≤ Al_2O_3 > SiO_2 [82]。人们研究了一系列稀土负载的贵金属催化剂，其中 Pt/Gd_2O_3 和 Pd/Sm_2O_3 展示了好的催化表现[83]以及高的 CO 选择性。其中，碱土和稀土金属氧化物不仅提高了选择性，还将贵金属分散在了载体上。

高度分散的小金属颗粒（低于 10nm）在载体上的存在及其用碱性氧化物的改性被观察到需要避免烧结和结焦问题[84]。为了克服这些问题，有一些报道中的金属 NP 是通过多元醇处理来制备的。Claridge 等已经表明，炭生成的相对顺序是 Ni > Pd >> Rh、Ru、Ir、Pt [85, 86]。制备担载于氧化铝—稳定氧化镁载体上的贵金属催化剂，贵金属涉及 Ru、Rh、Ir、Pt 和 Pd 并将其用于 POM 中。在 POM 中不同催化剂的活性被观察到有如下顺序：Rh = Ru > Ir > Pt > Pd。Takenaka 等[87, 88]报道称，二氧化硅包裹的 Ni 催化剂在丙烷蒸汽重整和 POM 中表现出高活性及提高了的稳定性。相比于传统的 Ni/Al_2O_3、Ni/MgO 和 Ni/SiO_2 催化剂，核/壳结构的 Ni 催化剂展示了更少的炭沉积。人们认为 Ni 核和 SiO_2 壳的强相互作用阻止了 Ni 颗粒烧结，也阻碍了炭的沉积。窄粒径分布的被包裹的内部介孔和微孔 SiO_2 NP 是通过 SiO_2 包裹的 NiO NP 的原位还原制得的。通过改变制备参量，Ni NP 的平均粒径可以被很好地调节在 4.5 ~ 6nm 范围内。人们发现改变核的尺寸、微囊结构的孔及壳的多孔性，会造成得到的催化 POM 的 Ni 核—介孔 SiO_2 壳层催化剂在催化活性和持久性上的显著不同[89, 90]。催化剂的活性和持久性在本质上是由 Ni 核尺寸决定的，且也在一定程度上依赖于 SiO_2 壳的多孔性以及核—壳相互作用程度，其中核—壳相互作用程度受微囊的孔结构影响。

总体上，若不谈过程的种类，甲烷活化在世界范围内的能量领域是一个重要的化学实践，因为它是甲烷转化的第一个催化步骤，而且决定了接下来必要的生产燃料和化学品的催化过程的路径。大体上，甲烷重整的最终目的是获得燃料和化学品，但是在甲烷转化制合成气过程中使用的方法种类会影响获得的 H_2/CO 值。蒸汽重整是甲烷重整过程最主要的类型，因为它生成的合成气具有最高的 H_2/CO 值。由于通过催化过程获得高纯度气态氢的发展，以及能被用作石化工业中生产液体燃料和甲醇的基础原料，重整过程的产品被认为是理想的气体。但是因为蒸汽重整的过程非常昂贵，另外 3 种催化化学过程被认为是甲烷重整的替代过程，而且它们是以节省这些催化过程所需的热能消耗量而被发展起来的。因此，基于生产合成气的目标，选择最合适的甲烷重整催化化学过程必须考虑具有经济可行性的过程。用简短的方式说就是，选择用于甲烷转化制合成气的催化化学过程种类应该以获得合成气这一最终应用为基础。如果 H_2/CO 值合适，尤其是要实现降低热能消耗这一工业项目应用中最重要的因素时，干重整和部分氧化也能成为生产合成气的好的选择。

通过 SRM 过程生产合成气的成本受天然气价格的强烈影响，而 SRM 是目前所有氢气生产技术中最廉价的。美国已经有了发展成熟的天然气基础设施，这是通过蒸汽重整用天然气生产合成气，从而制氢能获得强烈吸引力的关键因素。如今 SRM 被广泛应用于工业。氢气通过 SRM 过程在大型集中式工厂生产来满足多种应用，包括化学制造和石油炼制。目前的研究和发展方案集中于发展能实现氢气分配的小规模 SRM 技术，以及改善氢气分配的基础设施[91-99]。

4.3 在无氧条件下直接转化成芳烃和烃类

CH_4 的无氧直接转化是热力学不利的。但是这种替代方法已被开展并依然吸引了许多研究者的注意。在 20 世纪 70 年代早期，Olah 及其团队展示了通过在超强酸介质中的同系化反应将 CH_4 转化成高级烃的可能性[90]。直至今日，将低级烷烃通过无氧转化直接生产芳烃和氢气的大范围研究已经开展。在多相催化中，多种金属被发现可以在中等温度下化学吸附 CH_4，而且可以在更高温度下将 CH_4 分解成芳烃（主要是 BTX）和 H_2。Choudhary 及同事独立研究了"单步"过程，其中通过将甲烷和高级烷烃由 H-GaAlMFI 催化低温无氧转化得到了 36.3% 的甲烷转化率和 93.8% 的芳烃选择性[91]。Wang 及其团队研究了无氧条件下在改性 ZSM-5 沸石上的 CH_4 脱氢及芳构化，他们发现在 600℃ 固定床连续流反应器中甲烷催化转化的唯一烃类产物是苯[92]。Aboul-Gheit 发现 6% 的 Mo/HZSM-5 展示出了高达 6%~7% 的更高芳构化（苯和萘），而 Fe、Co 和 Ni 的更高电负性被认为能够造成生成苯的脱氢芳构化活性的降低[93]。从事同一工作的 Liua 等通过向畸变八面体配位的 Mo_{6c} 物质浸渍制备了 MoO_3/HZSM-5，获得了约 70% 的 BTX 选择性和 2%~3% 的甲烷转化率[94]。

为了克服无氧条件下 CH_4 直接转化的热力学限制，并提高其高级芳烃产率，等离子体激发也已被尝试。Li 等[95] 在常压低温下利用两段脉冲火花放电等离子体反应器用 Ni/HZSM-5 催化甲烷无氧转化获得了高的芳烃和氢气产率。他们发现 BTX 是主要的芳烃产物，最大的甲烷转化率为 35%，最大的芳烃选择性为 47%。这一工作被扩展研究了；他们利用了千赫火花放电，在产物物流中得到了72.1%（体积分数）的氢气浓度，具有81.5%的甲烷转化率[96]。

ZSM-5和Ga/ZSM-5被发现在300～460℃温度范围内具有持续的高（大于95%）正癸烷转化率，其中母体沸石ZSM-5生产了几乎相同产量的裂化烃类和芳烃[97]。Ga改性的ZSM-5主要生产了BTX及其他更重的芳烃。TNU-9和IM-5在常压350℃以及9h^{-1}的质量小时空速（WHSV）条件下展示出了从甲醇中生成的高含量的甲基化芳烃和多环芳烃，但是在这两种结构中观察到了快速失活。TNU-9和IM-5的产物物流包含不稳定的五甲基苯和六甲基苯，甲醇的转化率为100%[98]。Iglesia等研究了Zn/Na-ZSM-5催化丙烷芳构化生产高产率（33.5%）的C_{6+}芳烃[99]。

4.3.1 甲烷偶联

具有大表面积及强碱性中心的La_2O_3纳米棒被发现具有对于甲烷氧化偶联的高度活性以及C_2烃类的高选择性[100]。据Maghrebi[101]观察，被用于得出完成反应和扩散过程的多孔球状催化剂的具体的速率和温度分布图的计算流体力学（CFD）表明，在催化剂球中的温度变化低于-271℃，因此参与了氧化偶联反应。而且，Fe和Au改性的MgO也已被报道能氧化偶联甲烷[102]。Jeon等报道称在低温下，甲烷氧化偶联易于在负载于Na/W/Mn催化剂上的Mg-Ti混合氧化物上发生，因为存在更有活性的表面晶格O原子[103]。Oshima等报道了在电场存在下甲烷和CO_2氧化剂的低温氧化偶联，具有极大提高的催化活性[104]。在甲烷氧化偶联中被有效评价的具有和不具有氧化铝载体的钐NP已经通过微乳液、有机基质沉积及湿法浸渍制得。而且，Elkins等观察到钐NP对C_2烃类特别有选择性[105]。Visnescu等报道了用淀粉做活性成分，通过向铝酸锌晶格中逐渐插入镍阳离子制得的纳米尺寸的镍代替的铝酸锌氧化物。该催化剂在甲烷氧化偶联反应中展示出了高的催化活性，原因在于系统的协同效应[106]。溶液燃烧合成法已被应用于制备纳米结构的复合金属氧化物，如Sr-Al复合氧化物、La_2O_3、La-Sr-Al复合氧化物及Na_2WO_4-Mn/SiO_2，它们也已在甲烷氧化偶联中被评价。已观察到Sr-Al复合氧化物对氧化偶联反应具有活性，而Na_2WO_4-Mn/SiO_2二元复合物在该反应中展示出了25%的产率[107]。

Baidya等报道称，Sr/Al_2O_3二元复合物在更高温下甲烷的氧化偶联中是高活性的催化剂，他们也关联了Al-Ⅳ/Al-Ⅵ值和Sr含量[108]。Ji等观察到，在M-W-Mn/SiO_2（其中M = Li，Na，K，Ba，Ca，Fe，Co，Ni，Al）催化系统上进行的甲烷氧化偶联中，在催化剂表面上的WO_4四面体对获得高甲烷转化率和高C_2烃类选择性起到至关重要的作用[109]。理论计算也支持WO_4四面体和CH_4相互作用，得到稳定的几何形状以及和CH_4相似的能量结构，这可能是甲烷高度活化的原因。另一个文献报道称，用负载于Na/W/Mn催化剂的Mg-Ti混合氧化物催化的甲烷氧化偶联（OCM）在825℃具有18%的产率，在775℃具有16.5%的产率[110]。

银催化的 OCM 生产 C_2 烃类被发现是一种对结构异常敏感的反应。反应引起的银的形态变化导致了多种本体和表面终止晶体结构形成的性质和程度的变化。这又影响氧气在银上的吸附性质和扩散性，而这些性质对于表面下氧气的生成是必要的。这些扩散过程的结果是生成插入银晶体结构的 Lewis 碱和氧之间的强键。据 Nagy 等的观察，这种物质被称为 O-γ，在多种有机反应物的直接脱氢中作为催化活性中心[110]。Pak 等在 800 ℃ 下 $Mn/Na_2WO_4/SiO_2$ 和 $Mn/Na_2WO_4/MgO$ 催化的甲烷氧化偶联中得到了约 20% 的 CH_4 转化率和 80% 的 C_{2+} 选择性[111]。Gayko 等报道了从参比电极和催化剂表面的接触电势差（CPD）中得出的表面氧状态和 Nd_2O_3 以及 SrO（原子百分数为 1%）$/Nd_2O_3$ 催化剂的 C_2 选择性之间的关系，其中 CPD 是 OCM 中氧气分压和温度的函数[112]。Jeon 等报道了负载于 Na/W/Mn 上的 Mg-Ti 混合氧化物催化的甲烷氧化偶联，其在 825 ℃ 下的产率为 18%，在 775 ℃ 下的产率为 16.5%[103]。Moya 等报道了一种利用负载于 α-Al_2O_3 的 Pd 催化的甲烷非氧化偶联，其中的 Pd 颗粒处于低的纳米级范围，且被发现非常高效[113]。Szeto 等进行了在传统固定床反应器中负载于 SiO_2、Al_2O_3 或 γ-Al_2O_3 上的钨水合物催化剂催化的甲烷非氧化偶联[114]。Yoshida 等已论证了一种室温下光引发的甲烷纳米氧化偶联的出色实例，其利用了高度分散于二氧化硅上的氧化锆[115]。Murata 等报道称 Li 掺杂的氧化锆硫酸盐催化剂被发现对甲烷很高效，在 800 ℃ 得到了 80% 的 C_2 选择性和 43% 的 CH_4 转化率[116]。Dang 等报道，由 $BaCO_3$ 和少量原钒酸钡 Ba-3(VO_4) 组成的 $BaCO_3$ 负载的氧化钒催化剂表现出了对甲烷氧化偶联的高催化活性[117]。而且，二氧化硅负载的钽水合物被证明是第一个中温甲烷直接非氧化偶联转化成更高级烃和氢气的单中心催化剂，具有高的选择性（大于 98%）[118]。

Goncalves 等报道了 Li/Ce/MgO 催化剂。他们观察到其相比于 Na/Ce/MgO 具有更高的甲烷转化率和 C_2 选择性[119]。他们将活性关联到在反应中由二氧化铈促进的不同种类的相关活性中心。Chen 等报道了 750 ℃ 下 Na-W-Mn-Zr-S-P/SiO_2 催化的甲烷氧化偶联，其中 C_2 产率为 23.5%，甲烷转化率为 43.8%[120]。在关于阳光存在下利用 Zn^+ 改性的沸石的文献中也能找到甲烷脱氢偶联生成乙烷的一个出色实例[121]。Takanabe 等报道 OH 基团在甲烷氧化偶联的 $Mn/Na_2WO_4/SiO_2$ 催化系统中对速率和 C_2 选择性具有重要影响[122]。

4.3.2 甲烷制甲醇

目前，甲醇是从天然气中通过大能耗的两步过程生产。目前的生产过程中甲烷重整是一个高温（850 ℃）进行的强吸热和热力学平衡过程。低温下甲烷直接生产甲醇的氧化过程依然是吸引兴趣的当前过程的替代过程。如果能成功，这一新过程能够导致当前甲醇市场中甲醇价格的降低，也会在甲醇制化学品和甲醇制燃料领域开创新的甲醇市场。

更高效的氧化天然气等低价值的轻烷烃基础原料生成相应的醇类或其他有用的液体产品将会加速天然气基础原料作为石油的补充物来使用。甲烷是一种充足的可获得燃料,由于其低反应性,甲烷的应用主要局限于初级能源。另外,甲烷在许多化学合成过程是有用的中间产物,也是储存和运输的操作安全的液态燃料。因此,长期以来工业上都有兴趣从甲烷中高效生产乙醇。目前,将天然气转化成液体产物过程的技术是通过生成一氧化碳和氢气(合成气)来进行的,合成气接下来通过费托化学过程转化成更高级产品。在这些过程中初始的合成气生成是在高温下(通常在850℃)进行的高能耗过程。相反,直接方法将烃类分子部分氧化,将一个C—H键功能化,原则上可以在低温过程中进行更高效率且成本高效利用的过程。

甲烷直接氧化成甲醇作为下一个甲醇生产方法已经吸引了很多注意,因为它避免了上述多步骤过程。但是,这一氧化被看作是很难的反应,尤其是在低压气相中,因为需要高温(大于400℃)操作,其中甲醇会迅速被氧化成甲醛和CO_x。一种在较低温度下氧化甲烷的方法是向反应系统中提供电化学电池。例如,Otsuka 和 Yamanaka 等报道了用电化学活化的生成于聚合物电解质燃料电池(PEFC)阴极的活化氧来选择性氧化轻烷烃生成含氧化合物[123, 124]。通过密度泛函理论(DFT)B3LYP 计算讨论了用元素周期表第一行过渡金属氧化物离子(MO^+)实现的甲烷向甲醇转化的反应路径和能量学,其中 M 是 Sc、Ti、V、Cr、Mn、Fe、Co、Ni 和 Cu。这些 MO^+ 复合物催化的甲烷向甲醇的转化被提出是以两步过程通过两种过渡态实现的:$MO^+ + CH_4 \rightarrow OM^+ (CH_4) \rightarrow$ [TS] $\rightarrow OH\text{-}M^+\text{-}CH_3 \rightarrow$ [TS] $\rightarrow M^+ (CH_3OH) \rightarrow M^+ + CH_3OH$。高速自旋和低速自旋势能面都被具体表征了。高速自旋和低速自旋势能面的交叉在 ScO^+、TiO^+、VO^+、CrO^+ 和 MnO^+ 的出射道发生一次,但是对 FeO^+、CoO^+ 和 NiO^+ 则在入射道和出射道发生了两次。我们的计算强烈地表明,自旋反转可以发生在势能面交叉处附近,也表明它在降低这些过渡态的势垒高度上能起到重要作用。从甲烷到甲醇的反应路径在较前部 MO^+ 复合物(ScO^+、TiO^+ 和 VO^+)上能量上是增大的;因此,这些复合物对于甲醇生成不是好的中介物。另外,较后部 MO^+ 复合物(FeO^+、NiO^+ 和 CuO^+)从反应路径总能量图上看,将甲烷高效转化成甲醇更受期待。对于 MnO^+、FeO^+、CoO^+ 和 NiO^+,测得的反应效率和甲醇分支比在高速自旋和低速自旋势能面上都是合理的。CuO^+ 进行的甲烷转化生成甲醇的能量曲线在产物方向上是下坡的,因此 CuO^+ 可能是甲烷羟基化的优秀中介物[125]。

铂催化剂被报道能在低温下直接将甲烷以超过以甲烷为基准70%的单程产率氧化转化成甲醇衍生物。该催化剂是源于二哒嗪配体类的铂复合物,它在氧化甲烷的碳—氢键来生产甲酯的过程中稳定、有活性且具有选择性。机理研究表明,铂(Ⅱ)对甲烷的反应来说是最有活性的铂的氧化态,且以甲烷碳—氢键活化生成能被氧化成甲酯产物的铂—甲基中间物的过程进行反应。Roy A. Periana 表明,二氯(η-2-{2, 2'-二嘧啶})铂(Ⅱ)是最高效的一种。甲烷(34bar,115mmol)和包含50mmol/L浓度催化剂的80mL102%的H_2SO_4在220℃下反应2.5h,得到90%的甲烷转化率,以81%的选择性生成1mol/L甲基硫酸氢盐溶液[126]。在固定床反应器中用V_2O_5/SiO_2作为催化剂的甲烷氧化生成甲醇反应已经发展出一个动力学模型。温度(450~500℃)和压力（20～120bar）对停留时间为3s的甲烷转化率以及甲醇或甲醛选择性的影响已被考察了。氧气被用作氧化剂，其进料量是5%（摩尔分数）的甲烷量。结果表明，甲烷的转化率从0.66%升高到1.52%，甲醇的选择性从93.4%降低至91.9%[127]。直接选择性氧化甲烷生成甲醇衍生物建议用钯的醋酸/苯醌/钼钒磷杂多酸盐催化剂，并使用溶于三氟醋酸中的分子氧。甲基三氟醋酸盐是唯一的液体产物，其最高的产率可以在80～100℃取得[128]。在利用分子氧作为氧化剂将甲烷选择性氧化成甲醇的反应中，用$MoO_x/(LaCoO_3 + Co_3O_4)$催化剂得到了相对较高的$CH_3OH$选择性（60.0%）和产率（6.7%）。$MoO_x$和La-Co-氧化物之间的相互作用对氧化钼的分子结构和催化剂表面O^-/O_2^-值起到了改性作用，这控制了$MoO_x/(LaCoO_3 + Co_3O_4)$催化剂的表现[129]。

已有一个用实验室规模的模拟逆流移动床色谱反应器（SCMCR）进行甲烷的直接均相颗粒氧化生成甲醇的反应被构建并测试。反应的条件是通过用单向管式反应器进行的独立实验来评价的。分离是通过带有Supelcoport上10%聚乙二醇的气液色谱进行的。在477℃、100atm的最佳反应条件下，进料甲烷与氧气比值为16时，SCMCR中的甲烷转化率为50%，甲醇选择性为50%，甲醇的产率为25%[130]。在三氟甲磺酸或硫酸等强酸溶剂中，阳离子[Au_2O_3溶解得到的Au（Ⅲ）生成]和甲烷在180℃反应以高产率选择性生成甲醇（以酯类和甲醇的混合物形式）。在这些反应过后，不可逆生成的金属金非常显著，与和Hg（Ⅱ）、Pt（Ⅱ）及Pd（Ⅱ）在96%H_2SO_4中的催化反应不同，与Au（Ⅲ）的反应是唯一的化学计量反应[转化数（TON）小于1]。可溶解的阳离子金对这些反应是必要的，因为在相同条件下没有Au（Ⅲ）离子添加的反应中，或者存在不能溶解于热H_2SO_4中的金属金的反应中，均没有观察到甲醇[131]。Graham J. Hutchings报道了利用过氧化氢在30～90℃下Au-Pd/TiO_2催化甲烷合成甲醇。最大的TOF和该条件下最高的甲醇选择性（19%）都是在90℃达到的。引人注目的是，在我们的反应条件下甲醇在90℃时是稳定的。但我们注意到，过氧化氢甲基在所有情形中都是主要反应产物。Suss-Fink及同事表明无催化剂存在下，温度高于40℃时过氧化氢甲基会转化成甲醛和甲酸。但是，在30～90℃下，没有观察到这些特定产物，表明过氧化氢甲基和甲醇的生成是因为存在Au-Pd催化剂[132]。

在高收益的前提下，直接的选择性烷烃氧化的目标已成为自20世纪70年代以来大量努力的焦点。尽管投入了大量的努力，但依然只有很少的选择性烷烃氧化过程被了解。除了一些特殊情形外，将烷烃C-H键以高的单程产率选择性低温直接氧化转化成有用的功能性基团的基础化学还没有发展起来。这种发展是有挑战性的，因为烷烃C-H键是已知的反应性最低的键之一，而期待的氧化产品通常比初始烷烃更有反应性，而在回收之前被消耗掉。因此，若没有昂贵的分离和回收来抑制上述现象，通过如今可行的直接烷烃氧化化学过程只能得到不经济的低单程产率。Regina等已报道了高度活性的Pt-碳基固体催化剂催化SO_3氧化甲烷，并称这一系统在至少5个回收步骤中具有高度稳定性[133]。Pieter等报道了Cu-ASM5催化甲烷转化生成甲醇及其机理认识[134]。Ramakrishnan等报道了用于甲烷活化的生物双核铜中心。Pt类以及三核Cu类也已被报道用于甲烷合成甲醇[135]。

4.4 结论

甲醇可以采用多种方法实现催化活化，例如：蒸汽和二氧化碳重整或甲烷部分氧化生成一氧化碳和氢气，接下来进行费托化学合成；将甲烷直接氧化生成甲醇和甲醛；甲烷氧化偶联生成乙烯；在无氧条件下直接转化成芳烃和氢气。在环境条件下活化并转化甲烷也可以减少大气中造成全球变暖的温室气体。尽管一些研究者已投入大量的努力，发展商业化水平的甲烷活化和转化催化剂依然是科学界的一个挑战。预计，甲烷作为关键能源的重要性在未来不会降低。因此，进一步研究高效、有竞争力的甲烷转化技术仍会具有较大的研究价值。

参考文献

[1] Q. Shu, B. Yang, H. Yuan, S. Qing, G. Zhu, *Catal. Commun.* 8, 2007, 2159.

[2] A. Farsi, S. Ghader, A. Moradi, S. S. Mansouri, V. Shadravan, *J. Nat. Gas Chem.* 20, 2011, 325.

[3] S.W. Guo, L. Konopny, R. Popovitz- Biro, *Adv. Mater.* 12, 2000, 302.

[4] M. Absi-Halabi, A. Stanislaus, H. Qabazard, *Hydrocarb. Process* 76, 1997, 45.

[5] J. R. Rostrup-Nielsen, *Catal. Sci. Technol.* 5, 1984, 1.

[6] J. N. Armor, *Appl. Catal. A: Gen.* 21, 1999, 159.

[7] S.S. Maluf, E. M. Assaf, *Fuel* 88, 2009, 1547.

[8] V. Sadykov, N. Mezentseva, G. Alikina, R. Bunina, V. Pelipenko, A. Lukashevich, S. Tikhov et al., *Catal. Today* 146, 2009, 132.

[9] M. Watanabe, H. Yamashita, X. Chen, J. Yamanaka, M. Kotobuki, H. Suzuki, H. Uchid, *Appl. Catal. B: Env.* 71, 2007, 237.

[10] B. Bej, N. C. Pradhan, S. Neogi, *Catal. Today* 207, 2013, 28.

[11] J. A. Lercher, J. H. Bitter, A. G. Steghuis, J. G. V. Ommen, K. Seshan, *Environ. Catal, Catal. Sci. Series* 1999, 1.

[12] Z. X. Cheng, J. L. Zhao, J. L. Li, Q. M. Zhu, *Appl. Catal. A: Gen.* 205, 2001, 31.

[13] S. M. Stagg. E. Romeo, C. Padro, D. E. Resasco, *J. Catal.* 178, 1998, 137.

[14] J. R. H. Ross, A. N.J. Keulen Van, M. E. S. Hegarty, K. Seshan, *Catal. Today* 30, 1996, 193.

[15] K. K. Moon, K K. Won, S. I. Wun, K. Ho-Younge. *Fuel Process. Techn.* 92, 2011, 1236.

[16] X. Leilei, S. Huanling, C. Lingjun, *Appl. Catal. B: Env.* 108−109, 2011, 177.

[17] B. S. Barros, D. M.A. Melo, S. Libs, A. Kiennemann, *Appl Catal. A: Gen.* 378, 2010, 69.

[18] H. Narges, R. Mchran, M. Zeinab, M. Fereshteh, *J. Nat. Gas Chem.* 21, 2012, 200.

[19] O. Marco, P. Francisco, G. *Gloria, Catal. Today* 172, 2011, 226.

[20] B. Koubaissy, A. Pietraszek, A. C. Roger, A. Kiennemann, *Catal. Today* 157, 2010, 436.

[21] A. Kambolis, H. Matralis, A. Trovarelli, C. Papadopoulou, *Appl. Catal. A*: *Gen.* 377, 2010, 16.

[22] V. M. Gonzalez-Delacruz, R. Perenigucz, F. Terncro, J. P. Holgado, A. Caballero, *ACS Catal.* 1, 2011, 82.

[23] Y. Qu, A. M. Sutherland, T. Guo, *Energ. Fuels* 22, 2008, 2183.

[24] M. Rezaei, S. M. Alavi, S. Sahebdelfar, P. Bai, X. Liu, Z. F. Yan, *Appl. Catal. B: Env.* 77, 2008, 346.

[25] J. D. Aiken, R. G. Finke, *J. Mol. Catal.A* 145, 1999, 1.

[26] C. Trionfetti, I. V. Babich, K. Seshan, L. Lefferts, *Appl. Catal. A* 310, 2006, 105.

[27] H. Xiao, Z. Liu, X. Zhou, K. Zhu, *Catal. Commun.* 34, 2013, 11.

[28] J. J. Zhu, J. G. Van Ommen, L. Leerts, *J. Catal.* 255, 2004, 388.

[29] P. Aghalayam, Y. K. Park, N. Fernandes, V. Papavassiliou, A. B. Mhadeshwar, D. G. Vlachos, *J. Catal.* 213, 2003, 23.

[30] T. V. Choudhary. V. R. Choudhary, *Angew. Chem. Int. Ed.* 47, 2008, 1828.

[31] H. Liander, *Trans. Faraday Soc.* 25, 1929, 462.

[32] C. Padovani, P. Franchetti, *Giorn. Chem. Ind. Appl. Catal.* 15, 1933, 429.

[33] M. Prettre, C. Eichner. M. Perrin, *Trans. Faraday Soc.* 42, 1946, 335.

[34] D. Dissanyake, M. P. Rosynek, K. C. C. Kharas, J. H. Lunsford, *J Catal.* 132, 1991, 117.

[35] V. R. Choudhary, A. S. Mamman, S. D. Sansare, *Angew. Chem. Int. Ed.* 31, 1992, 1189.

[36] V.R. Choudhary, R. M. Ramarjeet, V. H. Rane, *J. Phys. Chem.* 96, 1992, 8686.

[37] V. R. Choudhary, A. M. Rajput, B. Prabhakar, *J. Catal.* 139, 1993, 326.

[38] V. R. Choudhary, V. H. Rane, A. M. Rajput, *Catal. Lett.* 22, 1993, 289

[39] V. R. Choudhary, A. M. Rajput, B. Prabhakar, *Catal. Lett.* 15, 1992, 363.

[40] V. R. Choudhary, S. D. Sansare, A. S. Mamman, *Appl. Catal.* 90, 1992, 1.

[41] V.R. Choudhary, A. M. Rajput, V. H. Rane, *Catal. Lett.* 16, 1992, 269.

[42] V.R. Choudhary, V. H. Rane, A. M. Rajput, *Appl. Catal. A: Gen.* 162, 1997, 235.

[43] V. R. Choudhary, A. M. Rajput, B. Prabhakar, A. S. Mamman, *Fuel* 77, 1998, 1803.

[44] E. Ruckenstein, Y. H. Hu, *Appl. Catal. A: Gen.* 183, 1999, 85.

[45] Y. H. Hu, E. Ruchenstein, *Ind. Eng. Chem. Res.* 37, 1998, 2333

[46] A. Santos, M. Menendez, A. Monzon, J. Santamaria E. E. Miro, E. A. Lombardo, *J. Catal.* 158, 1996, 83.

[47] V. R. Choudhary, A. S. Mamman, *Appl. Energy* 66, 2000, 161.

[48] V. R. Choudhary, A. S. Mamman, *Fuel Process. Technol.* 60, 1999, 203.

[49] S. Tang, J. Lin, K. L. Tan, *Catal. Lett.* 51, 1998, 169.

[50] T. Zhu, M. Flytzani-Stephanopoulos, *Appl. Catal. A: Gen.* 208, 2001, 403.

[51] S. Liu, G. Xiong. H. Dong, W. Yang, S. Sheng, W. Chu, Z. Yu, *Stud. Surf. Sci. Catal.* 130, 2000, 3573.

[52] W. Chu, Q. Yan, X. Liu, Q. Li, Z. Yu, G. Xiong, *Stud. Surf. Sci. Catal.* 119, 1998, 849.

[53] V. A. Tsipouriari, X. E. Verykios, *Stud. Surf. Sci. Catal.* 119, 1998, 795.

[54] Y. Lu, Y. Liu, S. Shen, *J. Catal.* 177, 1998, 386.

[55] V. R. Choudhary. A. M. Rajput, A. S. Mamman, *J. Catal.* 178, 1998, 576.

[56] A. Slagtern, U. Olsbye, *Appl. Catal. A: Gen.* 110, 1994, 99.

[57] Y. Chu, S. Li, J. Lin, J. Gu, Y. Yang, *Appl. Catal. A: Gen.* 134, 1996, 67.

[58] T. Hayakawa H. Harihara, A. G. Andersen, A. P. E. York. K. Suzuki, H. Yasuda, K. Takehira, *Angew. Chem. Int. Ed.* 35, 1996, 192.

[59] B. L. Basini, M. D'Amore, G. Fornasari, A. Guarinoni, D. Matteuzzi, G. Del Piero, F. Trifiro, A. Vaccari, *J. Catal.* 173, 1998, 247.

[60] T. Borowiecki, *Appl. Catal.* 4, 1982, 223.

[61] H. Provendier, H. C. Petit, C. Estournes, S. Libs, A. Kiennemann, *Appl. Catal. A: Gen.* 180, 1999, 163.

[62] A. Slagtern, H. M. Swaan, U. Olsbye, I. M. Dahl, C. Mirodatos, *Catal. Today* 46, 1998, 107.

[63] H. M. Swaan, R. Rouanet, P. Widyananda, C. Mirodatos, *Stud. Surf. Sci. Catal.* 107, 1997, 447.

[64] Y. F. Chang, H. Heinemann, *Catal. Lett.* 21, 1993, 215.

[65] H. Y. Wang, E. Ruckenstein, *J. Catal.* 199, 2001, 309.

[66] V. D. Sokolovskii, N. J. Coville, A. Parmaliana, I. Eskendirov, M. Makoa, *Catal. Today* 42, 1998, 191.

[67] X. Bi, P. Hong, S. Dai, *Fenzi Cuihua* 12, 1998, 342.

[68] J. R. Rostrup-Nielsen, *Catalysis Science and Technology*. eds. J.R. Andersen and M. Boudart (Springer, Berlin, 1984), 5, 1.

[69] A.P. E. York, T. Xiao, M. L. H. Green, *Top. Catal.* 22, 2003, 3.

[70] A. P. E. York, T. C. Xiao, M. L. H. Green, J. B. Claridge, *Catal. Rev. Sci. En.* 49, 2007, 511.

[71] R. A. Periana, D. J. Taube, E. R. Evitt, D. G. Loffler, P. R. Wentrcek, G. Voss, T. Masuda, *Science* 259, 1993, 340.

[72] J. K. Dixon, J. E. Longfield, *Catalysis*, Vol. VII, ed. P. H. Emmett (Reinhold, New York. 1960), ch.4, p.281.

[73] D. A. Hickmann, L. D. Schmidt, *J. Catal.* 138, 1992, 267.

[74] D. A. Hickmann, L. D. Schmidt, *Science* 259, 1993, 343.

[75] D. A. Hickmann, L. D. Schmidt, in: *Synthesis Gas Formation by Direct Oxidation of Methane over Monoliths*, eds. S. T. Oyama and J. W. Hightower, ACS, 523, 1993, 416.

[76] D. A. Hickmann, E. A. Haupfear, L. D. Schmidt, *Catal. Lett.* 17, 1993, 223.

[77] D. A. Hickmann, L. D. Schmidt, *AIChE J.* 39, 1993, 1164.

[78] J. R. Rostrup-Nielsen, *J. Catal.* 31, 1973, 173.

[79] J. R. Rostrup-Nielsen, J. H. Bak Hansen, *J. Catal.* 144, 1993, 38.

[80] J. B. Claridge, S. C. Tsang. M. L. H. Green, *Calal. Today* 21, 1994, 455.

[81] F. Basile. L. Basini, G. Fornasari, M. Gazzano, F. Trifiro. A. Vaccari. *Stud. Surf. Sci. Catal.* 118, 1998, 31.

[82] K. Nakagawa, K. Anzai, N. Matsui, N. Ikenaga, T. Suzuki, Y. Teng, T. Kobayashi, M. Haruta, *Catal. Lett.* 51, 1998, 163.

[83] S. Xu, R. Zhao, X. Wang, *Fuel Proces. Technol.* 86, 2004, 123.

[84] J. B. Claridge, M. L. H. Green, S. C. Tsang, A. P. E. York, A. T. Ashcroft, P. D. Battle, *Catal. Lett.* 22, 1993, 299.

[85] K. M. Khajenoori, M. Rezae, B. Nematollahi, *J. In. Eng. Chem.* 19, 2013, 981.

[86] A. I. Tsyganok. M. Inaba, T. Tsunoda, K. Suzuki. K. Takehira, T. Hayakawa, *Appl. Catal. A: Gen.* 275, 2004, 149.

[87] J. R. Nielsen, *Catalytic Steam Reforming*. Springer-Verlag. Berlin, 1984.

[88] L. Li, P. Lu, Y. Yao, W. Ji, *Catal. Comm.* 26, 2012, 72.

[89] L. Li, S. He. Y. Song, J. Zhao, W. Ji, C. T. Au, *J. Catal.* 288, 2012, 54.

[90] G. A. Olah, Y. Halpern, J. Shen, Y. K Mo, *J. Am. Chem. Soc.* 93, 1971, 1251.

[91] V. R. Choudhary, A. K. Kinage, T. V. Choudhary, *Science* 275, 1997, 1286.

[92] L. Wang, L. Tao, M. Xie, G. Xu, J. Huang, Y. Xu, *Catal. Lett.* 21, 1993, 35.

[93] A. K. A. Gheit, M. S. El-Masry, A. E. Awadallah, *Fuel Proces. Technol.* 102, 2012, 24.

[94] H. Liua, X. Bao, Y. Xu, *J. Catal.* 239, 2006, 441.

[95] X. S. Li, C. Shi, Y. Xu, K. J. Wang, A. M. Zhu, *Green Chem.* 9, 2007, 647.

[96] X. S. Li, C. K. Lin, C. Shi. Y. Xu, Y. N. Wang, A. M. Zhu, *J. Phys. D: Appl. Phys.* 41, 2008, 175, 203.

[97] S. Pradhan, R. Lloyd, J. K. Bartley. D. Bethell, S. Golunski, R. L. Jenkins, G. J. Hutchings, *Chem. Sci.* 3, 2012. 2958.

[98] F. Bleken, W. Skistad, K. Barbera, M. Kustova, S. Bordiga, P. Beato, K. P. Lillerud, S. Svelle, U. Olsbye, *Phys. Chem. Chem. Phys.* 13, 2011, 2539.

[99] J. A. Biscardi, E. Iglesia. *Phys. Chem. Chem. Phys.* 1, 1999, 5753.

[100] P. Huang, Y. Zhao, J. Zhang, Y. Zhu, Y. Sun, *Nanoscale* 5, 2013, 10844.

[101] P. Schwach, M. G. Willinger, A. Trunschke, R. Schlogl, *Angew. Chem. Int. Ed.* 52, 2013, 11381.

[102] R. Maghrebi, N. Yaghobi, S. Seyednejadian, M. H. Tabatabaei, *Particulogy* 11, 2013, 506.

[103] W. Jeon, J. Y. Lee, M. Lee, J. W. Choi, J. M. Ha, D. J. Suh, L. W. Kim, *Appl. Catal. A: Gen.* 464, 2013, 68.

[104] K. Oshima, K. Tanaka, T. Yabe, E. Kikuchi, Y. Sekine, *Fuel* 107, 2013, 879.

[105] T. W. Elkins, H. W. Hagelin-Weaver, *Appl. Catal. A: Gen.* 454, 2013, 100.

[106] D. Visinescu, F. Papa, A. C. Ianculescu, I. Balint, O. Carp, *J. Nano. Res.* 15, 2013, 1456.

[107] R. Ghose, H. T. Hwang, A. Varma, *Appl. Catal. A: Gen.* 452.2013, 147.

[108] T. Baidya, N. van Vegten, R. Verel, Y. J. Jiang, M. Yulikov, T. Kohn, G. Jeschke, A. Baiker, *J. Catal.* 281, 2011, 241.

[109] S. F. Ji, T. C. Xiao, S.B. Li, L. J. Chou, B. Zhang, C.Z. Xu, R. L. Hou, A. P. E. York, M. L. H. Green, *J. Catal.* 220, 2003, 47.

[110] A.J.Nagy, G.Mestl, R.Schlogl, *J. Catal.* 188, 1999, 58.

[111] S.Pak, P.Qiu, J.H.Lunsford, *J. Catal.* 179, 1998, 222.

[112] G. Gayko, D. Wolf. E. V. Kondratenko. M. Baerns, *J. Catal.* 178, 1998, 441.

[113] S. F. Moya. R. L. Martins, A. Ota, E. L. Kunkes, M. Behrens, M. Schmal, *Appl. Catal. A: Gen.* 411, 2012, 105.

[114] K. C. Szeto, S. Norsic. L. Hardou, E. LeRoux, S. Chakka, J. T. Cazat, A. Baudouin, C. Papaioannou, J. M. Basset, M. Taoufik, *Chem. Commun.* 46, 2010, 3985.

[115] H. Yoshida, M. G. Chaskar, Y. Kato, T. Hattori, *Chem. Commun.* 2002, 2014.

[116] K. Murata, T. Hayakawa, K. I. Hayakawa, K. I. Fujita, *Chem. Commun.* 1997, 221.

[117] Z. Y. Dang, J. F. Cu, J. Z. Lin, D. X. Yang, *Chem. Commun.* 1996, 1901.

[118] D. Soulivong, S. Norsic. M. Taoufik, C. Coperet, J. T. Cazat. S. Chakka, J. M. Basset, *J. Am. Chem. Soc.* 130, 2008, 5044.

[119] R. L. P. Goncalves, F. C. Muniz, F. B. Passos, M. Schmal, *Catal. Lett.* 135, 2010, 26.

[120] F. Q. Chen, W. Zheng, N. Zhu, D. G. Cheng, W. L. Zhan, *Catal. Lett.* 125, 2008, 348.

[121] L.Li, G. D.Li, C. Yan, X. Y. Mu, X. L. Pan, X. X. Zou, K. X. Wang, J. S. Chen, *Angew. Chem. Int. Ed.* 50, 2011, 8299.

[122] K. Takanabe, E. Iglesia, *Angew. Chem. Int. Ed.* 47, 2008, 7689.

[123] A. Tomita, J. Nakajima, T. Hibino, *Angew. Chem. Int. Ed.* 47, 2008, 1462.

[124] K. Otsuka, I. Yamanaka, *Catal. Today* 41, 1998, 311.

[125] Y. Shiota, K. Yoshizawa, *J. Am. Chem. Soc.* 122, 2000, 12317.

[126] R. A. Periana, D. J. Taube, S. Gamble, H. Taube, T. Satoh, H. Fujii, *Science* 280, 1998, 560.

[127] L. Vafajoo, M. Sohrabi, M. Fattahi, *World Acad. Sci. Eng. Technol.* 73, 2011.

[128] J. Yuan, L. Wang. Y. Wang, *Ind. Eng. Chem. Res.* 50, 2011, 6513.

[129] X. Zhang, D. H. He, Q. J. Zhang, B. Q. Xu, Q. M. Zhu, *Chin. Chem. Lett.* 14, 2003, 1066.

[130] M. C. Bjorklund, R. W. Carr, *Ind. Eng. Chem. Res.* 41, 2002, 6528.

[131] C.J.Jones, D. Taube, V. R. Ziatdinov, R. A. Periana, R. J. Nielsen, J. Oxgaard, W. A. Goddard, *Angew. Chem. Int. Ed.* 43, 2004, 4626.

[132] M. H. A. Rahim, M. M. Forde, R. L. Jenkins, C. Hammond, Q. He, N. Dimitratos, J. A. L. Sanchez et al, *Angew. Chem. Int. Ed.* 52, 2013, 1280.

[133] R. Palkovits, M. Antonietti, P. Kuhn, A. Thomas, F. Schüth, *Angew. Chem. Int. Ed.* 48, 2009, 6909.

[134] P. J. Smeets, R. G. Hadt, J. S. Woertink, P. Vanelderen, R. A. Schoonheydt, B. F. Sels, E. I. Solomon, *J. Am. Chem. Soc.* 127, 2005, 1394.

[135] R. Balasubramanian, S. M. Smith, S. Rawat, L. A. Yatsunyk, T. L. Stemmler, A. C. Rosenzweig, *Nature* 465, 2010, 115.

第 5 章　钴催化费托燃料生产

Cristina Paun, Jacinto Sá, Kalala Jalama

本章编纂了以用 Co 催化剂将合成气（CO + H$_2$）转化成燃料为目标的最新技术。这包括历史简介、最近进展（主要是关于掺杂和高分散度的 Co 催化剂）及未来展望。

5.1　导论

目前，世界的能源需求主要是用石油和天然气等传统化石能源来满足。随着人口在 2012 年 3 月超过 70 亿并继续增长，全球的能源需求将会继续增加[1]。区域能源需求的增长如图 5.1 所示。

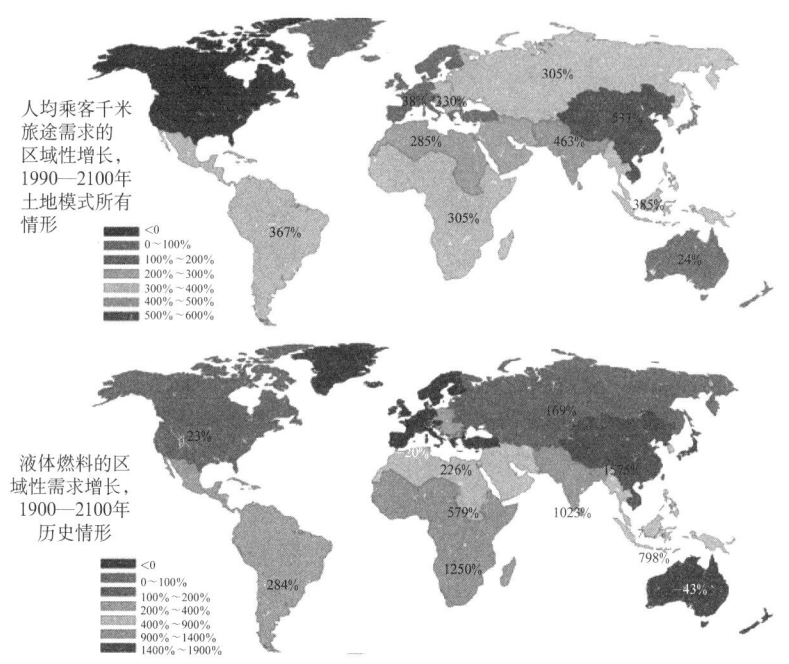

图5.1　人均乘客千米旅途需求的区域性增长（所有情形）及所有液体燃料
（包括传统燃油和替代液体燃料）的区域性需求增长（历史情形）

（来自Brandt AR, et al. Environ. Sci. Technol., 2013, 47: 8031. 已经授权复制）

但是，自然储量是有限的，且预计会在短期内耗尽（图5.2）。因此，替代能源的研究和生产在学术上和工业上都处于首要位置[3]。此外，研究替代燃料应该以碳中和生产—利用循环为目标，也就是避免能引起严重环境问题的温室气体在大气中增加[4]。

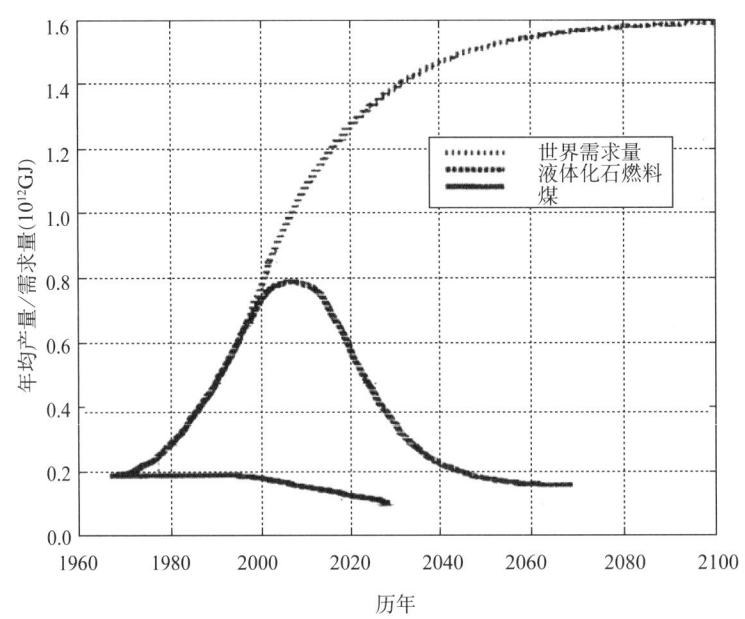

图5.2　能量需求量和化石燃料产量估算

（来自Veziroǧlu T N, Sahi'n S. Energy Convers. Manag., 2008, 49: 1820. 已经授权复制）

为了满足持续增长的全球能量需求、保证能量安全以及帮助保护环境，已经有许多努力被投入于发展生产替代燃料和（或）合成燃料的技术中。一些广为人知的替代燃料包括生物柴油、生物醇类（甲醇、乙醇、丁醇）、化学储存的电能（电池和燃料电池）、氢气以及包括甲烷、植物油和其他生物质能源在内的非化石天然气。合成燃料是从煤、天然气、油页岩或生物质中生产的液体燃料[5]。但是，在更通常的情况下，术语"合成燃料"是指通过费托合成（FTS）、甲醇制汽油过程或煤直接液化获得的燃料。本章的目标是涵盖Co催化剂催化费托合成的各方面，其他过程读者可参考文献[6]。

费托合成与甲醇制汽油（Mobil过程）同属于关键技术。费托合成是从合成气生产燃料。这种合成本质上是聚合反应，其中在金属催化剂的存在下，来源于一氧化碳的碳原子在氢气的影响下生成碳键。该反应随着不同的反应条件以及采用的不同催化剂将导致一系列产物的生成，也就是液态烃类（化石燃料如汽油或煤油）及潜在的石蜡。

Sabatier和Senderens[8]建立了这一反应的基础，他们在1902年报道了CO在钴和镍催化剂上直接加氢生成甲烷时，这一基础带来了巨大的工业影响。几年之后，Badische Anilin和Soda Fabrick（BASF）报道了烃类的生产，主要是从合成气中生产的氧化衍生物（合成醇），其在高压下使用碱促进的锇和钴催化剂，分别在1913年和1914

年获得了专利权[9]。在20世纪20年代第一次世界大战之后，Fischer和Tropsch[10]也报道了100atm、400℃下碱化铁屑上类似于合成醇的产品的生成。他们在370℃的大气压下也用Fe_3O_4-ZnO催化剂合成了少量的乙烷和更高级的烃类[11,12]。因为铁催化剂展示出了快速的失活现象，进一步的研究集中于使用钴和镍催化剂。Fischer和Meyer在20世纪30年代早期发展了Ni-ThO_2-硅藻土和Co-ThO_2-硅藻土催化剂[13]。钴的有限供应使得研究者在其初始研究中集中于镍催化剂，但是在这些催化剂上的高甲烷产率使他们把注意力转向钴。1937年，Fischer和Pichler发现在中等压力（5~30atm）下使用碱化的铁催化剂会得到提高的产率和更长的催化剂寿命[7]。Pichler在1938年也报道了钌催化剂的使用，反应生成了高沸点的石蜡[14]。

德国首先将费托合成应用于工业，到1938年已拥有9个投产的工厂，总生产能力约为$66×10^4$t/a。这些工厂采用钴催化剂在中等压力下操作[15]，但是在第二次世界大战之后关闭。但是，迫近的石油短缺使人们持续保持着对费托合成过程的兴趣。在20世纪50年代，得克萨斯的Brownsville建立并投产了一个生产能力为每年$36×10^4$t/a的费托合成工厂。这一工厂基于从甲烷中制得的合成气来生产，但是甲烷价格的急剧增长导致了工厂的关闭[16,17]。在同一时期，为了处理世界范围内预期的原油价格上涨，南非油气公司（SASOL）在南非的Sasolburg建立了一个基于煤的费托合成工厂。

自那时起，Sasol持续研究了费托合成。由于20世纪70年代中期的石油危机，Sasol建立了两个非常大的费托合成工厂，分别在1980年和1982年投入使用。这些工厂采用来源于煤的合成气，将Sasol的年产量提高到了约$600×10^4$t（3个工厂总量）[16]。也出现了一些在费托合成上的商业风险投资，如马来西亚壳牌国际的石蜡生产[18]、挪威国家石油公司GMD淤浆法过程[19]以及南非的Mossgas项目。南非的Mossgas工厂（PetroSA）和在马来西亚Bintulu的壳牌工厂分别在1992年和1993年投产[16]。这两个工厂采用甲烷制得合成气。

正如前文所提及的，由于油价上涨和对能量的高需求量，这几年对费托合成的兴趣显著增长。因此，最近的商业风险投资包括如下几种：

（1）发展了世界上最大的气制油（GTL）设备——壳牌和卡塔尔政府在卡塔尔Ras Laffan Industrial City建立的Pearl GTL。该工厂在2012年达到了260000 bbl❶/d的生产能力[20]。

（2）发展了GTL工厂——Sasol和卡塔尔Ras Laffan的卡塔尔石油合资的Oryx GTL。该工厂在2007年达到了34000bbl/d的生产能力。

（3）尼日利亚雪佛龙、国家石油公司及Sasol在尼日利亚发展的日产量33000bbl的GTL工厂。该工厂处于高度完工阶段[21]。

（4）Sasol在北美发展的日产量96000bbl的GTL装置。其前段工程和设计预计在2016年完成[22]。

---

❶ 1bbl=158.987dm^3。

很多其他的小规模 GTL 项目也在全球范围内建立起来。

传统上，合成气生产的基础原料是煤、天然气及最近的生物质或其他碳源（塑料）。在这方面，可再生燃料的研究已经延伸到了生物质制油费托（BTL-FT）合成。通过 BTL-FT 生产的可再生燃料通常清洁得多并对环境友好，而且它们包含很少或甚至不含硫和其他杂质成分，能满足欧洲和美国即将推出的更严格的环境标准[23]。在 BTL-FT 过程中，生物质（例如木屑）首先与空气、氧气和（或）蒸汽气化生产初级生物合成气（通常含 22.16% 的 CO、17.55% 的 H_2、11.89% 的 CO_2、3.07% 的 CH_4 以及占据剩余组成的 N_2 和其他气体[24]）。然后，对初级生物合成气采用清洁过程脱除杂质（例如，小的焦炭颗粒、灰烬和焦油），接下来进入催化反应器进行费托合成生产液体燃料（绿色汽油、柴油及其他的清洁生物燃料）[25]。

费托柴油在能量储量、密度和黏度上与化石柴油相似，而且可以直接通过费托合成制得；但是，如果首先生产费托石蜡并接下来加氢裂化，则能够取得更高的产率[26]。在一些燃料特性上，费托柴油更加有利，即具有高十六烷值（更好的自燃性）和更低的芳烃含量，这会导致更低的 NO_x 和颗粒排放。

关于操作模式，费托合成可以用两种模式操作：

（1）用于生产汽油和线型低分子量烯烃的铁催化剂催化的高温过程（300～350℃）。

（2）用于生产高分子量线型石蜡的铁或钴催化剂催化的低温过程（200～240℃）[16]。

费托反应是强放热的，因此，关于设计反应器以快速高效从催化剂颗粒中移除热量的考虑十分重要。催化剂过热会对产物选择性和催化剂寿命造成不好的影响。主要有 3 种反应器被应用于费托反应中：

（1）固定床反应器 [Sasol——低温（225℃）生产高级线型石蜡]。

（2）具有固定床或循环床的流化床反应器（Secunda 的 Sasol）。

（3）浆态床反应器，其中气体被鼓泡通入悬浊液中，该悬浊液是精细研磨的催化剂悬浊于在操作温度下具有低蒸气压的液体中形成的（Sasol，Exxon——Co 催化剂生产石蜡）。

费托合成反应器的关键特征见表 5.1。

表5.1 所选择的费托合成反应器的比较

特征	固定床	流化床（循环床）	浆态床
温度控制	差	好	好
换热面积	$240m^2/1000m^3$ 进料	$15～30m^2/1000m^3$ 进料	$50m^2/1000m^3$ 进料
最大反应器直径	<0.08m	大	大
甲烷生成量	低	高	与固定床相同或更低
灵活性	中等	低	高
产物	全范围	低摩尔质量	全范围
空时收率（C_{2+}）	>1000kg/（$m^3·d$）	4000～12000kg/（$m^3·d$）	1000kg/（$m^3·d$）

续表

特征	固定床	流化床（循环床）	浆态床
催化剂效果	最低	最高	中等
反混	小	中等	大
最小 H_2/CO 进料	与浆态床一样或更高	最高	最低
结构			最简单

来源：来自 Dacis B H. Top. Catal., 2005, 32: 142. 已经授权复制。

尽管有 Sasol、PetroSA 及壳牌最近在煤制油（CTL）和气制油（GTL）上的商业应用[28]，但是在大部分情形中，费托合成依然具有生产大范围分子量产品的特点，其产物分布可以用 Anderson-Schulz-Flory 模型来描述[13]。在催化剂表面上发生的逐级碳链增长过程解释了费托产物的分布[16]。因此，对催化剂的选择具有重要作用，而且对催化合成、金属及促进剂、活性和反应性以及机理的研究（原位和非原位）是费托合成研究的主要内容。

5.2 低温 FT 钴催化剂

Co 催化剂只被用于低温费托合成（LTFT）过程，该过程中催化剂具有对中间馏分油和石蜡产物的高活性和选择性，且相比于 Fe 催化剂具有更低的水煤气转化反应性[16, 29]。高的操作温度会导致过量的甲烷生成。这意味着为了生产汽油（C_3—C_{11}）或柴油（C_{12}—C_{18}），较重的石蜡组分会被酸催化剂（通常是氧化硅—氧化铝和沸石）催化裂化。传统的钴基 LTFT 催化剂包含高表面积的载体（Al_2O_3、SiO_2 和 TiO_2），这占据了催化剂的 60%～80%，剩余组成是 15%～30% 的 Co、1%～10% 的氧化物促进剂（ZrO_2、La_2O_3 和 CeO_2）以及 0.05%～0.1% 贵金属促进剂（Pt、Ru、Rh 和 Pd）[30]。

对于相对较大的钴颗粒（$d > 8$nm），费托合成反应速率与钴表面中心的总数成比例。金属负载的催化剂的钴表面中心的数量取决于颗粒尺寸、颗粒形态、金属还原程度和颗粒的稳定性。因此，优化钴颗粒尺寸和钴的还原性在设计任何催化费托合成的高效钴催化剂中都似乎是最明显的目标。这些参数受很多因素影响，比如载体种类、金属分散度、制备方法、促进剂种类及预处理条件等。

5.2.1 载体的影响

通过将金属颗粒分散到载体中可以得到具有高金属比表面积的催化剂以及也能稳定分散的金属微晶[31, 32]。Reuel 和 Bartholomew[33] 报道了在 CO 加氢中载体对钴的特定活性和选择性的影响。他们用分散度几乎相同且可能具有更密切的钴和载体相互作用的催化剂测试了载体对低负载量钴催化剂［3%（质量分数）］的影响。他们观察到了加氢活性（1atm，225℃）以如下顺序降低：Co/TiO_2 > Co/SiO_2 > Co/Al_2O_3 > Co/C > Co/MgO。Co/TiO_2的较高活性被认为是强金属—载体相互作用（SMSI）的结果，正如在Ni/TiO_2中发现的那样[34,35]。其他小组进行的后续研究确认了SMSI Co/TiO_2系统是造成CO加氢高活性的原因[36]。Co/Al_2O_3[37]和Co/SiO_2[38]系统金属—载体相互作用预处理也被报道了。

5.2.2 金属分散度的影响

关于钴颗粒尺寸对CO加氢的报道只见于1984年Reuel和Bartholomew发表的文献[33]。他们观察到了Co催化剂特定活性随着金属分散度的提高而显著降低。而且，高分散度的Co催化剂被发现能生产分子量更低的烃类产品，且可还原性更低。这一影响被归因于分散好的催化剂和分散差的催化剂中稳定氧化物的作用，它催化水煤气转化反应，导致表面H_2/CO值提高。

Fu和Bartholomew[39]将研究延伸到Al_2O_3负载的Co催化剂。低和高配位中心的变化以及可以反应的吸附态CO特性的改变解释了分散度带来的特定活性的变化。高特定活性被认为在CO强配位中心上是有利的。但是应该指出，其他研究没有观察到钴颗粒尺寸对特定活性的显著影响[40-49]。

关于选择性，钴颗粒尺寸的降低会导致对甲烷产物选择性的提高，进而降低了对更高级烃类的选择性[33,39,45,46,48,50]。氧化钴在催化剂中的存在[33,39]或烯烃再吸附[45]解释了这一影响。一些关于钴颗粒尺寸对CO加氢产物选择性的有争议的影响也被报道了[51,52]。Kikuchi等[51]报道称随着颗粒尺寸的降低，甲烷选择性降低且C_{5+}的选择性提高了。报道的这种观察到的钴颗粒尺寸对CO加氢催化剂行为的明显相反的影响是受载体、分散范围等因素变化的影响造成的。

Ho等[41]研究了钴颗粒尺寸对二氧化硅的影响，目的是将金属—载体相互作用的效果降至最小。他们选择了可以完全还原钴相的一个催化剂煅烧条件的范围。在6%～20%分散范围中，特定CO加氢活性被发现没有变化。Barbier等[53]表明，一系列二氧化硅负载的Co催化剂的本征活性和链增长可能性随颗粒尺寸的增长在6nm临界直径首次增加并稳定。当Co被负载到石墨碳纳米纤维上时也有一个相似的观察结果被报道[54]。当反应压力处于1～35bar之间时，尺寸超过该值则特定反应活性和产品选择性就不会变化的临界钴颗粒尺寸分别是6nm和8nm。这些影响被归因于非传统结构的敏感性以及CO引起的表面结构重建的共同作用。

应该说明，反应速率和选择性会被大颗粒的Co催化剂的粒子内扩散显著影响。因此，在催化剂颗粒中钴金属中心的均匀分布不一定意味着催化剂更好。

关于钴成分，一个高效的LTFT Co催化剂必须要[55]：（1）高密度的钴表面金属中心；（2）钴金属颗粒大于6～8nm；（3）低浓度的不可还原Co中心；（4）优良的分布；

(5) 在 LTFT 反应条件下的高稳定性；(6) 有成本效益（最优化的 Co 含量）。

5.2.3 催化剂制备

FT 钴催化剂制备过程通常是用钴溶液（作为前驱体）浸渍载体，接下来干燥并煅烧来分解钴盐，在基质上生成稳定的氧化钴。通常使用的是硝酸钴，但是对钴分散度等影响催化剂行为参量控制的需求促使研究者去研究多种用作前驱体的钴盐的影响。一些早期的研究表明，相比于传统的硝基衍生物催化剂，使用羰基钴作为前驱体会使催化剂对 CO 加氢具有更高活性[56]。这些研究中的一部分[57]报道称，使用羰基钴制备的催化剂对醇类具有更高选择性，也声称这些催化剂测得的高活性和高分散度有关。

Niemela 等[58]进行了一项研究，他们区分了 $Co_2(CO)_8$ 和 $Co_4(CO)_{12}$ 两种羰基复合物，并且比较了在二氧化硅载体上的还原程度、分散度以及反应性受到的影响。这些影响是和传统二氧化硅负载的钴催化剂比较的。$Co_2(CO)_8$ 衍生催化剂表面附近的还原性被发现低于 $Co_4(CO)_{12}$ 衍生催化剂。钴分散度被发现按前驱体顺序 $Co_2(CO)_8$ > $Co_4(CO)_{12}$ > $Co(NO_3)_2$ 降低。羰基衍生的催化剂相比于由硝酸钴制备的催化剂也展示出了更好的 CO 加氢初始活性。对有机钴前驱体影响的研究主要是在二氧化硅载体进行的[59]。

Matsuzaki 等[56f]用醋酸钴制备了在二氧化硅载体上高度分散的钴催化剂。得到的催化剂相比于用硝酸钴和氯化钴制备的催化剂，在 450℃ 的氢气流中几乎不被还原。作者提出，对于醋酸钴制得的催化剂，即使经过在氢气流中 450℃ 的热处理，二价钴也会通过氧和 SiO_2 载体中的 Si 强力连接。基于 EXAFS 结果，作者声称氧化钴的结构和醋酸钴（Ⅱ）的结构类似。他们提出了氧化物形成的机理，并表明醋酸根等配体相比于硝酸根或氯离子等平衡阴离子会更强力地与钴阳离子连接，而且 Co—O 键结构在还原状态下能够保持。在硝酸根和氯离子的情形中，未配位的平衡阴离子更易于从钴阳离子中去除，进而使阳离子易于在低于 400℃ 时被还原成金属钴。醋酸钴制得的催化剂对 CO 加氢没有活性。

Sun 等[59c]通过用硝酸钴（Ⅱ）和醋酸钴（Ⅱ）混合浸渍制备了催化剂，并测得了相比于用单前驱体制备的催化剂更高的费托反应活性。数值为 1 的硝酸盐/醋酸盐值表现为最佳比值。来自硝酸钴的易于被还原的金属钴，通过氢溢流机理在反应中促进了来自醋酸钴的高度分散的 Co^{2+} 被还原成金属钴的假说解释了这一影响。高度分散的 Co 金属提供了主要的活性中心。一些其他的研究[48, 59d-f]已经表明，在二氧化硅上使用醋酸钴和（或）乙酰丙酮钴等有机前驱体会造成具有高度分散性和低的可还原性的催化剂的生成，因此对 CO 加氢具有低活性。在催化剂中的高分散度导致生成了可还原性差的硅酸钴[59d-f]。

Van Steen 等[60]报道了浸渍溶液 pH 值对形成硅酸钴造成的影响。例如，在 pH 值高于 5 的溶液中，当使用醋酸钴作为钴前驱体时，生成了更多的硅酸钴。表面的硅酸钴前驱体通过干燥或低温煅烧摧毁了。

Ming 等[61]也已报道称，浸渍溶液的 pH 值影响钴在载体上的分散。他们解释称，在 pH 值低于二氧化硅的零电荷点时（在 2 和 3.5 之间），表面是带正电荷的，而带正电荷的钴离子的吸附会减慢，导致低的分散度。当 pH 大于二氧化硅的零电荷点时，钴的沉积是有利的，钴分散度得到提高。

Girardon 等[59f]已报道称硅酸钴是生成于热处理，而不是生成于 Ming 等[61]所称的浸渍溶液的 pH 值。他们解释称，硅酸钴的生成依赖于钴盐在空气中氧化预处理温度下的放热分解。醋酸钴分解的强放热性主要导致无定型态可还原性低的硅酸钴生成。他们表示，在醋酸钴分解阶段的更有效的热流量控制会显著提高氧化钴物质的浓度，氧化钴在氧化态催化剂中更容易被还原。

文献也报道了有机前驱体对氧化铝和氧化钛负载的钴催化剂的影响。Van der Loosdrecht 等[62]已报道称制备低负载的氧化铝负载的钴催化剂 [2.5%（质量分数）]时使用乙二胺四乙酸（EDTA）和柠檬酸钴铵会得到很小的氧化物颗粒，它在用还原气体热处理过程中和载体反应生成无费托反应活性的铝酸钴。但是，用硝酸钴制备的催化剂具有更大的颗粒尺寸，它易于被还原成金属钴，从而在费托反应条件下具有活性。Kraun 等[63]表明，使用草酸钴、醋酸钴或乙酰丙酮钴作为钴前驱体制备氧化钛负载的钴催化剂能得到相比于用硝酸钴制备的催化剂更高的钴分散度和更高的费托反应活性。他们表明，多种钴前驱体对活性钴中心和载体之间相互作用影响的可能原因在于有机钴成分的分解。他们没有阐明分解过程的机理。

Khodakov 等[64]已经发表了关于近期 FT 催化剂进展的综述，其中可以查到更多细节。

5.2.4 贵金属促进剂的影响

贵金属促进剂可以对 LTFT 催化剂的费托合成表现、钴的可还原性、钴分散度及氢气反应性进行改性。但是要注意，用少量的贵金属促进剂通常不会影响负载型钴催化剂的机理性质[65]。贵金属对钴 LTFT 催化剂的催化表现和结构的促进效应总结如下。

5.2.4.1 铂(Pt) 的促进效应

Giczi 及同事[66-68]报道了具有高 Pt/Co 值的10%（质量分数）Co/Al_2O_3 催化剂的 Pt 掺杂效应。Pt 的加入提高了 Co 的可还原性，也提高了钴离子在 Al_2O_3 表面的稳定性。他们根据其对用 CO 和 H_2 合成烃类反应中的低催化活性（相比于单金属 Co 催化剂）提出了 Co-Pt 双金属颗粒的存在[67]。Pt-Co 系统对合成甲醇展示出了高活性。Zyade 等[69]用 EXAFS（扩展 X 射线吸收精细结构）表征了相似的催化剂，并观察到双金属颗粒结构具有 0.271nm 的 Pt-Co 原子距离。Dees 和 Ponec[70]研究了负载于二氧化硅和氧化铝上的 Co-Pt 催化剂，其具有 5%（质量分数）的金属负载量和不同的 Pt/Co 值。他们基于 XRD（X 射线衍射）的测量结果报道了金属合金在二氧化硅上的生成。

Schanke 等[71]试图解释负载于氧化铝和二氧化硅的钴催化剂上的 Pt 促进剂在烃类合成中起到的作用。他们通过利用 9%（质量分数）的 Co 和不同负载量的 Pt [0 或 0.4%（质量分数）] 浸渍制备了催化剂。TPR（程序升温还原）研究揭示出对于所有的催化剂，Pt 都将还原峰移动到了更低的温度（图 5.3）。H_2 化学吸附显示，相比于无促进剂的催化剂，Pt 也促进了金属 Co 的扩散。最大的影响见于氧化铝负载的催化剂，因为其表面高度分散的氧化钴被还原。最后，Pt 促进的催化剂的 CO 加氢速率（基于 Co 的质量）比无促进剂的催化剂高出 3～5 倍。通过稳态同位素瞬变动力学分析（SSITKA）方法，作者们发现所有催化剂的实际转化数（TON）都是同一常量，而 Pt 促进的催化剂展示出了大规模的反应中间物，导致了表观转化数的增加。Pt 的存在不会影响选择性。从 Pt 到 Co 的可能的氢溢出效应，或 Pt 和 Co 之间以 Co-Pt 界面或 Co-Pt 颗粒的形式更直接的相互作用能解释 Pt 的影响。

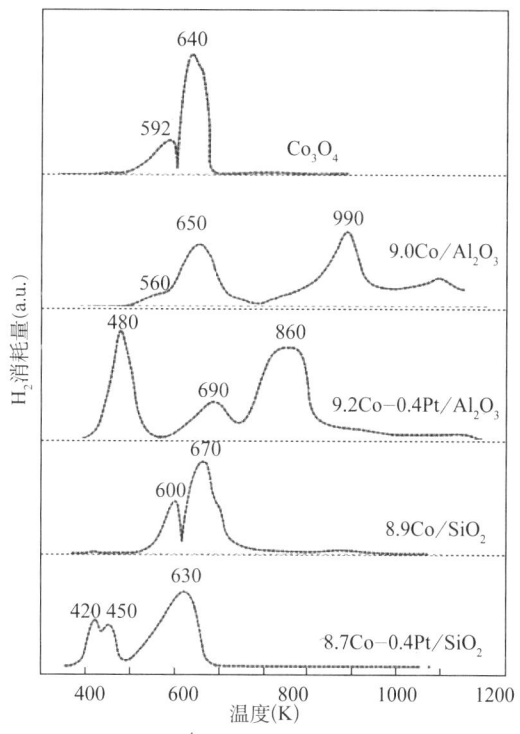

图5.3 负载型钴催化剂和块状Co_3O_4的TPR

（来自Schanke D, et al. J. Catal. 1995, 156: 85. 已经授权复制）

无促进剂的 Co 催化剂极难还原的约 600℃大范围高温还原特征在 Ru 促进的催化剂中被移到了 450℃。无促进剂的催化剂在 350℃、1atm 的 H_2 气流（50cm³/min）中进行标准还原处理 10h 后的还原程度大约是 60%，钌促进的催化剂是 85%～100%。H_2 化学吸附测定结果表明，添加钌不仅提高了还原程度，也将暴露于表面的钴原子催化剂数量提高为无促进剂催化剂的 3 倍。相比于无促进剂的 Co/Al_2O_3 催化剂生成的颗粒，Ru 促进的催化剂平均 Co 金属颗粒尺寸大约下降至前者的一半。这可能是因为 Ru 促进还原造成额外的小颗粒出现。

5.2.4.2 钌（Ru）的促进效应

Kogelbauer 等[72]进行了一项研究来确定 Ru 是以何种方式促进 LTFT Co/Al_2O_3 催化剂的。该催化剂包含 0.5%（质量分数）Ru 和 20%（质量分数）Co。在硝酸钴前驱体完全分解之后，TPR 分析表明，含促进剂和不含促进剂的 Co/Al_2O_3 催化剂都以两步还原（图 5.4）。在 Ru 促进的催化剂中可以观察到还原温度向低温方向移动约 100℃。

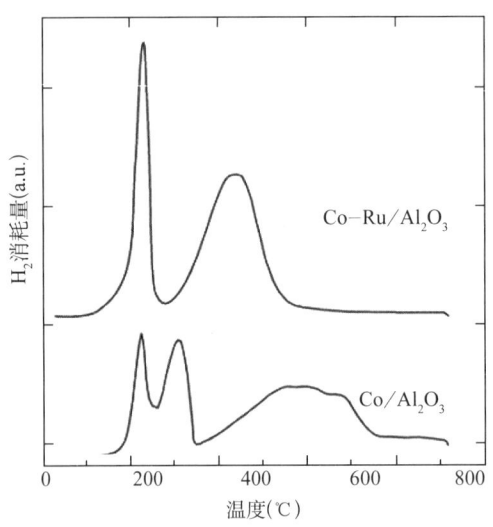

图 5.4 Co/Al_2O_3 和 $Co-Ru/Al_2O_3$ 在 300℃煅烧 2h 后的 TPR
（来自 Kogelbauer A, et al. J. Catal., 1996, 160: 12, 已经授权复制）

Co-Ru/Al_2O_3 催化剂在 220℃的费托合成速率增加了 3 倍。有促进剂和没有促进剂的催化剂都有相似的链增长，可能也具有相似的甲烷选择性。作者们提出称贵金属激活了氢向 Co_3O_4 的溢出，进而促进了其在更低温度的还原。他们也提出，Ru 可以阻止高度难还原的 Co 组分的生成，或促进它们还原。也就是说，Ru 只是作为 Co 的还原促进剂，导致活性金属还原性和分散性提高。

在其他负载于氧化钛[36d]和氧化铝[73, 74]的 Ru-Co 系统中观察到了相似的结果。Hosseini 等[74]改变了添加到氧化铝负载钴催化剂[20%（质量分数）]上 Ru 的量[0.5%，1.0%，1.5%，2.0%（质量分数）]。Ru 对 Co/γ-Al_2O_3 催化 CO 加氢表现的影响在连续搅拌釜式反应器（CSTR）中被研究了。表征研究[XRD、TGA（热重分析）、TPR、H_2 化学吸附及 BET 比表面积检测]表明，用 0.5% 和 1.0% Ru 促进的催化剂存在更高的还原程度、更高的 Co 分散度及更小的催化剂孔道体积。这些催化剂展现出更高的 CO 转化率。进一步提高 Ru 含量 [1.5%, 2%（质量分数）] 的结果回复到从前状态，也就是说，只有低促进剂负载量能实现有效的促进。C_{5+} 产物选择性未受影响。

他们在更高的 Ru 含量中观察到，完全还原温度相比于不含促进剂的催化剂向更低数值移动。作者们表示发现了 Ru 的更高流动性和 Co-Ru 氧化物的生成导致的钴和钌之间的相互作用。Co_2RuO_4 和 Co_3O_4 生成了可以在比铝酸钴更低的温度下被还原的尖晶石同类结构这一假说解释了上述现象[75]。他们也提出了 Ru 由于 H_2 溢出过程加速了 Co 还原的假设。

Nagaoka 等[76]研究了向 Co/TiO_2 加入微量 Pt（原子比 Pt/Co = 0.005 ~ 0.05）或 Ru（Ru/Co = 0.01 ~ 0.05）的影响。他们表示，贵金属的加入使得和氧化钛强烈相互作用的氧化钴颗粒的数量降低了。还有，两种贵金属的加入都导致了氧化钴和氧化钛还原温度的降低，据推测应该是氢从贵金属表面的溢出造成的。他们注意到了氧化钴和氧化钛强烈相互作用的峰只有在添加 Pt 时才移动，结论是 Pt 比 Ru 更高效地促进了氧化钴的还原。

5.2.4.3 钯（Pd）的促进效应

Sarkany 等[77]研究了 Pd 对 $Co-Pd/Al_2O_3$ 催化剂的影响。该催化剂包含 5%（质量分数）Co 和不同含量的 Pd [0.1% ~ 1.0%（质量分数）]。基于 XRD、XPS（X 射线光电子能谱）、TPR 以及 CO 和 H_2 化学吸附的研究，他们得出结论称 Pd 的存在既提高了 Co 的还原性，也提高了其分散度。Pd 被认为发挥了氢源的作用，且在 PdO 和 Co_3O_4 接触不密切的催化剂中不显著影响 Co_3O_4 的还原表现。也就是说，Pd 只在和 Co 结构密切接触时才能成为有效的促进剂。

Guczi 等[78]研究了 Pd 对溶胶—凝胶法制备的氧化硅负载的 Pd/Co 催化剂的影响。利用 TPR 和 XPS 表征，他们确定 Pd 促进了 Co 还原，也促进了 Co 在催化剂表面的偏聚。一项在活塞流反应器中不同条件下的 CO 加氢反应研究（1bar，200 ~ 300℃，H_2/CO = 2）展示出，相比于使用单金属 Co 或 Pb 催化剂，双金属 Co/Pd 催化剂（比值为 2）具有协同增效作用。还有，Pd 的存在提高了烷烃的产量，而且产物的链长提高至 C_8—C_9。他们明确，Pd 不仅作为促进剂在双金属系统中发挥作用促进 Co 还原，而且也作为促进氢参与反应的活性中心。同一研究小组利用 XPS、XRD、XANES（X 射线吸收近边结构）、CO 加氢及无氧条件下的低温甲烷活化得到了相似的结果[79]。

Tsubaki 等[80]也研究了被加入费托合成催化剂的贵金属的作用。其中，二氧化硅负载的催化剂是通过用 $Co(NO_3)_2 \cdot 6H_2O$、$Co(CH_3COO)_2 \cdot 4H_2O$、$Pd(NH_3)_2(NO_2)_2$、$Pt(NH_3)_2(NO_2)_2$ 以及 $Ru(NO_3)_3$ 的混合物等体积浸渍载体制备的，所得催化剂包含 10%（质量分数）Co（5% 来自硝酸钴，5% 来自醋酸钴），0.2%（质量分数）Ru、Pt 或 Pd。向 Co/SiO_2 催化剂添加少量 Ru 同时显著提高了催化活性和还原程度。其 TOF（转化频率）提高了，但是 CH_4 选择性没有变化。其 CO 加氢速率遵循如下顺序：RuCO >

PdCo > Co。Pt 或 Pd 催化剂展示出了更高的 CH_4 选择性。Pt 和 Pd 几乎没有对 Co 的还原程度产生什么影响;这些金属促进了 Co 的分散并降低了 TOF。表征研究 [TPR、XRD、EDS(能量色散谱)、FT/IR 及 XPS] 表明了 Co 与 Ru、Pt,或 Pd 之间接触的不同。Ru 富集于 Co 上,而 Pt 或 Pd 很好地分散形成 Pt-Co 合金或 Pd-Co 合金。

Pd 对甲烷活化和 CO 加氢的促进效应促使 Carlsson 等[81]利用 STM(扫描隧道显微技术)、CO-TPD 及 XPS 表征技术来研究负载于 Al_2O_3 薄膜上的 Co-Pd 双金属催化剂的基本性质。他们发现 CO 对 Pd 和 Co 中心的结合能都因为另一种金属的存在而降低了。CO 优先与 Co 顶位和 Pd 三重洞位结合(图 5.5)。他们也提出了在双金属颗粒中的电荷净极化或 d 带再分配状态,因为研究过程中观察到了 Pd 的 3d 能级向更高结合能的移动,同时 Co 的 2p 能级向更低结合能移动。

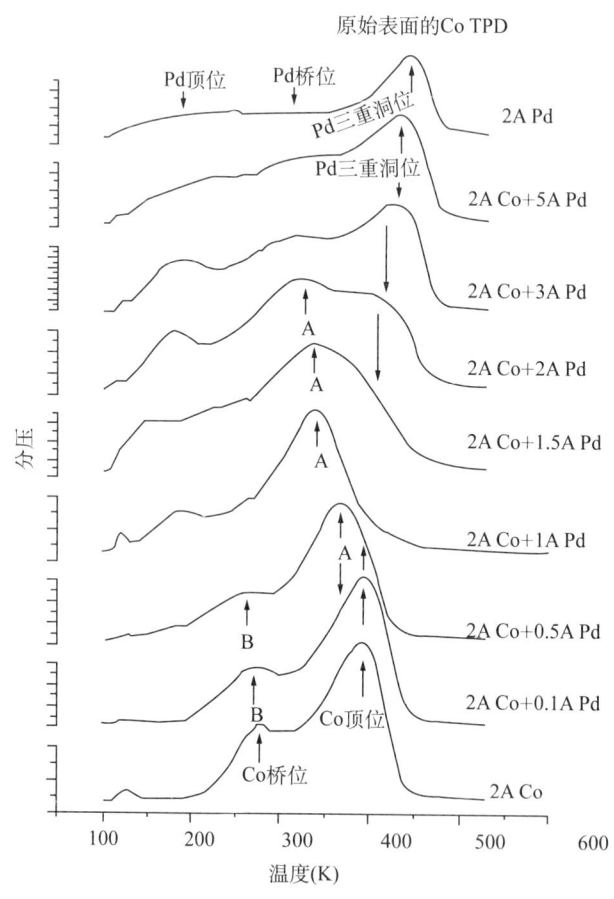

图 5.5 多种负载于 Al_2O_3/NiAl(110) 的 Co + Pd 颗粒的 CO TPD 谱图

金属是在 300K 沉积的,20L 的 CO 在 TPD 之前加热至 100K 后进料。升温速率为 1.5K/s

(来自 Carlsson A F, et al. J. Phys. Chem. B, 2003, 107:778. 已经授权复制)

5.2.4.4 铼（Re）的促进效应

Das 等[82]研究了铼对氧化铝负载钴催化剂（15% Co/Al$_2$O$_3$）的影响，该催化剂是通过硝酸钴三步等体积浸渍（IWI）并接下来进行氧化铼水溶液 IWI 制备的。该研究中负载的 Re 的质量分数为 0.2%，0.5% 和 1.0%。催化剂表征 [XRD、TPR、XAS（X 射线吸收）、BET、H$_2$ 化学吸附] 表明，相比于无促进剂的催化剂，加入少量的铼降低了氧化钴的还原温度，但是没有改变钴的分散度和基团尺寸。他们在 TPR 研究中明确，铼对表示氧化钴还原的低温还原峰没有影响。他们也表明，Co$_3$O$_4$ 微晶在铼氧化过程中（350℃）基本被还原了（227～377℃），以至于不能发生溢出效应来促进这些物质的还原。但是，可以发生从还原的金属铼中的 H$_2$ 溢出，从而促进钴和载体相互作用的还原，因为这一现象是在氧化铼被还原成金属铼之后发生的。用 CSTR 进行的费托合成反应催化活性测试表明，Re 的加入提高了基于催化剂质量的合成气的转化率，但是 TOF 结果与没有 Re 存在时得到的相似。用 Re 促进的 Co 催化剂的原位 EXAFS 数据确认了合金的生成（或促进剂和钴的直接接触），这对铼影响 Co 催化剂表现是必要的（表 5.2）。

表5.2 包含4.6% Co–2% Re/Al$_2$O$_3$[①]的样本的 L$_{III}$ 边的EXAFS数据分析结果

在450℃还原	配位层	E_0 (eV)	N	$2\sigma^2$ (Å^2)	R (Å)
未还原	Re—O	15.1 (2)	4.0 (1)	0.006 (1)	1.74 (1)
1h	Re—O	15.1 (3)	3.4 (1)	0.006 (1)	1.74 (1)
6h	Re—O	13.0 (3)	0.7 (1)	0.003 (1)	1.74 (1)
	Re—O$_{support}$		1.7 (2)	0.020 (2)	2.00 (1)
	Re—Co		2.1 (2)	0.022 (2)	2.53 (2)
	Re—Re		2.4 (3)	0.016 (2)	2.71 (2)
12h	Re—O	13.3 (3)	0.2 (1)	0.002 (0)	1.76 (1)
	Re—O$_{support}$		1.4 (1)	0.018 (2)	1.99 (1)
	Re—Co		3.2 (1)	0.024 (2)	2.54 (1)
	Re—Re		4.0 (3)	0.024 (2)	2.69 (1)

来源：Rønning M, et al. Catal. Lett., 2001, 72: 141. 已经授权复制。

① 每个键合距离（R）都与配位数（N）、热振动和结构无序度（类 Debye-Waller 因子，$2\sigma^2$）有关。E_0 是根据吸收边临界能进行的精细修正。EXCURV90 计算的最小有效位数的标准差列于括号中。但是要注意，这种对精度的估计（反映了拟合的统计学误差）高估了准确度，部分原因在于参数之间的高度关联。所估计距离的标准差是 0.01～0.02Å（1Å=0.1nm），对 N 和 $2\sigma^2$ 的精确度为 ±20%。尽管这些数值的精确度通过 k^0 对 k^3 的加权求精而有所提高。

Jacobs 等[84]通过 TPR、H$_2$ 化学吸附、原位 XPS 及 EXAFS/XANES 研究了一系列 Re 促进的以及无促进剂的 Co/Al$_2$O$_3$ 催化剂的还原。在 Re 的 L$_{III}$ 边的原位 EXAFS 研究揭示出，Re 和钴原子存在直接接触，但是没有 Re—Re 键的证据。尽管发现了原子—原子直接相连，但是其 TPR 数据表明，从促进剂到氧化钴基团的氢溢出对氧化钴还原很重要。

在氢溢出造成的活性金属还原发生之前需要促进剂的还原。他们称这可能是 Pt 和

Ru 促进剂将氧化钴还原图的两个峰都向低温移动的原因,而 Re 只影响第二个宽峰。Re 的还原发生在与氧化钴还原的第一阶段相同的温度。这一结果被 Storsæter 等[86] 所支持。但是,他们发现 Re 提高的是负载于 Al_2O_3 上的 Co 的还原程度,而不是负载于 SiO_2 或 TiO_2 上的催化剂。

5.2.4.5 金(Au)的促进效应

至今在文献中很少有关于 Au 促进的费托合成钴催化剂的研究。大多数涉及 Au/Co 系统的研究使用氧化钴作为载体或作为高度分散的 Au 的促进剂,其中 Au 在许多反应中具有活性,例如低温 CO 氧化、氧化降解二氯甲烷、低温选择性催化氧化(SCO)烟道气中的 NO 及减少汽车污染等。

Leite 等[87] 报道了 Au 对 Co/高岭土催化剂结构和活性的促进效应。该催化剂是通过 $Co(NO_3)_2 \cdot 6H_2O$ 沉淀或 $HAuCl_4 \cdot 3H_2O/Co(NO_3)_2 \cdot 6H_2O$ 共沉淀得到的含 Au-Co 的催化剂。碳酸钠被用作沉淀剂。这些催化剂是用 XRD、TGA 和 TPR 表征的,且在 2,3-二氢呋喃的合成中被测试。该作者们得出结论:Au 造成的改性导致了新的含钴物质的形成,该物质相比于不含促进剂的催化剂中的钴物质能在低得多的温度下还原。

Jalama 等[88] 进行了一项关于加入 Au 对 LTFT 10% Co/TiO_2 催化剂的影响。Au 提高了钴的分散度和还原性。随着 Au 负载量的增加,催化剂对 LTFT 反应的活性增加且在 1%(质量分数)Au 处达到最大活性,而对甲烷和轻产物的选择性随着 Au 负载量的增加而单调增加(表 5.3)。

表5.3 向 Co/TiO_2 催化剂中加入 Au 造成影响的 LTFT 反应结果的总结①

催化剂	Co 转化率(%)	选择性②			烯烃对烷烃的比值			
		CH_4	C_2-C_4	C_{5+}	C_2	C_3	C_4	C_5
10%Co/TiO_2	13	12	8	80	0.15	1.28	1.23	0.64
0.2%Au/10%Co/TiO_2	16	14	7	79	0.09	1.12	1.03	0.35
0.7%Au/10%Co/TiO_2	16	15	7	78	0.09	1.3!	.0.98	0.43
1%Au/10%Co/TiO_2	22	18	16	66	0.10	1.49	1.59	1.10
2%Au/10%Co/TiO_2	18	24	20	56	0.16	1.56	1.56	0.97
5%Au/10%Co/TiO_2	15	28	23	49	0.10	1.45	1.60	1.00

来源:Jalama K,et al. Top.Catal.,2007,44: 129. 已经授权复制。
① 反应条件:H_2/CO 物质的量比 = 2,以 10% N_2 作为内标,总压力为 20bar,标准温度(273K)和标准压力(1bar)下空速为 3L/($g_{cat} \cdot h$),220℃,数据采集于反应后 70h 的油相。
② 基于碳物质的量的选择性。

5.2.5 催化剂预处理

制备出的最终催化剂通常包含对费托合成无活性的氧化态的钴。它必须要被活化,也就是在开始费托反应之前要被还原成金属钴。钴催化剂的还原通常使用纯的氢气或用氮气等惰性气体稀释的氢气。这一过程通常在 250 ~ 400℃ 之间[89]低压下进行，且包含两个步骤：

$$\text{Step 1: } Co_3O_4 + H_2 \longrightarrow 3CoO + H_2O \tag{5.1}$$

$$\text{Step 2: } CoO + H_2 \longrightarrow Co + H_2O \tag{5.2}$$

也有用含 CO 的气体预处理 Co 催化剂的报道。当用含 CO 的气体活化 Co 催化剂时得到了更高的活性[37b, 90, 91]和更好的对 C_{5+} 烃类产物的选择性[90, 91]。另外，Dyer 等[92]已报道了用 H_2/CO 值为 1/1 的合成气还原 Co 催化剂的一些消极影响。在无 H_2 的 CO 气体中的预处理也被报道称导致了更低的活性、更高的甲烷选择性[93, 94]以及相比于 H_2 还原的催化剂更好的稳定性[93]。

5.3　展望

页岩气已经在根本上改变了美国的能源结构，为其逐渐亏损的经济带来一些起色。10 年以前，页岩气和页岩油的生产并不重要。在 20 世纪 90 年代，燃气供应"泡沫"破裂，原油价格上涨，井口天然气的价格也上涨了。在 2005 年，Katrina 和 Rica 飓风对美国墨西哥湾天然气供应基础设施的破坏引起了井口天然气价格的进一步骤升，而且对天然气价格将会进一步跃升的关注也提高了。随着页岩气生产的加速，美国天然气价格骤降。尽管开始于 2008 年末的严重经济衰退以及其造成的天然气需求的降低促进了井口天然气价格的降低，但是很大部分的价格降低是家庭页岩气供应的快速增长造成的，该增长在 2005—2010 年大约可达 10 倍。随着传统天然气生产在美国逐渐减少，页岩气已成为美国燃气供应的快速增长的源头，大约占据 2010 年美国国内总家用天然气产量的 20%。美国能源情报署（EIA）预测，到 2035 年，页岩气能够占到国内天然气产量的 50% 以上[95]。而且，已有一些努力被投入于通过生物质气化生产更多生物合成气来满足能源目标。例如，美国 2007 年的《能源独立和安全法案》（EISA）已经将要求混入运输燃料的可再生燃料体积从 2008 年的 $90×10^8$gal 提高到 2022 年的 $360×10^8$gal[96]，其中可再生燃料的一部分将来自生物合成气的费托合成。因此，将甲烷升级成液体燃料又一次成为学术上和工业上的重点研究主题。这些研究主题包括提高催化剂活性、提高选择性、提高碳的利用（CO_2 加氢）及将催化剂失活降至最小。

其中前两个研究主题在改善任何催化过程中都很常见，最有前景的提高费托合成催化剂活性和选择性的策略似乎是加入掺杂剂，余下的两个对发展新一代费托合成催化剂尤其重要，将会在接下来讨论。

任何用于生产合成气的过程都生产了大量的 CO_2，其在合成气被加入费托合成反应器之前会被分离，导致了大量的碳损失。从经济和环境的角度来看，这都是不被期望的。为了提高对碳的利用，需要研究将合成气中的 CO_2 加氢生成液态烃类[97]，这会减

少 CO_2 向环境的排放量，也会帮助降低费托合成过程的资本投入及操作费用。利用富含 CO_2 的合成气进行的费托合成反应的机理被提出如下[98]：

$$CO_2 + 3H_2 \longrightarrow CH_2^- + 2H_2O + 125 \text{kJ/mol} \tag{5.3}$$

根据 Riedel 等[99]，Fe 和 Co 费托合成催化剂在 CO_2 加氢中表现得不同。在 Co 催化剂情形中，CO_2 只作为稀释剂存在，且富含 CO_2 的进料导致了甲烷生成的提高。但是，利用 Fe 催化剂时，H_2/CO_2 进料气的烃类产物的组成与从 H_2/CO 进料气中获得的一样，没有过多的甲烷生成，表明 Fe 催化剂比 Co 催化剂更能实现费托合成 CO_2 加氢。这一结果在后来得到了 Zhang 等[100] 的支持，他们观察到，利用 Co 催化剂，CO_2 加氢的产物是 70% 或更多的甲烷。但是 Dorner 等[101] 论证称，通过向 Co 催化剂中掺杂 Pt 可能将产物分布从甲烷变为更高级烃类，使得 Co 恢复了催化 CO_2 加氢的可能。

催化剂的寿命是大规模催化过程中的一个主要关注点，因为它能影响整个过程的生产力和经济效益。因此，研究如何避免催化剂在费托合成过程中的失活是很必要的。可能的失活机理有很多种；但是在费托合成情形中，有 3 种基本的失活路径：

（1）碳沉积导致催化剂结垢。结垢是来自进料气的杂质的物理沉积，它会堵塞活性中心或催化剂孔道，导致催化表现的降低。沥青等有机杂质在浓缩后能成为催化剂结垢的根源。

（2）烧结（老化）。烧结或老化与催化活性流失有关，是微晶增长造成的活性金属表面积降低和（或）载体或孔道的坍塌造成的载体表面积降低引起的。

（3）中毒。中毒是指杂质在活性中心上的强力化学吸附，这会降低催化活性。最常见的毒物是硫，其选择性吸附于许多金属催化剂，形成可逆或不可逆的硫化物。其他也可能在催化转化过程中引起中毒的污染物是 Cl、Mg、Na、K、P、Si、Al、Ti 及 Si[102]（原文出现了两次 Si——译者注）。

总而言之，高活性且对期望产物具有高选择性的费托合成催化剂依然是研究和发展的重要主题。在未来研究中，将催化剂失活降至最低应该成为费托合成催化剂设计的首要任务，而且应该将更多注意力投入提高碳的利用率上，以降低温室气体排放，并促进碳向液体燃料中的整体转化率。

参考文献

[1] K. Kaygusuz, *Renew. Sustain. Energy Rev.* 16 (2012) 1116.

[2] A. R. Brandt, A. Millard-Ball, M. Ganser, S. M. Gorelick, *Environ. Sci. Technol.* 47 (2013) 8031.

[3] T. N. Veziroǧlu, S. şahi'n, *Energy Convers. Manag.* 49 (2008) 1820.

[4] a) J.Street, F. Yu, *Biofuels* 2 (2011) 677; b) C. Le Qucre, M. R. Raupach, J. G. Canadell, G. Marland, *Nat. Geosci,* 2 (2009) 831.

[5] http://en.wikipedia.org/wiki/Synthetic_fuel.

[6] a) htp://www.exxonmobil.com/Apps/RefiningTechnologies/presentations.aspx; b) I. Mochida, O. Okuma, S.-H. Yoon, *Chem. Rev.* doi: 10.1021/cr4002885.

[7] G. Olive-Henrichi, S. Olive, in *The Chemistry of the Metal-Carbon Bond*, Vol. 3, Hertley and Patai (Eds.), John Wiley and Sons, New York, 1985.

[8] P. Sabatier, J. B. Senderens, *Hebd. Seances Acad. Sci.* 134 (1902) 514, 680.

[9] a) BASF, German Patent, (1913) 293.787; b) BASF, German Patent, (1914) 295, 202; c) BASF, German Patent, (1914) 295, 203.

[10] F. Fischer, H. Tröpsch, *Brennstoff. Chem.* 4 (1923) 276.

[11] F. Fischer, H. Tröpsch, German Patent, (1925) 484, 337.

[12] F. Fischer, H. Tröpsch, *Brennstoff. Chem*, 7(1926) 97.

[13] R. B. Anderson, *The Fischer–Tröpsch Synthesis*, Academic Press. Inc., 1984.

[14] H. Pichler, *Brennstoff. Chem.* 19 (1938) 226.

[15] R. B. Anderson, in *Catalysis*, Vol. 4, P.H. Emmet (Ed.), Von Nostrand-Reinhold, New Jersey, 1956.

[16] M. E. Dry, *Catal. Today* 71 (2002) 227.

[17] M. E. Dry, in *Applied Industrial Catalysis*, Vol. 2, B. E. Leach (Eds.), Academic Press, pp. 167–213.

[18] M. F. M. Post, Shell International Research, Eur Pat, EP 0,174,696 (1985).

[19] J. Haggin, *Chem. Eng. News* 27 (1990) 35.

[20] www.shell.com/global/aboutshell/major-projects-2/pearl/overview.html.

[21] www.sasol.co.za/innovation/gas-liquids/projects.

[22] www.gastechnews.com/unconventional-gas/gas-to-liquids-on-the-threshold-of-a-new-era/.

[23] J. H. Yang, H. J. Kim, D. H. Chun, H. T. Lee, J. C. Hong, H. Jung, J. I. Yang, *Fuel Process. Technol.* 91 (2010) 285.

[24] L. Wei, J. A. Thomasson, R. M. Bricka, R. Sui, J. R. Wooten, E. P. Columbus, *Trans. ASABE* 52 (2009) 21.

[25] A. Demirbas, *Energy Educ. Sci. Technol.* 17 (2006) 27.

[26] S. Gamba, L. A. Pellegrini, V. Calemma, C. Gambaro, *Catal. Today* 156 (2010) 58 (and references within).

[27] B. H. Davis, *Top. Catal.* 32 (2005) 143.

[28] T. Takeshita, K. Yamaji, *Energy Policy* 36 (2008) 2773.

[29] H. Schulz, *Appl. Catal.* A 186 (1999) 3.

[30] D. Xu, W. Li, H. Duan, Q. Ge, H. Xu, *Catal. Lett.* 102 (2005) 229.

[31] G. C. Bond, *Catalysis by Metals*, Academic Press, Inc., Nec York, NY, 192, pp.38.

[32] M. A. Vannice, *J. Catal.* 40 (1975) 129.

[33] R. C. Reuel, C. H. Bartholomew, *J. Catal.* 85 (1984) 78.

[34] M. A Vannice, R. L. Garten, *J. Catal.* 56 (1979) 236.

[35] C. H. Bartholomew, R. B. Pannell, J. L. Butler, *J. Catal.* 65 (1980) 335.

[36] a) D. J. Duvenhage, N. J. Coville, *Appl. Catal. A* 233 (2002) 63; b)J. Li, N. J. Coville, *Appl. Catal. A* 181 (1999) 20l;c)J. Li, N. J. Coville, *Appl. Catal. A* 208 (2001) 177;d)J. Li, G.Jacobs, Y. Quig, T. Das, B. H. Davis, *Appl. Catal. A* 223 (2002) 195;e) J. Li, Y. Jacobs,T. Das, B. H. Davis, *Appl Catal. A* 223 (2002) 255; f)K. Sato, Y. Inoue. I. Kojima,E. Miyazaki, I. Yasumori, *J. Chem. Soc. Faraday Trans.* 180 (1984) 841; g) B. Jongsomjit,C. Sakdamnuson,J. G. Goodwin Jr, P. Praserthdam, *Cat. Lett.* 94 (2004) 209.

[37] a) B. Jongsomjit.J. Panpranot,J. G. Goodwin Jt, *J. Catal.* 204 (2001)98; b) B. Jongsomjit, J. G. Goodwin Jr. *Catal. Today* 77 (2002) 191; c) B. Jongsomjit, J. Panpranot, J. G.Goodwin Jr, *J. Catal.* 205 (2003) 66; d)Y. Zhang, D. Wei, S. Hammache, J. G. Goodwin-Jr, *J.Catal.* 188 (1999) 281.

[38] A. Kogelbauer.J. C. Weber,J. G. Goodwin Jr. *Catal. Lett.* 34 (1995) 269.

[39] L. Fu, C. H. Bartholomew, *J. Catal.* 92 (1985)376.

[40] M. I. Fernandez, R. A. Guerrero, G. F. J Lopez, R. I Rodriguez. C. C. Moreno, *Appl. Catal.* 14 (1985) 159.

[41] S. W. Ho, M. Houalla, D. M. Hercules, *J Phys. Chem.* 94 (1990) 6396.

[42] B. G. Johnson, C. H. Bartholomew, D. W. Goodman, *J. Catal.* 128 (991) 231.

[43] E. Iglesia, S. L. Soled, R. A. Fiato, G, H. Via, *Stud. Surf. Sci. Catal.* 81 (1994)433.

[44] E. Iglesia, S.L. Soled, R. A Fiato, *J. Catal.* 137 (1992) 212.

[45] E. Iglesia, *Appl. Catal. A* 161 (1997) 59.

[46] B. Ernst, C. Hilaire, A Kiennemann, *Catal. Today* 50 (1999) 413.

[47] A. Y. Khodakov, A. Griboval-Constant, R. Bechara, V. L. Zholobenko. *J Catal.* 206 (2002) 230.

[48] A. Martinez, C. Lopez, F. Marquez, I J. Diaz, *J. Catal.* 220 (2003) 486.

[49] W P. Ma, Y. J. Ding. L, W, Lin, *Ind. Eng. Chem. Res.* 43 (2004) 2391.

[50] S. Storsaeter, B. Tødal,J.C. Walmsley. B, S. Tanem, A. Holmen.*J.Catal* 236(2005) 139.

[51] E. Kikuchi, R. Sorita, H. Takahashi, T. Matsuda, *Appl. Catal A* 186 (1999) 121.

[52] D. Song.J. Lí, *J. Mol. Catal, A* 247 (2006) 206.

[53] A. Barbier, A Tuel, L Arcon, A. Kodre, G. A Martin.*J. Catal* 200 (2001) 106.

[54] G. L Bezemer,J. H. Bitter, H. P. C. E. Kuipers, H. Oosterbeck, J. E. Holewijn.X. Xu. F. Kapteijn, A. J. van Dillen, K P. de Jong, *J. Am. Chem. Soc.* 128 (2006) 3956.

[55] F, Diehl, A. Y. Khodakov, *Oil Gas Sci, Technol. -Rev. IFP* 64 (2009) 11.

[56] a) B. G. Johnson, C. H Bartholomew, D. W. Goodman. *J. CataL* 128 (1991) 231; b)E. Iglesia, S. L., Soled, R. A. Fiato, G. H. Via, *Stud. Surf. Sci. Catal* 81 (1994)

433; c) K. Takeuchi, T. Matsuzaki, H. Arakawa, T. Hanaoka, Y. Sugi. *Appl. Catal.* 48 (1989)149; d) K. Takeuchi, T. Matsuzaki, T. Hanaoka, H. Arakawa. Y. Sugi, *J Mol. Catal.* 55(1989) 36l; e) C. H, Bartholomew, *Stud. Surf. Sci. Catal.* 64 (1991) 158; f) T. Matsuzaki, K. Takeuchi, T. Hanaoka, H. Arakawa,Y. Sugi. *Appl Catal.* 105 (1993) 159; g) M. K, Niemela, A. O. I. Krause, T. Vaara, J. Lathinen, *Top. Catal.* 2(1995)45.

[57] a) K. Takeuchi, T Matsuzaki, T. Hanaoka, H. Arakawa,Y. Sugi. *J. Mol Caral.* 55 (1989) 361; b)T. Matsuzaki, K Takeuchi, T. Hanaoka, H. Arakawa, Y.Sugi, *Appl Catal.* 105 (1993) 159.

[58] M. K. Niemela, A. O. I. Krause, T. Vaara, J. J. Kiviaho. M. K. O. Reinikainen, *Appl Catal. A: General* 147 (1999) 32.

[59] a) M. P. Rosynek, C. A. Polansky. *Appl Catal.* 73(1991)97; b) T. Matsuzaki, K. Takeuchi, T. Hanaoka, H. Arakawa, Y. Sugi. *Catal. Today* 28 (1996) 251;c) S. Sun, N. Tsubaki, K.Fujimoto. *Appl, Catal. A: General* 202 (2000) 12I;d) Y. Wang. M. Noguchi, Y. Takahashi,Y. Ohtsuka, *Catal. Today* 68 (2001)3; e) J. Panpranot, S. Kaewkun, P. Praserthdam, J. G.Goodwin Jr, *Cat. Lett.* 91 (2003) 95, f)J. S. Girardon. A. S. Lermontov, L. Gengembre, P.A. Chernavskii, A. Griboval-Constant, A. Y. Khodakov, *J. Catal.* 230 (2005) 339.

[60] E. van Steen, G. S. Sewel, R. A. Makhote, C. Micklethwaite, H. Manstein, M. de Lange. C. T. O'Connor, *J. Catal.* 162 (1995) 220.

[61] H. Ming, B, G. Baker, *Appl. Catal.* 123 (1995) 23.

[62] J. van der Loosdrecht, M. van der Haar, A. M van der Kraan, A. J. van Dillen, J. W. Geus, *Appl. Catal. A: General* 150 (1997) 365.

[63] M. Kraun, M. Baerns, *Appl. Catal.* 186 (1999) 189.

[64] A. Y. Khodakov, W. Chu. P. Fongarland, *Chem. Rev.* 107 (2007) 1692.

[65] D. Wei,J. G. Goodwin Jr, R. Oukaci, A. H. Singleton, *Appl. Catal. A* 210 (200l) 137.

[66] L. Guczi,T. Hoffer. Z. Zsoldos. S. Zyade, G. Maire, F. Garin, *J. Phys. Chem.* 95 (1991) 802.

[67] Z. Zsoldos, T. Hoffer, L. Guczi, *J. Phys. Chem.* 95 (1991)795.

[68] Z. Zsoldos, L. Guczi, *J. Phys. Chem.* 96 (1992) 9393.

[69] S. Zyade, F Garin, G. Maire, *New J. Chem.* 11（1987）429.

[70] M. J. Dees, V. Ponec, *J. Catal.* 119（1989）376.

[71] D. Schanke, S. Vada, E. A. Blekkan, A. M.Hilmen, A. Hoff, A. Holmen, *J. Catal. 156* （1995）85.

[72] A. Kogelbauer, J. G. Goodwin Jr, R. Oukaci, *J. Catal.* 160（1996）125.

[73] S. A. Hosseini, A. Taeb. F. Feyzi, *Catal. Comm.* 6 (2005) 233.

[74] S. A Hosseini, A. Taeb, F. Feyzi, F. Yaripour, *Catal. Comm.* 5 2004 137.

[75] J. Dullac, *Bull. Soc. Fr Mineral. Crystallogr.* 92 (1969) 487.

[76] K. Nagaoka, K. Takanabo, K. Aika, *Appl. Catal.* 268 (2004) 151.

[77] A Sarkany.Z Zso.dos, G. Stefer, J W. Hightower. L. Guczi, *J. Catal.* 157 (1995) 179.

[78] L.Guczi. Z.Schay. G. Stefler, F. Mizukami, *J Mol Catal A* 141 (1999) 177.

[79] L.Guczi, L. Borko. Z. Schay. D. Bazin. F. Mizukami, *Catal. Today* 65 (2001)51.

[80] N. Tsubaki, S. Sun, K Fujimoto, *J. Catal.* 199 (2001) 236.

[81] A.F. Carlsson. M. Naschitzki, M. Bäumer, H. J. Freund, *J. Phys. Chem.* B 107 (2003) 778.

[82] T. K. Das, G. Jacobs. P. M. Patterson, W. A. Conner. J. Li, B. H. Davis, *Fuel* 82 (2003) 805.

[83] M. Rønning. D. G. Nicholson, A. Holmen, *Catal. Lett.* 72 (2001) 141.

[84] G. Jacobs, J. A. Chaney. P. M. Patterson, T. K. Das, B. H. Davis, *Appl. Catal.A* 264 (2004) 203.

[85] D.C. Koningsberger and R. Prins (Eds.), *X-ray Absorption: Principles. Applications, Techniques of EXAFS. SEXAFS and XANES*, Wiley. New York, 1988.

[86] S. Storsæter, Φ. Borg. E. A. Blekkan, A. Holmen, *J. Catal.* 231 (2005) 405.

[87] L.Leite. V. Stonkus, L. Llieva, L. Plyasova, T. Tabakova, D. Andreeva, E. Lukevics, *Catal. Comm.* 3 (2002) 341.

[88] K. Jalama, N. J. Coville. D. Hildebrandt, D. Glasser, L. L. Jewell. J. A. Anderson, S. Taylor, D. Enache, G. J. Hutchings, *Top. Catal.* 44 (2007) 129.

[89] A. Steynberg. M. Dry, *Stud. Surf. Sci. Catal.* 152 (2004) 533.

[90] B. Nay, M. R. Smith, C. D. Telford, US Patent 5585316 (1996), to British Petroleum.

[91] K. Jalama, J. Kabuba, H. Xiong. L. L. Jewell, *Catal. Comm.*17 (2012) 154.

[92] a) P. N. Dyer, R. Pietantozzi, US Patent 4619910 (1986), to Air Products & Chemicals; b)P. N. Dyer, R. Pietantozzi, H. P. Withers, US Patent 4670472(1987), to Air Products &Chemicals; c)P. N. Dyer, R. Pietantozzi, H. P. Withers, US Patent 4681867 (1987), to Air Products & Chemicals.

[93] J. Li, L. Xu, R. Keogh, B. Davis, *Catal. Lett.* 70 (2000) 127.

[94] Z. Pan, D. B. Bukur, *Appl. Catal. A: General* 404 (2011) 74.

[95] http://energyindepth. org/wp-content/upload/ohio/2012/02 Economic-Impacts-of-Shale-Gas-Production_Fiual_23-Jan-2012. pdf.

[96] D. Tilman, R. Socolow, J. A. Foley. J. Hill, E. Larson, L. Lynd, S. Pacala et al., *Science* 325 (2009) 270.

[97] a) D. Unruh, M. Rchde, G. Schaub, *Stud. Surf. Sci. Catal.* 153 (2004) 91; b)O. O. James, A. M., Mesubi, T.e. Ako, S. Maity, *Fuel Process. Technol.* 91 (2010) 136; c) Y. Yao, D.Hildebrandt, D. Glasser, *Ind. Eng. Chem. Res.* 49 (2010) 11061; d) D. W. Robert, D. R.Hardy, F. W. Willisms, H. D. Willaue, Catalytic CO_2 hydrogenation

to feedstock chemicals for jet fuel synthesis using multi-walled carbon nanotubes as support. In *Advances in* CO_2 *Conversion and Utilization*, Y. H. Hu Ed., ACS Symposium Series 1056, Ameriean Chemical Society: Washington, DC, 2010; pp. 125−139; e) C. G. Visconti, L. Lietti, E.Tronconi, P. Forzati, R. Zennaro, E. Finocchio, *Appl. Catal. A* 255 (2009) 61.

[98] K. W. Jun. H. S. Roh, K. S. Kim.J. S. Ryu, K. W. Lee, *Appl. Catal. A* 259 (2004)221.

[99] T. Riedel, M. Claeys, H. Schulz, G. Schaub, S. S. Nam, K. W. Jun, M. J. Choi, G. Kishan, K. W. Lee, *Appl. Catal. A* 186 (1999) 201.

[100] Y. Zhang, G. Jacobs, D. E. Sparks, M. E. Dry, B. H. Davis, *Catat. Today* 71 (2002) 411.

[101] R. W. Dorner. D. R. Hardy. F. W.Williams, B. H. Davis, H D. Willauer, *Energy Fuels* 23 (2009) 4190.

[102] R.L. Bain, D.C. Dayton, D. L. Carpenter, S. R. Czernik C. J. Feik, R. J. French, K. A. Magrini-Bair, S. D. Phillips, *Ind. Eng. chem. Res.* 44（2005）7945.

第 6 章 合成气制甲醇及乙醇

Martin Muhler, Stefan Kaluza

本章主要编写了关于合成气非均相催化转化制备重要的短链醇——甲醇和乙醇的简述及最新进展。甲醇的合成在数十年来已被熟知,并且应用在各类大型的工业过程中,而合成气制乙醇尚处于试探性阶段,仅有为数不多的进展,离中试尚有距离。

6.1 甲醇

6.1.1 历史与现状

1913 年,甲醇合成的技术被首次提出。Mittasch 及其同事描述了在几种含氧化合物中甲醇是由一氧化碳和氢气在铁催化剂的作用下形成的,这最初是为改进合成氨而研发的。

然而,Pier 等人在 20 世纪 20 年代早期大规模甲醇生产方面迈出了最重要的一步[1]。他们开发了一种 $ZnO-Cr_2O_3$ 催化剂,对未净化的合成气体中存在的含硫化合物有抵抗作用。这一成果造就了高压条件(25~32MPa,590~720K)下开展的第一个工业应用,并在接下来的 40 年里主导了甲醇生产领域。早在 20 世纪 20 年代,含铜催化剂在甲醇合成中的高活性就被人们所关注,尤其是铜与氧化锌的结合并被氧化铝所稳定[2,3]。但由于其对合成气中硫和氯杂质的中毒反应灵敏,因此工业应用是不可行的。最终在 20 世纪 60 年代早期,由于采用对石脑油和天然气进行蒸汽重整使得原料得到了细致的净化,基于铜的甲醇合成催化剂才有了突破。帝国化学工业公司(Imperial Chemical Industries,ICI)开发了基于铜的低压、低温工艺(5~10MPa,470~570K),并于 1966 年首次实施[4]。这是采用铜催化剂合成甲醇的开始,如催化剂和化学品公司(Catalysts & Chemicals, Inc.)[5]、杜邦(DuPont)[6]、壳牌(Shell)[7]、巴斯夫(BASF)[8]、德国南方化学公司(Süd-Chemie AG)[9] 及法国石油研究院(IFP)[10] 等几家催化剂制造商都提交了关于铜基甲醇合成催化剂的新专利。现在,所有含 Cu/ZnO 的工业应用催化剂都由其他氧化物作为结构稳定剂。

甲醇是一种重要的碱性化学品。在 2013 年,其全世界的需求量预计超过 $6500×10^4 t$ [11]。世界各地的 90 多家甲醇工厂的生产能力约为 $1×10^8 t/a$。甲醇不仅是一种溶剂和一种汽油增效剂，还为甲醛、甲基叔丁基醚（MTBE）、叔戊基甲基醚（TAME）、乙酸、甲基丙烯酸甲酯（MMA）、甲胺、氯甲烷、二甲酯（DMT）和二甲醚（DME）等重要化学品提供了原料[12]。

近年来，人们对甲醇作为替代能源的兴趣显著增加。甲醇已经在运输和移动设备上被应用于燃料电池，并作为一种清洁燃料在内燃机中应用多年[13]。甲醇的需求将进一步增加，这也要求在不久的将来对工艺和催化剂的设计进行进一步的改进。

6.1.2 催化剂

最常见的一种用于合成甲醇的工业催化剂是一个三元系统，处于非还原态，含50%～70%（摩尔分数）的CuO、20%～50%（摩尔分数）的ZnO和5%～20%（摩尔分数）的Al_2O_3[12, 14]。一般认为，金属铜是合成气制甲醇的活性组分，而氧化铝则被看作是一种结构促进剂，能够在甲醇合成条件下实现稳定的活性和较慢的失活[15, 16]。然而，ZnO的特殊作用仍然存在争议。毫无疑问，铜和锌的相互作用对实现高活性催化剂起着重要作用，但也存在着不同的模型，包括Frost[17]提出的铜和半导体ZnO之间的Schottky连接。ZnO中的带电氧空位被认为是甲醇合成的活性位点，其数目受到氧化物缺陷平衡的扰动而增强[17]。另一种对ZnO在三元催化剂中特殊作用的解释是由氢的逆溢流给出的，氢首先在铜上解离，然后转移到氧化锌中，再反向溢流到铜[18, 19]。Nakamura和Fujitani提出一个模型，认为Cu–Zn表面合金是甲醇合成的活性中心[20-22]。

Muhler及其同事通过对一系列三元（Cu/ZnO/Al_2O_3）催化剂和二元（Cu/ZnO，Cu/Al_2O_3）催化剂的研究证实了ZnO的特殊作用[23, 24]。在甲醇合成中，三元催化剂的活性比在相同的Cu比表面积下的二元催化剂更加活跃，如图6.1所示[23]。

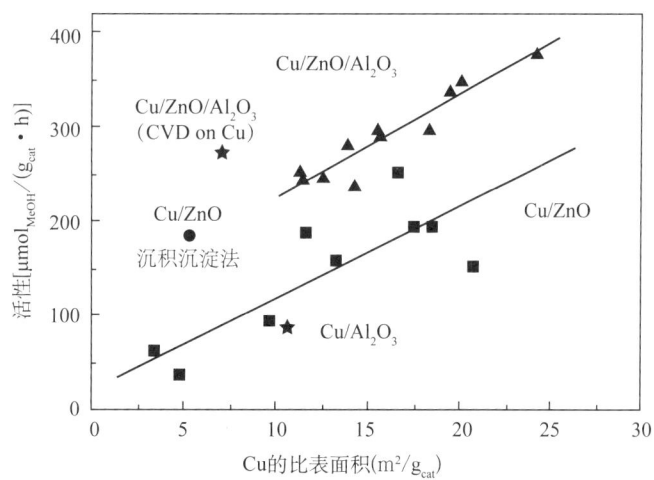

图6.1 各种铜催化剂的面积—活性关系

二元（■）和三元（▲）催化剂由共沉淀法制备；Cu/ZnO（●）由沉积沉淀法制备；Cu/Al_2O_3（★）由共沉淀法制备；Cu/ZnO/Al_2O_3（★）由共沉淀法和CVD法制备（来自Kurtz M, et al. Deactivation of Supported Copper Catalysts for Methanol Synthesis. Springer Science+Business Media: Catal. Lett., 2004,92: 49.经授权许可）

新的制备路线被应用于提高 Cu 和 ZnO 之间的界面接触，这导致了 Cu 表面积和活性之间关系的偏差。通过化学气相沉积（CVD）将 ZnO 添加到二元 Cu/Al$_2$O$_3$ 催化剂，尽管 Cu 表面积由于 ZnO$_x$ 物种的存在而减少，但这能够使催化剂活性明显增强 [图 6.1（★）]。在高度还原气氛中合成甲醇，金属载体强相互作用（SMSI）模型提出 Cu-ZnO$_x$ 表面结构的形成导致了高活性的催化剂。新型 CVD 类催化剂的优势在于优化的 Cu-ZnO 界面。通过分析由微量量热法测 CO 在二元和三元 Cu 催化剂上的吸附热得到这些结果[24]。含 ZnO 催化剂不仅表现出了较低的覆盖度，还有着较低的初始吸附热，约为 10kJ/mol，图 6.2 显示了其与 Cu/Al$_2$O$_3$ 的对比。

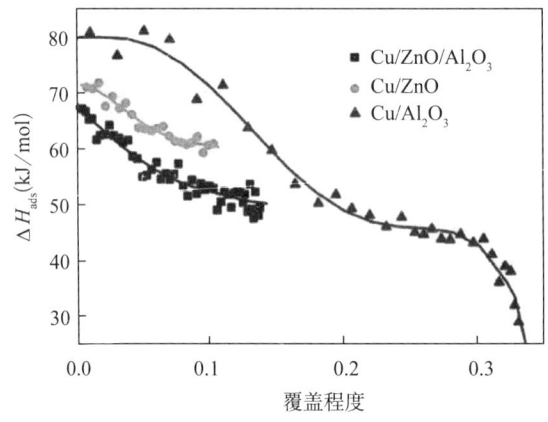

图6.2　CO在300K条件下Cu催化剂的微分吸附热研究

（来自D'Alnoncourt R N, et al. The influence of ZnO on the differential heat of adsorption of CO on Cu catalysts: A microcalorimetric study. J. Catal., 2003, 220（1）：249. 得到来自Elsevier的许可）

所提出的 SMSI 效应与 Topsøe 团队的结果是一致的[25, 26]。通过原位 EXAFS 和 XRD[25] 及原位 TEM[26] 对 Cu/ZnO 催化剂的表征，他们观察到了 Cu 颗粒在还原电势气氛下的形态变化。

在强还原条件下，Cu 颗粒分散在 ZnO 上并改变其活性[26]。若将气氛变为氧化性气体，则可观察到可逆效应，Cu 颗粒凝聚成更圆的形状[26]。此外，在较强还原条件下[26]，通过红外光谱能够观察到 Cu-Zn 表面结构的形成。如果还原电位超过临界等级，则会导致 Cu 合金的形成，进而导致催化剂的活性降低。最近，Behrens 等人强调了对甲醇合成中的 Cu-ZnO 协同作用[27]。他们总结认为，具有某种缺陷形式的纳米颗粒能够解释没有 ZnO 的 Cu 催化剂的活性来源，这类缺陷形式以面缺陷为主，堆叠层错。对于 Cu/ZnO 系统，在催化剂还原活化过程中，他们观察到 Cu 对 Zn 的表面积有一额外的下降，这一现象支持了 SMSI 效应。他们得出的结论是，除了在 Cu 表面存在的步骤外，还需要 Zn$^{δ+}$ 出现在有缺陷的铜表面。

所有结果表明，制备活性催化剂必须要有合成路线，既能够保证 3 种组分之间的密切接触，又能够保持活性成分的高分散度。沉淀和共沉淀过程使得催化剂前驱体组分具有良好的分散性和高度的均匀性。因此，沉淀法是大规模制备催化剂过程中最常用的方法之一[28]。合成甲醇的三元 Cu/ZnO/Al$_2$O$_3$ 催化剂，通常是由一种硝酸钠溶液与碳酸钠或碳酸铵混合，生成混合的羟基碳酸盐来制备[29]。沉淀物的质量和性能依赖于各种参数，如浓度、pH 值和温度等。大规模的沉淀过程通常是在间歇反应器中进行的。然而，最近开发出了一种连续操作的共沉淀合成过程，提升了过程控制和高度复现性[30, 31]。经过沉淀、羟基碳酸盐前驱体老化这两步后，还须经过洗涤、干燥、煅烧、还原这些步骤，每一个步骤都会对催化剂最终的性能产生影响[29, 32, 33]。

Cu/ZnO/Al$_2$O$_3$ 三元体系已经在甲醇合成中应用了 40 年左右，虽然这一过程非常重要，但活性位的性质、不同组分的作用以及甲醇合成机理仍是目前研究的主题。还有许多技术上的挑战，如催化剂长期稳定性的提高以及通过转换合成气的替代来源，以提高对杂质的抵抗力。

6.1.3 热力学和机理研究

合成气制备甲醇可以通过一氧化碳和二氧化碳的加氢反应生成[12]：

$$CO + 2H_2 \rightleftharpoons CH_3OH \qquad \Delta H_{298K, 5MPa} = -90.7 kJ/mol \qquad (6.1)$$

$$CO_2 + 3H_2 \rightleftharpoons CH_3OH + H_2O \qquad \Delta H_{298K, 5MPa} = -40.9 kJ/mol \qquad (6.2)$$

此外，一氧化碳和二氧化碳通过逆水煤气变换（RWGS）反应联系起来：

$$CO_2 + H_2 \rightleftharpoons CO + H_2O \qquad \Delta H_{298K, 5MPa} = 49.8 kJ/mol \qquad (6.3)$$

这 3 个平衡反应形成了甲醇合成反应网络。相当多的出版物对平衡常数的确定十分关注，被引用和应用最广的是 Graaf 等[34]基于理想气体假设的工作。从热力学数据可以看出，高温限制了甲醇的形成，而吸热的 RWGS 反应更容易发生。两种加氢反应都伴随着摩尔体积的减小，因此增大压力有利于甲醇的合成（勒夏特列原理）。因此，在甲醇合成中，低温和高压是首选条件。除了温度和压力外，平衡还受到合成气组成的影响。惰性气体成分的加入和 CO$_2$ 含量的增加都会导致最大平衡转化率的降低（图 6.3）。因此，通常在工业甲醇合成中，合成气具有较高的 CO 含量。

在过去的几十年里，关于甲醇是否优先从 CO 或 CO$_2$ 中生成的争论一直存在。根据 Natta[35]对 ZnO/Cr$_2$O$_3$ 催化剂的研究，人们认为甲醇主要是由 CO 加氢形成的。在 20 世纪 70 年代，俄罗斯科学家通过使用动力学测量和同位素示踪剂揭示了二氧化碳是甲醇合成中的碳源[36]。然而，基于 CO 的机理，多年来一直主导着科学界[37, 38]。这主要归功于 Klier 的工作[39]。通过使用不同的合成气成分，他们发现 CO$_2$ 约为 2% 时是最优状态，能得到最高的甲醇产量[40]。他们假设 CO 是甲醇形成的碳源，而二氧化碳只是起到了稳定催化剂最优氧化态的作用。低浓度的 CO$_2$ 会导致催化剂的过度还原，而高 CO$_2$ 含量会导致活性位点的竞争吸附。只有在进行新型同位素测量和动力学研究时，才有可能表明甲醇是由 CO$_2$ 优先生成的，而且 CO$_2$ 的加氢反应要比 CO 的加氢反应快得多。此外,不同的CO_2分压的测量结果显示,随着CO_2含量的增加,甲醇的生成速率也在增加[41, 45, 46]。通过全面的动力学研究,Graaf等[47]开发了一种模型,与实验数据结合在一起,证明了甲醇的形成几乎完全来自CO_2。基于这些结果,以下模型只考虑二氧化碳作为甲醇合成中的碳源。

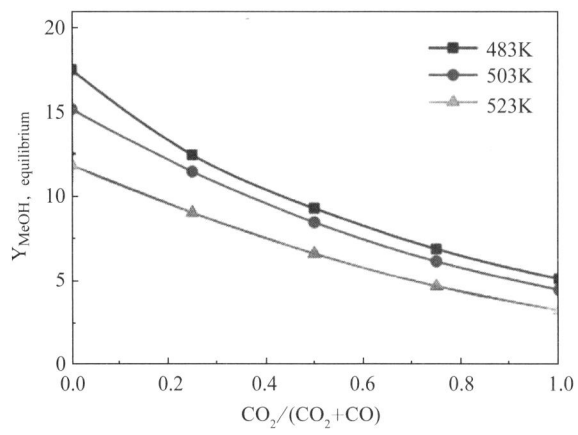

图6.3 CO_2/CO_x比例增加与甲醇平衡收率的变化(使用AspenPlus®软件计算)

水气转移(WGS)反应对反应网络的贡献也在这几年里引起了争议,但最近的研究结果表明,与CO_2加氢反应相比,WGS反应速率要快一个数量级,因此,只要合成气至少占5%,反应就处于平衡状态[45, 52]。

大量文献研究了在该反应过程中的中间物种,以此揭晓各个基本步骤,并确定反应的整体机制。甲酸盐(HCOO*)在含Cu[53-57]或含ZnO[58-62]体系以及二元Cu/ZnO催化剂[63-67]上都能以稳定的中间体形态存在,并可以由CO[63]和CO_2[56, 57]来形成。甲醇被认为是由被吸附的甲酸物种连续加氢而形成的,这一步骤被认为是甲醇合成中的速率决定步骤(RDS)[53, 68]。甲氧基(H_3CO^*)被认为是另一个重要的中间体,也在含Cu[60, 70]、ZnO[50-62]和Cu/ZnO的系统中被探测到[58, 60, 63-65, 67]。进一步的表面物种是甲酰(HOC*)[71-73]、二氧乙烯(H_2COO^*)[67]和羟基碳烯(HOHC*)[74]。基于这些不同的物种,并结合对Cu单晶的研究,Askgaard等[48]开发出了一种机理模型(表6.1左栏)。第一步描述水气转化(WGS)反应,后面的步骤主要关注作为决速步(RDS)的双氧甲醛到甲氧基的加氢作用。Vanden Bussche和Froment[49]开发了一个类似的基于中间物种的模型。作者假设CO_2在表面氧的吸附下形成碳酸盐(CO_3^*),这是连续加氢生成甲醇的过程(表6.1右栏)。由于甲酸盐的高稳定性,它的加氢作用被认为是RDS。这两种模型在文献中都被普遍接受,并被成功地用于描述在相关工业反应条件下获得的实验数据。然而,Norskov及其同事[27]的计算结果显示,CO_2的加氢过程是通过HCOO、HCOOH和H_2COOH的形成来实现的。然后,后者分解为吸附羟基和H_2CO,最后通过甲氧基加氢制得甲醇。

表6.1 假设的甲醇合成反应机理的基本步骤

表面反应[①]			步骤序号	表面反应[②]		
H_2O (g) +*	$\rightleftharpoons$	H_2O^*	(1)	H_2 (g) +2*	$\rightleftharpoons$	$2H^*$
H_2O^*+*	$\rightleftharpoons$	OH^*+H^*	(2)	CO_2 (g) +*	$\rightleftharpoons$	O^*+CO (g)
$2OH^*$	$\rightleftharpoons$	$H_2O^*+H^*$	(3)	CO_2 (g) +O^*+	$\rightleftharpoons$	CO_3^{**}
OH^*+*	$\rightleftharpoons$	O^*+H^*	(4)	$CO_3^{**}+H^*$	$\rightleftharpoons$	$HCO_3^{**}+^*$
$2H^*$	$\rightleftharpoons$	H_2+2^*	(5)	$HCO_3^{**}+H^*$	$\rightleftharpoons$	$HCOO^{**}+O^*$
CO (g) +*	$\rightleftharpoons$	CO^*	(6)	$HCOO^{**}+H^*$	$\rightleftharpoons$	$H_2COO^{**}+^*$
CO^*+O^*	$\rightleftharpoons$	$CO_2^*+^*$	(7)	H_2COO^{**}	$\rightleftharpoons$	H_2CO+O^*
CO_2^*	$\rightleftharpoons$	CO_2 (g) +*	(8)	$H_2CO^*+H^*$	$\rightleftharpoons$	$H_3CO^*+^*$
$CO_2^*+H^*$	$\rightleftharpoons$	$HCOO^*+^*$	(9)	$H_3CO^*+H^*$	$\rightleftharpoons$	CH_3OH (g) +2*
$HCCO^*+H^*$	$\rightleftharpoons$	$H_2COO^*+^*$	(10)	O^*+H^*	$\rightleftharpoons$	OH^*+^*
$H_2COO^*+H^*$	$\rightleftharpoons$	$H_3CO^*+O^*$	(11)	OH^*+H^*	$\rightleftharpoons$	$H_2O^*+^*$
$H_3CO^*+H^*$	$\rightleftharpoons$	$H_3COH^*+^*$	(12)	H_2O^*	$\rightleftharpoons$	H_2O (g) +*
H_3COH^*	$\rightleftharpoons$	H_3COH (g)	(13)			

注：* 代表催化剂上的一个吸附位点。各自的速率决定步骤用粗体标注出。
① 来自 Askgaard T S, et al. J. Catal., 1995, 156: 229.
② 来自 Vanden Busche KM, Froment G F. J. Catal., 1996, 161: 1.

6.1.4 工业甲醇合成

目前，工业应用催化剂都是基于铜的。由 Clariant、Haldor Topsøe 或 Johnson Matthey Catalysts 提供的典型催化剂是基于三元系统 $Cu/ZnO/Al_2O_3$ 的[14]。甲醇合成的工业应用是在绝热或等温过程中进行的。对这两种工艺来说，为了达到较高的甲醇产量，就必须去除从二氧化碳到甲醇的热氧化过程中产生的热量[12]。Topsøe 和 Kellogg 公司为处理量大的工厂设计的一个绝热过程是由一系列的绝热固定床流动反应器组成，其中包括反应器之间过程气体的冷却。Lurgi 开发了高效节能和准等温的 MegaMethanol 过程，如图 6.4 所示。

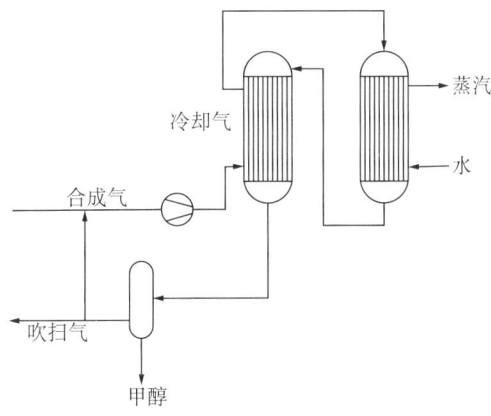

图6.4 Lurgi公司的MegaMethanol工艺流程

(摘自Wurzel T. DGMK conference "Synthesis Gas Chemistry", Dresdem, Germany, 2006.)

第一个反应器是一个沸水反应器,而第二个反应器的出口气体则通过合成气冷却并进入第一个反应器。这个理念实现了一个等温过程控制,降低了热应变,因此延长了催化剂的寿命[75, 76]。

由于不断增加的平衡限制,富CO_2合成气制备甲醇的应用受到了限制。CO_2含量越高,热力学上允许的碳氧化物转化率越低(图6.5)。

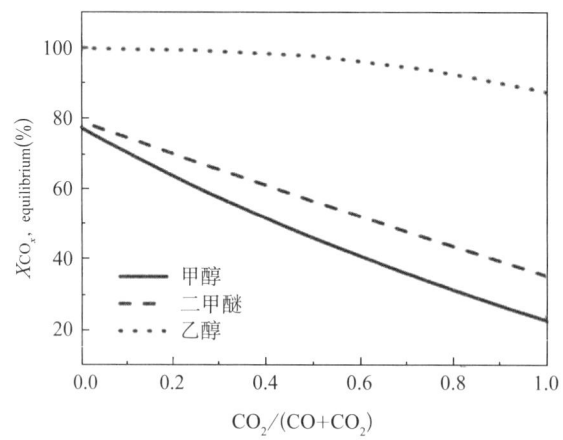

图6.5 不同CO_2/($CO+CO_2$)值下碳氧化物转化成不同产物的平衡度($X_{CO_S,\ equilibriam}$)

(523K, 60bar, $H_2 : CO_x = 3 : 1$; 采用AspenPlus软件计算)

因此,为实现高的甲醇收率,循环和附加冷凝步骤以去除液体产品是必要的。为了避免投资和运营成本的增加,正如 Haldor Topsøe 公司的 TIGAS 工艺所述,将富含 CO_2 的合成气混合物转化为 DME 是一种可行的替代方法。通过使用多功能催化剂,在第一步中形成的甲醇可以在同一反应器中转化为 DME,从而降低了平衡的限制,使得每次物料流过都能获得较高的碳氧化物转化率[77, 78](图6.5)。一个下游的反应器最终将 DME 转化为汽油。与传统的甲醇合成相比,TIGAS 过程需要的压力更低,从而进一步提高了成本效益。

类似地,将富CO_2的合成气混合物直接转化为醇类,例如转化为乙醇,这样能够很好地规避传统甲醇合成的平衡限制。

6.2 乙醇

6.2.1 历史与现状

糖发酵制乙醇是人类多年以来一直沿用的古老工艺。那时乙醇主要用于酒精饮料或防腐剂。1908年后,乙醇开始被用作运输燃料,但随着基于原油的燃料出现,乙醇运输燃料几乎被完全取代[79]。然而近年来，由于化石资源的枯竭以及人们对可持续、可再生燃料的需求增加，乙醇的重要性也急剧上升。2012 年，全球乙醇产量超过 $840×10^8$ t，其中北美和中美洲最高，其次是南美和巴西[80]。尽管使用乙醇作为汽油添加剂可减少温室气体的排放[81]，但其总体效率偏低[82]。

工业级别纯度的乙醇可由乙烯水化产生。然而这一过程相当昂贵，需要依赖化石资源来制备乙烯原料[83]。因此，乙醇主要是由来自玉米或淀粉的糖类发酵生产制得（第一代生物乙醇）[84]。尽管这是最常用的工艺，但它有两个缺点：(1) 发酵会产生含水混合物，需要使用昂贵但低能效蒸馏步骤；(2) 这个工艺不适合处理从木质纤维素或木质生物质中提取的糖。这一缺点将发酵过程限制在以食物为基础的生物原料上，因此导致了其与食品和营养行业的直接竞争[85, 86]。

由于过去几年的需求不断增长，在非食品生物燃料乙醇生产（第二代生物乙醇）领域开展了大量的研究和开发活动。其中一种研究策略能够处理非粮生物质的发酵过程，该方法需要特殊的酶和新方法来消化木质纤维素生物质[87, 88]。将非食物或废弃物的生物质转化为合成气，紧接着下游的非均相催化将其转化为高级醇，这是第二代生物乙醇生产（图 6.6）的另一个很有前景的选择[86, 89]。

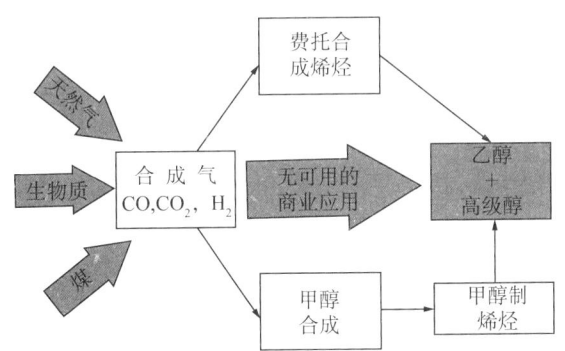

图6.6 生物质气化与下游合成气转化生产乙醇和高级醇的工艺方案

这一过程的主要优势是，就像现有的基于合成气的生产链技术和设备一样，几乎能够完全将生物质纤维素转化为合成气。然而，目前还没有开发出一个直接地并能够选择性地将合成气转化为乙醇的过程。

6.2.2 催化剂

文献中提及，在合成气直接转化为乙醇和高级醇时，催化剂的种类繁多，各种组合也不尽相同。一般来说，分为铑催化剂、改性钼和二硫化钼催化剂、改性的甲醇合成催化剂及改性的费托合成催化剂 4 个不同的体系。

本章简要概述并总结了有关合成气主要转化为乙醇产品的相关内容，但须指出，本章并未涵盖该领域的全部研究。在 2007 年和 2008 年有两篇综述独立地发表，如对此主题感兴趣，强烈推荐进一步阅读文献 [90,91]。

6.2.2.1 贵金属催化剂

通常认为，铑是最合适的从合成气出发直接合成乙醇和高级醇的贵金属，这主要由于其独特的性质使其对 CO 具有解离性吸附和非解离性吸附性能[92]。这两个步骤都被认为是从合成器出发合成乙醇和其他含氧化合物的必要条件。一般反应机理都会假设 CO 在分解后会形成一个 CH_x 物种。在 $Rh-CH_x$ 键中插入非解离的 CO 并且和吸附的氢原子的反应最终导致乙醇的产生（见 6.2.3 节）。

然而，在不同的氧化物上担载纯 Rh 仅表现出对生成乙醇较差的性能。为了提高反应活性和乙醇的选择性，研究了各种不同的助剂[92]。通常认为，助剂与吸附的 CO 分子中的氧原子相互作用，增强了分离吸附的倾向。在还原条件下助剂中的氧空位的产生是有利的，因为它们提供了 CO 通过氧原子吸附的位置[93,94]。此外，助剂相在还原期间应部分地覆盖 Rh 簇，使得 $Rh-MO_x$ 界面位点数目增加，以此促进 CO 解离[95,96]。铁是一个合适的铑催化剂助剂，能够满足规定的要求[97,98]。Fe_2O_3 的加入有助于将非解离的 CO 插入 $Rh-CH_x$ 键中，这将使得乙醇的选择性更高，同时能够抑制非理想产物甲烷的形成[99]。此外，其他助剂，如 Mn、La、Ce 和 Y 被发现能够增强乙醇的选择性，而 Zr、Ti 和 V 则可以增强催化活性[91,100-102]。此外，增加第二种助剂，如 Li、Na 或 K，抑制碳氢化合物的形成，会增强对 C_2- 含氧化合物的选择性[103]。

同时，也对载体的作用进行了深入的研究，有两种不同的效果：直接效应描述了载体由于其化学性质影响产品的生成。弱碱性的氧基载体，如 La_2O_3、CeO_2 或 TiO_2，能够得到较高的乙醇产量[100,104]。更多碱性载体，如 MgO 或 ZnO，以甲醇为主要产品，而酸性载体有利于甲烷和其他碳氢化合物的形成[91,104]。载体对 Rh 元素分散有影响，进而影响 CO 吸附的种类，这被描述为间接载体效应。例如，Rh 担载在 SiO_2 上形成有利于结合 CO 吸附的粒子；而高度分散的 Rh 簇则是在 Al_2O_3 或 TiO_2 上形成，导致 CO 解离[105]。

尽管 Rh 催化剂对乙醇的选择性非常高（高达 50%），但是反应的转化率非常低。值得一提的是，这在工业规模应用上是不利的。铑的年使用量约为 22t，其中 80% 用于汽车催化转化器的生产[106]，这导致转化器有着非常高的成本。其结果是，由于现阶段催化剂开发需要较高的 Rh 含量，大规模生产合成气制乙醇的 Rh 基催化剂是不经济的。

6.2.2.2　Mo 催化剂

非负载型和负载型 Mo 催化剂在高级醇的合成中也得到了广泛的研究和应用。人们普遍认为，合成气在 Mo 催化剂上生成乙醇和高级醇的反应机制以及贵金属催化剂反应机制有着相同的步骤，即在解离吸附的 CO 的加氢作用下，表面 CH_x 物种间插入了非解离 CO 而形成的乙醇和高级醇[107]。

通过将碳或黏土上担载的 Mo 与碱金属或过渡金属掺杂,可以将产品的选择性从碳氢化合物转移到醇类。例如,钾通过抑制 Mo 的还原来稳定 MoO_2 相,这导致了醇的形成[108]。将 Ni 添加到一个掺杂 K 的 β-Mo_2C 中可以增强转化率并提高选择性,尤其是想要生成 C_{2+} 醇的情况下[109]。将 Co 加入 K 助剂的 Mo 催化剂中,能够导致对碳氢化合物选择性的增加,这是由于在反应条件下形成了 Co_2C 相而引起的[110]。

基于 MoS_2 的体系通常用于从天然气或精制的石油产品中去除硫的加氢脱硫催化剂,这一体系也被研究用于高级醇的合成。碱的掺杂又会导致产品分布的变化,使其对醇的选择性更强。加入一种掺有 K 的 MoS_2 催化剂,能够增加乙醇的总收率和选择性,最大 Mo/Co(物质的量比)能够达到 2[111]。然而,在反应过程中会形成 CoS_x 相,这被认为是能够观察到的催化剂失活的原因[112]。这些 CoS_x 相的形成被加入的镧所抑制,从而提高了催化剂的稳定性。此外,与无 La 体系相比,还能观察到更高的转化率和选择性[113]。虽然 Ni 也可以造成更高的转化率和乙醇的生成,但同时也有利于甲烷的形成。Mn 的加入促进了 Ni 在表面上的分散,避免了形成更大的 Ni 簇,而后者是生成甲烷的活性位[114]。

基于 MoS_2 的体系被认为是从合成气合成乙醇和高级醇的催化剂。结果表明,该催化剂具有较高的抗硫性[91],这个问题在生物质气化得到的合成气处理中非常严重。然而,在产品中发现了大量的硫,需要大量而且昂贵的后处理工艺才能满足规定的燃料标准[115]。

6.2.2.3 改性甲醇合成催化剂

尽管甲醇在 ZnO/Cr_2O_3 或 Cu/ZnO 催化剂上的合成具有高度选择性,但在某些情况下,仍然可以检测出大量的乙醇和其他的含氧化合物。催化剂通常是由沉淀形成的,在甲醇合成过程中副产物的生成是由于催化剂中残留的碱金属离子导致的[116]。这一研究结果使得碱性助剂铜催化剂在合成气中制乙醇和高级醇方面的研究不断增多。研究了不同碱金属和负载物,发现随着碱金属原子半径的增大(Li<Na<K<Rb<Cs),高级醇生成的趋势增大[117]。通常认为掺杂碱金属有两个作用:(1)催化剂表面酸性位中和抑制了乙醚的形成[118];(2)为 C—C 键和 C—O 键的形成提供基本的场所[119]。最佳担载量由许多因素共同决定,如制备过程、担体和助剂浓度。在大多数情况下,随着碱金属担载量的增加,可以观察到醇的形成。通常认为增加碱金属负载量会提高乙醇的产率,但在一定的负载量下,进一步地添加碱金属负载量会导致 Cu/ZnO 位点阻塞,从而导致整体催化活性的降低[120]。碱金属掺杂的铜催化剂上的 ZnO/Al_2O_3、ZnO/Cr_2O_3 或 MgO/CeO_2 被成功地应用于高级醇的合成[118, 121-124]。所有的体系都会产生直链和支链的 C_1—C_6 醇的混合物,并会产生少量的其他含氧化合物或烃类。

然而,由于对乙醇的选择性很低,甲醇仍然是主要的产物。这一现象可以由所提的 Cu 催化剂反应机理解释,这一机理描述了由两个低级醇缩合生成高级醇的过程。通过对基于 Cu 催化剂反应机理的理论研究,使得这种现象变得更为合理,这描述了通过两个较低级的醇分子生成较高级的含氧化合物的过程。在这一机制中，两个成对 C_1 物种形成 C_2 中间体的过程被认为是 RDS，C_2 中间体形成高级醇的反应很快，这使得以牺牲乙醇为代价生成的甲醇和 C_{2+} 醇的量较高[122]。

6.2.2.4 改性费托催化剂

基于 Co、Fe、Ni 或 Ru 催化剂的常规费托（FT）合成是一种众所周知工艺，能够选择性地将合成气转化为长链烃。然而，在反应过程中还会生成少量乙醇及其他含氧化合物[125, 126]。当施用于乙醇和高级醇的合成时，搭载于 Al_2O_3、SiO_2 或碳纳米管的 Co、Fe 和 Ru 被各类不同的助剂（包括过渡金属，如 Cu、Mo、Mn、Pd 和 La 以及碱金属）修饰，使得醇及其他含氧化合物的生成被增强[127-133]。

一般来说，改性 FT 催化剂形成醇类和含氧化合物的活性是由具有吸附作用的 FT 金属和促进 CO 非解离吸附的助剂金属组合而产生的协同效应导致的[134, 135]。协同效应需要催化剂和助剂相之间密切地相互作用，因此，非常依赖于催化剂的制备方法、助剂相的负载和分散以及催化剂的前驱体和预处理方法[136, 137]。改性 FT 催化剂额外的碱掺杂，可以通过抑制碳氢化合物的形成来进一步提高 C_{2+} 含氧化合物的选择性[136]。

改性的 FT 催化剂主要生产线性的伯醇。其反应机理与 Rh 催化剂的反应机理相同，通常认为其关键步骤是非解离 CO 插入表面 CH_x 物种[130]。尽管如此，碳氢化合物的量通常高于以甲烷为主要产物时相应的含氧化合物的量。一些体系仅在 C_2 化合物中显示出这种趋势变化，与 C_2 烃类相比，对含氧化合物具有更高的选择性。然而，总的产品分布服从 Anderson-Schulz-Flory 分布规律[91, 138]。

6.2.2.5 双金属 Cu-Co 催化剂

数十年来，以 Cu 和 Co 催化剂为基础的合成气转化制乙醇和高级醇引起了人们的广泛关注，并且有着大量的研究。这些催化剂包括在甲醇合成中作为活性位点的 Cu，以及典型的 FT 金属 Co，故而为前述的协同效应提供了机会。

1975—1990 年，IFP（Institut Français du Pétrole）[139-144] 提出了大量的专利申请，用于开发合成气制备高级醇的催化剂。除了 Cu 和 Co 外，涉及的催化剂还包括大量的过渡金属以及碱金属和碱土金属，这些金属被假定为结构性助剂或电子性助剂，并导致催化剂活性和乙醇的选择性增加。与其他体系不同的是，这种基于 Co 和 Co 的催化剂能够促进 C_{2+} 含氧化合物的生成，从而使乙醇成为包括甲醇在内的所有醇类产物中的主要产品[139, 140]。催化剂采用共沉淀法制备，使得材料中各个组分达到均匀分布。焙烧后的催化剂被相应的碱金属或碱土金属浸渍[145]。

基于 IFP 的前期工作，该体系在过去几年里进行了广泛研究，特别是有关 Cu 和 Co 之间相互作用的研究。结果发现，对生成高级醇的 Cu-Co 催化剂的性能起主要作用的是协同效应[146]。混合晶相的析出、混合结晶相（如层状双氢氧化物或钙钛矿）的沉淀可以通过在制备步骤中创造的邻近活性位点来改善 Cu 和 Co 之间的相互作用[147-150]。

TPR 研究发现，金属铜还原双金属催化剂在降低钴氧化物的可还原性方面具有协同效应[137, 151]。Spivey 及其同事[152]的研究表明，混合的 Cu-Co 纳米粒子相比于他们各自的核—壳纳米粒子对乙醇及其他的含氧化合物有更高的选择性，这可能是由于前者双金属界面数量更多。Kruse 和同事们应用草酸盐共沉淀法合成无负载的 Cu-Co 催化剂。他们观察到，在 CO 加氢反应中，对长链醇（尤其是 C_9—C_{14}）有很高的选择性。与双金属系统相比，增加第三种金属（例如 Mn 或 Mo）极大地增加了催化活性和选择性[153-155]。GoodwinJr. 和同事们[156]也做了类似的研究，他们研究了 Cu、Co 和 ZnO 组合作为 CO 加氢催化剂的情况。只有三元混合物，即 Co/Cu-ZnO 体系，对乙醇和高级含氧化合物有显著的选择性[156]。除了最近发表的几篇关于用于改善 Cu 催化剂的过渡金属、碱金属或碱土金属的报告外，碳纳米管被用作助剂或载体的情况近来也有文章发表[157, 158]。

6.2.2.6 对比

将合成气制乙醇和高级醇的不同催化剂进行对比是困难的，主要有以下几个原因：文献中所呈现的数据通常是在不同的反应条件下得到的，如温度、压力、H_2/CO 和流量等，这些反应条件都对转化率、产率和选择性有着强烈的影响。一些作者忽略了二氧化碳形成或转化率这样重要的值，有时还出现副产物选择性缺失的情况。此外，用于试验和测量的装置涵盖从差分反应器到中试规模的较大的范围。表 6.2 总结了一些催化剂的性能。

表6.2 部分合成气制乙醇催化剂比较

催化剂	实验条件				Co 转化率 (%)	选择性 S_i (%)					参考文献
	T (K)	p (MPa)	$H_2/(CO)$	流量		CO_2	MeOH	EtOH	Oxy	HC	
1%Rh/V_2O_5	493	0.1	1	n.a.	4.5	6.0	6.2	37.2		50.5	[101]
2%Rh-2.5%Fe/TiO_2	567	2	1	8000①	17.7			23.7	19.1	57.2	[97]
5%Rh-5%Mn/SBA15	573	1	2	9000①	21.9	23.8	1.2	12.9	0.1	61.6	[94]
5%Rh-2.5%Fe/SBA15	573	1	2	9000①	19.5	18.7	2.9	20.6	2.9	54.8	[99]
5%Rh-5%FeO_x/SiO_2	523	2	2	8000①	12.4	3.5	18.0	42.0		31.2	[98]
K-Co-Mo/AC	603	5	2	4800②	14.3		9.3	8.1	4.4	53.4	[111]
K/Co/B-Mo_2C	573	8	1	2000②	51.0	可忽略	11.1	15.5	13.0	60.4	[110]
K/Ni/B-Mo_2C	573	8	1	2000②	73.0	50.9	6.0	9.4	7.9	25.8	[109]
$La_{0.2}MoCo_{0.1}K_{0.6}$	603	3	2	2225②	17.2	可忽略	29.6	40.3	5.5	24.8	[113]
K-Ni-Mn/MoS_2	588	9.5	2	6000②	17.8	14.3	32.0	23.0	14.7	16.0	[114]
K-Co/MoS_2/clay	573	13.8	1.1	2000②	30.5	可忽略	17.9	36.0	23.2	22.9	[112]
K-Ni/MoS_2	573	8	1	2500②	34.1	可忽略	8.3	21.2	33.2	37.3	[107]
K-Ni/MoS_2	643	9.1	1	7000①	16.7	可忽略	23.8	32.3	23.0	20.9	[115]
Cu/ZnO/Cr_2O_3	583	7.6	0.45	5300①	13.8	可忽略	53.4	6.9	26.9	9.4	[119]
3%Cs-Cu/ZnO/Cr_2O_3	583	7.6	0.45	5300①	14.5	可忽略	42.7	7.3	36.6	10.6	[119]

续表

催化剂	实验条件				Co转化率(%)	选择性 S_i (%)					参考文献
	T (K)	p (MPa)	$H_2/$ (CO)	流量		CO_2	MeOH	EtOH	Oxy	HC	
0.3%Cs–Cu/ZnO/Al_2O_3	583	7.6	0.45	5300[①]	11.5	可忽略	79.9	5.1	8.5	6.5	[119]
2.5%Cs–Cu/ZnO/Al_2O_3	583	7.6	0.45	5300[①]	10.7	可忽略	82.3	3.6	8.4	5.7	[119]
1%K–$Cu_{0.5}Mg_5CeO_x$	583	4.5	1	6000[①]	9.9	15.6	63.5	2.2	11.0	4.0	[118]
Pd–K–$Cu_{0.5}Mg_5CeO_x$	583	4.5	1	6000[①]	10.6	19.2	60.0	2.9	7.8	5.1	[118]
Ir–Ru/SiO_2	573	5	2	2000[②]	5.6	4.5	4.2	17.2	5.8	64.1	[134]
Li–Ir–Ru/SiO_2	573	5	2	2000[②]	6.5	5.7	2.3	21.6	9.9	55.7	[134]
Co–Ir/SiO_2	573	5.1	2	2000[②]	n.a	3.8	23.0	27.0	7.8	38.7	[135]
10%Co–2%Pd/SiO_2	543	1	2	24000[①]	8.2	6.4	1.2	2.5	1.7	88.2	[132]
Fe–Cu/SiO_2	603	10	1	4000[①]	4.4	9.9			9.8[③]	80.3	[127]
Fe–Cu–La–Mo/SiO_2	603	10	1	4000[①]	5.3	9.5			16.2[③]	77.6	[127]
Fe–Cu–La–Mo/SiO_2	603	10	3	4000[①]	11.8	4.9			22.4[③]	73.1	[127]
Co–Cu/ZnO/Al_2O_3	563	4	2	3000[②]	95.0	可忽略	5.7		1.6[④]	92.8	[149]
1%K–Co–Cu/ZnO/Al_2O_3	563	4	2	3000[②]	82.0	可忽略	18.9		4.9[④]	76.2	[149]
5%K–Co–Cu/ZnO/Al_2O_3	563	4	2	3000[②]	47.0	可忽略	14.6		5.7[④]	71.9	[149]
Co–Cu (1∶3)	543	2	2	18000[②]	< 1	27.8	2.8	5.3	35.2	29.1	[152]
Co–Cu (1∶24)	543	2	2	18000[②]	< 1	48.8	6.6	11.4	16.0	17.3	[152]

注：EtOH 为乙醇；HC 为碳氢化合物（含甲烷）；MeOH 为甲醇；n.a. 表示数据不可用；Oxy 表示所有其他含氧化合物（含 C_{2+} 醇、醚类、醛类等）；S_i 表示 i 物种的选择性。

① 以 L/($kg_{cat} \cdot h$) 为单位。
② 以 h^{-1} 为单位。
③ 包含甲醇和乙醇。
④ 包含乙醇。

6.2.3 热力学和机理研究

将合成气转化为乙醇和高级醇，可通过由式（6.4）和式（6.5）描述的 CO 和 CO_2 的加氢反应来实现。

$$n\mathrm{CO} + 2n\mathrm{H}_2 \rightleftharpoons C_nH_{2n+1}OH + (n-1)H_2O \tag{6.4}$$

$$n\mathrm{CO}_2 + 3n\mathrm{H}_2 \rightleftharpoons C_nH_{2n+1}OH + (2n-1)H_2O \tag{6.5}$$

两个反应都是摩尔体积减小的放热反应。因此，低温、高压环境有利于提高醇的产率。与高选择性的甲醇合成相比，这类反应必须考虑到诸如甲醇、甲烷和高级烷烃等副产物的生成[90, 91]。尤其由于甲烷化反应在所应用的反应条件下是热力学有利的，因此它是一个剧烈的竞争反应[159]。图 6.7 显示了不同合成气组成得到的乙醇平衡收率。但是，当发生甲烷化反应时，它完全抑制了乙醇的形成。为了达到较高的乙醇选择性，必须对甲烷的生成进行动力学上的限制。

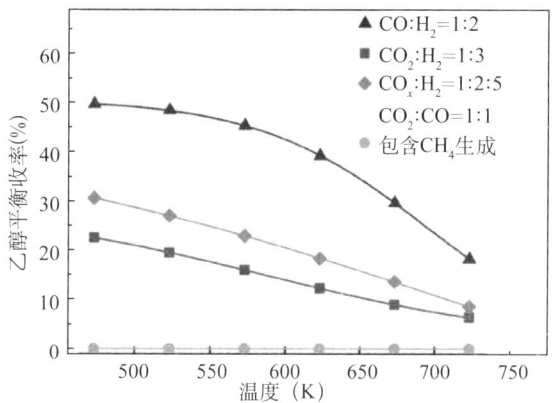

图6.7 不考虑竞争性甲烷化作用，应用不同组成的合成气时乙醇平衡收率（采用AspenPlus软件计算）

正如前面提到的，在合成气转化为乙醇和高级醇的过程中，大多数催化剂提供了活性位点，而这些活性位点与解离和非解离吸附的CO非常靠近。通常认为它们对基于Rh、FT和Mo的催化剂的机理都很重要[107, 130, 160, 161]。尽管存在一些细微的差异，但一般的反应机理仍可以用图6.8描述。

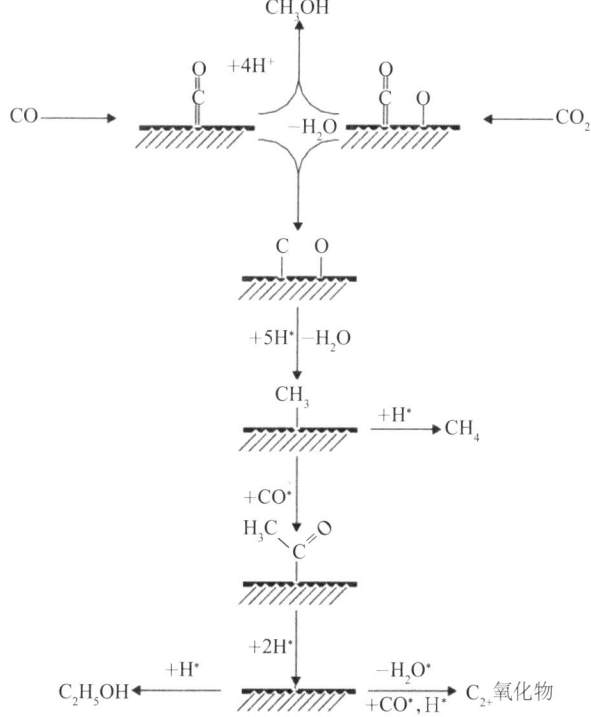

图6.8 在Rh、FT和Mo催化剂上形成乙醇的简化反应机理的示意图[107, 130, 160, 161]

第一个反应步骤是 CO 和 CO_2 各自的分离吸附，紧接着是通过加氢反应形成 CH_x 表面物种。通过进一步的加氢反应，该物种转化为甲烷，甲烷从表面分离并终止反应序列。相反的是，通过插入分子吸附的 CO，能够形成丙烯酸类或烯醇类物质。这类物质可以通过加氢转化为乙醇或用作通过进一步的 CO 插入 / 加氢形成 C_{2+} 氧化物的中间体。对于 CO_2，通常假定解离吸附能引起 CO 的分子吸附[162]。

对于改性 Cu 催化剂上合成高级醇的反应机理更具争议性。大多数机理模型认为，通过两个甲醇分子的偶联反应形成 C_2 中间体，这一结论得到了核磁共振（NMR）和同位素测量的支持[163]。甲酰基被发现是一种重要的中间体，它吸附在碱改性 Cu 催化剂的碱性位点上。通过甲酰基物种对甲醛的亲核攻击而形成 C_2 中间体[116, 118, 163]。假定甲酰基和甲醛都是从甲醇形成的。Elliott 和 Pannella 描述的乙醇基于催化剂表面上吸附的 C_1 物种，这种以合成气（$CO+H_2$）或甲醇为源头都能够生成这类乙醇。这个 C_1 中间体是由作者进一步指定的，但它很可能被假定为甲酰基或甲醛[90]。最近，Wang 等[166]发表了一个基于密度泛函理论（DFT）计算的替代机理。他们提出，CO 被连续地加氢用以吸附 H_3CO^* 物种，该物种要么与 H^* 形成甲醇或解离形成 CH_3^* 和 OH^*。然后，先通过将 CO 插入 CH_3^* 物种中，紧接着加氢形成乙醇。

关于 CO_2 在合成气中的影响，报道给出了 CO_2 对高级醇形成的促进[167]和抑制作用[118]。然而，大多数关于高级醇合成的文献都集中在不含 CO_2 的合成气上。

6.2.4 合成气制乙醇

20 世纪 80 年代，IFP 在日本千叶建立了一个合成气混合醇试点工厂。他们使用了不同过渡金属和碱金属的 Cu-Co 催化剂，生成了以甲醇为主要成分的 C_1-C_6 醇的混合物。该厂年生产能力约为 670t。然而，IFP 没有继续这项工作[168, 169]。1982—1987 年，Snamprogetti、Enichem 和 Haldor Topsøe（合称 SEHT）合作，在意大利建立了一个年产量为 15000t 的试点工厂。该设施基于改性甲醇合成催化剂生产醇混合物。尽管他们可以把他们的产品作为汽油调和产品来销售，但是这项工作已经停止了[86, 169]。Lurgi-Octamix 工艺也使用甲醇合成催化剂，但是与 SEHT 工艺中应用的体系相比，助剂有所不同。在 1990 年，Lurgi 在德国的 Juelich 建造了一个试验性工厂，其生产能力约为 2t/d。然而，Lurgi 表示，他们不再继续这项技术[86, 169]。陶氏公司使用了一种基于二硫化钼的催化剂，该产品对直链 $C_2—C_5$ 醇具有良好的生产能力，但也产生了大量的二氧化碳、甲醇和碳氢化合物[86]。这个实验室规模的技术计划被扩大到 Power Energy Fuels, Inc. (PEFI) 称作 Ecalene 混合醇工艺的 2t/d 的试点工厂，但是无法找到更多的和更新的与之相关的信息[86, 170]。Range Fuels 于 2007 年推出了第一个商业规模的乙醇设施。该设施使得生物质衍生合成气在 Mo 催化剂上转化成脂族醇的混合物，其加工能力为 30000t/d[171, 172]。然而，工厂倒闭了，不得不在 2011 年关闭。除了将合成气直接转化成乙醇和高级醇之外，最近还描述了间接连续的加工方法，例如甲醇的下游转化[173, 174]或由之前形成的 DME 和合成气来制备高级醇[175]。

尽管目前还没有建立商业工厂，但是对合成气直接转化制乙醇和高级醇的工业可行方法的需求仍然很高。实现这一目标需要催化剂研发和反应工程领域更复杂的研究。

参考文献

[1] A. Mittasch, M. Pier, K. Winkler, BASF (1925) DE415686.
[2] C. Lormand, *Ind. End. Chem.* 17 (1925) 430.
[3] M.R. Fenske, PK. Frolich, *Ind. Eng. Chem.* 21 (1929) 1052.
[4] J.T. Gallagher, JM. Kidd, ICI(1965) GB1159035.
[5] T.D. Casey, G.M. Chapman, Catalysts&Chemicals, Inc. (1969) GB 1286970.
[6] A.B. Stiles, DuFont (1973) GB1436773.
[7] E.F. Magoon, Shell (1973) US3709919.
[8] FJ. Broecker, K.-H. Gründler, L. Marosi, M. Schwarzman, B. Triebskorn, G. Zirker, BASF (1978) DE2846614.
[9] M. Schneider, K. Kochloefl, J. Ladebeck. Süd-Chemie AG (1984) EP0125689.
[10] P. Courty, C. Travers, D. Durand, A. Forestière, P. Chaumette, IFP (1986) US4596782.
[11] Homepage of the Methanol Institute, http://methanol.org (accessed 09/2013).
[12] J.B. Hansen, P.E.H. Nielsen, Methanol Synthesis, in: G. Ertl, H. Knözinger, F. Schüth, J. Weitkamp (eds.), *Handbook of Heterogeneous Catalysis*, Wiley-VCH, Weinheim, 2008.
[13] G.A. Olah, *Angew. Chem. Int. Ed.* 44 (2005) 2636.
[14] E. Kunkes, M. Behrens, Methanol Chemistry. in: R. Schlögl (ed.), *Chemical Energy Storage*, De Gruyter, Berlin, 2013.
[15] H. Wilmer, T. Genger, O. Hinrichsen, *J. Catal.* 215 (2003) 188.
[16] M. Kurtz, H. Wilmer, T. Genger, O. Hinrichsen, M. Muhler, *Catal. Lett.* 86 (2003) 77.
[17] J.C. Frost, *Nature* 334 (1988) 577.
[18] R. Burch, S.E. Golunski, M.S. Spencer, *J. Chem. Soc. Faraday Trans.* 86 (1990) 2683.
[19] M.S. Spencer, *Top. Catal.* 8 (1999) 259.
[20] T. Fujitani, J. Nakamura, *Appl. Catal.* A 191 (2000) 111.
[21] I. Nakamura, H. Nakano, T. Fujitani, T. Uchijama, J. Nakamura, *Surf. Sci.* 402–404 (1998) 92.
[22] J. Nakamura, Y. Choi, T. Fujitani, *Top. Catal.* 22 (2003) 277.
[23] M. Kurtz, N. Bauer, C. Büscher, H. Wilmer, O. Hinrichsen, R. Becker, S. Rabe et al., *Catal. Lett.* 92 (2004) 49.

[24] R. Naumann d'Alnoncourt, M. Kurtz, H. Wilmer, E. Löffler, V. Hagen, J. Shen, M. Muhler, *J. Catal.* 220 (2003) 249.

[25] J-D. Grundwaldt, A.M. Molenbroek, N.-Y. Topsøe. H. Topsøe. B.S. Clausen, *J. Catal.* 194 (2000) 452.

[26] N-Y. Topsøe, *Catal. Today* 113 (2006) 58.

[27] M. Behrens, F. Studt, I. Kasatkin, s. Kühl, M. Hävecker, F. Abild-Pedersen, S. Zander et al., *Science* 336 (2012) 893.

[28] F. Schüth, M. Hesse, K.K. Unger, Precipitation and Coprecipitation,in: G. Ertl, H. Knözinger, F. Schüth, J. Weitkamp (eds.), *Handbook of Heterogeneous Catalysis*, Wiley-VCH, Weinheim, Germany, 2008.

[29] S. Schimpf. M. Muhler, Methanol Catalysts, in: K.P. de Jong (ed.), *Synthesis of Solid Catalysts*, Wiley-VCH, Weinheim, Germany, 2009.

[30] S. Kaluza, M. Behrens, N. Schievenhövel, B. Kniep, R. Fischer, R. Schlögl, M. Muhler, *ChemCatChem* 3 (2011) 189.

[31] P. Kurr, S. Kaluza, M. Hieke. B. Kniep, M. Muhler, R. Fischer, Süd-Chemie AG (2010) DE102010021792.

[32] S. Kaluza, M. Muhler, *Catal. Lett.* 129 (2009), 287.

[33] S. Kaluza, M. Muhler, *J. Muter. Chem.* 19 (2009)3914

[34] G.H. Graaf, PJJ.M. Sijtsema, E.J. Stamhuis, G. E.H. Joosten, *Chem. Eng. Sci.* 41 (1986) 2883.

[35] G. Natta, *Catalysis* 3 (1955) 349.

[36] A.Y. Rozovskii, Y.B. Kagan, GI. Lin, E.V. Slivinskii, S.M. Loktev, LG. Liberov, A.N. Bashkirov, *Kinet. Catal.* 17 (1976) 1314.

[37] J. C. J. Bart, R. P. A Sneeden, *Catal Today* 2 (1987)1.

[38] G.C. Chinchen, P. J Denny, J. R. Jennings, M. S. Spencer, K. C. Waugh, *Appl. Catal.* 36 (1988) 1.

[39] K. Klier, *Adv Catol.* 31 (1982) 243.

[40] K. Klier,V. Chatikavanij. R.G. Herman, G. W. Simmons, *J. Catal.* 74 (1982) 343.

[41] G. Liu, D. Willcox, M. Garland, H.H Kung, *J Catal.* 96 (1985) 251.

[42] G. C. Chinchen, P. J. Denny, D.G Parker, G.D. Short, M.S. Spencer, K.C. Waugh, D. A. Whan, *Am. Chen. Soc. Div Fuel Chem.* 29 (1984) 178.

[43] G.C. Chinchen, P. J. Denny. D. G, Parker. M.S. Spencer, D.A Whan, *Appl. Catal.* 30 (1987) 333.

[44] R. Kieffer, E. Ramaroson, A. Deluzarche, Y. Trambouze, *React. Kinet. Catal. Lett.* 16 (1981) 207.

[45] K.G. Chanchlani, R, R. Hudgins, P.L. Silveston, *J. Catal.* 136 (1992) 59.

[46] M. Sahibzada, I. S. Metcalfe, D. Chadwick, *J. Catal.* 174 (1998) 111.

[47] G. H. Graaf, E. J. Stamhuis, A.A.C.M. Beenackers, *Chem. Eng. Sci.* 43 (1988)3185.

[48] T. S. Askgaard, J. K. Nørskov, C. V. Ovesen, P. Stoltze, *J. Catal.* 156 (1995) 229.

[49] K.M. Vanden Bussche, G.F Froment, *J. Catal.* 161 (1996) 1.

[50] O.A Malinovskaya, A.Y. Rozovskii, I.A. Zolotarskil, Y.V. Lender. Y.S. Matros, G.I. Lin, G. V. Dubovich, N.A Popova, N.V. Savostina, *React. Kinet. Catal. Lett.* 34 (1987) 87.

[51] T. Kubota, I. Hayakawa, H. Mabuse, K. Mori, K. Ushikoshi, T. Watanabe, M. Saito, *Appl. Organomet. Chem.* 15 (2001) 121.

[52] Y. Yang, J. Evans, J.A. Rodriguez, M.G. White, P. Liu, *Phys. Chem. Chem. Phys.* 12 (2010) 9909.

[53] M Bowker, R.A Hadden, H. Houghton, J.N.K. Hyland, K.C. Waugh, *J. Catal.* 109 (1988) 263.

[54] B.A Sexton, *Surf. Sci.* 88 (1997)319.

[55] B.E. Hayden, K. Prince, D. P. Woodruff. A.M. Bradshaw. *Surf. Sci.* 133 (1983) 589.

[56] P.A. Taylor, P.B. Rasmussen, C.V. Ovesen, P. Stoltze. I. Chorkendorff, *Surf. Sci.* 261 (1992) 191.

[57] I. Chorkendorf, P.A. Taylor, PB. Rasmussen, *J. Vac. Sci. Technol. A* 10 (1992) 2277.

[58] S.-I. Fujita, H. Ito, N. Takezawa, *Catal. Lett.* 33 (1995) 67.

[59] M. Bowker, H. Houghton, K.C. Waugh, *J. Chem. Soc. Faraday Trans*, 77 (1981) 3023.

[60] A. Ueno, T. Onishi, K. Tamaru, *Trans. Faraday Soc.*67 (1971) 3585.

[61] S.G. Neophytides, A. J. Marchi, G.F. Froment, *Appl. Catal. A Gen.*86 (1992) 45.

[62] K. Kaehler, M. C. Holz, M. Rohe, J. Strunk, M. Muhler, *ChemPhysChem* 11 (2010) 2521.

[63] J. F. Edwards, G.L. Schrader, *J. Phys. Chem.*88 (1984) 5620.

[64] S.-I. Fujita, M. Usui, E. Ohara, N. Takezawa, *Catal. Lett.* 13 (1992) 349.

[65] R. Yang. Y. Fu, Y. Zhang, N. Tsubaki, *J. Catal.* 228 (2004) 23.

[66] J.E Bailie, C.H. Rochester, G. J. Millar, *Catal. Lett.* 31 (1995) 333.

[67] V. Sanchez-Escribano, M.A. Larrubia Vargas. E. Finocchio, G. Busca, *Appl. Catal. A Gen.* 316 (2007)63.

[68] K.M. Vanden Bussche, G.F. Froment, *Appl. Catal. A Gen.* 112 (2004)37.

[69] M. Bowker, R.J. Madix, *Surf. Sci.* 95 (1980) 190.

[70] A.V. de Carvalho, M.C. Asensio, D.P. Woodruff. *Surf. Sci.* 273 (1992) 381.

[71] J. C. Lavalley. J. Saussey.T. Rais, *J. Mol. Catal.* 17 (1982) 289.

[72] J. Saussey,J.-C. Lvalley, J. Lamotte.T Rais, *J. Chem Soc. Chem. Commun.* (1982) 278.

[73] J. Saussey, J. C. Lavalley, T. Rais, A. Chakor-Alami, J. P. Hindermann, A. Kiennemann, *J. Mol. Catal.* 26 (1984) 159.

[74] G.A. Vedage, R.G. Herman, K. Klier, *J. Catal.* 95 (1985) 423.

[75] T. Wurzel, DGMK conference "Synthesis Gas Chemistry," Dresden, Germany, 2006.

[76] J. Haid, U. Koss, *Stud. Surf. Sci. Catal.* 136 (2001) 399.

[77] J. Topp-Jørgensen, *Stud. Surf. Sci. Catal.* 36 (1988) 293.

[78] F. J. Keil, *Micropor. Mesopor. Mat.* 29 (1999) 49.

[79] J. DiPardo, Outlook for Biomass Ethanol Production and Demand, ftp://ftp.eia.doe.gov/pub/pdf/multi.fuel/biomass.pdf (accessed 10/2013), US Energy Information Administration, Washington, DC.

[80] Homepage of the Renewable Fuels Association, htp://ethanolrfa.org (accessed 10/2013)

[81] M. Wang. C. Saricks, D. Santini. *Effects of Fuel Ethanol Use on Fuel-Cycle Energy and Greenhouse Gas Emission*, ANL/ESD-38, Argonne National Laboratory, Argonne, IL,1999.

[82] R.G. Herman, *Catal. Today* 55 (2000) 233.

[83] K. Weissermel, H.J. Arpe, in: *Alcohols, Industrial Organic Chemistry*, Wiley-VCH, Weinheim, 2003.

[84] K. Winnacker, L. Küchler, *Chemische Technik. Prozesse und Produkte*, Whiley-VCH, Weinheim, 2004

[85] Position paper: Change in the Raw Materials Base, German Chemical Society (GDCh), Society for Chemical Engineering and Biotechnology (DECHEMA). German Society for Petroleum and Coal Science and Technology (DGMK), the German Chemical Industry Association (VCI), Frankfurt a.M., Germany, 2010.

[86] P.L. Spath, D.C. Dayton, Preliminary Screening—Technical and Economic Assessment of Synthesis Gas to Fuels and Chemicals with Emphasis on the Potential for Biomass-Derived Syngas, NREL/TP-510-34929, National Renewable Energy Laboratory. Golden, CO,2003.

[87] E. Boles, Eta[energie] 01 (2007) 42.

[88] J.H. Clark. F.E.I. Deswarte, T. J. Farmer, *Biofuels Bioprod. Bioref.* 3 (2009) 72.

[89] B. Digman, H.S. Joo, D.-S. Kim, *Environ. Prog. Sustain. Energy* 28 (2009) 47.

[90] J. J. Spivey, A. Egbebi, *Chem. Soc. Rev.* 36 (2007) 1514.

[91] V. Subramani, S.K. Gangwal, *Energy Fuels* 22 (2008) 814.

[92] M.A. Gerber, M. Cray, J.F. White. D. J. Stevens, *Evaluation of Promoters for Rhodium-Based Catalysts for Mixed Alcohol Synthesis*, Pacific Northwest National Laboratory and US Department of Energy, USA, 2008.

[93] H. Kato, M. Nakashima, Y. Mori, T. Mori, T. Hatori, Y. Murakami, *Res. Chem. Iniermed.* 21 (1995) 115.

[94] G. Chen, X. Zhang, C-Y. Guo, G. Yuan, *C. R. Chimie* 13 (2010) 1384.

[95] A.B, Boffa, C. Lin, A.T. Bell, G.A. Somorjai, *Catal. Lett*. 27 (1994) 243.

[96] F. Li, D. Jiang, X.C. Zeng, Z. Chen, *Nanoscale* 4 (2012) 1123.

[97] M.A.Haider, M.R.Gogate, R. J. Davis, *J. Catal*. 261 (2009) 9.

[98] J. Wang. Q. Zhang. Y. Wang,*Catal. Today* 171 (2011) 257.

[99] G. Chen, C.-Y. Guo, Z. Huang, G. Yuan, *Chem. Eng. Res. Des*. 89 (2011) 249.

[100] W. M. H. Sachtler, M. Ichikawa, *J. Phys. Chem*. 90 (1986) 4752.

[101] P. Gronchi, E. Tempesti, C. Mazzocchia, *Appl. Catal. A Gen*. 120 (1994) 115.

[102] P-Z. Lin, D.-B. Liang. H.-Y. Luo, C.-H. Xu, H-W. Zhou, S.-Y. Huang. L.-w. Lin, *Appl. Catal. A Gen*.131 (1995) 207.

[103] S.C. Chuang, J. G. Goodwin Jr., I. Wender, *J. Catal*. 95 (1985) 435.

[104] J. R. Katzer, A.W. Sleight, P. Gajardo, J.B. Michel, E.F. Gleason, S. McMillan, *Faraday Discuss. Chem. Soc*. 72 (1981) 121.

[105] S.Trautmann, M.Baerns, *J. Catal*. 150 (1994) 335.

[106] http://www. deguesa-goldhandel. de/defrhodium_neu. aspx. september 2013.

[107] D.Li, C. Yang. W. Li, Y. Sun, B. Zhong. *Top. Catal*. 32(2005) 233.

[108] A. Muramatsu, T. Tatsumi, H. Tominaga, *Bull. Chem. Soc. Jpn*. 60 (1987) 3157.

[109] M Xiang. D. Li, W. Li, B. Zhong. Y. Sun, *Catal. Commun*, 8 (2007) 513.

[110] M Xiang. D. Li, W. Li, B. Zhong. Y. Sun, *Catal. Commun*. 8 (2007) 503.

[111] Z.Li.Y. Fu, J. Bao, M. Jiang. T. Hu, T. Liu, Y. Xie. *Appl. Catal. A Gen*. 220 (2001) 21.

[112] J. Iranmahboob, H. Toghiani, D.O. Hill, *Appl. Catal. A Gen*. 247 (2003) 207.

[113] Y. Yang. Y. Wang, S. Liu, Q. Song. Z. Xie, Z. Gao, *Catal. Lett*. 127 (2009) 448.

[114] H. Qi, D.Li, C. Yeng. Y. Ma, W. Li, Y. Sun, B. Zhong, *Catal. Commun*. 4 (2003) 339.

[115] R. Andersson, M. Boutonnet, S. Järas, *Fuel* (2013) doi: 10.1016/j.fuel.2013.07.057.

[116] K.J. Smith, R.B. Anderson, *Can. J. Chem. Eng*. 61 (1983) 40.

[117] G.A. Vedage, P.B. Himelfarb, G.W. Simmons, K. Klier, *ACS Symp. Ser*. 279 (1985) 295.

[118] A.-M Hilmen, M. Xu, M.J.L. Gines, E. Iglesia, *Appl. Catal. A Gen*. 169 (1998) 355.

[119] J.G. Nunan. R.G. Herman. K. Klier, *J. Catal*. 116 (1989) 222.

[120] E.M. Calverley. KJ. Smith, *J. Catal*. 130 (1991) 616.

[121] J.M. Campoa-Martín, J.L.G. Fierro, A. Guerrero-Ruiz, R.G. Herman, K.Klier, *J. Catal*. 163 (1996) 418.

[122] K. Klier, A. Beretta, Q. Sun, O.C. Feeley, R.G. Herman, *Catal. Today* 36 (1997)3.

[123] P. Forzatti, E. Trorconi, I. Pasquon, *Catal. Rev—Sci. Eng*. 33 (1991) 109.

[124] M. J. L. Gines, E. Iglesia, *J. Catal*. 176 (1998) 155.

[125] B.H. Davis, *Top. Catal*. 32 (2005) 143.

[126] M.E. Dry. *J. Chem. Technol. Biotechnol*. 77 (2001) 43.

[127] A. Razzaghi, J.-P. Hindermann, A. Kiennemann, *Appl. Catal.* 13 (1984) 193.

[128] M. Inoue, T. Miyake, Y. Takegami, T. Inui, *Appl. Catal.* 11 (1984) 103.

[129] K. Fujimoto, T. Oba, *Appl. Catal.* 13 (1985) 289.

[130] S.A. Hedrick, S.S.C. Chuang, A. Pant, A.G. Dastidar, *Catal. Today* 55 (2000) 247.

[131] V.R. Surisetty, J. Kozinski, A.K. Dalai, *Int. J. Chem. React. Eng.* 9 (2011) A50.

[132] N. Kumar, M. L. Smith, J. J. Spivey, *J. Catal.* 289 (2012) 218.

[133] S. Sartipi, J.E. var. Dijk, J. Gascon, F. Kapteijn, *Appl. Catal. A Gen.* 456 (2013) 11.

[134] H. Hamada, Y. Kuwahara, Y. Kintaichi, T. Ito, K. Wakabayashi, H. Iijima, K. Sano, *Chem. Lett.* (1984) 1611.

[135] Y. Kintaichi, Y. Kuwahara, H. Hamada, T. Ito, K. Wakabayashi, *Chem. Lett.* (1985) 1305.

[136] Y. Kintaichi, T. Ito, H. Hamada, H. Nagata, K. Wakabayashi, Gakkaishi, S. *J. Jpn. Pet. Inst.* 41 (1998) 66.

[137] L. Guczi, G. Boskovic, E. Kiss, *Catal. Rev.* 52 (2010) 133.

[138] K. Takeuchi, T. Matsuzaki, T.-A. Hanaoka, H. Arakawa, Y. Sugi, K. Wei, *J. Mol. Catal.* 55 (1989) 361.

[139] A. Sugier, E. Freund, IFP (1978) US4122110.

[140] A. Sugier, E. Freund, IFP (1981) US4291126.

[141] P. Courty. P. Chaumette, D. Durand, C. Verdon, IFP (1988) US4780481.

[142] P. Courty. D. Durand, A. Sugier, E. Freund, lFP (1982) DE3310540.

[143] A. Sugier, E. Freund, J.-F. Le Page. IFP (1080) DE3012900.

[144] A. Sugier, E. Freund, lFP (1978) DE2748097.

[145] P. Courty. D. Durand, E. Freund, A. Sugier. *J. Mol. Catal.* 17 (1982) 241.

[146] A. Kiennemann, P. Chaumette, B. Ernst, J. Saussey. J.C. Lavalley, *Stud. Surf. Sci. Catal.* 107 (1997) 55.

[147] S. Velu, K. Suzuki, S. Hashimoto, N. Satoh, F. Ohashi, S. Tomura, *J. Mater. Chem.* 11 (2001) 2049.

[148] N. Tien-Thao, M.H. Zahedi-Niaki, H. Alamdari, S. Kaliaguine, *J. Catal.* 245 (2007) 348.

[149] I. Boz, *Catal. Lett.* 87 (2003) 187.

[150] N. Tien-Thao, H. Alamdari, S. Kaliaguine, *J. Solid State Chem.* 181 (2008) 2006.

[151] V. Mahdavi, M.H. Peyrovi, M. Islami, J.Y. Mehr, *Appl. Catal. A Gen.* 281 (2005) 259.

[152] N.D. Subramanian, G. Balaji, C.S.S.R. Kumar, J.J. Spivey, *Catal. Today* 147 (2009) 100.

[153] P. Buess, R. F.I. Caers, A. Frennet, E. Ghenne, C. Hubert, N. Kruse. ExxonMobil (2003) US20030036573.

[154] Y. Xiang, V. Chitry, P. Liddicoat, P. Felfer, J. Cairney, S. Ringer. N. Kruse, *J. Am. Chem. Soc.*135 (2013)7114

[155] Y. Xiang, V. Chitry, N. Kruse, *Catal. Lett.* 143 (2013) 936.

[156] X. Mo, Y.-T. Tsai, J. Gao, D. Mao, J.G. Goodwin Jr., *J. Catal.* 285 (2012) 208.

[157] X. Dong. X.-L. Liang. H.-Y. Li, G.-D. Lin, P. Zhang, H.-B. Zhang, *Catal. Today* 147 (2009) 158.

[158] L. Shi, W. Chu, S. Deng, *J. Nat. Gas Chem.*20 (2011)48.

[159] S. Mawson, M.S. McCutchen, P.K. Lim, G.W. Roberts, *Energy Fuels* 7(1993) 257.

[160] M. Ichikawa, T. Fukushima, *J. Chem. Soc. Chem. Commun.* (1985) 321.

[161] A. Takeuchi, J.R. Katzer, *J. Phys. Chem.*86 (1982) 2438.

[162] M.F.H. van Tol, A. Gielbert. B.E. Nieuwenhuys, *Appl. Surf. Sci.* 67 (1993) 166.

第 7 章 蒸汽重整

Karin Föttinger

本章主要介绍了近年来 H_2 生产的进展,尤其是酒精作为原料时的反应,并讨论了对于表面化学和反应途径等方面理解的进展。

7.1 导论

对于满足未来的能源需求而言,H_2 的生产是非常重要的。尤其是质子交换膜(PEM)燃料电池的开发是一个进步飞速的研究领域。理想情况下,如果利用来自植物的原料,将能够产生碳中性的可持续的 H_2 生产技术,这一技术可以实现 CO_2 的净零排放。然而,目前大部分氢气是由天然气产生的。因此,生物乙醇等生物质及生物衍生液体的利用是一个重要的研究课题,以求实现资源的可持续发展。各种生物液体原料,如糖、乙醇、生物油和非食用植物的纤维素等,都有可能被利用。

在这方面,作为一种通过蒸汽重整(SR)来生产氢气的原料,最近乙醇已经得到了越来越多的关注。简单的分子(如甲醇和乙醇)以及复杂的多官能团分子(如糖、木质素、甘油)是目前研究的重点。虽然目前甲醇主要是由化石资源得到的合成气生产而成的,但从生物质、木材和秸秆等可持续资源中得到的合成气同样也可以制得甲醇。特别是用于移动的、非稳定的场合,如汽车和便携式设备[1, 2],甲醇因为能够在非常温和的条件下转化为氢气而更受人们关注。

甲醇和乙醇的 SR 工艺已经被广泛研究,并且已经有许多关于该过程的综述发表,例如文献 [1, 3-7]。因此,本章不是一个广泛而全面的综述,而是集中于某些具体方面,如对活性中心机理的理解和辨识。

通常,醇类的蒸汽重整(SR)是需要能量供应的吸热反应。利用醇类制备氢气的替代方法包括自热重整(ATR)(也称为氧化 SR)和部分氧化(POX)。在后一个反应中,使用氧气替代水蒸气来生产 H_2;而前者则在 SR 的进料中加入少量氧气,从而将 SR 和 POX 两个反应组合起来。主要的优势在于,POX 是放热反应,因此并不消耗能量,由于没有外部加热,这使得反应器的设计更为紧凑。然而,主要缺点是氢气的产量较低,因此效率也较低。除在高温下进行的重整过程之外,一些来自生物质(如乙醇、甘油)的液体化合物开辟了另一条低温途径,即所谓的水相重整(APR)。这种方法已获得越来越多的关注，因为它有可能大幅度提高工艺效率和氢气产量，最重要的是能够降低成本。氢气生产的原料和工艺如图7.1 所示。

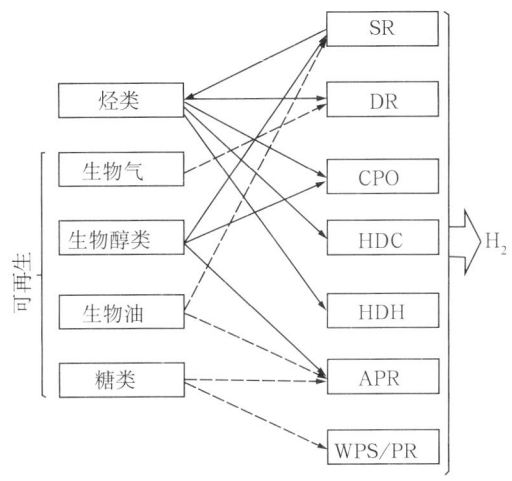

图7.1 氢气生产的原料和工艺

APR—水相重整；CPO—催化部分氧化；DR—干重整；HDC—烃类分解；HDH—烃类脱氢；SR—蒸汽重整；
WPS/PR—水的光分解和光重整

（来自Dal Santo V, et al. Catal. Today, 2012, 197: 190. 已授权）

本章的重点是蒸汽重整（SR），但也会提及一部分水相重整（APR）。7.2 节专用于讨论简单醇的反应，在7.2.1 节中将提到甲醇蒸汽重整（MSR），7.2.2 节中涉及乙醇蒸汽重整（ESR）。甲醇和乙醇是最有前途并且研究广泛的单官能团醇，因此将在这里讨论。ESR 的许多方面（如活性催化剂、机理和反应途径、失活问题等）也与丙醇和高级醇的蒸汽重整有关。作为多官能醇有效利用的典型案例，甘油蒸汽重整（GSR）的相关研究将在7.3 节中重点讨论。

7.2 单官能团醇蒸汽重整

7.2.1 甲醇蒸汽重整

在未来能源和燃料供应中，由于氢气的储存和运输都较为困难，因此甲醇是一种有前景的化学储氢化合物。将其在催化重整装置上"在线地"转化为氢气，作为如 PEM 燃料电池等单元的上游。甲醇作为液体燃料有着许多优点：易于储存、运输和处理并具有高的氢碳比；仅需要温和的反应条件，典型的反应温度为 473~600K。因此，在离散设备和可移动设备的应用中更为有意义[1]。进一步地，甲醇因其是主要的基础化学品之一的优势而在世界范围内大量生产，工业合成甲醇的工艺也被很好地建立起来。甲醇合成所需的合成气不仅可以从化石资源中获得，而且可以从可再生资源中生产，甚至能够采用二氧化碳加氢制得。

除了 MSR 反应之外，在一定适宜条件下可以发生甲醇分解（MDC）和反向水煤气转换 [(R)WGS] 反应。

甲醇蒸汽重整（MSR）：

$$CH_3OH + H_2O \longrightarrow CO_2 + 3H_2 \tag{7.1}$$

甲醇分解（MDC）：

$$CH_3OH \longrightarrow CO + 2H_2 \tag{7.2}$$

反向水煤气转换 [(R) WGS]：

$$CO_2 + H_2 \longrightarrow CO + H_2O \tag{7.3}$$

SR 过程的主要挑战是其选择性，尽量避免生成不需要的副产物 CO，因为 CO 对于 PEM 燃料电池中的 Pt 基电催化剂而言是强毒物。尽管燃料电池阳极电催化剂的抗中毒能力在使用 Pt 合金（例如 Ru 或 Co）后得到改善，但是 H_2 原料中对所需 CO 浓度的限制仍然是非常苛刻的（<10～20mL/m^3）[9]。潜在的 CO 来源是 MDC 和（R）WGS。当前最先进的 SR 催化剂并没有满足选择性方面的严格要求，因此需要额外的净化步骤来去除 CO。大量的研究正聚焦于解决催化甲烷重整中的这个问题。

在 MSR 中使用的具有活性和选择性的催化剂与在甲醇合成中使用的催化剂类似。最主要的是因为 Cu 催化剂具有优越的性能[1, 2]。类比于通过 CO_2 加氢的甲醇合成，显然，由于 MSR 是逆反应，因此可能含有相似或相同的反应中间体和活性位。Pd/ZnO 被认为是一种有前景的 Cu 的替代品，但其具有由于烧结而导致长期稳定性低的缺点。此外，一旦 Cu 减少，Cu 就会自燃[2, 10, 11]。对于实际应用而言，长期稳定性至关重要[12]。Conant 等人[12]直接比较了两种催化剂在相同情况下 60h 内的恒定转化率，观察到在 Pd/ZnO/Al_2O_3 上初始活性损失 17%，而在相同的情况下 Cu/ZnO/Al_2O_3 的转化率下降了 40%，并紧接伴随着长期的失活（图 7.2）。而且，Pd 催化剂可以通过氧化还原循环完全再生，而 Cu 催化剂无法实现这点。这里将对基于 Cu 和 Pd 的催化剂进行讨论。

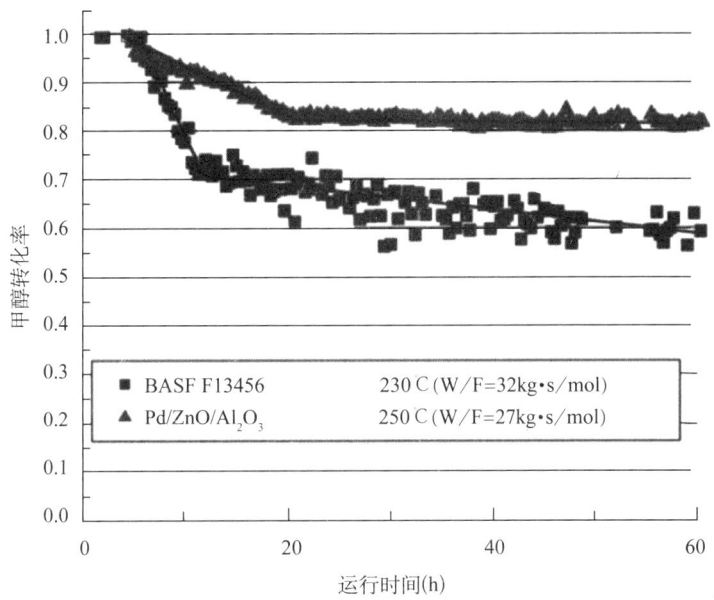

图7.2 商业Cu催化剂（BASF F13456，反应温度为503K）
和Pd/ZnO/Al$_2$O$_3$ MSR催化剂（反应温度为523K）在60h内的催化活性对比

(来自Conant T, et al. J. Catal., 2008, 257: 64. 经授权复制)

7.2.1.1　Cu 催化剂

Cu 催化剂广泛应用于碳一化工，特别是甲醇合成和低温 WGS。相同的催化剂在 MSR 中具有活性和选择性。因此，在许多研究中，"经典"的甲醇合成催化剂已被用作重整催化剂。现有的用于从合成气（CO、CO$_2$ 和 H$_2$ 的混合物）生产甲醇的商业应用技术中，催化剂是 Cu/ZnO/Al$_2$O$_3$，其典型组成是 50%～75% 的 CuO、10%～30% 的 ZnO 以及 5%～10%（摩尔分数）的 Al$_2$O$_3$，并且形成具有高度分散 Cu 和 ZnO 的多孔聚集体[13]。Cu/ZnO 在没有 Al$_2$O$_3$ 的情况下仍然具有活性，但是如果加入 Al$_2$O$_3$ 能够提高其活性和稳定性。Cu/ZnO/Al$_2$O$_3$ 复合催化剂的制备和组成已凭经验进行了优化。虽然甲醇合成是一个大规模的过程，但还存在一些尚未解决的问题，如活性中心的性质、ZnO 的作用以及其反应的机理[14]。MSR 中的 Cu 催化剂也是如此。

尽管进行了大量的研究，催化甲醇合成和 SR 活性中心的性质仍在讨论之中。已经提出了不同的铜物种，包括分散在 ZnO 里或者 ZnO 上的 Cu^0 [15]、Cu$^+$ [16]、Cu-ZnO 界面[17] 以及 Cu/Zn 合金[18]。有人认为微结构特性，如结构无序、缺陷和铜微晶的应变起到了重要的作用[19]，ZnO 诱导了这种微观结构的无序性。尽管铜表面积是决定催化活性的重要参数之一，但没有观察到这两者线性相关的直接证据[18]。不过强烈的不同内在活性表明，并不是所有的 Cu 位点都具有相同的活性。特别地，在实际相关的反应条件下，催化剂的性质和催化剂的状态引起了很大的争议。在 Cu/ZnO 体系中能够观察到动态的和可逆的形态学变化。在氧化条件下（即高含量的 CO_2 和水）较小界面的球形颗粒占优势，而在还原条件下则更多地发现具有较大 ZnO 界面的圆盘状颗粒[20]。催化剂在不同反应条件下的动态调整凸显了在反应气氛下原位表征活性状态的重要性。

在 CuZn 近表面合金的逆模型催化剂研究中，Rameshan 等人[21]确定了一个最佳的双功能催化剂状态能够实现高活性和高 CO_2 选择性。该状态由有利于甲醇脱氢的双金属 Cu (Zn)^0 区域及甲醛和氧化还原活性 Cu (Zn)^0–Zn (ox) 位点 [例如，由界面 Zn (ox) 薄润湿层覆盖的表面合金] 组成，有助于水活化，从而提供氢氧化物或氧气以进一步将 HCHO 氧化成 CO_2。

MSR 的反应机理也引起了争议，而且关于反应中间体和表面物种的性质还有一些悬而未决的问题。最常讨论的两种反应机理是：（1）通过甲酸甲酯[22, 23]水解成吸附甲酸盐或甲酸；（2）直接通过亚甲基双氧基制备吸附甲酸盐[24]。在这两种情况下，被吸附的甲酸盐/甲酸主要分解成 CO_2 和 H_2。由于产物流中的 CO 浓度低于平衡浓度[25]，因此早期通过甲醇分解成 CO 和 H_2，继而通过 WGS 的 MSR 反应的观点已被抛弃。Frank 等人[26]建立了一个综合的微动力学模型，详细描述了在催化剂表面发生的基本步骤（图 7.3）。简言之，经过红外（IR）光谱鉴定，认为反应经由甲氧基和甲酸酯反应得到，其中甲氧基脱氢是限速步骤。该模型涉及上述两种反应机理以及两种位点。位点 A 会吸附所有的含碳物质，而位点 B 则主要吸附 H，与 Peppley 等人[27]先前的观点一致。然而，基于可用的动力学数据，它们或许无法确定甲酸甲酯的途径（1）或亚甲基双氧基的途径（2）哪一个占优势。

由于可能的 Cu MSR 催化剂的反应顺序基本上与 PdZn 的反应顺序相似，因此尽管这些体系的机理研究很少，但是常见的机理细节与 Pd 催化剂相关[24, 29, 40]。

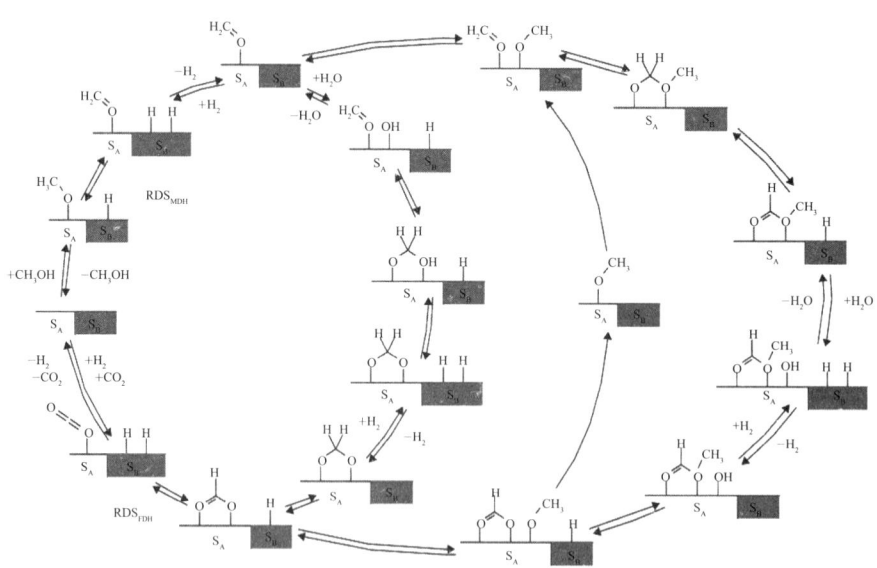

图 7.3 基于文献 [22, 24, 27, 28] 对包括两个不同的反应表面位点 A 和 B 的研究，Cu 催化剂上的 MSR 催化循环
（来自 Frank B, et al. J. Catal., 2007, 246: 177. 经授权复制）

7.2.1.2 Pd 催化剂

由于纳米 Cu 具有长周期下稳定性较低的缺点,在 20 世纪 90 年代中期出现了基于贵金属的新型催化剂,不易烧结。Iwasa 和同事首次报道,Pd 负载于某些可还原的氧化物,即 ZnO、Ga_2O_3 和 In_2O_3,对 MSR 具有非常高的活性和选择性[24, 31-33]。从那时起就已经进行了大量的研究,但其中大部分涉及 Pd/ZnO 体系,而对 Ga_2O_3 和 In_2O_3 负载 Pd 的研究却少得多。最近发表的关于 Pd/ZnO 催化剂的综述描述了它们包括 MSR 在内的部分潜在应用,以及观察到的催化性能与重要性能之间的相关性[5, 34]。相关的 Pd/Ga_2O_3 系统最近在 [35, 36] 中给出了综述。

实际上,惰性载体上的 Pd 能够将甲醇分解为 CO 和 H_2(MDC)。然而,如果担载在 ZnO、Ga_2O_3 和 In_2O_3 上,能够观察到一种与 Cu 完全不同的选择性[24, 31-33, 37]。Iwasa 及其合作者基于异位 XRD 和 XPS[24, 31-33],将催化性能与还原 Zn、Ga、In 在 573K 以上温度下还原的 Pd 的合金/金属间化合物(IMC)的形成相结合。为了解释改性后的反应性能,他们提出 Pd 和 PdZn 具有不同的反应路径[24, 33]。甲醇通过 Pd 上的甲醛(HCHO)被快速脱氢生成 CO 和 H_2,而在 PdZn 上,中间体 HCHO 将与水反应生成 CO_2 和 H_2,这一途径更像是通过 HCOOH 的反应,而且与在 Cu 催化剂下的途径相似。

从表面科学的角度来看,众所周知,HCHO 在 Cu [on-top η^1 (O)] 上和 Pd 上吸附的几何结构不同[38, 39],其中桥接 η^2 (C, O) 构型是较好的[40]。Iwasa 及其同事[24, 33]认为,在 PdZn(类似于 Cu)上的中间体甲醛的 η^1 吸附,与 Pd 上的桥连 η^2 物质相比不易发生 C—H(和 C—O)键断裂。因此与 Pd 相比,在 PdZn 上不同的甲醛吸附几何形状可能是不同的反应性能的合理原因。然而,根据 Lim 等[41]的密度泛函理论(DFT)计算结果,η^2 几何构型是 PdZn 表面上甲醛最稳定的构型,在这种情况下 C 与 Pd 和 O 键合,并与 Zn 相互作用。实际的反应条件下,在 PdZn 上 η^1 吸附 HCHO 还缺乏实验证明。

正如 Neyman 及其同事[41-43]以及 Huang 和 Chen[44]所述,Zn 的作用可能是反应屏障的修饰,而不是改变中间体的键合构型。DFT 计算结果表明,与 Pd 相比,PdZn 表面上吸附的甲氧基和甲醛中的 C—H 键裂解增加了屏障,导致中间体甲醛更加稳定,因此进一步与羟基反应形成甲酸酯,甲酸酯随后分解生成 CO_2 和 H_2。因此,在 Pd 上的甲醛快速脱氢要比在 PdZn 上明显地缓慢。计算表明,甲氧基和甲醛中 C—H 键断裂的活化能在 Pd (111) 上分别为 33kJ/mol 和 38kJ/mol,在 PdZn (111) 上分别为 113kJ/mol 和 64kJ/mol[41, 43]。基于 X 射线光电子能谱(XPS)和紫外光电子能谱(UPS)测量,Tsai 等[45]和 Bayer 等[46]认为,PdZn 的反应活性受其强烈改性的电子结构控制,与 Cu 相似,但与 Pd 不同,这一结果符合 DFT 计算。与 Pd 相比,合金形成时电子结构的改变显著改变了甲醇分解的反应屏障,这可能解释 PdZn 和 Cu 相似的催化性质。

Rameshan 等[47, 48]在超高真空模型系统中对电子性质进行了详细的研究。通过在毫巴压力的甲醇/水中使用原位 XPS,他们发现类铜电子结构也存在于 MSR 条件下。比较单层 PdZn 与多层 PdZn 表面合金,能够发现 PdZn 表面合金的"厚度"是很重要的。有趣的是，无论第二层（表面下）是由 PdZn 还是纯 Pd 组成，最上面的 PdZn 表面单分子层的性质是不同的 [47, 48]。由于 PdZn 表面单层能够表现出比更深的第二、第三层等 PdZn 层更高的热稳定性，因此在较高温度（大于 550K）退火时，会发生从多层到单层的转变 [49]。由于 Zn 扩散到 Pd 主体中产生 PdZn 单层（在 Pd 底物的顶部），Zn 的表面下层会迅速消失。下表面配位的这种变化引起表面原子电子性质的强烈变化（图 7.4），并因此使其具有催化性能 [47]。尽管表面组成本身保持不变，但在表面层中几乎只有 Pd 的配位环境变化导致多层合金上的 Cu 型状态密度（DOS）向单层合金上的 Pd 型 DOS 转变（图 7.4，价带谱）。这种改性对单分子层表面合金具有较高的 MSR 选择性，并且显著地影响催化行为。除了电子性质的改变外，还能观察到从 Zn-out（多层）到 Pd-out（单层）波纹变化的几何变化 [48, 49]，这一结论与 DFT 计算结果一致 [50, 51]。

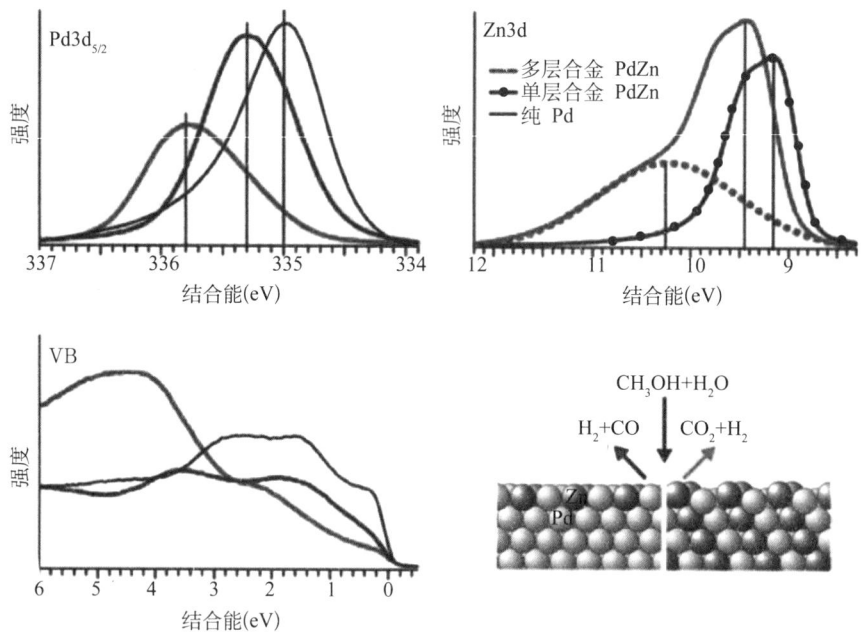

图 7.4　MSR 中在 PdZn 1∶1 多层和单层合金原位获得的环境压力-XPS 光谱 [Pd3d, Zn3d 和价带（VB）区域]

为了比较，加入相应的"纯"Pd 谱。氧化的 ZnOH 组分通过
虚线突出显示。为了获得所有光谱的相同的信息深度，使用 650eV 光子能量有 120eV 的 Zn3d 及
价带区记录 Pd3d 光谱。反应条件：0.12mbar 甲醇，0.24mbar 水，553K
（来自 Rameshan C, et al. Angew. Chem. Int. Ed., 2010, 49: 3224. 已经授权）

尽管人们在 PdZn 合金形成的重要性已经达成共识，但是关于金属间化合物相（有序金属间化合物相与无规则合金相）的载体作用和性质方面仍然存在争议。Halevi 等 [52, 53] 和 Friedrich 等 [54] 采用不同的合成方法研究了非载体合金或金属间化合物颗粒，试图揭示 IMC/合金相的催化性能。在有序的 1∶1 四方 PdZn β 相上发现了对 MSR 有着近 100% 的选择性，而在 fccPd 中 Zn 的固溶体 α-PdZn 对 CO 有 100% 的选择性，这一性能类似于 Pd。作者因此得出结论，只有当形成 1∶1 四方相金属间化合物时才

能获得选择性 MSR 催化剂。然而，在 523K 还原后，他们在 β-PdZn 颗粒表面发现了大量的 ZnO，这使得在反应条件下难以排除 ZnO 的存在。

Friedrich 等[54]用冶金制得的具有不同体相组成的（Pd_xZn_{100-x}，$x = 46.8 \sim 59.1$）单相金属间 PdZn 化合物，发现 MSR 中组成与催化性能之间有很强的联系。在富含 Pd 的样品中 CO_2 和 H_2 的选择性较低，而在富含 Zn 的样品上能够明显观察到较高的选择性，起源应可能是，在富含 Zn 的样品表面上存在氧化的 Zn，就像在纯金属表面那样更容易吸附和解离甲醇和水。Smith 等人[55]也基于 DFT 计算提出了氧化物载体的一个重要作用，在极性 Zn 端基的 ZnO（0001）表面上，甲醇和水分解非常缓慢并几乎没有活化屏障，而甲醇和水的解离在平坦、无缺陷的 PdZn 表面上被高度活化。因此，反应可能发生在金属—氧化物界面上，甲醇和水首先在氧化物上分解，进一步在金属中发生脱氢步骤[55]。

我们已经深入研究了湿法化学制备的 ZnO 负载的 PdZn[56, 57]和 β-Ga_2O_3 负载的 Pd_2Ga 纳米粒子的结构性质、吸附特征及反应特性[30, 37, 56, 58]。包括振动光谱学（FTIR）、XPS 和 XAS 等一系列原位技术已被结合起来用于对 MSR 条件下存在的活性相及其稳定性和机理细节进行更好的基础性理解。ZnO 负载的 Pd 纳米颗粒在反应环境（即暴露于甲醇/水）中的动态适应性及其对反应的影响在文献[57]中得到证实。利用 Quick-EXAFS 研究 PdZn 合金在甲醇/水中的结构和电子变化。接近边缘的区域如图 7.5 所示。H_2 还原 Pd/ZnO 时发生相同的结构变化。同时，选择性持续地从 MDC（金属 Pd 的特性）到 PdZn 上 MSR 转变（图 7.5）。这些时间分辨原位 XAS 测量是在 MSR 条件下的 PdZn 形成的直接证明[57]，PdZn 的形成导致了其与金属 Pd 反应性的差别。其结构和电子性质类似于化学计量比为 1∶1 的四方相 Pd∶Zn IMC，该物质在 50%（原子百分数）左右的组成范围内处于热力学稳定阶段[5]。

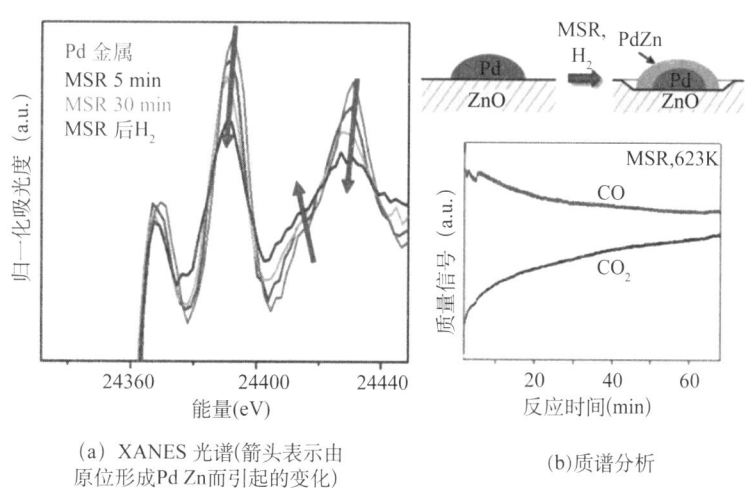

(a) XANES 光谱（箭头表示由原位形成 PdZn 而引起的变化）

(b) 质谱分析

图 7.5 在没有预还原（$pCH_3OH = pH_2O = 20mbar$）的情况下，在 7.53%（质量分数）Pd/ZnO 催化剂在 623K 下暴露于 MSR 条件下获得的 Pd K 边缘 XANES 光谱以及产物 CO 和 CO_2 的相应质谱分析，分别代表 MDC 和 MSR 的选择性

（来自 Föttinger K, et al. *J. Phys. Chem. Lett.*, 2011, 2: 428. 已经授权）

与具有相当宽的组成范围 [Pd=37% ~ 56%（原子百分数）] 的四方相 PdZn 相比，Pd 和 Ga 形成了许多不同化学计量数和结构的 IMC，并且其组成范围更狭窄、更明确 [59, 60]。我们再次利用原位光谱学来确定在 MSR 反应条件下存在的活性相的结构和组成。使用 XRD、EXAFS 和 XPS 在反应条件下（使用 H_2 还原并生成 IMC）检测到 Pd_2Ga 的形成与在 573 ~ 673K 的相关温度范围内还原时的结果具有很好的一致性 [30, 37, 58]。

通过 CO 吸附的 FTIR 光谱对形成合金时的改性吸附位点进行评价，改性发生在 PdZn 上，这与 Pd_2Ga 类似。与 Pd/ZnO 相反，PdZn 金属间纳米颗粒仅在 2070cm^{-1} 附近的振动频率下表现出对 CO 的顶部吸附。CO 仅吸附在 Pd 原子上，而且在其桥位和中空位上吸附，这类吸附点常在 Pd 金属上观察到，而在金属间 PdZn 纳米颗粒上不存在。如 Weilach 等人 [61] 所解释的那样，CO 吸附光谱与模板 PdZn/Pd（111）表面合金的 CO 吸附 PM-IRAS 光谱非常一致。此外，在负载于 ZnO 的 PdZn 上能够观察到顶部 CO 拉伸振动频率明显地发生了约 20cm^{-1} 的红移 [57]。如 DFT 计算所预测的那样，红移反映出了由于电荷从 Zn 转移到 Pd 而导致的与金属 Pd 相比电子性质的变化 [62]。与 Pd 相比，PdZn 电子结构的改变可能影响反应物和中间体的吸附强度，从而改变催化性质。因此，DFT 计算 [41, 43, 62] 给出了在 PdZn 上甲醇分解这一不期望发生的反应中反应屏障的变化。特别要指出的是，计算所得的 PdZn 和 Cu 表面上中间体甲醛脱氢的反应屏障较为接近，而在 Pd 上的反应屏障要比前两种低得多（因此，CH_2O 在与 H_2O 反应之前就分解成 CO）。

呈现在 Pd_2Ga/Ga_2O_3 上的详细机理研究通过利用原位 FTIR 光谱稳态和浓度调制获得。通过这种方法，Haghofer 等 [30] 的研究表明，还原 Ga_2O_3 表面在选择性 MSR 的反应机理中起着重要作用。还原生成 IMC 的过程中，在 Pd_2Ga/Ga_2O_3 上检测到表面甲酸盐的生成强烈增强，导致了 Ga_2O_3 表面中的活性氧位置的形成。通常认为反应序列主要在高温还原修饰的 Ga_2O_3 上进行（可能在双金属氧化物界面处），并且反应序列由于金属间化合物颗粒的存在而促进 [30]。Bonivardi 及其合作者对甲醇合成中 Pd/Ga_2O_3 催化剂上氧化物载体的作用得出了类似的结论 [63]。

PdZn 和 Pd_2Ga 金属间化合物颗粒的稳定性对于其潜在的应用来说是一个非常重要的方面。重要的是，在 MSR 反应条件下 PdZn 和 Pd_2Ga 都部分地不稳定 [37, 56]。原位红外光谱表明，在 MSR 反应条件下除金属间 Pd 顶部 CO 之外，在桥位和空心位上也存在吸附 CO 的特征谱带。在 MSR 条件下金属间化合物表面的不稳定性正是由于 CO 的存在而导致的。在室温 CO 吸附实验中，检测到金属间化合物 PdZn 和 Pd_2Ga 表面长时间暴露于 CO 导致红外光谱中桥键 CO 增加，这是金属 Pd 的特征（图 7.6）。CO 诱导的部分降解使得在反应条件下表面上会形成金属 Pd 区域，而后通过 MDC 产生更多的 CO。

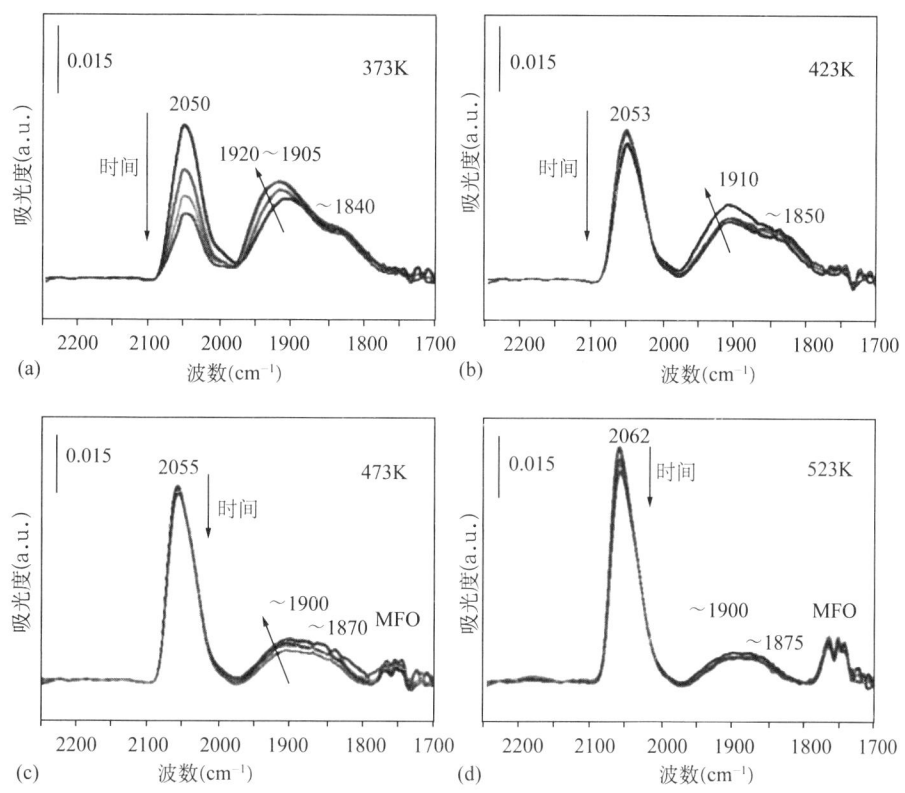

图7.6 经673K还原后,在不同反应温度下,于Pd_2Ga/Ga_2O_3上进行甲醇分解过程中的原位红外光谱

光谱显示了CO拉伸振动的情况,每5min记录一次结果,测试中将1%
(体积分数)的甲醇置于He环境中

(来自Föttinger K. Catal. Today, 2013, 208: 106.已经允许)

IMC表面降解在较低温度下更明显,而较大部分表面在较高的反应温度下呈现合金状态(图7.6)。有一种可能是,在MSR中产生的H_2能够在较高温度下更快、更有效地再生IMC[56]。

总的来说,原位光谱、计算化学和表面科学的强大组合给了人们更为深刻、重要的认识角度。基于此,一系列的材料(包括粉末催化剂、单晶体模型系统和无负载大块IMC在内)被广泛地研究。

7.2.2 乙醇蒸汽重整

在通过SR工艺制氢气的过程中,乙醇是一种被广泛研究的来源。生物乙醇可以通过从甘蔗、玉米等发酵而来,也可以从农业废弃物和木材(即所谓的第二代生物乙醇)中制得。一些综述[4, 6, 7, 64, 65]总结了ESR的现状和进展。与MSR相反,ESR需要乙醇C—C键的断裂。因此,炭沉积失活是一个常见的问题并且目前还有待解决。因此,提高催化剂稳定性是实际应用中最大的挑战。

除了 ESR 外，乙醇的 APR 也引起了人们的关注[66, 67]。由于乙醇的 APR 在很低的反应温度下就能够进行，不利于发生我们不期望的分解反应，并且进一步 WGS 的 CO 转化率会提高。通常，对于 APR 和 ESR，能够观察到相同的反应和产物。

ESR 由下述方程描述：

$$C_2H_5OH + 3H_2O \longrightarrow 2CO_2 + 6H_2 \tag{7.4}$$

在 ESR 条件下可能会发生其他几个反应。与甲醇转化率相比，乙醇的反应网络显得复杂得多，呈现出多种产物和副反应。

乙醇分解（EDC）：

$$C_2H_5OH \longrightarrow CO + CH_4 + H_2 \tag{7.5}$$

脱氢制乙醛：

$$C_2H_5OH \longrightarrow C_2H_4O + H_2 \tag{7.6}$$

乙醛分解：

$$C_2H_4O \longrightarrow CO + CH_4 \tag{7.7}$$

脱水制乙烯：

$$C_2H_5OH \longrightarrow C_2H_4 + H_2O \tag{7.8}$$

形成丙酮：

$$2C_2H_5OH + H_2O \longrightarrow CH_3COCH_3 + CO_2 + 4H_2 \tag{7.9}$$

另外，（R）WGS、甲烷蒸汽重整、甲烷干重整以及甲烷化通常在反应条件下发生。一些副产物，特别是乙烯和丙酮可以进一步反应形成焦炭前体和焦炭。例如，乙烯在酸性位点的聚合、丙酮的缩合反应。

在较高的反应温度（大于 673K）下能够获得较高的氢收率，而由于重整反应的动力学限制，通常在较低的反应温度下检测到副产物，如乙醛、乙烯和丙酮。CO 和 CO_2 的甲烷化反应是放热反应，有利于在较低温度下形成甲烷；而通过重整生产甲烷的反应在较高温度下是有利的。因此，非理想的甲烷的产量通常随着反应温度的升高而降低。

产品分布强烈依赖于反应条件和所用的催化剂。当使用负载型催化剂时，除了活性相之外，载体也可能与乙醇相互作用并影响产物分布。活性催化剂包括贵金属（例如，Pt、Pd、Rh 和 Ru）和贱金属（例如，Ni、Co 和 Cu）；然而，金属氧化物（例如，ZnO、Fe_2O_3、CeO_2 和 La_2O_3）也显示出活性，可参考文献 [4, 6, 7, 64, 65, 68] 中的描述。在贵金属基催化剂的直接比较中，Rh 在氢选择性方面表现出最好的性能[69]，这归因于 Rh 的高重整能力。将一系列贵金属和贱金属进行比较，氧化铝上的 Ni 和 Co[70] 以及在 MgO 上的 Rh[71] 在 ESR 中表现出最好的 H_2 选择性。但是，金属分散体和载体的性质也会影响催化剂的性能。总的来说，Ni 和 Co 是成本低、性能好且最有前景的金属催化剂。

乙醇在金属和氧化物表面上的复杂反应网络涉及一系列中间体和表面物质。图 7.7 显示了过渡金属表面上的反应网络以及乙醇的主要含氧中间体，而图 7.8 总结了在氧化物表面上发生的反应。在过渡金属表面观察到的中间体包括醇盐、η^1 醛和 η^2 醛以及酰基化合物和羧酸盐[4, 72]。

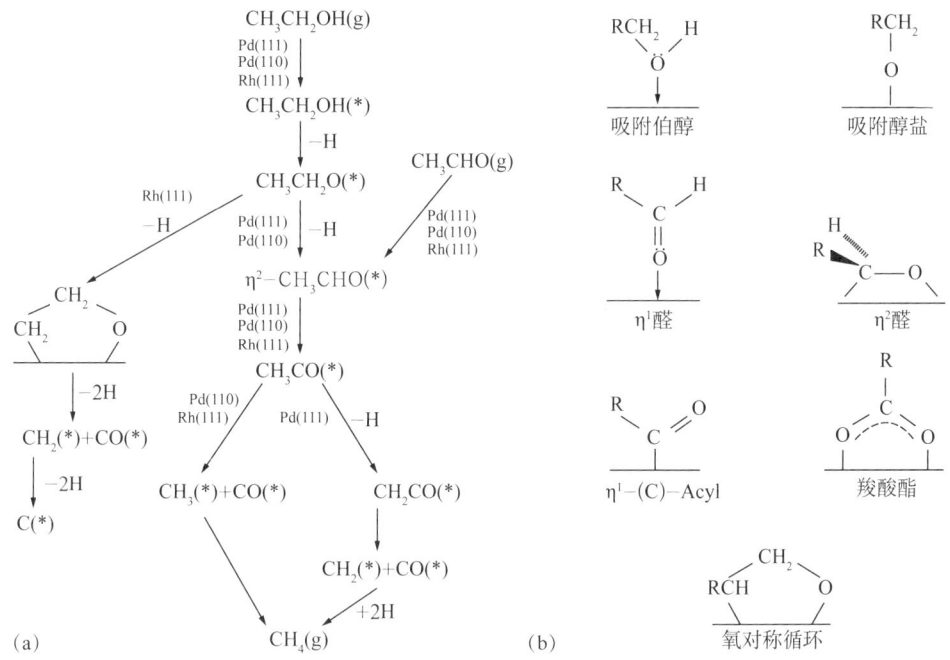

图7.7　过渡金属表面上的乙醇反应路径和过渡金属乙醇中的主要含氧中间体

（来自Mavrikakis M, Barteau M A. J. Mol. Catal. A Chem., 1998, 131: 135. 已经许可）

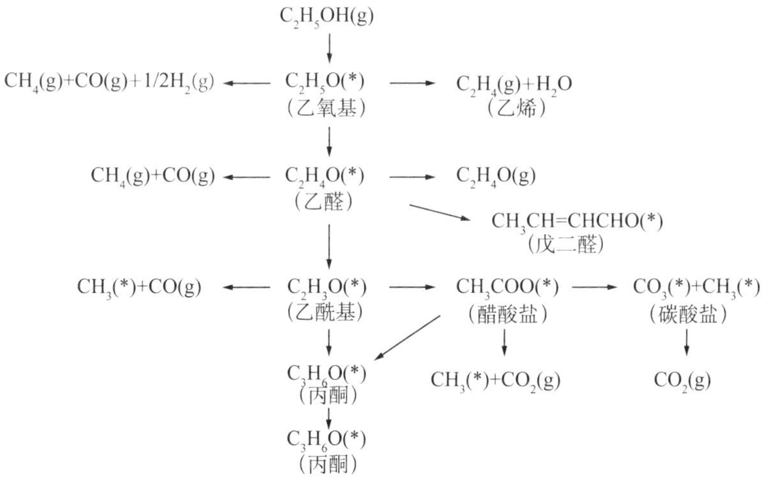

图7.8　乙醇在氧化物表面的反应路径

（来自Mattos L V, et al. Chem. Rev., 2012, 112: 4094. 已经许可）

与甲醇类似，乙醇通过解离吸附形成乙醇盐而与活性金属表面相互作用。进一步脱氢产生乙醛，这是 ESR 中的关键中间体，并且类似于 MSR，可以不同的构型（η^1 和 η^2）吸附，从而影响稳定性/反应性。醛中间体可以解吸或进一步通过 C—O 键裂解和氢化成为烷烃或通过脱氢成为乙酰基，然后 C—C 键裂解。后一种反应在金属表面更有利，产生 CO 和 CH_x。在 Rh 表面当金属氧环物质作为中间体时能够观察到一个不同的作用机理[72]。

在氧化物和负载型金属催化剂上，检测到较高浓度的氧化中间体，如乙酸盐和碳酸盐。乙醇作为氧化物表面上的乙氧基物质吸附，并且可以进一步脱氢成乙醛，这在 OH 基团的存在下是有利的。再次，乙醛是一个关键的中间体，可以解吸，进一步脱氢生成乙酰基[73]，进行醛醇缩合反应[74]，或与表面 O 或 OH 反应生成乙酸酯[75]。乙酸盐可以分解成 CH_4 和 CO，或进一步氧化成碳酸盐[4, 76]。

在 MSR 中，水活化发生在氧化物表面上。De Lima 等[77]研究了反应条件下 DRIFTS 对 ESR 在 $Pt/CeZrO_2$ 上的反应机理。他们发现蒸汽促进了乙酸盐的正向分解，乙酸盐由乙醛与表面的 OH 通过载体诱导氧化形成碳酸盐和甲烷。这与 Haghofer 等[30]检测到的 MSR 过程中水对甲烷的二氧化碳反应非常吻合。总之，金属和氧化物之间的协同作用以及金属氧化物界面的重要作用对于 ESR 以及 MSR 的活性和选择性是至关重要的。

另外，如 7.1 节所述，在载体上的酸性和碱性位点上可能发生副反应，例如，在酸性位点上乙醇脱水成乙烯或发生醛醇缩合反应。这是 ESR 中的主要挑战，因为有可能导致炭沉积，致使催化剂失活。而且，布杜阿尔反应和碳氢化合物分解成炭有利于焦炭的形成和催化剂活性的损失。

布杜阿尔反应：

$$2CO \longrightarrow CO_2 + C \tag{7.10}$$

遵循不同的策略能够克服常见的失活问题，并通过防止炭形成来提高催化剂稳定性，例如，优化反应条件（例如，高蒸汽乙醇比、向进料中加入少量氧气、高反应温度）和催化剂的改性（例如，载体氧化物的选择、双金属催化剂的使用、加入改进载体酸度的促进剂）。这些方法和相关的参考文献在 Mattos 等人的综述中都有过详细的描述[4]。

7.3 多元醇的蒸汽重整——甘油重整

本节以具有 3 个羟基的甘油作为示例性典型的情况来说明多元醇的蒸汽重整。除了甲醇和乙醇之外，甘油也是 SR 制备氢过程的一个重要原料。它在生物柴油生产过程中作为副产物大量形成，也可以从可再生来源的过程（如葡萄糖发酵）获得。粗甘油物流含有一系列污染物和其他的化合物，例如水。因此，与其他甘油利用途径相比，SR 不需要更昂贵的分离或精制步骤，因此 SR 是使人感兴趣的进一步转化的手段。最重要的是，它无毒，不易燃，可生物降解。有关 GSR 的综述近来也有文章发表，例如[65, 78-80]。

从 GSR 获得的这些信息可以转移到其他多元醇，如糖。通常，选择性是一个挑战，因为反应物分子越复杂，其具有的官能团越多，反应途径和产物就有更多可能。然而，一般而言，发生的反应与乙醇的反应类似，GSR 的许多方面与 ESR 类似。GSR 可以由以下等式描述：

$$C_3H_8O_3 + 3H_2O \longrightarrow 3CO_2 + 7H_2 \tag{7.11}$$

除 GSR 之外，APR 非常有趣。具有气相水蒸气的 GSR 需要高温（通常约 800℃），而 APR 在较低温度（200～250℃）和略高的压力（通常 20bar）下以液相进行。GSR 和 APR 的许多方面与乙醇重整反应类似，包括机理方面和催化活性物质的性质。相同的催化剂在甘油重整反应（如 ESR）中具有活性，特别是 Ni、Ru、Co 和 Pt[65, 78, 80]。

在 GSR 中要解决的主要挑战和问题是副产物形成（主要是 CO 和甲烷）、催化剂失活以及由于所需的高反应温度而导致的高能耗。在 APR 中，主要缺点是高压要求、较低的 H_2 选择性以及作为副产物的烷烃的生产。

7.4 展望

总而言之，本章中对甲醇和乙醇的蒸汽重整进行了详细的介绍，并且对甲醇蒸汽重整过程进行了较为细致深入的探讨。具体来说，针对一系列材料开展的 DFT 计算使得对催化剂表面发生的过程和化学行为能够有更为深入的观察和理解。近来，使用多官能团醇类作为原料逐渐引起人们关注，这肯定会在不久的将来会促进对这些反应的透彻理解。

醇类蒸汽重整商用化的主要挑战来自该过程催化剂的稳定性和制得氢气的净化问题。由于氢气用于 PEM 燃料电池中，因此其净化问题显得尤为重要。要么需要直接制备高纯度的氢气，要么需要采用后续工艺来对氢气进行净化，但是附加工艺往往在车用场景下不受欢迎。高纯度的制氢过程就要求开发出适宜条件下使用的高选择性和高稳定性的催化剂。为满足这些要求，必须要实现对醇类重整反应在分子层面上的理解，这可以通过原位 / 在线光谱手段和计算化学的结合来实现，这样的案例已经成功地在 MSR 过程上实现。

参考文献

[1] D.R. Palo, R.A. Dagle, and J.D. Holladay, *Chemical Reviews*, 107 (2007) 3992.
[2] D.L. Trimm and Z.I. Onsan, *Catalysis Reviews*, 43 (2001) 31.

[3] S. Sá, H. Silva, L. Brandão, J.M Sousa, and A. Mendes, *Applied Catalysis B: Environmental, 99* (2010) 43.

[4] L.V. Mattos, G. Jacobs, B.H. Davis, and F.B. Noronha, *Chemical Reviews*, 112 (2012) 4094.

[5] M. Armbrüster, M. Behrens, K. Föttinger, M. Friedrich, É. Gaudry, S.K. Matam, and H.R. Sharma, *Catalysis Reviews.* 55 (2013) 289.

[6] P.D. Vaidya and A.E. Rodrigues, *Chemical Engineering Journal*, 117 (2006) 39.

[7] A. Haryanto, S. Fermando, N. Murali, and S. Adhikari, *Energy & Fuels*, 19 (2005) 2098.

[8] V. Dal Santo, A. Gallo, A. Naldoni, M. Guidotti, and R. Psaro, *Catalysis Today.* 197 (2012) 190.

[9] X. Cheng. Z. Shi, N. Glass, L. Zhang, J. Zhang, D. Song, Z.-s. Liu, H. Wang, and J. Shen, *Journal of Power Sources*, 165 (2007) 739.

[10] K.D. Jung. O.S Joe, S.H. Han, S. J. Uhm, and I.J. Chung. *Catalysis Letters*, 35 (1995) 303.

[11] C. Zhang, Z. Yuan, N. Liu, S. Wang, and S. Wang, *Fuel Cells*, 6 (2006) 466.

[12] T. Conant, A.M. Karim, V. Lebarbier, Y. Wang, F. Girgsdies, R. Schlögl, and A. Datye, *Journal of Catalysis*, 257 (2008) 64.

[13] M. Behrens, *Journal of Catalysis*, 267 (2009) 24.

[14] J. B. Hansen and P.E. Hojlund Nielsen, in G. Ertl, H. Knözinger, F. Schüth, and J. Weitkamp (Editors), *Handbook of Heterogeneous Catalysis*, 2nd ed., Wiley-VCH, Weinheim, Germany, 2008, p.2920.

[15] H. Kobayashi. N. Takezawa, M. Shimokawabe, and K. Takahashi, *Studies in Surface Science and Catalysis*, 16 (1983) 697.

[16] K. Klier, *Advances in Catalysis*, 31 (1982) 243.

[17] J. C. Frost, *Nature*, 334 (1988) 577.

[18] M. M. Günter, T. Ressler, R.E. Jentoft, and B. Bems, *Journal of Catalysis*, 203 (2001) 133.

[19] B. L. Kniep, T. Ressler, A. Rabis, F. Girgsdies, M. Baenitz, F. Steglich, and R. Schlögl, *Angewandte Chemie International Edition*, 43 (2004) 112.

[20] P. L. Hansen, J.B. Wagner, S. Helveg, J.R. Rostrup-Nielsen, B.S. Clausen, and H. Topsøe, *Science*, 295 (2002) 2053.

[21] C. Rameshan. W. Stadlmayr, S. Penner, H. Lorenz, N. Memmel, M. Hävecker, R. Blume. D. et al., *Angewandte Chemie International Edition*, 51 (2012) 3002.

[22] C.J. Jiang. D.L. Trimm, M.S. Wainwright, and N.W. Cant, *Applied Catalysis A: General*, 93 (1993) 245.

[23] K. Takahashi, N. Takezawa, and H. Kobayashi, *Applied Catalysis*, 2 (1982) 363.

[24] N. Takezawa and N. Iwasa, *Catalysis Today*, 36 (1997) 45.

[25] E. Santacesaria and S. Carrá, *Applied Catalysis*, 5 (1983) 345.

[26] B. Frank, F.C. Jentoft, H. Soerijanto, J. Kröhnert, R. Schlögl, and R. Schomäcker, *Journal of Catalysis*, 246 (2007) 177.

[27] B.A Peppley, J. C. Amphlett, L.M. Kearns. and R.F. Mann, *Applied Catalysis A: General*, 179 (1999) 31.

[28] B.A Peppley, J.C. Amphlett, L.M. Kearns, and R.F. Mann, *Applied Catalysis A; General*, 179 (1999) 21.

[29] S.E. Collins, M.A. Baltanás, and A.L Bonivardi, *Applied Catalysis A: General*, 295 (2005) 126.

[30] A. Haghofer, D. Ferri, K. Föttinger, and G. Rupprechter, *ACS Catalysis*, 2 (2012) 2305.

[31] N. lwasa, S. Masuda, N. Ogawa, and N. Takezawa, *Applied Catalysis A: General*, 125 (1995) 145.

[32] N. Iwasa, T. Mayanagi, N. Ogawa, K. Sakata, and N. Takezawa, *Catalysis Letiers*, 54 (1998) 119.

[33] N. Iwasa and N. Takezawa, *Topics in Catalysis*, 22 (2003) 215.

[34] K. Föttinger, in J. J. Spivey (Editor), *Catalysis*, Vol. 25, The Royal Society of Chemistry, Cambridge, 2013. p.77.

[35] H. Lorenz, C. Rameshan, T. Bielz, N. Memmel, W. Stadlmayr, L. Mayr, Q. Zhao, S. Soisuwan, B. KJötzer, and S. Penner, *ChemCatChem*, 5 (2013) 1273.

[36] M. Armbrüster, M. Behrens, F. Cinquini. K. Föttinger. Y. Grin, A. Haghofer, B. Klötzer, A. et al., *ChemCatChem*, 4 (2012) 1048.

[37] A Haghofer, K. Föttinger, F. Girgsdies, D. Teschner, A. Knop-Gericke. R. Schlögl, and G. Rupprechter, *Journal of Catalysis*, 286 (2012) 13.

[38] B.A. Sexton, A.E. Hughes. and N.R. Avert, *Surface Science*, 155 (1985) 366.

[39] D.B. Clarke. D.-K. Lee, M.J. Sandoval, and A.T. Bell. *Journal of Catalysis*, 150 (1994) 81.

[40] J.L. Davis and M.A. Barteau, *Surface Science*, 235 (1990) 235.

[41] K.H. Lim, Z.X. Chen, K.M. Neyman, and N. Rösch, *Journal of Physical Chemistry B*, 110 (2006) 14890.

[42] Z.X. Chen, K.H. Lim, K.M. Neyman, and N. Rösch, *Journal of Physical Chemistry B*, 109 (2005) 4568.

[43] ZX. Chen, K.M. Neyman, K.H. Lim, and N. Rösch, *Langmuir*, 20 (2004) 8068.

[44] Y. Huang and Z-X. Chen, *Langmuir*, 26 (2010) 10796.

[45] A.P. Tsai, S. Kameoka, and Y. Ishii, *Journal of the Physical Society of Japan*, 73 (2004) 3270.

[46] A. Bayer, K. Flechtner, R. Denecke, H.P. Steinrück, K.M. Neyman, and N. Rösch,

Surface Science, 600 (2006) 78.

[47] C. Rameshan, W. Stadlmayr, C. Weilach, S. Penner, H. Lorenz, M. Hävecker, R. Blume et al., *Angewandte Chemie International Edition*, 49 (2010) 3224.

[48] C. Rameshan, C. Weilach, W. Stadlmayr, S. Penner, H. Lorenz, M. Hävecker, R. Blume et al., *Journal of Catalysis*, 276 (2010) 101.

[49] W. Stadlmayr, C. Rameshan, C. Weilach, H. Lorenz, M. Hävecker, R. Blume, T. Rocha et al., *Journal of Physical Chemistry C*, 114 (2010) 10850.

[50] H.P. Koch, l. Bako, G. Weirum, M. Kratzer, and R. Schennach, *Surface Science*, 604 (2010) 926.

[51] G. Weirum, M. Kratzer, H.P. Koch, A. Tamtögl, J. Killmann, I Bako, A. Winkler, S. Surnev, F.P. Netzer, and R. Schennach, *Journal of Physical Chemistry C*, 113 (2009) 9788.

[52] B. Halevi, E.J. Peterson, A. DeLaRiva, E. Jeroro, V.M. Lebarbier, Y. Wang, J.M. Vohs et al., *Journal of Physical Chemistry C*, 114 (2010) 17181.

[53] B. Halevi, E.J. Peterson, A. Roy, A. DeLariva, E. Jeroro, F. Gao, Y. Wang et al., *Journal of Catalysis*, 291 (2012) 44.

[54] M. Friedrich, D. Teschner. A. Knop-Gericke, and M. Armbrüster, *Journal of Catalysis,* 285 (2012) 41.

[55] G.K Smith, S. Lin. W. Lai, A. Datye, D. Xie, and H. Guo, *Surface Science*, 605 (2011) 750.

[56] K. Föttinger, *Catalysis Today*, 208 (2013) 106.

[57] K. Föttinger, J. A. van Bokhoven, M. Nachtegaal, and G. Rupprechter, *The Journal of Physical Chemistry Letters*, 2 (2011)428.

[58] A. Haghofer, K. Föttinger, M. Nachtegaal, M. Armbrüster, and G, Rupprechter, *Journal of Physical Chemistry C*.116 (2012) 21816.

[59] H. Okamoto, *Journal of Phase Equilibria and Diffusion*, 29 (2008) 466.

[60] H. Okamoto, in T.B. Massalski (Editor). *Binary Alloy Phase Diagrams*, 2nd ed., ASM International. Materials Park, OH, 1990, p. 3068.

[61] C. Weilach, S.M Kozlov, H.H Holzapfel, K. Föttinger, K.M. Neyman, and G. Rupprechter, *Journal of Physical Chemistry C*, 116 (2012) 18768.

[62] K.M. Neyman, K.H.Lim, Z.X. Chen, L.V. Moskaleva, A. Bayer,A. Reindl, D. Borgmann, R. Denecke, H.P. Steinrück, and N. Rösch, *Physical Chemistry Chemical Physics*, 9(2007) 3470.

[63] S.E Collins, J. J. Delgado, C. Mira, J.J. Calvino, S. Bernal, D.L. Chiavassa, M.A. Baltanás, and A.L. Bonivardi, *Journal of Catalysis*, 292 (2012) 90.

[64] M. Ni, D.Y.C. Leung. and M.K.H. Leung, *International Journal of Hydrogen Energy*,

32 (2007) 3238.
[65] P. R.d.l. Piscina and N. Homs, *Chemtical Society Reviews*, 37 (2008) 2459.
[66] 1.O. Cruz, N.F.P. Ribeiro, D.A.G. Aranda, and M.M.V.M. Souza, *Catalysis Communications*, 9 (2008) 2606.
[67] A.V. Tokarev. A.V. Kirilin, E.V. Murzina, K Eränen, L.M. Kustov, D.Y. Murzin, and J.P. Mikkola, *International Journal of Hydrogen Energy*, 35 (2010) 12642.
[68] J. Llorca, P.R.d.L. Piscina, J. Sales, and N. Homs, *Chemical Commnications*, (2001) 641.
[69] D.K Liguras, D.I. Kondarides. and X.E. Verykios, *Applied Catalysis B: Environmental*, 43 (2003) 345.
[70] F. Auprêtre, C. Descorme. and D. Duprez, *Catalysis Communications*, 3 (2002) 263.
[71] F. Frusteri, S. Freni, L. Spadaro, V. Chiodo, G. Bonura, S. Donato, and S. Cavallaro, *Catalysis Communications*, 5 (2004) 611.
[72] M. Mavrikakis and M.A. Barteau, *Journal of Molecular Catalysis A: Chemical*, 131 (1998) 135.
[73] R.Shekhar, M.A. Barteau, R.V. Plank, and J. M. Vohs, *Journal of Physical Chemistry B*, 101 (1997) 7939.
[74] A. Yee, S. J. Morrison, and H. Idriss, *Journal of Catalysis*, 191 (2000) 30.
[75] M. Dömök, M. Tóth, J. Raskó, and A. Erdöhelyi, *Applied Catalysis B: Environmental*, 69 (2007) 262.
[76] A. Erdöhelyi, J. Raskó. T. Kecskés, M. Tóth, M. Dömök, and K. Baán, *Catalysis Today*, 116 (2006) 367.
[77] S.M. de Lima, I.O. da Cruz, G. Jacobs, B.H. Davis, L.V. Mattos, and F.B. Noronha, *Journal of Catalysis*, 257 (2008) 356.
[78] S. Adhikari, S.D. Fernando, and A. Haryanto, *Energy Conversion and Management*, 50 (2009) 2600.
[79] A.Behr,J. Eilting. K. Irawadi, J. Leschinski, and F. Lindner, *Green Chemistry*, 10(2008) 13.
[80] P.D. Vaidya and A.E. Rodrigues, *Chemical Engineering & Technology*, 32 (2009) 1463.

第 8 章 生物质通过多相催化生产液体生物燃料

Michael Stöcker, Roman Tschentscher

由于化石燃料供应减少,生物质能作为一种可再生能源用于生产运输燃料引起越来越多的关注。此外,考虑到全球变暖、二氧化碳排放、竞争加剧、能源供应安全以及减少化石燃料消耗等问题,利用生物质作为可再生能源变得十分重要。进一步而言,政策鼓励促进了社会对生物质的重视,生物质作为一种可替代和可持续的原料,可以用来生产生物燃料(通过加工生物质获得燃料),引起重视的原因在于其广泛存在于自然界中,使用生物质的过程是碳中和平衡的,即消耗的碳与排放的碳量相等,而不产生额外的温室气体。然而,生物质能的能量密度低,热值低,含氧量高,需要复杂的工艺过程和更严苛的反应条件来达到类似碳氢化合物燃料的成分。最后,多相催化在生物质能转化为燃料的过程中起着至关重要的作用,它有利于增强选择性,同时对环境安全无害。本章将介绍多种生物质能源,并重点介绍不同种类的生物质到液态生物燃料的催化转化工艺。

8.1 导论

目前,以原油为基础的运输燃料生产是在石油资源逐渐减少的大背景下进行的。因此,当下能源技术的攻关重点是清洁技术的研究和开发,使基于可再生能源的运输燃料生产成为可能。以电力、太阳能、氢燃料电池和生物燃料为动力的汽车都在积极研发中,以减少对原油作为能源的依赖。然而,这些新技术需要在经济和技术上有重大的突破。根据这一设想,为了避免发动机和运输基础设施的重大改变,可再生生物质生产的液体生物燃料应当与目前的燃料组成及性质相似。因此,生物乙醇和生物柴油已经在商业上被用来作为化石燃料的调和组分[1]。

第一代生物燃料——生物乙醇和生物柴油,主要来自农业作物,如含有糖或植物油的植物/谷物。木质纤维素生物质是生产第二代生物燃料的主要原料之一,以合成燃料为主要目标产品。用于生产第二代生物燃料的原材料并不直接与食品市场竞争,而是要竞争有限的土地资源。然而,在木质纤维素生物质的使用在经济上可行之前,必须解决

第 8 章　生物质通过多相催化生产液体生物燃料

与预处理和水解有关的问题,以提高这种原料的适宜性。最后,藻类作物被认为是生物燃料的合适原料来源,因此,这些海洋衍生燃料被称为第三代生物燃料[1]。

目前,石油、煤炭和天然气等化石能源占世界主要能源消耗的 3/4。可替代化石能源的能源有核能、水力发电、太阳能、燃料电池、生物质等,目前占世界主要能源消耗的 1/4。生物质是一种丰富的、碳中性的可再生的生物燃料生产的能源[2]。此外,与化石燃料的转化过程相比,生物质能源生产排放较低的温室气体,因为在随后的生物质再生过程中,能源转化过程中产生的二氧化碳被消耗(图 8.1)[3]。

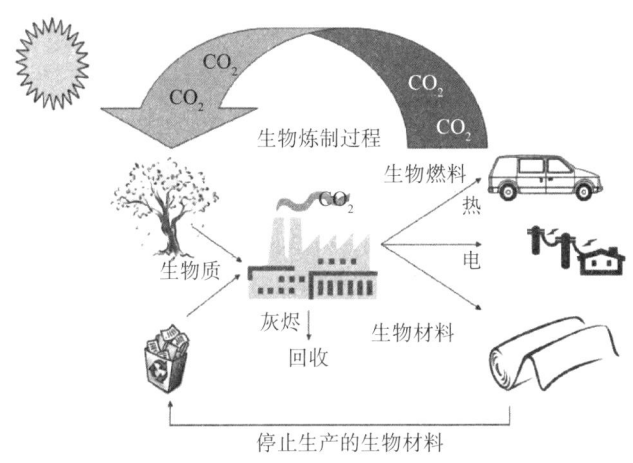

图 8.1　可持续技术的联合生物炼油概念
(来自 Ragauskas A J, et al. Science, 2006, 311: 484–489. 经许可复制)

如果世界市场能够从对化石能源的依赖转向可再生能源,如生物质资源,这将会是对建立有利于全球气候框架和发展可持续工业的重要贡献[3]。在此方面,对第一代生物燃料的生产和应用,如生物柴油和生物乙醇,正是朝着正确的方向前进;第二代和第三代生物燃料将以生物质资源为基础,并主要通过集成的生物炼厂进行加工,涉及范围包括生物燃料、热能、电力和生物材料(图 8.1)。

目前,多种生物质资源被用于生产各种燃料、化学品和能源产品。这些资源可能来自贸易和工业、林业和农业,如图 8.2 所示。工艺过程包括生物、热转化和(或)化学转化以及机械处理,从而获得固体、液体、气体燃料和(或)有价值的化学物质。除了燃料和有价值的化学物质外,热能和电能也可以作为能源产品。

在生物炼厂概念框架下,针对不同类型生物质进行加工面临着挑战,这些挑战随着非均相催化剂施用于生物燃料制备的过程轨迹而被凸显出来。生物质能催化转化的新挑战,如对复杂反应机理的理解、催化剂和工艺的开发以及将设想的产品模式等,都在本章有所涉及。最后,将阐述关于改进工艺技术(中试和商业化装置)的现状。本章的重点集中在生物质到液体生物燃料的催化转化。

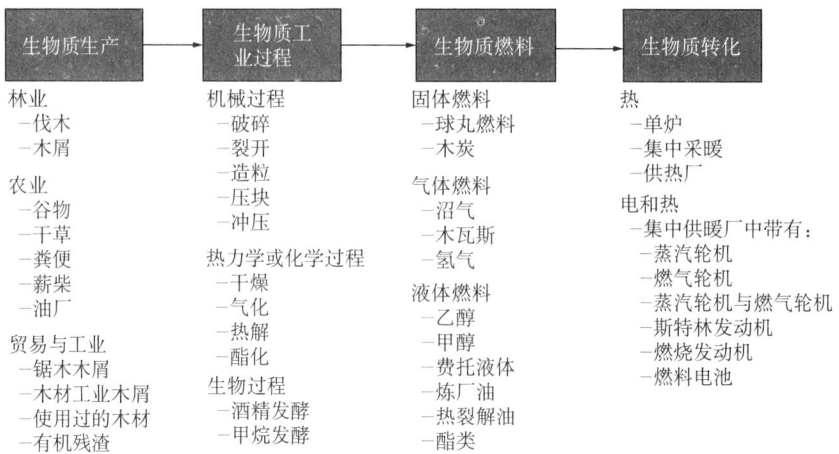

图8.2 可再生能源与化石能源：从多种生物质资源到多种燃料和能源产品

（来自Stöcker M. Biofuels and biomass-to-liquid fuels in the biorefinery:
Catalytic conversion of lignocellulosic biomass using porous materials. Angew. Chem.
Int. Ed., 2008, 47: 9200–9211. Copyright Wiley-VCH Verlag GmbH & Co. KGaA. 经许可复制）

8.2 生物燃料的定义、政治影响及当前技术

生物质生产的液体生物燃料是一种丰富的、碳中性的用于生产运输燃料的可再生能源。二氧化碳的排放与光合作用的消耗相当。然而，多数的第一代生物燃料有许多缺点，比如水和土地的竞争、人类和牲畜食物的竞争、有限的温室气体减排、高生产成本以及潜在的对生物多样性的负面影响等[4]。为了确保未来的能源供应，同时应对温室效应而导致的全球变暖问题，相对于化石燃料，可再生能源的使用必须增加。

此外，政治上对可再生能源替代能源也有足够的重视，并提出相应的目标[4]：

（1）联合国气候小组要求到2050年将温室气体排放量减少50%～80%（全球变暖减少）。

（2）欧盟的可再生能源法令要求到2020年使用10%的生物燃料。

（3）到2022年，美国可再生燃料标准要求运输中使用的生物燃料占30%左右。

然而，利用农用耕地种植生物能源作物将与粮食和牲畜的生产相竞争，为了达到欧盟委员会在2020年生物质能源使用达到10%的目标，估计需要欧盟耕地总面积的13%。这意味着在未来，生物能源植物的应用与政治存在着很强的关联。

第二代和第三代生物燃料的转化技术仍在开发中，重点是利用木质纤维素和藻类等生物质。

目前，第一代生物乙醇的生产主要以富含碳水化合物的植物为基础，这些植物含有容易消化的糖类，如糖和淀粉。玉米、甘蔗、小麦、大麦、马铃薯、木材、玉米或甜菜，通过水解和发酵处理获得生物乙醇。纤维素的水解是一种能源密集型和复杂的生产过程。

到目前为止，还没有商业化的木质纤维素或藻类的过程。第一代生物柴油［脂肪酸甲酯（FAME）］的生产是基于一个非常简单的过程：从菜籽油［油菜籽甲基酯（RME）］、大豆、向日葵、棕榈油等植物油中，或动物脂肪，如屠宰场废物、鱼油等进行酯交换[2]。

8.3 生物炼厂的概念（第二代与第三代生物质能）

第一代生物燃料的生产技术日臻成熟，而与第二代和第三代生物燃料生产有关的过程仍处于研发阶段。目前开发了生物质气化得到合成气（CO 和 H_2）的气化技术。合成气也可通过木质纤维素生物质的热解获得，然后用众所周知的技术生产生物乙醇或 FT 液体（FTLs）（图 8.3）。木质纤维素生物质可以通过快速热解转化为生物油，也可以通过气化生产合成气。生物油可以在合成气的第二步中气化［可以进一步加工成 FT 产品或其他类似甲醇的产品，然后生产烯烃和（或）汽油］，或可以分离出酚类化合物和（或）碳水化合物馏分。酚类化合物可用于酚醛树脂的生产，而碳水化合物则被催化转化为氢气。

一般来说，现代生物精炼法的目的是与一个原油炼厂平行设立，因为那里有大量的材料，例如可再生的木质素、纤维素和半纤维素等，这些原料进入生物炼厂，并通过一系列的工艺步骤转化为生物燃料、附加值高的化学品、热能和电力。然而，现代生物炼厂在供给上的挑战不应被低估，特别是在收集足够的生物质方面，例如，如何从经济角度运作一个 FT 装置。此外，从生物质中提取碳水化合物是一种可行的途径，可用于酯类、羧酸类和醇类制备，从专一性和立体化学方面看都是纯的。而被用于选择性地在复杂化合物中引入官能团的、昂贵的手性催化剂或先进合成路线则可以被避免[3]。

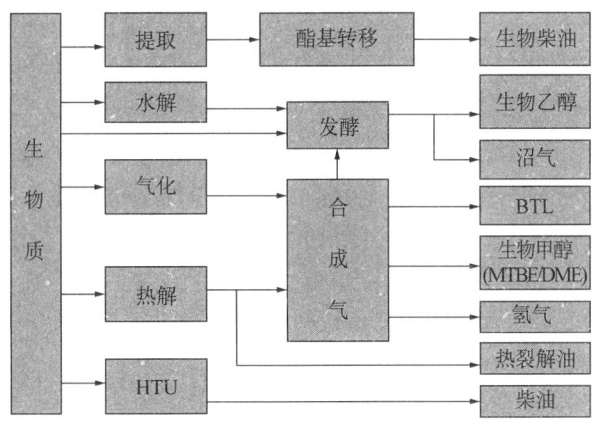

图8.3 在生物炼厂中简化的工艺流程

（来自 Stöcker M. Biofuels and biomass-to-liquid fuels in the biorefinery: Catalytic conversion of lignocellulosic biomass using porous materials. Angew. Chem. Int. Ed., 2008, 47: 9200–9211. Copyright Wiley-VCH Verlag GmbH & Co. KGaA. 经许可复制）

8.4 生物燃料使用现状

低混合燃料的使用：在普通汽油或柴油中最多可以使用5%（体积分数），可在未经任何改装（欧Ⅴ）的通用汽车上使用。关于高掺合燃料［超过5%（体积分数）］，其组合及可用国家如下：

对于汽油，巴西最高25%乙醇（E25）；美国10%乙醇/90%汽油（E10）；瑞典85%乙醇/15%汽油（E85）。

对于柴油，5%~30%（体积分数）是常见的，如B5，B10，B30-FAME，E95——用于柴油发动机（但车辆必须能适应高浓度乙醇带来的影响）。

生物丁醇可能比生物乙醇更适合用于汽油的生物燃料。与生物乙醇相比，生物丁醇的使用会增加汽油池的辛烷值，并且二者能量密度相当。此外，生物丁醇具有较低的蒸气压和较低的水溶性，这简化了处理程序和相关设备[5]。

8.5 原料的获取与生物质的转化及燃烧

原料成本很大程度上取决于原料的来源。原料可以是生产高价值材料的各种工业的废料，如纸张和木材，也可以是农业残渣和食物垃圾。典型的例子是玉米秸、纸浆废弃物等。在这些情况下，农业和收获的成本主要包含产品价格以及实际使用成本，包括收集、包装和运输。

在其他情况下，如柳枝稷或甘蔗用于乙醇生产，必须考虑包括农业在内的全部成本。全球生物燃料作物分布如图8.4所示。

可以看到，生物质的来源十分多样化，特别是在热带地区。作物的选择取决于各种因素，如日照时间和密度、温度、降雨量、季节长度和土壤质量，而且往往与某些地区的农业传统密切相关。极地地区只允许种植软木。在干旱地区，由于缺水，甜高粱和柳枝稷是首选。目前研究的主要目的是，开发出高产的、对环境适应性强并且要求较低的作物。

表8.1描述了各种原料典型的能源成本及其产率。重要的是低种植成本下的高速生长，种植成本来自水和肥料等因素。此外，每英亩土地的高产量也非常重要，特别是在人口密集的地区，还需要包括种植和收获环节的燃料消耗。纯木质纤维素原料也是一种热门候选作物，这是一种在北美和南美、中亚和非洲的牧场和草地上种植的与草类似的作物，它们对肥料和水的消耗较低。

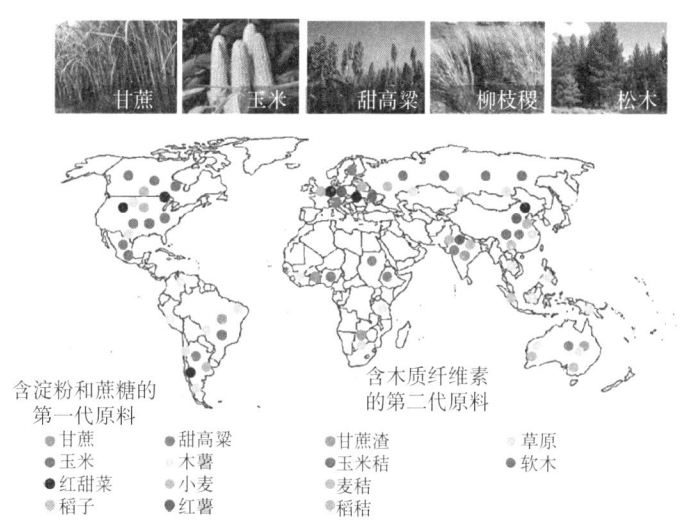

图8.4 全球生物燃料作物分布图

表8.1 生物质能的高热值与种植和采集时的能量投入

原料	高热值（%）	能量投入（GJ/ha）	产率（干吨/英亩）
麦秸	17.4	15～17（小麦）	1～2
玉米秸	17.9～18.4	16～27（玉米）	3～4.5
甘蔗渣①	18.4～19.4	15～17（甘蔗）	5～7
柳枝稷	18.6～19.0	2～7	2～8

来源：Zhu J Y, Zhuang X S. Prog.Energy Combust.Sci., 2012, 38: 583–598. 经许可
①可食用部分、蔗糖和淀粉生产加工的废弃物。

木质纤维素原料的转化总是与直接燃烧竞争。随着新兴技术的不断发展，如电动汽车和燃料电池，燃烧过程是一个合理的选择。提供给小型社区的能源都是由各种各样的玉米秸秆焚烧炉提供的。例如，蔗糖生产过程中的蔗渣通常为甘蔗工厂、炼厂运行等提供能源，并且给当地社区供热。此外，原料的价格会根据收获季节的长短而有很大的变化。

海洋原料，如藻类和海草，含水量比木质纤维素更高，更有可能转化为燃料和化学品。如作为直接燃烧的原料，其干燥成本将会十分高昂，因此不适宜用作燃料。

8.6 生物质预处理

在任何热化学或生化处理之前，生物质必须被粉碎成可以处理的颗粒。在植物油、蔗糖和淀粉的生产过程中有着悠久的传统，且成本较低。

对于其他来源于废弃物的原料，如蔗渣和稻草，在收获过程中或在糖的提取过程之前已经进行了预处理。如果对木材进行直接转化，木材必须被切碎或碾磨成更小的颗粒。这么做的主要目的是增加表面积和获得良好可及性的孔隙结构。该过程总是需要在预处理成本总是与去除杂质（如灰和盐）的成本之间进行平衡。

8.6.1 干燥

干燥步骤的成本非常昂贵，如果可能的话应该尽量避免。对于不同的路线，如热解，低含水量是必要的。同时，如果生物质含水量较低，粉碎的能量输入也会大大降低。

8.6.2 机械预处理

机械处理是非常耗能的过程，但是是预处理的一个重要部分。特别是当颗粒尺寸小于1mm时，成本会猛增[7]。处理类型和能量输入取决于原料的力学性能。后者与生物质的含水率呈正相关[7]。玉米秸、稻草和柳枝稷等原料，很容易被磨成粉[7]。特别是对于硬木来说，粉碎的成本是显著的，可与生产乙醇的能量消耗相比较。

8.6.3 蒸汽/CO_2爆破处理

使用蒸汽爆破生物质是将其加热到180～200℃时使其压力升高，然后压力迅速释放导致气体膨胀和纤维结构破坏的过程。由于生物质中含有的水足够满足需求，这个过程只需要几分钟或几秒钟即可完成。这个过程的缺点是加压的成本较高。尽管如此，这仍是生物质预处理的有效过程，尤其是因为没有涉及化学物质的使用，避免了化学处理的二次污染问题。它可以导致残渣超过5%（质量分数）[8]，并不会增加水解率[8]。因此，在木质纤维素生产乙醇的过程中第一步时该过程就已经完成。爆破过程利用二氧化碳，可以产生酸性环境，在膨胀之前就发生了适度的水解。

8.6.4 膨胀

将生物质浸入水中会导致孔隙结构的膨胀和更好的可达性。能源消耗成本低；然而，如果没有足够的自然资源，如河流和湖泊，则必须使用大型储罐。在某些情况下，生物质预处理是收获和提取过程的一部分。例如，甘蔗被研磨和清洗，产生的粒径在毫米范围内的湿甘蔗渣，可以直接提供给水解装置。

8.7 生物质的组成

8.7.1 能量储存分子

8.7.1.1 糖类

储存糖,如蔗糖和淀粉,通常可以被人类消化,被认为是第一代生物燃料原料。各种农作物都含有大量的易于储存的糖。这些通常储存在细胞的淀粉形成体中。甘蔗中含有超过15%(质量分数)的蔗糖,玉米籽粒中含有约64%(质量分数)的淀粉。

8.7.1.2 蔗糖

蔗糖是果糖和葡萄糖的二聚体,主要从甜菜和甘蔗中提取。甘蔗是一种快速生长的草种,每年收获周期约180天。甘蔗生产商通常在南美发现,特别是在巴西,但澳大利亚东北部也为甘蔗的生长提供了良好的条件。澳大利亚启动了一项甘蔗的大型研究项目。在一个标准的过程中,蔗糖被碾磨成更小的颗粒,然后按压,剩下的固体部分用水冲洗。这样一来,甘蔗渣的糖分含量就会降低一些。在干燥过程中,剩下的蔗糖将转化成乙醇和其他发酵产物。然而,在较冷的气候条件下,甜菜的生产效率要比甘蔗低得多。甜菜垃圾被喂给动物,因此被完全使用。

目前,蔗糖的主要成分直接供给发酵生产生物乙醇,或是生产多元醇或呋喃。这些产品的生产路线将在下面几节讨论。

8.7.1.3 淀粉

淀粉主要存在于玉米和土豆中。它目前是美国和欧洲生物乙醇的主要来源。由于线圈的结构,淀粉只会以无定形的形式出现。它在水中膨胀,甚至可以溶解在热水中。尽管由于需要额外的水解步骤,转换过程比蔗糖更昂贵,但淀粉仍是生物乙醇生产的重要来源。

8.7.2 植物纤维素材料(木质纤维素生物质的主要成分)

木质纤维素原料来源于植物和农作物不可食用的部分、残留物等,因此被认为是第二代生物燃料原料。木质纤维素生物质由各种化合物组成,见表8.2。

表8.2　不同木质纤维素原料的生物质组成

原材料	半纤维素+纤维素（%）	木质素（%）	提出物（%）	灰烬（%）
麦秸	55.3	16.9	13.0	10.2
玉米秸	59.3～61.5	18.2～20.2	3.3～4.8	11.4～12.5
柳枝稷	55.4～60.5	17.4～20.5	5.7～6.2	5.7～6.2
甘蔗渣	61.6～68.3	23.1～24.1	1.5～4.4	2.8～4.0

来源：Zhu J Y, Zhuang X S. Prog.Energy Combust.Sci., 2012, 38: 583–598. 经许可复制。

主要的化合物是半纤维素、纤维素和木质素。在北半球和在干旱地区的柳枝稷中，有大量的纤维素。蔗渣、稻草及其他农业残留物也是可行的原料，因为它们代表了植物质量的很大一部分。然而，蔗渣和稻草的密度很低。此外，某些国家的基础设施也不发达。这意味着运输成本非常高。

其他生物质来源，如家庭的生物废料，则含有更多的水。因此，燃烧不是优先的选择，而转化为生物燃料更有意义。木质纤维素由3个主要成分组成，如图8.5所示。

如下面几节所讨论的，这种分类基于分子结构。然而，这种分类并不那么严格。用稀酸水解半纤维素会导致纤维素的部分水解和酸溶木质素的溶解。剩余的成分是灰分，主要是二氧化硅以及占有一部分质量的蛋白质。表8.2显示了典型饲料的典型成分，如甘蔗渣和稻草。

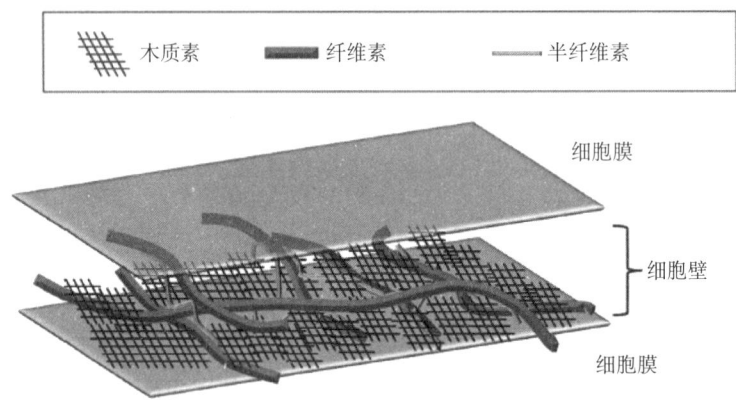

图8.5　纤维素植物的细胞壁结构

8.7.2.1　纤维素

纤维素是木质纤维素生物质的主要成分，约占木质纤维素质量的40%。因此，通过糖进行生物质能转化的可行性依赖于纤维素的转化。纤维素由 $d-$ 葡萄糖的线性分子组成，通过 β （1,4）-糖苷键结合而成，紧密排列成晶体和无定形的部分。这使得非均质催化剂，甚至是酶，难以接近和水解纤维素分子。纤维素是生物基复合材料、复合材料中使用的微纤维化纤维素、纺织品、造纸工业和医疗应用的具有重要价值的原料[9]。

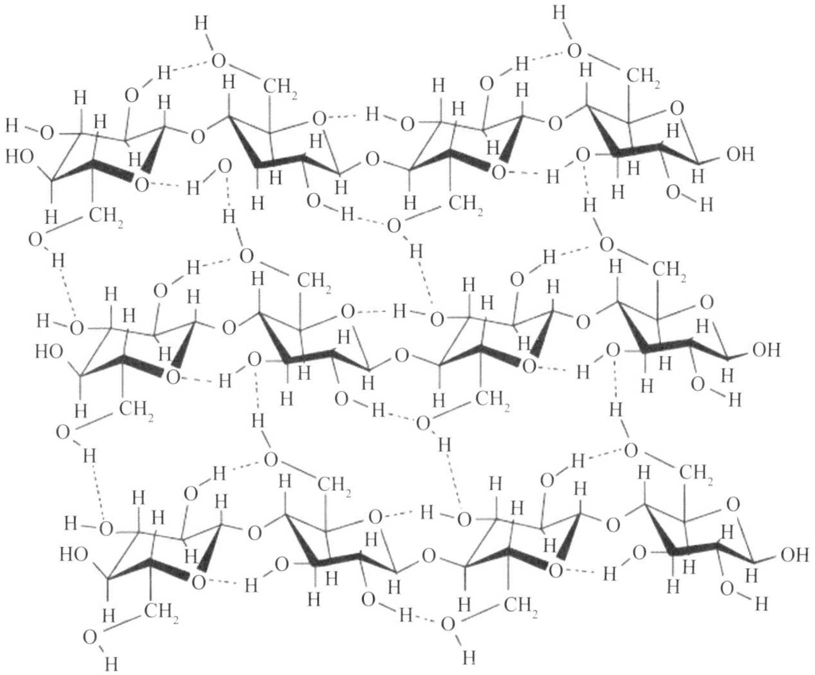

8.7.2.2 半纤维素

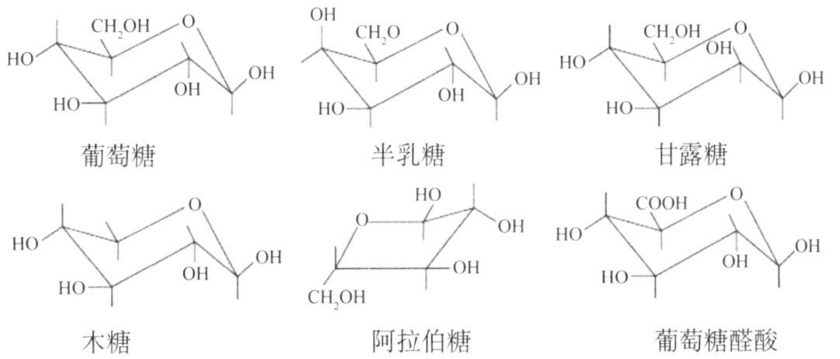

葡萄糖　　　　　半乳糖　　　　　甘露糖

木糖　　　　　阿拉伯糖　　　　　葡萄糖醛酸

这是一种无定形和多相的分枝多糖。骨架由木糖单元组成，而支链则是木糖、葡萄糖、阿拉伯糖和半乳糖的混合物。半纤维素是不结晶的，因此更容易溶解和水解。木质纤维素中半纤维素的质量分数为25%～30%。

8.7.2.3 木质素

木质素具有木质纤维素中最复杂的结构。它是一种刚性网络，提高了工厂的机械稳定性。木质素是一种高度复杂的3D聚合物，它含有不同的苯丙烷单位，如对异丙基醇醇、松柏醇和辛醇，通过乙醚和碳—碳边界结合在一起。木质素填充纤维素、半纤维素和果胶成分之间的细胞壁，导致结构刚性。质量分数为 15%～25%，见表 8.2。

此外，在木质纤维素材料中发现少量的外来有机物（高达 4%）。给定的百分比是平均值，因为它们随使用的木质纤维素原料的种类而变化。

8.7.3 灰烬

灰烬的存在不仅是燃烧的主要问题，也是转化的主要问题。灰分和无机残留物不仅来自植物本身，也来自收获期间附着的土壤。硅石可导致磨削和挤压过程的磨损。钾盐一般会引起设备腐蚀。从土壤中提取的铁质，如甘蔗和其他原料，是贵金属的催化剂。

8.8 生物质平台

生命系统能够将大量的物质转化为细胞生长所需的广泛化合物。这种转变主要通过能量、氧化还原反应和碳的关键代谢物来发生。正如桑德斯等人指出的[10]，这个系统很容易被复制到生物燃料和化学品的生产中。从生物质的组成来看，最佳选择是储存化合物，如油、淀粉和脂肪，但同样有前景的是结构化合物，如纤维素、半纤维素和木质素，因为它们构成了植物的主要质量，并不直接与食物链竞争。

本章根据不同的生物质平台进行分类，包括植物油/动物脂肪、木质素/生物油和多糖。重点是生物燃料到液体生物燃料的催化转化，所使用的材料、应用的工艺技术以及适当情况下在实验室规模、中试规模和工业规模上取得的成果。

8.8.1 植物油/动物脂肪

甘油三酯类脂肪酸（如 FAME）通常被称为植物油或动物脂肪，可以通过提取和转化甲醇或乙醇进而转化为生物柴油。甘油是作为副产物生成的。通常作为产物的脂肪酸含有 16 或 18 个碳原子。甘油三酯可以转化成液体生物燃料，比以木材为基础的生物质要容易得多，因为它们含有较少的氧，而且具有很高的能量水平。这些酯类可以作为柴油燃料，但其高黏度、低挥发性以及喷油器焦化等缺点阻碍了它们在柴油发动机中的直接应用[4, 11]。

植物油是不稳定的，在没有空气的情况下，它们可以不用催化剂在快速加热的情况下转化。然而，沸石[如 ZSM-5（结构代码：MFI）、超稳定 Y 沸石（USY，结构代码：FAU] 和 β-沸石（结构代码：BEA zeolite）的使用[11]可以显著改善产品的产量[0]。另外，在现有的炼厂中使用原油处理植物油，是未来生物燃料生产的一种选择，有助于减少与能源有关的温室气体排放。这可以通过将植物油和原油混合在一起，在常压蒸馏过程中进行处理，或从常压蒸馏中加入中间馏分，作为进一步加工的原料。另外，植物油可以与基于化石燃料的原料一起用于流化催化裂化处理[12]。

对生物柴油原料的主要关注是与食品和动物饲料的竞争。因此，不可食用的油是制造生物柴油最好的原料，例如，以海藻为基础的油、废弃的植物油，以低成本在当地可用。人造生物柴油的质量和性能主要取决于脂肪酸的碳链长度、应用酯的不饱和程度、杂质和水分的含量以及酯碳链等官能团的存在[4]。

关于植物油的酯交换反应，碱性催化剂和酸性催化剂都在使用；然而，碱性催化剂的活性要比酸性催化剂高得多。目前，生物柴油的商业化生产是由经典的均质碱性催化剂，如氢氧化钠或甲醇钠来实现的。然而，用甲醇或乙醇对植物油进行酯交换的主要挑战之一是用非均匀系统替代液体基催化剂，以达到更高纯度的产品。因此，为使植物油易回收、简化净化步骤和达到对催化剂失活的高阻性能，开发了不同种类的催化剂（包括微孔、介孔材料）。此外，另一项要求是开发利用稳定性强的催化剂来处理杂质含量高的植物油，如已使用的食用油或含有高含量游离酸的植物油[13]。以三乙酸酯为模型化合物，对均相催化体系和非均相催化体系进行了有趣的比较。在 60℃ 和丙酸与甲醇的比例为 6 : 1 条件下，检测到催化活性顺序为：氢氧化钠 > 硫酸 > ETS-10（钠，钾）> Amberlyst–15 > 硫酸氧化锆 > 全氟磺酸 > 氧化镁～钨酸氧化锆 > 担载的磷酸 > H–BEA > ETS（H）[4]。

大孔微孔材料（zeolites FAU，BEA）和 mordenite（结构代码：MOR）被用作脂肪酸酯交换的催化剂。然而，在很大程度上，这些转化主要发生在催化剂颗粒的外部表面，因为大量衬底分子的处理限制了内部分子的扩散。与氢氧化钠或甲醇钠的催化性能相比，沸石活性低于均相催化剂。到目前为止，还没有考虑到生物柴油商业化生产的微孔催化剂[4]。

许多公司已经开发出过程完整的甘油三酯加氢技术生产碳氢化合物，以这种方式绕过的协同生产甘油（例如，Neste 石油公司、英国石油公司、巴西国家石油公司、Haldor Topsøe、Axens、UOP-Eni 和 Conoco-Phillips）。例如，UOP-Eni Ecofining™ 工艺以催化氢氧脱氧（HDO）、脱羧（DCO）和异构化反应为基础，生产出一种富含异丙酸的柴油（"绿色柴油"）。这一过程的原料使用十分灵活，可以使用不可食用的饲料、食用油以及动物脂肪等。无定形氧化物、氧化物（硅—氧化铝、硫酸盐氧化锆）、沸石（FAU、MOR、BEA 和 MFI）、zeotype 材料（SAPO–11、SAPO–31 和 SAPO–41）和介孔材料（MCM–41，非晶硅—氧化铝具有控制的介孔孔隙结构）也被应用于其中[4]。

植物油加工的另一种方法是将植物油加工成饱和烃，无论是在专用装置，如 Neste 石油公司的 NExBTL 工艺，还是石油炼厂的氢处理装置，如巴西国家石油公司的 H–BIO 工艺。从原理上讲，水处理过程比从低纯度植物油更适合于生产生物柴油，并且可以在现有的炼厂中进行[13]。

8.8.2 生物油的生物质转化

8.8.2.1 高温分解木质纤维素的组分

生物质催化裂解将在第 9 章进行详细介绍，本章的这一部分只讨论与木质纤维素组分热解有关的几个基本方面。纤维素、半纤维素和木质素以不同的速率和不同的机理及途径降解。木质纤维素材料的直接使用面临着由于其复杂的结构和难以通过较为经济的过程进行分离的问题。随着从原油炼厂转变为生物炼厂，分离技术的项目将会有所不同。在石油炼厂，蒸馏是主要的分离操作，因为我们目前处理的是挥发性化合物。由于大多数生物质成分的非易挥发性，从木质纤维素生物质溶剂中提取木质素、色谱分离或膜分离的有价值的化学物质是主要的选择。多糖组分的去除可以通过逐步水解，如 8.8.3 节所述。

在以木材为基础的生物质的不同组成部分的热解之前，它们分别被分成 3 个主要的组成部分，如蒸汽分裂。另外，可以应用水相转化（APR），其中木质纤维素生物质先经过处理，产生糖或多元醇的水溶液[1]。

纤维素的热解是在相当低的温度下（大约 50℃）开始的；然而，热解主要通过两种反应：在低温下逐渐分解和在高温下快速挥发。最初的分解反应包括水解、氧化、解聚、脱水和脱羧（DCO）。半纤维素比纤维素更容易发生热分解。以100℃的温度持续加热48h，快速引入高温蒸汽，实现半纤维素解聚的热解过程。半纤维素比木质素含有更多的水分，然而，与木质素分解相比，其热分解作用的分解温度更低[14]。

生物炼油这一概念若想取得更多的竞争力，必须解决木基生物质中的木质素组分较多的问题。与纤维素和半纤维素相比，木质素分解的温度范围更广。目前，纸浆中残留的木质素被燃烧，以产生热电；然而，当木质素热解温度在250℃和600℃之间时，形成了潜在的低分子量并且可供进一步处理的有价值的原料。这些结果表明，形状选择性裂化催化剂的使用可以在较低的温度下运行，同时提供了一种改进的产品分布模式。例如，木质素已被一种碱基催化的方法解聚成一种生物油[15]。酚类化合物的形成是基于木质素大分子晶格中的苯基丙烷的裂解。为了获得酚醛树脂，可以将酚组分分开，或者生物油可以进行加氢处理，这就产生了一种烷基苯的混合物，是一种潜在的液体生物燃料[3, 14]。

图8.6为木质素生产生物油的流程图。除了通过分离酚醛树脂和发动机燃料组分来提高生物油的含量外，碳水化合物的成分还可以通过催化蒸汽重整转化成氢气。此外，生物油对合成气的气化打开了传统的FT加工的整个路线以及通过甲醇到烯烃和汽油的间接途径。热解产物的液体部分由两个相组成：含有大量小分子的有机氧化物的水相和较大分子的不溶性有机物（主要是芳烃）的非水相。这一阶段产物被称为生物油，是一种高利润的产物[14]。

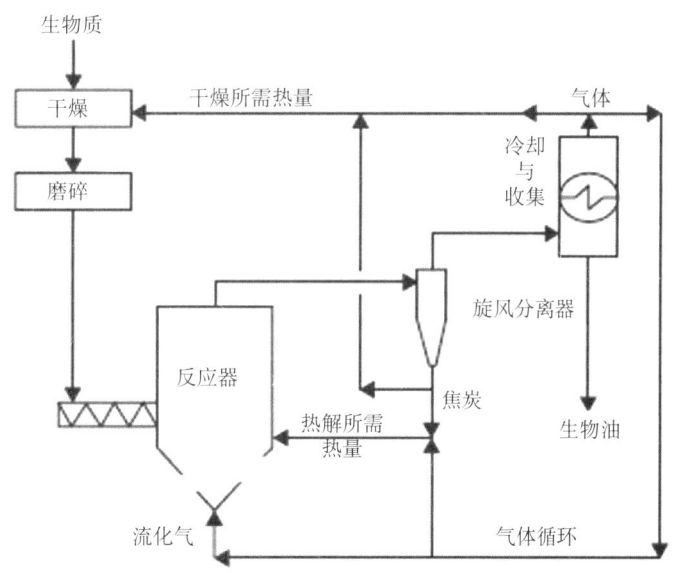

图8.6　由木质素生产生物油的流程图

（来自Stöcker M. Biofuels and biomass-to-liquid fuels in the biorefinery:
Catalytic conversion of lignocellulosic biomass using porous materials. Angew. Chem. Int. Ed., 2008, 47:
9200–9211. Copyright Wiley-VCH Verlag GmbH & Co. KGaA.经许可复制）

8.8.2.2 多相催化剂在木质纤维素生物质转化中的应用

将生物质转化为第一代生物燃料只适用于可用于处理的生物质的一小部分，而温室气体的减排不是最佳的。然而，由于需要大量的投资费用，在生产第二代或第三代生物燃料方面，使用木基或藻基的生物质更昂贵。在过去的几年里，以木材为基础的生物质通过多相催化转化为生物燃料的转变受到了广泛的关注。生物质热解是不同的热化学过程中首选的转换过程[16-18]。热解是一种合适的过程，可以将大量的木质生物质转化为生物油。生物油可以很容易地升级为生物燃料和化学品。然而，一些重要的生物油特性，如高水和氧含量、腐蚀性、增加的不稳定性、原油基燃料的不溶性、高酸度、高黏度、低热值等，都造成了技术上的挑战。因此，提高生物油的质量是升级生物燃料之前的先决条件[19]。目前，有许多项目介绍了以树木为基础的生物质到生物燃料和（或）化学品的热化学转化；然而，这些过程通常以低品质的生物油而告终，不适合加工有价值的产品。

一般来说，目前以树木为基础的生物质转化为生物燃料的过程，下列3种替代方案令人感兴趣：

(1) 生物质—液体（BTLs），随后提炼出的生物油。
(2) 生物质气化后，产品的催化升级。
(3) 糖与随后的催化转化分离。

文献报道的生物油的生产质量提高了；然而，必须考虑到额外的焦炭和水的形成。此外，还生产了较少数量的有机相[20, 21]。

到目前为止，已经研究了4种主要的途径，以提高生物油的质量。

(1) FCC：$C_6H_8O_4 \longrightarrow C_{4.5}H_6 + H_2O + 1.5CO_2$
(2) DCO：$C_6H_8O_4 \longrightarrow C_4H_8 + 2CO_2$
(3) HDO：$C_6H_8O_4 + 4H_2 \longrightarrow C_6H_8 + 4H_2O$
(4) 加氢：$C_6H_8O_4 + 7H_2 \longrightarrow C_6H_{14} + 4H_2O$

关于FCC，应用的首选催化剂是ZSM-5（结构代码：MFI）和沸石Y（结构代码：FAU）。对采用FCC对生物油进行提质的相关研究，到目前为止还仅仅是采用固定床设备在340～500℃范围内进行研究[2]。

HDO中的状态是基于HT使用镍钼、钴钼催化剂在400℃、高氢气压力的条件下进行硫化处理。然而，由于炼厂氢气的供应存在问题，通过HDO处理生物油可能不是最终的解决方案。完整的DCO可能是生物油的最佳升级路线，因为碳氢化合物是生产出来的，并且在这个过程中不需要氢气[22]。ZSM-5和USY沸石已经被用于这个过程。有机酸的DCO可以使生物油的质量得到改善，因为现有的酸较少，而获得的生物油具有较低的腐蚀性，更稳定，并且具有更高的能量含量。然而，在这一过程中，大量焦炭的形成需要新的催化剂来生产更深层的生物油，以使这种技术从经济的角度来看是可以接受的，因为到目前为止，主要是通过热转换获得的生物油。无论如何，催化改进的生物油应该克服上述问题。

在提高生物油质量方面的新进展方面，应优先考虑采用多相催化。这将允许生产改进的生物油，以升级这些现代化炼厂中的生物油。最重要的目标应该是，纯生物油可以在传统炼厂中与烃馏分（如真空气体油）共同处理，使生物油在石油加工中扮演原料或共同原料的角色。

为了应对这些挑战，科学家们研究了具有均匀孔径分布（MCM-41、MSU、SBA-15），掺杂了贵金属和过渡金属催化剂的微孔材料（MCM-41、MSU、SBA-15）等新型单/双功能催化剂。新型催化剂的主要任务是选择低氧、低水的高品质生物油的脱羧反应。按照这种方法，设想了一种能够使不需要的含氧化合物（如醇、酮、酸和羰基）减少生成的方法，因为这些化合物对直接使用或进一步处理形成的高质量的生物油是有害的。贵金属催化剂的应用将有利于促进生物油对除氧和开环的反应，同时还能降低氢的消耗。

此外，还必须改进新型催化剂的水热稳定性，并对干原料连续加入水进行研究。为了优化新催化剂的配方，必须研究其对失活的抗性和催化剂在再生过程中的行为。这包括适当的催化剂颗粒的控制形成以及调整新型催化剂的催化性能，如孔隙度、酸度、碱度、金属支持的相互作用等，应该是整个过程中的一部分。

利用新型催化剂在热解反应器中进行生物油的原位催化升级。这意味着固体生物质与固体催化剂有直接接触，与原油炼厂相比较，通常是液体或蒸汽相接触固体催化剂。这要求对催化行为进行适当的调整，以达到合适的结构—性能关系。

改进后的生物油可以通过 FCC 和（或）HT 进行升级，这意味着可以使用催化生产的生物油作为 FCC 和（或）HT 的混合物。对高质量生物油的直接处理和生物油作为与烃馏分的配合物的使用，应该对新型的和商业上可用的催化剂进行研究[2]。

对 HZSM-5（一种沸石或微孔材料，其结构代码为 MFI，见图 8.7）的特性进行了研究，其与基于木质的生物质的热解有关[2]。这种催化剂的酸性部分在木质纤维素原料的转化过程中发挥了沸石的作用。这是通过碳离子机制，促进脱氧和生物油成分的 DCO，以及裂化、烷基化、异构化、环化、寡聚和芳构化。然而，由于催化转化的结果，焦油和焦炭也形成了不受欢迎的副产品。再生的催化剂通过焦炭在 500℃的空气中燃烧，以减少沸石在木质生物质催化转化生物燃油和芳香产品进一步处理上的有效性。HZSM-5 在 500℃激活时，显示主要 Brønsted 酸的位置；然而，在较高的温度下观察到路易斯酸位点的形成，导致脱羟基反应。最好的生物燃油质量是在 450℃使用该催化剂。在流化床反应器中利用 Ni-HZSM-5 作为催化剂快速热解了蔬菜生物质[2]。

然而，近年来对催化剂发展的关注主要集中在木质纤维素材料的转化上，主要集中在具有均匀孔径分布的介孔材料上，如 MCM-41（物质成分）或 MSU（密歇根州立大学)。这些材料是相对较新的,它们的孔径可以在 2 ~ 10nm 范围内进行调整,从而可以处理以木材为基础的生物质原料中所代表的大型有机分子(图 8.8)。

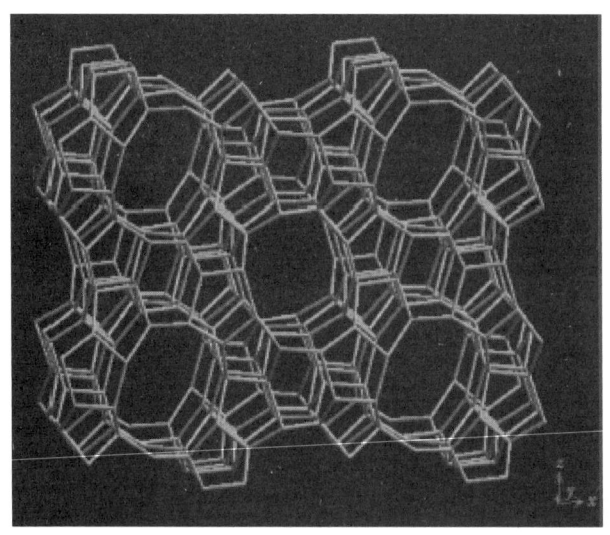

图 8.7 HZSM-5 的结构(结构代码为 MFI,具有 10 元环的三维通道系统,孔径为 5.1Å × 5.6Å)
(来自 Stöcker M. Biofuels and biomass-to-liquid fuels in the biorefinery: Catalytic conversion of lignocellulosic biomass using porous materials. Angew. Chem. Int. Ed, 2008, 47: 9200–9211. Copyright Wiley-VCH Verlag GmbH & Co. KGaA. 经许可复制)

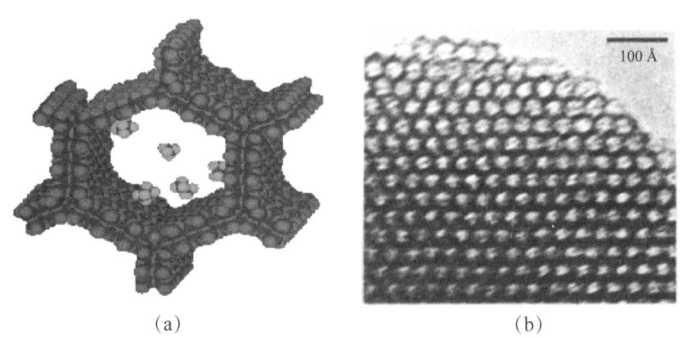

(a)　　　　　　　　　(b)

图 8.8 MCM-41 结构示意图

由硅、铝以及氧组成,在 (a) 中的小孔中显示了小分子。高分辨率透射电镜(HRTEM)
(b) 显示了 MCM-41 一维结构的六边形阵列
(来自 Stöcker M. Biofuels and biomass-to-liquid fuels in the biorefinery: Catalytic conversion of lignocellulosic biomass using porous materials. Angew. Chem. Int. Ed., 2008, 47: 9200–9211. Copyright Wiley-VCH Verlag GmbH & Co. KGaA. 经许可复制)

木质生物质催化转化中使用介孔材料的概念已在 FCC 采用(常规原油炼制),大的残余分子首先在大孔或中孔中分裂成气油组分,在形成最终的汽油或丙烯(液化石油气)之前,将分别形成开裂在 Y 沸石的微孔隙或 ZSM-5(图 8.9)。介孔材料的大孔隙能够处理大的木质纤维素分子；即使是这样，因为我们处理的碳水化合物是基于树木的生物质转换，而碳氢化合物是在传统的 FCC 中处理的，所以化学性质是不同的。

介孔材料可应用于此；然而，已经有尝试通过用蒸汽处理对这些催化剂的水热稳定性进行了提高（因为这些系统必须忍受一定数量的水），或引入贵金属和（或）过渡金属，以提高除氧能力和（或）得到高质量的生物脱羧反应[2]。

到目前为止，Al-MCM-41 材料作为木质生物质热解的催化剂的应用似乎是有希望的，特别是通过增加苯酚的生成来提高获得的生物油的质量。即使硅质 MCM-41 材料在生物质热解过程中也很活跃，由于中孔的高表面积，通过强化木质纤维素生物质的热裂解，产生了大量的液体产品。MCM-41 材料的酸度和孔隙度的微调似乎是提高生物油质量和增强产品选择性的先决条件[21]。

未来的研究必须集中于介孔材料的酸性特性（类型、强度、密度和酸位点的数量）和孔结构，将介孔材料应用于木质纤维素生物质转化的催化剂，以获得有关结构—性能关系的信息[20]。

8.8.2.3 基于非木材生物液体燃料的生物质能转化中催化剂的应用

De 等[24]报道了藻类（和木质纤维素）生物质转化为液体燃料（DMF）的单罐转化过程，应用了包括 $N,N-$ 二甲基乙酰胺、CH_3SO_3、Ru/C 和甲酸的多组分催化体系。在温和的反应条件下，从所有底物中合成 DMF。反应在第一步中通过 5-羟甲基糠醛（HMF）进行，其次是羟甲基糠醛的加氢和氢化反应。

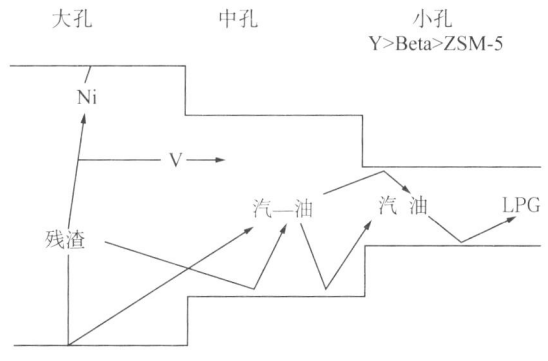

图8.9 FCC催化剂的概念孔隙结构设计

（来自Sie S T. Past, present and future role of microporous catalysts in the petroleum industry. Stud. Surf. Sci. Catal., 1994, 85: 587–631. Copyright 1994, 经Elsevier许可）

King 等人将钯作为不同种金属氧化物的支持物用于由丁醇生产汽油范围内的支链烃。在准备的催化剂中，Pd/氧化锆实现了丁醇的完全转化，并有 75% C_7—C_9 支链烃的产率。Hammerschmidt 等[26]报道了来自湿有机废物的液体生物燃料的生产，在水热和近临界水条件下，将碳酸钾与氧化锆结合在一个连续的一步过程中。

采用层次型大孔—介孔 SBA-15 磺酸催化剂进行生物燃料的合成，并论证了大容量甘油三辛酯的酯化反应和长链棕榈酸酯化反应。这种层次结构增强的质量传输特性为这些双峰催化剂在催化生物质能转换方面的广泛应用铺平了道路[27]。

8.8.2.4 生物油的应用

高质量的生物油可以用来获得生物燃料和（或）有价值的化学物质，如图 8.3 所示。生物油对合成气的气化打开了传统的 FT 产品和甲醇的生产路线，从甲醇、烯烃和汽油都可以得到。生物油的分离路线可以从酚类物质开始，通过碳水化合物再分解到氢的途径。然而，生物油也可以用来产生热量和电力，如图 8.10 所示。

改进后的生物油可以通过 FCC 和（或）HT 进行升级，这意味着可以使用催化生产的生物油作为 FCC 和（或）HT 的混合物。直接处理高质量的生物油和使用生物油作为与烃馏分的联合原料将有助于减少化石能源的使用。最重要的目标应该是，纯生物油可以在传统的炼厂中与烃馏分（如真空气油）共同处理，使生物油能够在石油流中扮演原料或共同原料的角色[22]。

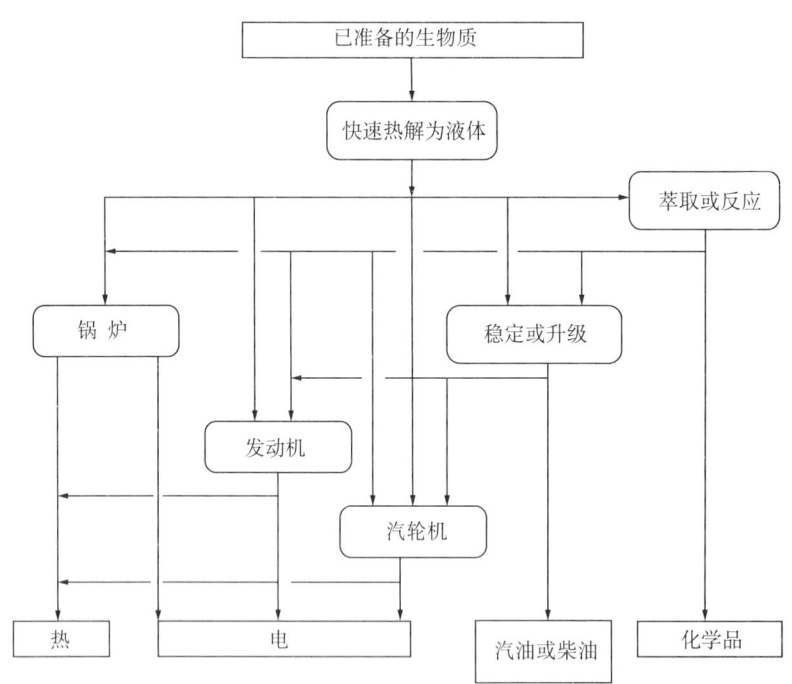

图8.10 生物油的应用

（来自Stöcker M. Biofuels and biomass-to-liquid fuels in the biorefinery: Catalytic conversion of lignocellulosic biomass using porous materials. Angew. Chem. Int. Ed, 2008, 47: 9200–9211. Copyright Wiley-VCH Verlag GmbH & Co. KGaA. 经许可复制）

8.8.3 多糖

北美国家可再生能源实验室（NREL）为美国能源部（DOE）提供的生物质提取的化学物质清单中列出了 15 种最重要的化合物，并从生物质中提取了化学物质和燃料[28]，这些化合物后来被 Bozell 和 Petersen 重新评估[29]。其中，葡萄糖、木糖及其衍生物（如山梨醇、木糖醇）被列出。因此，通过纤维素和半纤维素水解的途径是一个关键步骤。此外，对于高附加值的化合物和能源，使用生物质构建块的化学结构更有意义。糖甚至可以作为一种 H_2 来源来减少醇和烯烃的加氢[30]。

在任何情况下，如果从这些作物中生产平行燃料，从生物质中产生的化学物质往往在经济上是可行的。化学品的生产，作为商品和精细化学品，可以获得更高的利润，但前提是市场不饱和。以德国为例，生物质燃料市场可以替代化石燃料的 20% ~ 25%。如果所有这些生物质都用于生产化学品，那么它们的价格就会大大降低，从而使生产不经济。

8.8.3.1 多糖水解

生物质中的碳水化合物作为低聚物和聚合物存在。它们水解成小分子是进一步转化为化学物质和燃料的必要步骤。

储存糖，如蔗糖和淀粉，可以溶解在水中，如果需要的话进行过滤，可以水解成单体。

在生物乙醇工业中，这些原料通常直接用于发酵。然而，植物的主要成分是水不溶性结构糖，如纤维素和半纤维素。在这个阶段有许多研究人员尝试使用固体酸催化剂；然而，固体酸催化剂的使用会导致酸组分和半纤维素/纤维素在木质素基质中的不良接触，从而导致水解率较差。任何在水解过程中使用剪切力破坏结构也会破坏催化剂。另外，作为原料处理生物质，必须考虑高达 12%（质量分数）的灰分。离子溶解将取代固体催化剂的质子，需要再生。原位生产的均质酸催化剂将是一种昂贵的方法。在此基础上，半纤维素和（或）纤维素的水解会产生木质纤维素或木质素等固体产物，如图 8.11 所示。特别是纤维素水解后的木质素颗粒在纳米尺度范围内。它们堵塞了固体催化剂的孔隙，需要通过燃烧使它们脱离催化剂。

8.8.3.2 蔗糖水解

蔗糖目前是生物乙醇的主要来源。除此之外，它还可以在非常温和的条件下水解。弱酸性催化剂，甚至氢化催化剂，如支持的贵金属催化剂或 Raney - Ni 都是可以的。蔗糖山梨醇和甘露醇的氢解作用可以很容易地在温度低于 120℃和压力不超过 80bar 的条件下进行。在低氢压力下，葡萄糖和果糖的异构化将会发生。

8.8.3.3 淀粉水解

淀粉被储存在淀粉体中，作为一种螺旋状结构，可以防止致密填料或结晶形态的形成。它可以溶解在热水中，使固体催化剂容易接近。目前，淀粉在工业上用淀粉酶进行水解，其价格明显低于纤维素酶。然而，人们已经尝试使用固体酸。Yamaguchi 和 Hara (2010) 在 100~150℃ 使用碳基固体酸[31-33]，葡萄糖产率达到 70%。少量的葡萄糖脱水产物左旋糖、乙酰丙酸（LA）和甲酸已被检测到。

8.8.3.4 结构糖类水解

这些糖在植物中占大多数。它们存在于细胞壁的木质素基质内致密的部分晶体结构中。因此，最可行的方法是在水解的初始阶段使用均相酸。这也是乙醇生产中常见的做法，以提高原料的消化率。图 8.11 显示了半纤维素和纤维素的连续水解。其优点将在 8.8.3.5 节和 8.8.3.6 节讨论。

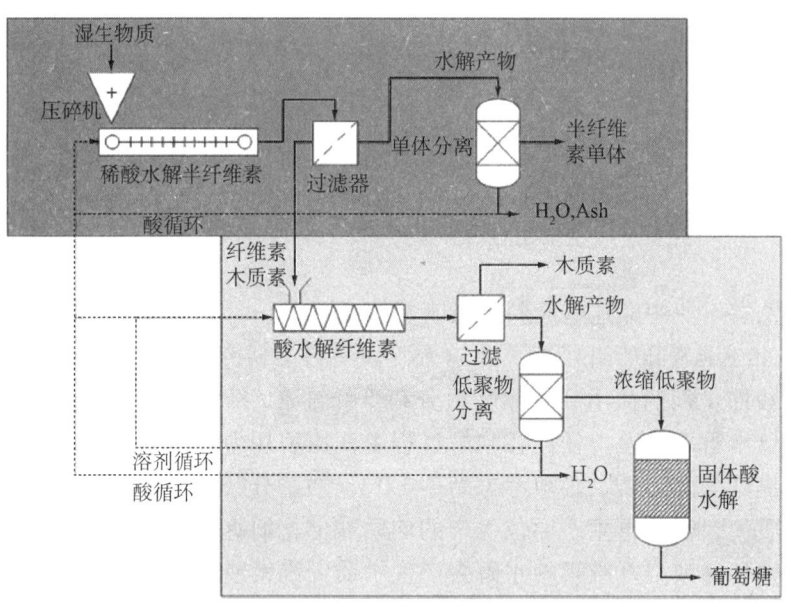

图 8.11　半纤维素和纤维素的连续水解导致单糖和寡糖

8.8.3.5 半纤维素水解

半纤维素由戊糖混合物组成，木糖是其组成分子中的主流。进一步地，阿拉伯糖、葡萄糖和半乳糖在支链上被发现。这些糖在纤维素水解的条件下会不稳定。纤维素和半纤维素的同时水解会产生大量的腐殖质。半纤维素在相当温和的条件下水解。盐酸的浓度低于 5%、温度低于 90℃ 时足以产生高产率的单体。大量的水会导致低浓度的低聚物。在这些条件下,纤维素的水解速度非常慢,从而使半纤维素水解物和纤维素得到良好的分离。

通过将含有蔗糖的植物(如甘蔗渣)的废物进行转换,也可以转化剩余的蔗糖。即使在那些温和的条件下,果糖是非常不稳定的。糖的稳定性强弱顺序为:

果糖＜阿拉伯糖木糖＜半乳糖,葡萄糖

因此,在半纤维素水解之前,在经济约束条件下,对蔗糖的洗涤应尽可能彻底。淀粉生产的残留物不会成为问题。淀粉最终水解成葡萄糖,在半纤维素水解条件下稳定。

半纤维素水解不需要强剪切力。半纤维素水解后木质纤维素颗粒越大,过滤成本越低。另外,通过去除半纤维素来打开毛孔。这使得在下一个水解步骤中能够很好地获得纤维素,而且比蒸汽爆破更有效[8]。此外,灰分与半纤维素水解物一起被去除。为了分离单核和低聚物,并对酸进行回收,各种方法,如溶剂摆动吸附法、色谱法、萃取法、结晶法等都得到了发展[34, 35]。目前使用的中和方法产生大量的盐类,因此,它不是大规模生物燃料生产的一个良好的选择。另外,水解产物中糖的含量不足10%,需要提纯以进一步加工。

在水解时,阿拉伯糖和半乳糖首先出现,因为它们在半纤维素的分支中很容易接近。木糖—木糖键比木糖—葡萄糖键和葡萄糖—葡萄糖键更早打破。特别的是,阿拉伯糖和木糖的化学稳定性比葡萄糖低。在纤维素水解条件下,C_5糖已降解为腐殖质。

8.8.3.6 纤维素水解

在 HCl 或 H_2SO_4 等工业酸的水解中,需要区分低浓度和高浓度酸水解。采用低 pK_a 值的典型酸,如 HCl、H_2SO_4、对甲苯磺酸、H_3PO_4,均可以被使用[36]。稀释水解的缺点是纤维素的晶体部分被慢慢分解。这意味着从非晶质部分产生的葡萄糖可以降解,而结晶纤维素仍在水解,导致产量低[37]。然而,这可以减少使用其他预处理步骤,例如生物质润湿/膨胀或碾磨。纤维素在浓酸中更有效地解晶,在性质上水解变得更加均匀,尽管纤维素在这些介质中仍然不能溶解。但是,对反应堆和设备材料的要求很高,需要耐酸的建筑材料。由于水解是在低压下进行的,因此使用聚合物设备或衬里可能是一个低成本的选择。

对于水解和降解率,常用的是一个严重性因子,其随酸浓度、温度和反应时间指数变化。在此因子的依赖性下,单体的产量通常是最优的[38]。这是一种简单的方法,但并不完全反映过程的异构性。

对于溶解糖,水解的活化能高于单体的降解活化能。这意味着,应该首先在相当温和的条件下进行反应,形成可溶性低聚物,然后在更高的温度下转化为单体。如果使用溶剂,纤维素水解作用显著增强。离子液体经过广泛的测试,发现其黏度高,可回收性差。特别是,从这些溶剂中分离出的污染物还没有被溶解。低黏度对细木质素颗粒的分离尤为重要。低成本溶剂是熔融盐,如氯化锌。与水分子相协调,它们与羟基结合,能够溶解高达 10% 的物质。它们被用于纤维生产之中，并且用于糖分离和溶剂回收的相关过程已经被开发出来[39]。

一旦纤维素被水解成低聚物，它们可以通过吸附分离，高度浓缩的糖流可以通过固体酸催化剂水解。一般而言，任何具有酸性功能的固体都可用于低聚物的水解。固体催化剂和应用水解条件见表 8.3。

重要的是，催化剂颗粒显示了宏观和中孔的分级孔结构，由于低聚物的扩散缓慢，葡萄糖应迅速地从孔隙中运出。通常定型的沸石和定制的磺化树脂提供这些性质。

文献还报道了其他纤维素水解的方法。Schuth 的研究小组在酸性条件下对纤维素进行球磨，获得高糖率[45, 46]。然而，水解需要加入少量的水。此外，球磨是一个非常昂贵的过程。这不是生物燃料的可靠来源。此外，剩下的木质素必须从铣床上清除。其他的剪切应力则是能量较低的。利用微波来破坏氢氧键。但是，除了提供的热量外，它还在讨论微波是否有化学效益。

表8.3 纤维素水解的固体酸催化剂体系

催化剂	进料	反应条件	产率	文献
磺化材料				
磺化树脂 (Arnberl yst, Dowex) 磺化碳	纤维六糖	90℃, 1h	8% 葡萄糖	[40]
	纤维素	150℃, 24h	26% 葡萄糖	[41]
	纤维六糖	90℃, 1h	8% 葡萄糖	[40]
	纤维素	100℃, 3h	4% 葡萄糖	[31]
	纤维素	150℃, 24h	70% 葡萄糖 & 低聚物	[42]
	纤维素	150℃, 24h	75% 葡萄糖	[43]
			41% 葡萄糖	[41]
SBA15 上的磺化氧化锆	纤维二糖	160℃, 1.5h	57% 葡萄糖	[44]
多孔固体酸				
丝光沸石	纤维素	150℃, 24h	7% 葡萄糖	[41]
磷酸锆	纤维素	150℃, 5h	30% 葡萄糖	[37]
H–Beat, HZSM–S	纤维二糖	150℃, 2h	97% 葡萄糖	[37]
	纤维素	150℃, 24h	27% 低聚物	[41]
			9% ~ 11% 葡萄糖	
负载贵金属				
Ru'AC	纤维素	230℃, 3h	30% 葡萄糖	[32]

8.8.3.7 酶的水解

在预水解和去除木质素后，固化酶的使用是固体酸催化剂的一种重要替代品。对聚合物、二氧化硅等载体上酶的固定化进行了研究[47]。一个纯化的低聚物流也能显著提高酶的长期稳定性。目前，高酶制剂成本是一个经济可行的过程的障碍[38]。根据目前的生产能力，它们会不断地被加入生产过程中或就地生产。

酶法水解与酸水解相比具有较高的选择性，对糖的选择性较低，由于内部传质的限制，只能选择性水解非晶态分数[10]。仍然顽固的木质纤维素基板和低成本的预处理方法是一个问题[38]。

溶液中的纤维素酶是大分子。它们的水解活性在很大程度上依赖于多糖外传质向生物质颗粒表面的可达性，而孔隙内的内部传质也起着很大的作用[48]。因此，只有纤维素的外部性可以被消化。额外的纤维素出现在生物质颗粒的内部。著名的收缩核模型可以说明这一点。随着颗粒尺寸的减小，水解作用显著增加，从而增加了预处理的成本。产品抑制可能进一步成为障碍；纤维素和葡萄糖可以减少酶的活性[48]。木质素和其他非水解的纤维素酶可以结合酶。在水解[48]过程中，增加了不可消化表面的相对表面，从而增强了这种效应。进一步，剪切可以降解酶；因此，搅拌应该保持在低水平。结果是，只有一小部分酶保持原来的催化活性，使过程非常缓慢。

8.8.3.8 进一步转化

进一步转化步骤的主要目标是降低单体的含氧量。这样水的溶解度也就降低了。这改善了分离，但也增加了生物燃料的能量密度。

（1）糠醛的路线。在这条路线上，脱水步骤首先从生产羟甲基糠醛的己六醇开始或从生产呋喃甲醛的戊五醇开始。Van Putten 等和 Dutta 等发表了关于 HMF 生产状况的良好评论[49, 50]。其中，一个主要问题是果糖的低稳定性，甚至在脱水条件下，中间产物和 HMF 的稳定性降低，导致可溶性聚合物和不溶性的腐殖质降解，但也会进一步脱水到乙酰丙酸（LA）。因此，要实现高选择性，必须在低 HMF 浓度下工作，从而增加了过程成本。

一种选择是吸附；另一种选择是直接转化为更稳定的化合物，如 LA。目前，使用双相系统的萃取技术得到了广泛的应用，甲基异丁基酮或丁醇用作溶剂[51]。此外，NaCl 还提高了 HMF 在有机相中的萃取能力[51, 52]。在小于 35% 的转换水平上的操作使选择性高于 95%[49]。作为催化剂，磺化树脂、氧化锆、二氧化钛、磷钒酸盐以及 H-BEA 沸石应用于 80～200℃ 的温度下。Carlini 等人在 100℃ 的低温下应用氧化铌、铌酸。同一研究小组研究表明，在相似条件下使用铌磷酸盐，在 30min 内，在转化率为 30% 时获得 100% 的选择性[50]。使用有机溶剂，如 DMSO，将大大提高产量。在 2h 内温度低于 120℃ 的条件下各种催化剂的产率可以达到 95%。然而，水的去除增加了过程的成本。

燃料的升级是在不同的方向进行的。其中，一种途径是从 HMF 生产 DMF 并且从呋喃甲醛出发制备甲基呋喃[51, 52]。这些化合物的能量密度很高，因为 DMF 比乙醇高出 40%。进一步加氢最终会产生烷烃。这个过程如图 8.12 所示。该转换是由溶解的 HMF 在铜催化剂上通过氢化作用而实现的。$CuCrO_4$ 对呋喃有较高的产量[31]。Dumesic 组获得了 61% 的 DMF 产量，但也发现少量的氯可以通过铜的烧结而导致催化剂强烈失活[32, 33, 51, 52]。为了提高抗氯稳定性，他们使用 CuRu/C 催化剂，取得了 DMF 纯化羟甲基糠醛流的收益率分别为 71% 和 61% 的蒸汽与 Cl^- 杂质。并且发表了一种由果糖和随后的氢化分解到 DMF 的技术经济评价[51, 52]。敏感性分析表明，目前最重要的参数是 HMF 和 DMF 的产量。特别是，在水相和水相之间更好地划分 HMF 可能会对过程经济学产生重大影响。

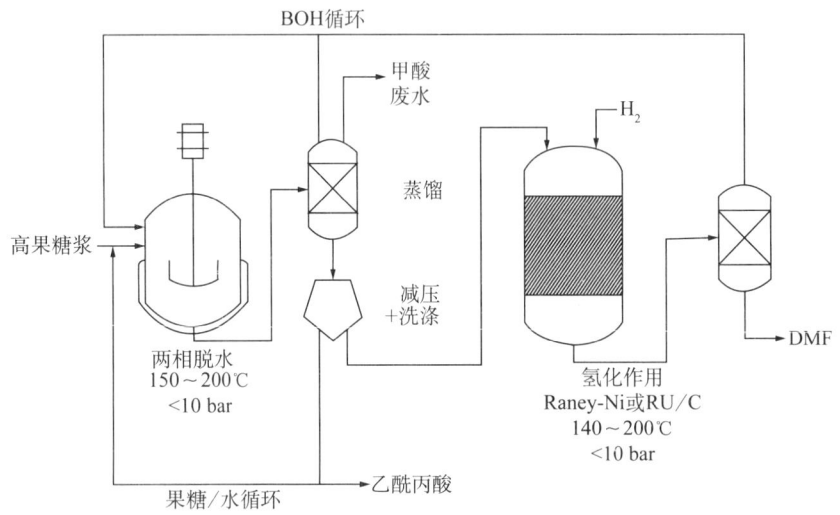

图8.12　用丁醇（BOH）作为溶剂提取DMF和乙酰丙酸的工艺步骤和条件

此外，Xing 等人提出了另一种路线，即呋喃甲醛与丙酮首先进行羟醛缩合，随后发生二聚反应和加羟脱氧过程使之氢化得到二聚体和十三烷[54]。缺点是反应物氢和丙酮的成本。

（2）乙酰丙酸（LA）路线。LA 是另一种广泛应用于制药工业、增塑剂或其他添加剂制造的平台化合物[30]。目前，通过应用硫酸或盐酸羟甲基糠醛（图 8.12），在温度高于 150℃ 条件下脱水生产[55]。Raspolli Galletti 等人报道的生产生物质预处理的第一步使用稀释的盐酸，在 80～100℃ 打开生物质纤维，在 170～200℃ 进行第二个水解步骤。利用巨型芦苇作为原料，使 LA 产量达到理论价值的 80% 以上[56]。然而，更好的选择是固体酸催化剂，如离子交换树脂（IERs）和沸石。Weingarten 等人使用锆、锡磷酸盐在 160℃ 转化了果糖[57]。路易斯酸不仅对从葡萄糖到果糖的异构化进行了催化（锆与磷酸盐的比例为 1），而且形成了降解产物，如腐殖质，羟甲基糠醛和 LA 产量都随 Brønsted 酸的增加而增加。

LA 的选择性，是 Brønsted 酸和路易斯酸相对浓度之间比率的一个函数。用锆磷酸酯的催化剂制备了高产率的 LA，其 P/Zr 值分别为 2 和 3。特别是当这一比例为 2 时，能够表现出较高的比表面积和高表面浓度的羟基，此时 LA 的产率能够达到 45%[57]。作为副产物，甲酸由于脱水中间体的副反应的摩尔产量相似或略高于 LA[55]。

从 LA 不同的路线会合成潜在的生物燃料，如乙基乙酰丙酸乙酯或乙基戊丙酮

(gVL)，如图 8.13 所示 [58, 59]。

在路线 1 之后，已经开发出了中试和商业化的工厂。所谓的生物精细过程是使用生物乙醇、甲醇或混合醇 [60]。在汽油和柴油发动机中广泛地测试了乙酰胆碱酯。它们与化石燃料具有高度的混溶性，因此可以进行流水线操作。这些组分被认证为燃料添加剂，超过 ASTM D-975 柴油标准，每加仑的英里数超过乙醇 [60]。乙基乙酰丙酯是一种特别有趣的生物柴油冷流改进剂，增加了浊点、倾点和冷滤点 [61]。它可以由 LA 和类似于戊糖基糠醇产生，如图 8.13 所示。

LA 还可用于生产甲基四氢呋喃（MTHF），它是一种用于汽油的充氧燃料增效剂，可进一步用作替代 THF [61] 的溶剂。液相加氢，在 200~250℃ 使用 PdRe/C 基催化剂使收益率高达 90% [62]。Upare 等报道了一种镍促进铜/硅催化剂的气相水环化，在超过 100h 的操作下，其高铜负载导致 MTHF 的产量超过 90% [63]。戊烷收率为 10%。随着时间的推移，戊醇的形成是以 MTHF 为代价的。

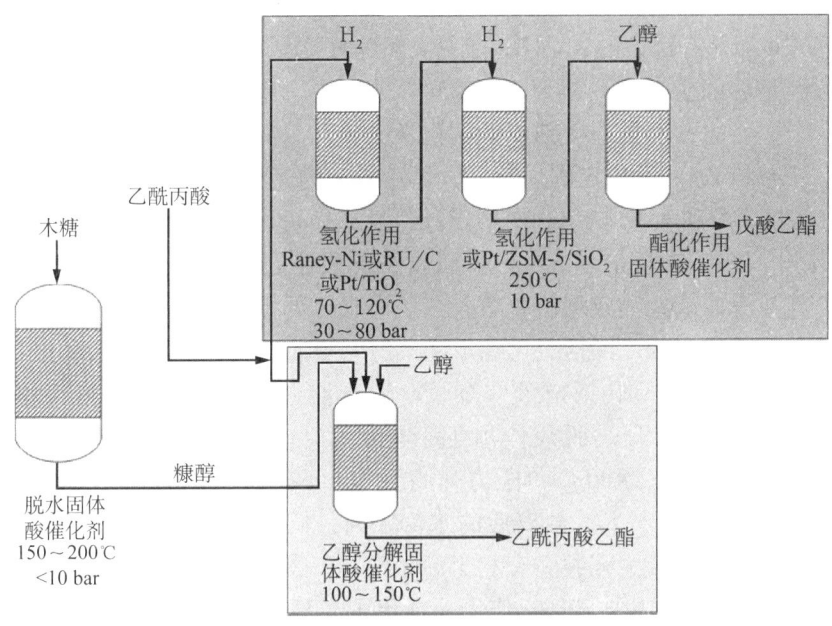

图8.13 木糖和乙酰丙酸转化为戊酸乙酯和乙二酸乙酯的工艺步骤和条件

为了生产 gVL，LA 通常与酸性环境分离，然后在标准的 Ru/C 催化剂上加氢。Raspolli Galletti 等人用一种支持的 Ru 催化剂与固体酸催化剂结合，报道了 LA 在温和条件下的氢化作用 [56]，在温度为 70~100℃ 和氢压 30bar 条件下应用。需要快速转换中间的 HMF，因为它倾向于聚合到腐殖质。这两个步骤可以组合成一个单罐路线；然而，反应混合物必须中和或在氢化之前去除 HCl，因为它对 Ru 催化剂有很强的毒害作用。在氢化过程中加入固体酸催化剂，如氧化铌或磷酸盐，有利于羰基的初始活化和随后的酯化生产 γ-内酯。这些酸表现出强烈的 Brønsted 酸和中强路易斯酸的性质以及在高温下它们的活性稳定[56]。在3个周期内，重复使用显示出从81%到76%的收益率，略有下降。

甲酸是LA生产的副产品，是一种具有广阔市场的商品化学品。Deng等人采用了一种不同的方法，而不是把它从LA中分离出来，它也可以作为氢的来源。他们首先将葡萄糖溶液脱水获得LA和甲酸。中和后，他们使用$RuCl_3$和吡啶或NEt_3作为碱，在150℃下，基于葡萄糖反应6h，gVL产率为83%，总收率为48%[55]。反应产物的真空蒸馏和催化剂的再循环产生了相当大的产量。较少的含水量和较高的二氧化碳压力能够提高产量，这说明甲酸分解产生的二氧化碳在反应中起着重要作用。

γ戊内酯通过氢解过程能够转化为缬草酸（VA）。假设先进行酸催化环的开启，然后再加氢。Lange等做了一个广泛的测试程序来平衡氢化和酸的功能[59]。他们的研究结果如下：

①由于金属对沸石的比例过高，因此产生了MTHF、戊醛/戊醇和烷烃。
②在金属含量过低的情况下，戊烯酸的形成是有利的。
③发现沸石的形状选择性和酸性强度是次要的。
④Pt和Pd都是有活性的，而Rh产生大量的气体副产品。

为了达到足够的生氢率，需要使用250℃的高温。催化剂在400℃被氢气和空气频繁再生。一个重要的方面是催化剂支撑的化学完整性。研究发现，在羧酸和高温的组合下，SiO_2、TiO_2和ZrO_2是稳定的。然后，用乙烯或丙二醇酯化得到VA。

通过产生的VA和gVL转化副产物戊醇的反应，可以实现丙烯戊酸的一步合成，选择性为20%~50%。未反应的VA可以回收。戊酸盐的挥发性、点火特性由烷基链长度调整，使其与汽油或柴油应用相兼容。它们有很好的能量密度和极性。这些化合物通过了生物燃料的所有测试，包括氧化稳定性、污垢倾向、腐蚀润滑和水亲和力[59]。

另一种方法是将gVL转换成液体烯烃，用于混合汽油、柴油或喷气燃料[64]。在这个过程中，第一个gVL是脱羧作用于丁烯和CO_2，不需要消耗任何H_2。使用硅/铝混合氧化物，在375~400℃和压力升高到36bar条件下进行操作，可以获得完整gVL转化和96%的丁烯产率。分离后的水、丁烯、低聚的HZSM-5或大孔树脂70在70~230℃和低压力下减少开裂，有利于烯烃耦合。发现大孔树脂更活跃，使得操作温度降低，C_8—C_{16}的产量达到72%。作者还提出了一种无水分离的一锅法，利用CO_2的形成来保持高压。通过增加催化剂负载，可以补偿水对酸性催化剂的抑制作用。反应超过90h，C_{8+}烯烃的整体产量稳定。

（3）异山梨醇的路线。在这条路线中，单体水解产物首先使用标准支持的贵金属催化剂加氢，然后再脱水形成杂环（图8.14）。

第一步是形成多元醇的工业标准操作。在氢气压力为80bar和温度为120℃条件下，收益率接近100%。催化剂可以使用Ru/C或Raney-镍。后者明显便宜，但也显示出较高的浸出率。在这种情况下，去除任何葡萄糖酸是特别重要的，因为它是螯合剂。此外，需要注意的是，液相中的氢浓度必须足够；否则，对果糖的异构化反应将成为主导。葡萄糖氢化产物山梨醇是一种重要的平台化工产品，它比葡萄糖更稳定。同样地，果糖也被加氢生成甘露醇和山梨醇。如前所述,蔗糖和氢化的水解可以用贵金属催化剂一步一步完成。为了转化更稳定的低聚物,如纤维二糖,必须引入额外的酸性物质。使用酸性介质的可能性更小。硫酸和盐酸对催化剂浸出和中毒有很强的影响。原则上,氢化和酸的作用可以单独引入,但理想情况下,金属相分散在固体酸催化剂上,如沸石或磺化树脂[50]。例如,Pt/ZSM-5这样的双功能催化剂,也可以通过燃烧生成的腐殖质来轻松再生。这种氧化处理也使催化剂重新分散。

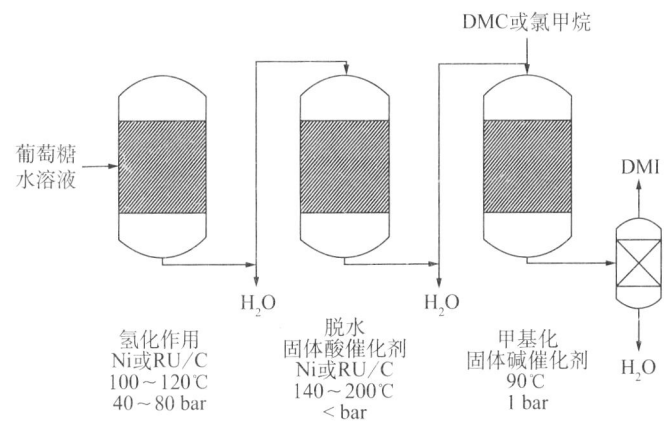

图8.14 从葡萄糖中提取异山梨醇和二甲基异山梨酯(DMI)的工艺步骤

脱水温度在140℃和200℃之间时使用固体酸催化剂[50]。特别是磺化树脂表现出良好的转化率和选择性脱氢产品90%以上,可以保持的温度高达160℃。保持水位低可以提高转化率,通过减少膨胀来改善长期的机械稳定性。戊二醇和己二醇在一个水分子的分裂下形成一个环。这些产品中,只有一脱氢己醇能够在去除一个水分子后形成一个双环。所有的反应物、中间体和产物都可以形成腐殖质和可溶性低聚物或沉淀,从而堵塞催化剂的孔隙。因此,与水解相似,关键步骤是宏观和中孔的结合。

对于燃料生产而言,最终的甲基化步骤是必要的,生成了异山梨醇的二甲基异山梨酯(DMI)、甘露醇的二甲基异构体和木糖醇的单甲基脱氢木糖醇,都显示出优良的柴油特性[65]。另一种方法是,可以生产异山梨酯,它的燃料辛烷值增加了百分之几。对于DMI生产,甲基氯[66]、碳酸二甲酯(DMC)[67]或甲醇/二甲醚[65,67]原则上可作为反应物使用。

使用甲醇或DME的醚化会产生水。为了达到可接受的产量,人们需要在近乎无水的条件下工作,这是一个重要的成本因素。固体酸催化剂或固体基催化剂均可使用。另一种选择是使用甲基氯或DMC结合一种基本的催化剂。

然而,这些反应物的使用比甲醇的使用成本要高得多。Tundo等人[67]在90℃和1bar下,让DMC与异山梨醇的DMF溶液在使用NaOMe作为均相催化剂的条件下反应,得到了近100%的收率。

对于长链的醚,烯烃可以作为反应物使用,如Rose等所示,用磺化树脂作为催化剂，其收率超过60%[68]。然而，我们更感兴趣的是化学品，而不是燃料生产。

异山梨醇路线的特点是不稳定的糖（如葡萄糖和果糖）迅速转化为多元醇。在图8.14中，从左向右移动，生成物变得极性更少，这有利于萃取或吸附分离水相。此外，除了2mol甲醇外，还消耗1mol氢。有几家公司已经在中试规模生产异山梨醇，例如用淀粉作原料的Roquette和Avantiums XYX计划生产用于柴油添加剂的异山梨酯和BiCHEM技术的聚合物。

（4）木质素氢解作用。木质素馏分包含了3种木质纤维素生物质主要化合物的最高能量。木质素与纤维素相比，极性基团的密度较低，且不溶于水和大多数溶剂。

关于木质素与多糖的分离，目前有两种选择。第一种选择是选择性地从原料中去除木质素。这可以通过使用碱性介质与硫酸盐和硫化物（硫酸盐法）或亚硫酸盐（亚硫酸盐浆）来完成。卡夫纸浆是造纸工业中最常见的工艺。这有一个优势，剩下的是无灰半纤维素和纤维素。来自卡夫食品的木质素钠可以用来生产聚合物，但经常被燃烧以部分回收加工成本。亚硫酸盐浆中的木质素磺酸盐可作为水泥工业的增塑剂，也可以用作染料的分散剂和鞣革剂。

然而，完整的木质素去除是不可能达到的，通常约10%的木质素馏分仍处于固相。另外，由于恶劣的工艺条件，纤维素和半纤维素部分降解。为了解决这些问题，利用甲醇、乙酸和其他有机酸作为溶剂开发了各种有机溶剂过程，如图8.15[69,70]所示。挑战仍然是溶剂的循环利用。

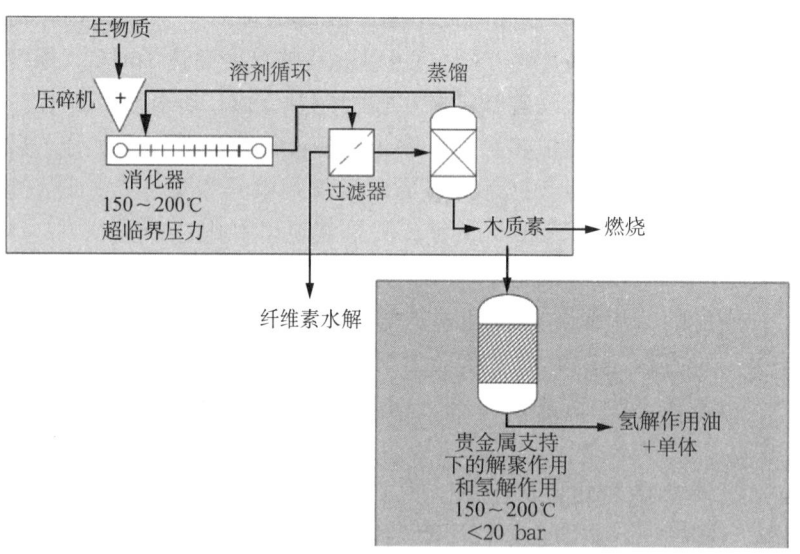

图8.15 有机溶剂过程的工艺方案及木质素的后续氢解

另一种方法是水解糖，并将木质素还原为残渣，如图8.11所示。木质素可以被干燥和燃烧，为糖转化过程提供能量，或解聚并进一步转化为燃料和化学物质，如苯酚。

Wang等报道了木质素的直接加氢反应[71]。然而，这一反应需要大量的氢气，这反映在工艺成本上。一般来说，生产的木质素首先解聚在硅铝催化剂上，并使用丁醇作为萃取剂。对于高效的木质素解聚，需要氢和金属的功能。所面临的挑战是获得高的氢解作用，而苯酚的氢化作用应尽量减少。

Torr 等将木材颗粒分散在一个二噁英/水混合物中。利用 Pd/C 催化剂，在木质素组分[72]的基础上，获得了 80% 的氢解油和 20% 的二氢松香醇。在随后的苯酚裂解过程中，吉川等人应用了 Zr/Al 掺杂的 FeO_x 催化剂，总酚收率为 7%[73]，加上蒸汽使产量增加到 17%[74]。

Maersk 启动了两个项目，旨在开发基于木质素的船用燃料。其中的第一个项目是与埃因霍温科技大学（Eindhoven University of Technology）的下属公司"进步工业"（Development Industry）合作，开发一种能够满足严格的性能、价格和可持续性标准的木质素燃料。第二个项目由丹麦国家先进技术基金会联合资助，涉及 Maersk、DONG Energy 及其他几家公司和学术机构，将研究包括木质素在内的几种生物燃料的来源。

8.9 展望

使二氧化碳中性和可再生的生物质用于生产燃料是化石能源的重要替代品。然而，通过 BTL 过程实现经济可行的生物燃料生产的一些主要障碍是必须面对的。这些挑战包括：

（1）高投入。
（2）生物质低体积能量密度。
（3）基础设施。
（4）光合作用产率的限制。
（5）可获得的可耕地面积，用于生产生物能源作物，与食品和饲料生产竞争。

特别是基于树木的生物质的低能量密度（这是最便宜和最丰富的生物质）使得将这一来源转化为生物燃料变得困难。利用适宜的催化剂，将木质纤维素生物质热解转化为高质量的生物油，仍然是现代木质纤维素生物炼厂的主要挑战。一旦获得高质量的生物油，就能够紧接着将其用作常规炼油过程的原料或共炼原料，如 FCC 或 HT 这类过程中，通过转化进而获得柴油和（或）汽油。HT 需要高压氢。然而，这种氢的需求也可以从生物质转换中得到满足（碳水化合物馏分的催化蒸气重整，见图 8.3）。在一个原油炼厂中，有许多可选择的替代生物原料的原料，社会将朝着可持续的经济发展，因此我们将继续发展生物燃料生产技术[2]。

在一段时间内，人们关注的焦点是全球变暖、二氧化碳排放、竞争加剧、能源供应安全、化石燃料消耗减少等，可再生能源的使用变得至关重要。生物质是这些可再生资源之一。与基于树木的生物质的催化转化有关的新挑战仍然存在，并且必须在今后的研究和发展中得到解决：

（1）对木质纤维素生物质催化转化为生物油的机理认识，包括结构—性质关系和产品—模式分布。

（2）催化剂的发展与孔隙度、酸度、碱度、金属支持的相互作用、适当的催化剂颗粒的控制、提高水热稳定性和抗催化剂失活的能力。

（3）工艺条件和大规模生产。

以木质生物质为基础的生物炼厂的选择方法并不与传统的原油炼厂相竞争，而是与原油炼厂相辅相成。

参考文献

[1] Alonso, D. M., Bond, J. Q., and Dumesic, J. A. Catalytic conversion of biomass to biofuels. *Green Chemistry*. 12 (2010) 1493−1513.

[2] Stöcker, M. Biofuels and biomass-to-liquid fuels in the biorefinery: Catalytic conversion of lignocellulosic biomass using porous materials. *Angewandte Chemie International Edition*, 47 (2008) 9200−9211.

[3] Ragauskas, A. J., Williams, C. K., Davison, B. H., Britovsek, G., Cairney, J., Eckert, C. A., and Tschaplinski, T. The path forward for biofuels. *Science*, 311 (2006) 484−489.

[4] Perego, C., and Bosetti, A. Biomass to fuels: The role of zeolite and mesoporous materials. *Microporous and Mesoporous Materials*, 144 (2011)28−39.

[5] Cascone, R. Biofuels: What is beyond ethanol and biodiesel? *Hydrocarbon Processing*, 86 (2007) 95−109.

[6] Zhu, J. Y., and Zhuang, X. S. Conceptual net energy output for biofuel production from lignocellulosic biomass through biorefining. *Progress in Energy and Combustion Science*, 38 (2012) 583−598.

[7] Barakat, A., De Vries, H., and Rouau, X. Dry fractionation process as an important step in current and future lignocellulose biorefineries: A review. *Bioresource Technology*, (2013). doi: http://dx.doi.org/10.1016/j.biortech.2013.01.169.

[8] Jacquet, N., Vande ghem, C., Danthine, S., Quiévy. N., Blecker, C., Devaux, J., and Paquot, M. Influence of steam explosion on physicochemical properties and hydrolysis rate of pure cellulose fibers. *Bioresource Technology*, 121 (2012) 221−227.

[9] Lavoine. N., Desloges, L., Dufresne, A., and Bras, J. Microfibrillated cellulose —Its barrier properties and applications in cellulosic materials: A review. *Carbohydrate Polymers*, 90 (2012) 735−764.

[10] Sanders, J.P. M., Clark, J. H., Harmsen, G. J., Heeres, H. J., Heijnen, J. J., Kersten, S. R. A., van Swaaij, W. P. M., and Moulijn, J. A. Chemical engineering and

processing: Process intensification process intensification in the future production of base chemicals from biomass. *Chemical Engineering & Processing: Process Intensification*, 51 (2012) 117−136.

[11] Huber, G. W., and Corma, A. Synergies between bio- and oil refineries for the production of fuels from biomass. *Angewandte Chemie International Edition*, 46 (2007)7184−7201.

[12] Kaltschmitt, M., Andrée, U., and Majer, S. Koraffination von Pflanzenöl in Mineralölraffinerien—Möglichkeiten und Grenzen. *Erdöl Erdgas Kohle*, 126 (2010) 203−210.

[13] Gallezot, P. Catalytic conversion of biomass: Challenges and issues. *ChemSusChem*, 1 (2008) 734−737.

[14] Demirbas, A. Mechanisms of liquefaction and pyrolysis reactions of biomass. *Energy Conversion & Management*, 41 (2000) 633−646.

[15] Shabtai, J. S., and Zmierczak, W. W. (2001). Process for conversion of lignin to reformulated, partially oxygenated gasoline. US Patent 6,172, 272 B1.

[16] Bridgwater, A. V., and Peacocke, G. V. C. Fast pyrolysis processes for biomass. *Renewable and Sustainable Energy Reviews*, 4 (2000) 1—73.

[17] Yaman, S. Pyrolysis of biomass to produce fuels and chemical feedstocks. *Energy Conversion and Management*, 45 (2004)651—671.

[18] Demirbas, M. F, and Balat, M. Recent advances on the production and utilization trends of bio-fuels: A global perspective. *Energy Conversion and Management*, 47 (2006) 2371−2381.

[19] Huber, G. w., Iborra, S., and Corma, A. Synthesis of transportation fuels from biomass: Chemistry, catalysts, and engineering. *Chemical Reviews*, 106 (2006) 4044−4098.

[20] Triantafyllidis, K. S., Iliopoulou, E. F., Antonakou, E. v., Lappas, A. A., Wang, H., and Pinnavaia, T. J. Hydrothermally stable mesoporous aluminosilicates (MSU-S) assembled from zeolite seeds as catalysts for biomass pyrolysis. *Microporous and Mesoporous Materials*, 99 (2007) 132−139.

[21] Iliopoulou, E. F., Antonakou, E. V., Karakoulia, S. A., Vasalos, I. A., Lappas, A. A., and Triantafyllidis, K. S. Catalytic conversion of biomass pyrolysis products by mesoporous materials: Effect of steam stability and acidity of Al-MCM-41 catalysts. *Chemical Engineering Journal*, 134 (2007)51−57.

[22] Kersten, S. R. A., van Swaaij., W. P. M., Lefferts, L., and Seshan, K. (2007). Options for catalysis in the thermochemical conversion of biomass into fuels. In *Catalysis for Renewables*, Eds. Centi, G. and van Santen, R. A. (pp. 119−145). Wiley-VCH Verlag

GmbH, Weinheim, Germany.

[23] Sie, S. T. Past, present and future role of microporous catalysts in the petroleum industry. *Studies in Surface Science and Catalysis*, 85 (1994) 587-631.

[24] De, S., Dutta, S., and Saha, B. One-pot conversions of lignocellulosic and algal biomass into liquid fuels. *ChemSusChem*, 5 (2012) 1826−1833.

[25] Kim, S. M., Lee, M. E., Choi, J-W., Suh, D. J., and Suh, Y-W. Conversion of bionass-derived butanal into gasoline-range branched hydrocarbon over Pd-supported catalysts. *Catalysis Communications*, 16 (2011) 108−113.

[26] Hammerschmidt., A., Boukis, N., Hauer, E., Galla. U., Dinjus, E., Hitzmann, B., and Nygaard, S. D. Catalytic conversion of waste biomass by hydrothermal treatment. *Fuel*, 90 (2011)555−562.

[27] Dhainaut, J., Dacquin. J.-P., Lee, A. F., and Wilson, K. Hierarchical macroporous-mesoporous SBA-15 sulfonic acid eatalysts for biodiesel synthesis. *Green Chemistry*, 12 (2010) 296−303.

[28] Werpy, T., and Petersen, G. (2004). Top Value Added Chemicals from Biomass Volume I −Results of Screening for Potential Candidates from Sugars and Synthesis Gas Top Value Added Chemicals from Biomass Volume I: Results of Screening for Potential Candidates. *Technical Report National Renewable Energy Laboratory.* Washington,DC, USA.

[29] Bozell, J. J., and Petersen, G. R. Technology development for the production of biobased products from biorefinery carbohydrates—The US Department of Energy's "Top 10" revisited. *Green Chemistry*, 12 (2010) 539.

[30] Kobiro, K., Sumoto, K., Okimoto, Y., and Wang, P. Saccharides as new hydrogen sources for one-pot and single-step reduction of alcohols and catalytic hydrogenation of olefins in supercritical water. *The Journal of Supercritical Fluids*, 77 (2013)63−69.

[31] Yamaguchi, D., Kitano, M., Suganuma, S., Nakajima, K., Kato, H., and Hara, M. Hydrolysis of cellulose by a solid acid catalyst under optimal reaction conditions. *Journal of Physical Chemistry*, 113 (2009) 3181−3188.

[32] Kobayashi, H., Komanoya, T., Hara, K., and Fukuoka, A. Water-tolerant mesoporous-carbon-supported ruthenium catalysts for the hydrolysis of cellulose to glucose. *ChemSusChem*,3 (2010) 440−443.

[33] Yamaguchi, D., and Hara, M. Starch saccharification by carbon-based solid acid catalyst. *Solid State Sciences*, 12 (2010) 1018−1023.

[34] Farone, W. A., and Cuzens, J. E. (1998). Method of producing sugars using strong acid hydrolysis. US Patent 5, 726, 046.

[35] Eyal, A., Vitner, A., and Mali, R. (2011). Methods for the separation of HCl from

chloride salt and compositions produced thereby. US Patent Application WO 2001 1/095977 Al.

[36] Morales-delaRosa, S., Campos- Martin, J. M., and Fierro, J. L. G. High glucose yields from the hydrolysis of cellulose dissolved in ionic liquids. *Chemical Engineering Journal*, 181/182 (2012) 538−541.

[37] Gliozzi, G., Innorta, A., Mancini, A., Bortolo, R., Perego, c., Ricci, M., and Cavani, F. Zr/P/O catalyst for the direct acid chemo-hydrolysis of non-pretreated microcrystalline cellulose and softwood sawdust. *Applied Catalysis B: Environmental*, (2013) doi: http://dx.doi.org/10. 1016/j,apcatb.2012.12.035.

[38] Moe, S. T., Janga, K. K., Hertzberg. T., Hägg. M., and Dyrset, N. Saccharifieation of lignocellulosic bicmass for biofuel and biorefinery applications. A renaissance for the concentrated acid nydrolysis? *Energy Procedia*, 20 (1876) (2012)50−58.

[39] Tschentscher, R., Menegassi de Almeida, R., Carucci,J. R. H., Van den Bergh, J., and Moulijn, J. A. (2013). Process for recovering saccharides from cellulose hydrolysis reaction mixture. United States Patent Application WO/2013/110814A1.

[40] Kitano, M., Yamaguchi, D., Suganuma, s., Nakajima, K., Kato, H., Hayashi, S., and Hara, M. Adsorption-enhanced hydrolysis of beta-l,4-glucan on graphene-based amorphous carbon bearing SO_3H, COOH. and OH groups. *Langmuir: The ACS Journal of Surfaces and Colloids*, 25 (2009) 5068−5075.

[41] Onda, A., Ochi, T., and Yanagisawa, K. Selective hydrolysis of cellulose into glucose over solid acid catalysts. *Green Chemistry*, 10 (2008) 1033−1037.

[42] Geboers, J. A., Van de Vyver, s., Ooms, R., Op de Beeck, B., Jacobs, P. A., and Sels, B. F. Chemocatalytic conversion of cellulose: Opportunities, advances and pitfalls. *Catalysis Science & Technology*, 1 (2011) 714.

[43] Onda, A. Selective hydrolysis of cellulose and polysaccharides into sugars by catalytic hydrothermal method using sulfonated activated-carbon. *Journal of the Japan Petroleum Institute*, 55 (2012) 73−86.

[44] Degirmenci, V., Urer, D., Cinlar, B., Shanks, B. H., Yilmaz, A., Santen, R. A., and Hensen, E. J. M. Suifated zirconia modified SBA-I5 catalysts for cellobiose hydrolysis. *Catalysis Letters*, 141 (2010)33− 42.

[45] Schüth, F., and Rinaldi, R. (2011). Catalytic conversion of cellulose. In *Proceedings of Catbior Conference Malaga*, Ed. Jones, C. W., Olaris Media, Malaga, (pp. 47− 48).

[46] Hilgert, J., Meine, N., Rinaldi, R., and Schüth, F. Mechanocatalytic depolymerization of cellulose combined with hydrogenolysis as a highly efficient pathway to sugar alcohols. *Energy & Environmental Science*, 6 (2013) 92.

[47] Kovalenko, G. A., and Perminova, L. V. Immobilization of glucoamylase by adsorp-

tion on carbon supports and its application for heterogeneous hydrolysis of dextrin. *Carbohydrate Research*, 343 (2008) 1202–1211.

[48] Gan, Q., Allen, S. J., and Taylor, G. Kinetic dynamics in heterogeneous enzymatic hydrolysis of cellulose: An overview, an experimental study and mathematical modelling. *Process Biochemistry*, 38 (2003) 1003–1008.

[49] Van Putten, R.-J., Van Der Waal, J. C., De Jong. E., Rasrendra. C. B., Heeres, H. J., and De Vries, J. G. Hydroxymethylfurfural, a versatile platform chemieal made from renew able resources. *Chemical Reviews*, 113 (2013) 1499–1597.

[50] Dutta, S., De, S., Saha, B., and Alam, M. I. Advances in conversion of hemicellulosic biomass to furfural and upgrading to biofuels. *Catalysis Science & Technology*, 2 (2012) 2025–2036.

[51] Kazi, F. K., Patel, A. D., Serrano-Ruiz, J. C., Dumesic, J. A., and Anex, R. P. Techno-economic analysis of dimethylfuran (DMF) and hydroxymethylfurfural (HMF) production from pure fructose in catalytic processes. *Chemical Engineering Journal*, 169 (2011) 329–338.

[52] Román-Leshkov, Y., Barrett, C. J., Liu, Z. Y., and Dumesic, J. A. Production of dimethylfuran for liquid fuels from biomass-derived carbohydrates. *Nature*, 447 (2007) 982–985.

[53] Carlini, C., Giuttari, M., Maria, A., Galletti, R., Sbrana, G., Armaroli, T., and Busca, G. Selective saccharides dehydration to 5-hydroxymethyl-2-furaldehyde by heterogeneous nicbium catalysts. *Applied Catalysis A: General*, 183 (1999) 295–302.

[54] Xing. R., Subrahmanyam, A. V., Olcay. H., Qi, W., van Walsum, G. P., Pendse, H., and Huber, G. W. Production of jet and diesel fuel range alkanes from waste hemicellulose-derived aqueous solutions. *Green Chemistry*, 12 (2010) 1933–1946.

[55] Deng, L., Li, J., Lai, D.-M., Fu. Y., and Guo. Q.-X. Catalytic conversion of biomass-derived carbohydrates into gamma-valerolactone without using an external H_2 supply. *Angewandte Chemie International Edition*, 48 (2009) 6529–6532.

[56] Raspolli Galletti, A. M., Antonetti, C., Ribechini, E., Colombini, M. P., Nassi o Di Nasso, N., and Bonari, E. From giant reed to levulinic acid and gamma-valerolactone:A high yield catalytic route to valeric biofuels. *Applied Energy*, 102 (2013) 157–162.

[57] Weingarten, R., Kin, Y. T., Tompsett, G. A., Fernández, A., Han, K. S., Hagaman, E. W., Connor Jr. W. C., Dumesie. J. A., and Huber, G. W. Conversion of glucose into levulinic acid with solid metal (IV) phosphate catalysts. *Journal of Catalysis*, 304 (2013) 123–134.

[58] Neves, P., Lima, S., Pillinger, M., Rocha, S. M., Rocha, J., and Valente. A. A.

Conversion of furfuryl alcohol to ethyl levulinate using porous aluminosilicate acid catalysts.*Catalysis Today*, (2013) doi: http://dx.doi.org/10.l016/j.cattod.2013,04,035.

[59] Lange, J.-P., Price, R., Ayoub, P. M., Louis, J., Petrus, L., Clarke, L., and Gosselink, H. Valeric biofuels: A platform of cellulosic transportation fuels. *Angewandte Chemie International Edition*, 49 (2010) 4479–4483.

[60] Hayes, D. J., Ross, P. J., Hayes, P. M. H. B., and Fitzpatrick, P. S. (2008). The biofine process: Production of levulinic acid, furfural and formic acid from lignocellulosic feedstocks.In *Biorefineries-Industrial Processes and Products: Status Quo and Future Directions* (eds.B. Kamm, P. R. Gruber, and M. Kamm), Wiley-VCH Verlag GmbH, Weinheim Germany.

[61] Joshi, H., Moser, B. R., Toler, J., Smith, W. F., and Walker, T. Ethyl levulinate: A potential bio-based diluent for biodiesel which improves cold flow properties. *Biomass and Bioenergy*, 35 (2011) 3262–3266.

[62] Elliot, D. C., and Frye, J. G. (1999). Hydrogenated 5-carbon compound and method of making. US Patent 5,883,266.

[63] Upare,PP., Lee, J-M., Hwang. Y. K., Hwang, D. W., Lee,J.-H., Halligudi, S. B., and Chang, J.-S. Direct hydrocyclization of biomass-derived levulinic acid to 2-methyltetrahydrofuran over nanocompositacopper/silica catalysts. *ChemSusChem*, 4 (2011) 1749–1752

[64] Bond,J. Q., Alonsc, D. M., Wang, D., West, R. M., and Dumesic, J. A. Integrated catalytic conversion of gamma-valeroacetone to liquid alkenes for transportation fuels. *Science*, 327 (2010) 1110–1114.

[65] Menegassi de Almeida, R., Nederlof, C., Li,J., Mouliin,J. A., Connor, P.O., and Makkee, M. cellulosic conversion to isosorbide in a molten salt hydrate media. *ChemSusChem*, 3 (2007) 325–328.

[66] Fuertes, P., and Wiatz, V. (2008). Method for the etherification of isosorbide in a viscous medium. US Patenr Application WO 2009/056722 A2.

[67] Tundo, P., Aricò, F., Gauthier, G., Rossi, L., Rosamilia, A. E., Bevinakatti, H. S., and Newman, C. P. Green synthesis of dimethyl isosorbide. *ChemSusChem*, 3 (2010) 566–570.

[68] Rose, M., Thenert, K., Pfützenreuter, R., and Palkovits, R. Heterogeneously catalysed production of isosorbide tert-butyl ethers. *Catalysis Science & Technology*, 3 (2013) 938.

[69] Muurinen, E. (2000). *Organosolv pulping — A review and distillation study related to peroxyacid*. Dissertation, University of Oulu, Oulu. Finland.

[70] Guay, D. F., and Singsaas, E. I. (2012). Lignin-solvent fuel and method and apparatus

for making therof. US Patent Application 2012/0329146 A1.

[71] Wang. X., Richter, U., and Rinaldi, R. (2011). Hydrogenolysis of lignin towards energy dense biofuels. In *Proceedings of Catbior Conference Malaga*, Ed. Jones, C. W., Olaris Media, Malaga, (pp. 95– 99).

[72] Torr, K. M., van de Pas, D. J., Cazeils, E., and Suckling, I. D. Mild hydrogenolysis of insitu and isolated *Pinus radiata* lignins. *Bioresource Technology*, 102 (2011) 7608– 7611.

[73] Yoshikawa, T., Yagi, T., Shinohara, S., Fukunaga, T., Nakasaka, Y., Tago, T., and Masuda, T. Production of phenols from lignin via depolymerization and catalytic cracking. *Fuel Processing Technology*, 108 (2013) 69–75.

[74] Yoshikawa, T., Shinohara, S., Yagi, T., Ryumon, N., Nakasaka, Y., Tago, T., and Masuda, T. Production of phenols from lignin-derived slurry liquid using iron oxide catalyst. *Applied Catalysis B: Environmental* (2013) doi: http://dx.doi.org/doi:10.1016/j.apcatb.2013,03,010.

第 9 章 木质纤维素生物质的催化裂解

K. Seshan

本章主要介绍生物质催化裂解生产燃料的最新进展。主要关注的是这一过程中催化剂的作用,即它们对木质纤维素生物质液化的影响。

9.1 导论

近年来,由于原油价格高涨、能源安全问题以及潜在的气候变化对化石燃料的使用产生重要影响,因而生物燃料引起了人们极大的兴趣[1]。本章主要讨论的是催化剂在液体生物燃料生产,即木质纤维素生物质热解液化中的应用。表 9.1 列出了一些生物质,它们可以通过热转化、化学转化和催化转化成能替代化石燃料的生物燃料[16]。

美国自然资源保护委员会(Natural Resources Defense Council)预计,美国的一种生产木质纤维素生物燃料的先进技术,可能会在 2050 年产生相当于 790×10^4 bbl 石油的生物燃料产量,这一比例超过目前美国运输行业使用石油的 50%[2, 3]。生物燃料不应直接影响食物链,除了伦理上反对使用食品作为燃料外,通过使用专有的木质纤维素"废弃物"(如林业和农业残留物、食物浪费和能源作物),可以引入大量的生物燃料,例如,欧盟 2020 年生物燃料的目标是 20%。据估计,世界范围内在农业中积累的残余物相当于原油消耗量的一半。

表9.1 常见的化石燃料和可以从木质纤维素生物质中提取的可能的替代品/混合物

化石燃料	可替代的生物质 [100% 基于生物的替代和(或)矿物燃料混合组分]
汽油	醇类(C_1—C_4)
	MTHF(甲基四氢呋喃)
	MTBE(甲基叔丁基醚)
	芳香族化合物
	烷烃
	乙酰丙酸酯
	脱氧和精制的初级生物油

续表

化石燃料	可替代的生物质 [100%基于生物的替代和（或）矿物燃料混合组分]
柴油	乙酰丙酸酯
	乙酰丙酸二聚体酯
	5-羟甲基糠醛酯
	烷烃
	DME（二甲醚）
	乙醇
	FAEE（脂肪酸乙酯）
	FAME（脂肪酸甲酯）
	Fischer-Tropsch 液体（来自生物合成气体）
	脱氧和精制的初级生物油
煤油	Fischer-Tropsch 液体（来自生物合成气体）

在生物质热化学转化过程中，温度是一个关键参数。研究表明，在低温下（低于300℃）糖只发生催化过程（例如，酸催化水解）转化成各种各样的氧化产物，如酸（如乙酰丙酸）、杂环碳氢化合物（呋喃）和醇类，并获得可观的产量是可能的。木质素在这个温度体系中没有或几乎没有分解。在这些低温过程中，生物质大部分的使用是通过保持糖类内部官能团结构的不变来实现的。然而，原料必须先进行预处理，才能使纤维进入（例如，蒸汽爆破），因为在这些温度下，天然木质纤维素是惰性的。在此基础上，反应是缓慢的，需要经常使用均相催化剂。

中期温度范围（300℃ <T< 700℃），完整的木质纤维素生物质转换是可能的。液化过程（热解和热液液化）在这一范围具有重要意义，并产生含有含氧化合物组分、气体和固体的多组分液体产品，其中还包括原料纤维结构的剩余物。在较高温度（T>700℃）下气化成为主导。气化是不受控制的，在1300℃没有催化剂的情况下产物主要是甲烷。在催化剂存在的情况下，蒸汽重整气化生成合成气（$CO + H_2$）的混合物是可能的。当氢气作为所需的产品时，为并入的水气交换（WGS）反应（$CO + H_2O \rightarrow CO_2 + H_2$）提供了灵活性。费托转换合成气的过程 [$nCO + 2nH_2 \longrightarrow (CH_2)n + nH_2O$] 允许转换柴油等液体燃料。

正如催化作用在化石原料转化为燃料中的重要作用一样，催化也将在生物燃料的生产中发挥重要作用[1, 4]。目前，对生物燃料（除了乙醇和生物柴油）催化的关注主要来自两个重要的途径，即气化或液化生物质的组分、纤维素或木质素。在液化领域，大多数的注意力都放在了纤维素/糖通过催化脱水、氢化来转化成与汽油相容性的成分，例如氢氧基甲基呋喃（HMF）和丁醇[5]。更多细节可以在第8章找到。其他液化过程使用全木质纤维素作为原料。生物质液化具有以下优点[1b, 6]：它允许生物质提供原料的地点（如偏远的农村地区）和生物制品可以大规模处理的地方（炼厂）分离。液化允许使用诸如木材/

林业废料（例如锯末）和粮食生产废料（例如稻壳、甘蔗渣）的废弃物。它将体积庞大、种类繁多的生物质转化成一种更易于储存、运输和加工的液体。矿物和金属大部分仍然是液化过程的固体副产品，因此可以在生物质生产地点回收并返回到土壤（营养循环的结束）。因此，生物液体燃料的矿物和金属成分含量明显低于其生产的固体生物量原料，这对后续的石油催化处理有利。

两个重要的液化流程之一，水力热力升级（HTU），将所有类型的木质生物质在 300～350℃、120～180bar、水存在的条件下，5～20min 内转化为生物柴油。它产生的氧含量比原料生物质低 45%[7]。这一过程是在过去 10 年中发展起来的，但并没有取得多大进展。在发展 HTU 过程中，主要的障碍是生物质高度浓缩的泥浆的成本效益，处理因溶剂不溶性疏水产品引起的污染和阻塞问题以及产品分离。另外，生物质的热解液化在过去几年中取得了显著的进展。大多数早期的工作与热解有关，没有使用催化剂。在过去的几年里，催化剂在制备生物油的过程中，特别是热解过程中，原位催化剂吸引了许多关注[8]。

在 9.2 节中描述了木质纤维素的非催化热裂解过程，阐述了目前生物油生产中存在的问题。9.3.1 节和 9.3.2 节使人们能够理解在热解过程中加入催化剂的必要性和范围。

9.2 热裂解

一个有前途的技术是从木质生物质快速热解生成液体燃料，原料的加热迅速（约 100℃/s），在中等温度（400～550℃）、惰性条件下（1bar, N_2），停留时间较短（小于 2s），快速淬火形成蒸汽。这一过程引起了研究人员很大的兴趣，因为它产生了一种名为生物油的高产量的液体产品，它可以包含高达 70% 的生物质原料的能量[6, 9]。在热解过程中，可以将生物质集中到更容易运输和处理的液体中，这是有机相和水相的混合物（图 9.1）。有机相是生物燃料的目标产物，它是通过专用的、化学的/催化转化或在常规的精炼厂中与化石原油协同处理生物燃料的原料[10]。它含有水溶性的相，如酸和醇等可溶的有机成分存在。两相分离时，油的含水率高于 40%（质量分数）。

关于生物质快速热解的文献非常广泛，目前有很好的研究基础、技术和应用实例[1b, 6, 11]。快速热解进入规模化装置运行，例如，BTG（荷兰）、ENSYN（加拿大）、DYNAMOTIVE（加拿大）、KIOR（美国）都是运营中的中试装置、示范或规模化工厂，一般具有每小时一到几吨的产能[12]。热解油的价格取决于原料，目前报道的价格范围是 100～170 欧元/t。

生物质热解与生物燃料共同生产的一个较为基本的概念方案如图 9.2 所示。这种典型的木质纤维素生物质热解的绿色燃料工艺方案与目前规模化的流体催化裂化（FCC）过程非常相似，并提供了与之相结合的空间。生物质热解生成生物油、天然气和炭 3 种组分。在所提出的方案中，固体热载体（砂）和催化剂将炭输送到再生器中，将其燃烧并再生。再生器的热量与吸热的热解过程整合,与炼厂催化裂化方案类似。气体流也包含能量（CO、H_2、CH_4/更高的碳氢化合物）,并且热量可以通过燃烧被集成到这个过程中。

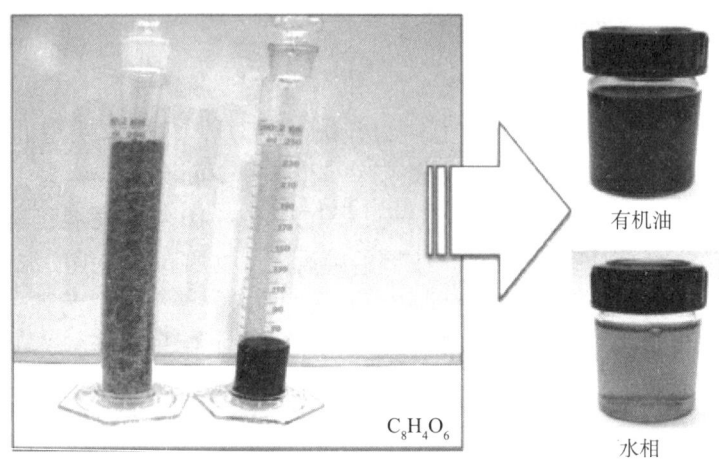

图9.1 用热解法将木质纤维素致密化为生物油,生物质和生物油都有相同的标称成分,生物油是有机相和水相的混合物

表 9.2 比较了所生产的生物油的特性,并与燃料油和其原料生物质进行了比较[13]。生物油和母体生物质的组成是极其相似的。对这种绿色炼厂来说,最大的技术挑战是生物油的高含氧量,这限制了它的应用。首先,由于含氧量高,其热值较低,生物油的能量含量为 19MJ/kg,而化石原油为 30MJ/kg。这已经限制了它的应用,需要升级。其次,油的酸性太强,因而具有腐蚀性。典型的热裂解油 pH 值约为 2.4。最后,高含氧量使生物油具有极性,并防止与化石烃燃料相混。使用生物油作为化石燃料的来源,需要进行升级,主要解决高含氧量的问题,而这也是生物油的主要特征问题。

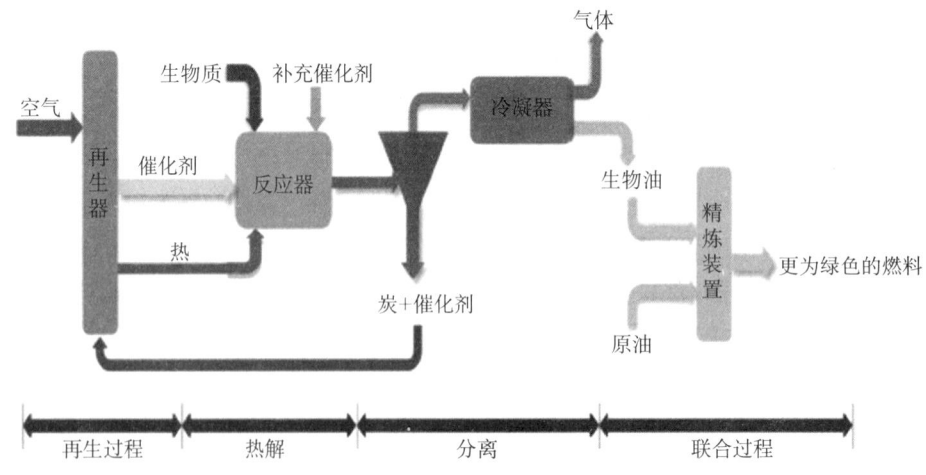

图9.2 对木质纤维素生物质转化的概念热解方案

(在热裂解情况下,沙被用来运输炭和热;在催化裂解情况下,固体催化剂与砂混合)

表9.2 生物油与生物质和化石燃料油的比较

材料	C [%(质量分数)]	H [%(质量分数)]	O [%(质量分数)]	能量密度（MJ/kg）	pH 值	含水量 [%(质量分数)]
生物质	48.74	5.80	45.46	16	—	5.6
生物油	52.11	5.70	42.34	19	2.4	30.5
燃料油	85.30	11.47	1.05	40	5.7	0.1

热解生物油的分析比较复杂。气相色谱—质谱（GC–MS）的典型分析如图9.3所示。色谱中含有多种成分，分别是纤维素、半纤维素和木质素的分解产物[13]。

由于生物油是由数百种不同的有机成分组成的混合物，因此根据它们的化学官能团将它们分为不同的基团是合理的。这种分类的合理性在于化学官能团决定其性质，而每一组的分子具有相似的特征。这也可以对生物油的质量进行评判，同时也可以简化对生物油的分析。在化石烃的例子中，通常使用类似的方法，即 PIONA（链烷烃、异链烷烃、烯烃、环烷和芳烃）分析。

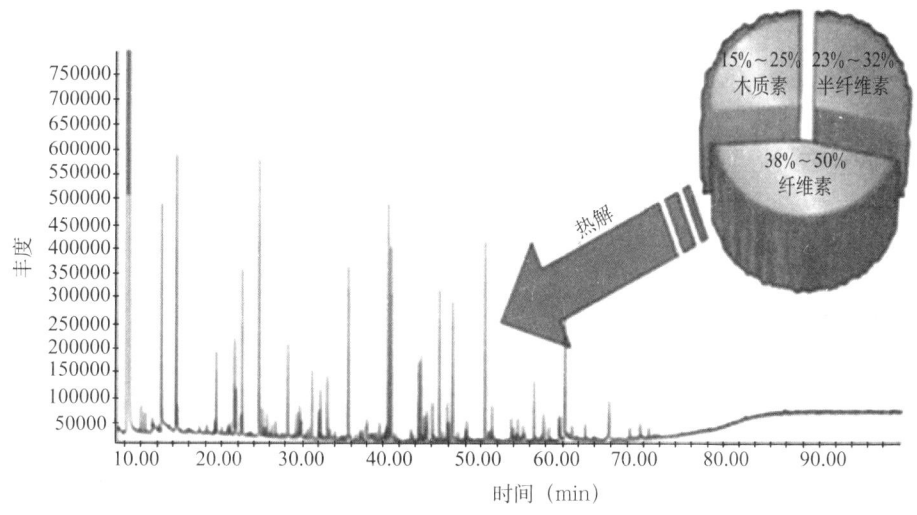

图9.3 表9.2典型热裂解油的GC–MS分析

生物油成分的分类如图 9.4 所示。在图 9.4 中，纵轴显示了在生物油中不同的化学官能团的相对比例，计算出所有属于这些基团的化合物的总离子色谱（TIC）面积百分比[13]。这种方法通常由其他作者使用，产生半定量结果[14]，可以用来比较不同条件下生物油中某一组分的浓度。最好的 GC–MS 方法仅占生物油成分的 80%。这有一个缺点，就是很难建立精确的催化化学。然而，可识别成分的相对变化以及它们所产生的生物质的组成部分已经允许在催化剂发展方面取得明显的进展，以便对它们进行升级。从图 9.4 可以看出，生物油含有多种羧酸，如甲酸和乙酸，主要是由纤维素和半纤维素组分分解而形成的[13]。这些是导致生物油酸度的主要成分[13]。由木质素分解而形成的酚类物质也会对酸度产生影响，但程度要小得多。碳氢化合物和呋喃（由全纤维素组成）是高能量含量所必需的成分[8]。

羰基化合物，如醛类和酮类化合物，存在于生物油中，会发生缩合反应，导致黏度增加，使油不稳定[13]。图 9.5 显示了生物油凝胶渗透色谱（GPC），在室温下储存 6 个月后发现高分子量组分增加。在相应的样品中，苯酚和醛含量的减少和含水量的增加（图 9.5）清楚地表明了羟醛缩合反应的发生。

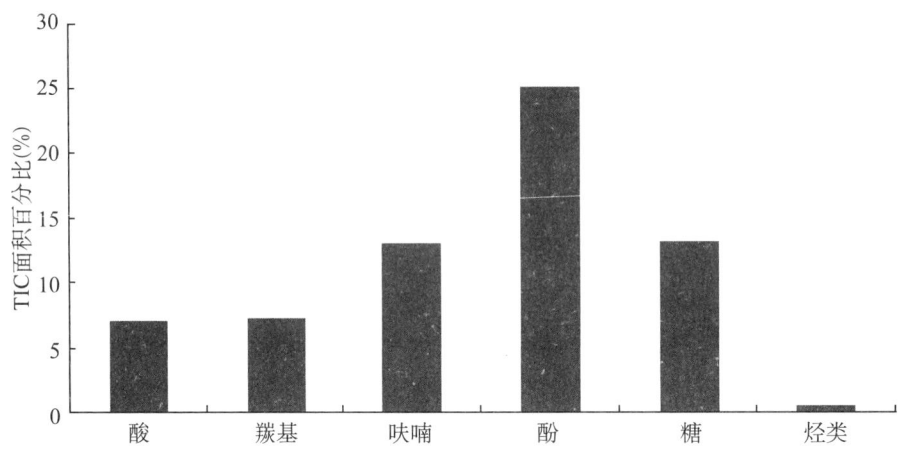

图9.4 以其化学官能团为基础的生物油中组分的相对含量

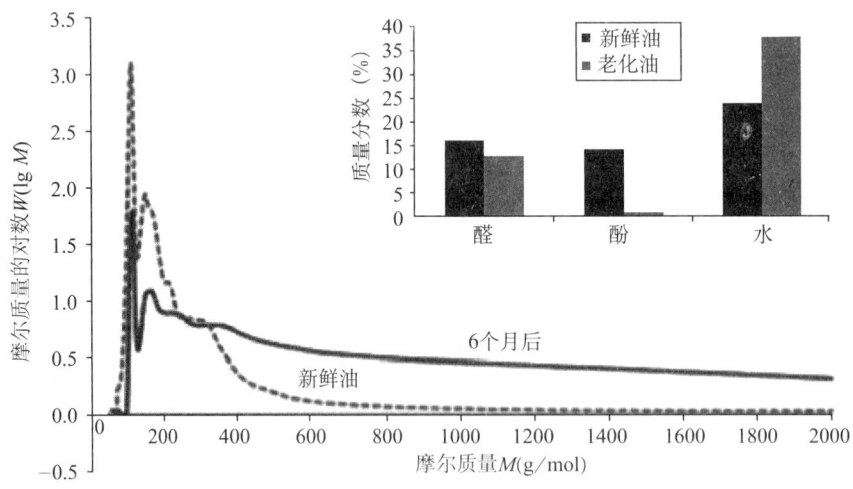

图9.5 一种新鲜生物油的凝胶渗透色谱和室温保存6个月的样品

（图中显示了储存过程中醛、酚和水含量的变化）

此外,这些反应性的含氧化合物,如醛类和酮类,往往会导致化学不稳定性。在新鲜和老化的生物油的GC-MS分析中可以看到这一点(同样的样品如图9.6所示),这表明含有羰基的成分随着时间的推移而消失。这种不稳定性导致热解油在加热时形成焦炭/炭。热解油的另一个不利特性是大量的重组分(摩尔质量大于1000g/mol,也存在于新鲜的生物油中),导致下游转化装置出现问题。在热解油中,碱金属、金属和杂原子(如Cl、S和N)都容易影响催化升级过程。

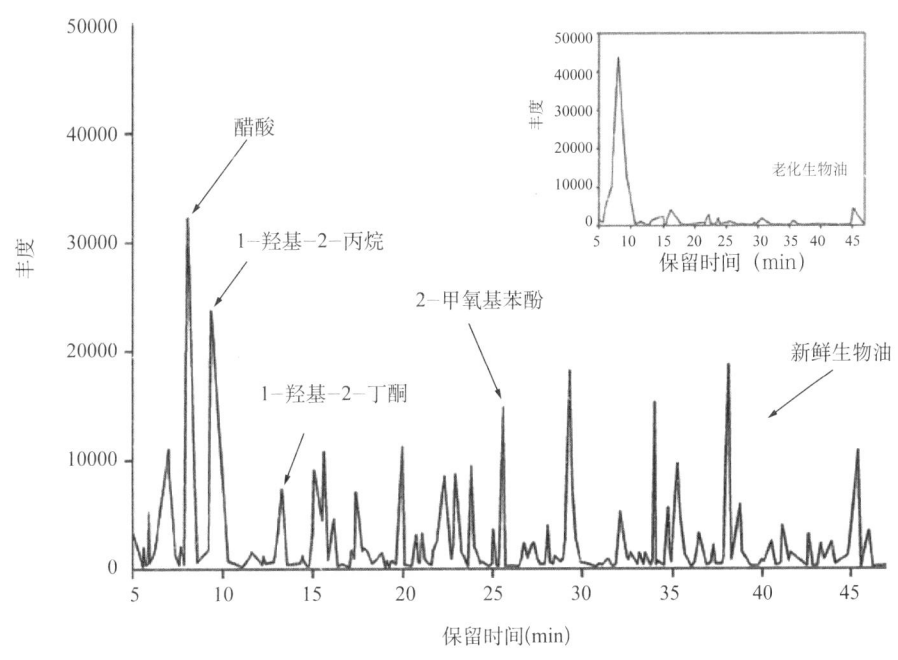

图9.6 一种新鲜和老化的生物油的GC-MS分析(图9.5)

图9.7根据van Krevelen图对当前和未来的燃料/燃料兼容组分进行分类(C、H、O含量)。在图9.7中,碳氢燃料在x轴上,通过焦化(脱碳)或加氢处理(加氢)在炼厂的原油的标准升级从左到右。在生物燃料的情况下,它们沿着y轴向上移动,这取决于它们的氧含量。从图9.7可以看出,木质纤维素和生物油的含氧量较高。因此,除了脱碳和加氢,如在化石原油的情况下,生物原油的升级也需要去氧,如图9.7所示。

一般来说,提高生物油的性能和适用性需要降低其含氧量,这一化学过程是脱氧。可以尝试在预处理、原位或后热解阶段进行除氧[15],主要是脱氧[15b, 16]和酯化[16c, 17]。脱氧是一种更容易和有希望的方法,因为它不需要使用其他化学物质,例如,替代的加氢脱氧过程需要的氢气是昂贵的,是不容易得到的;酯化需要醇等。

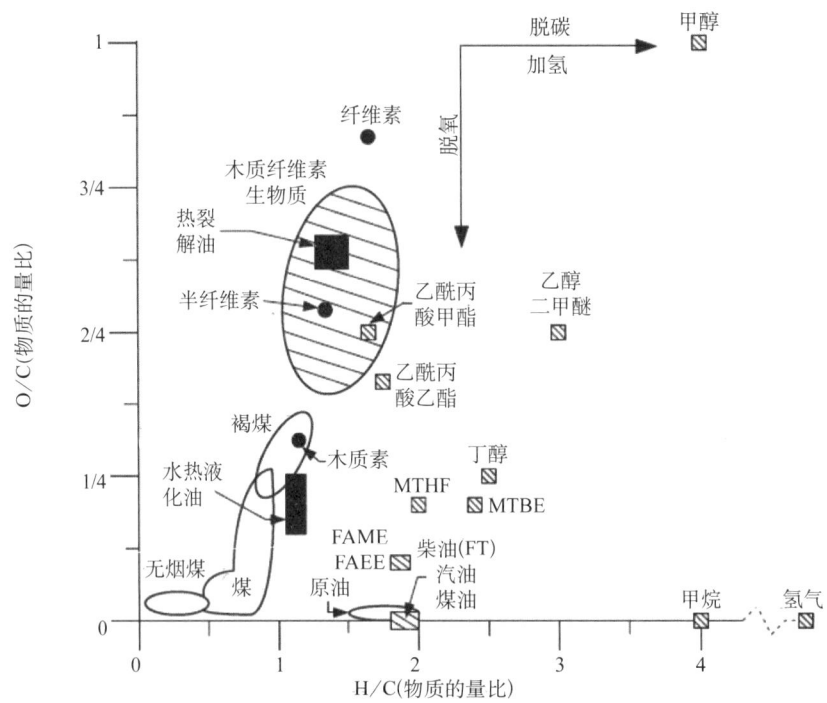

图9.7 van Krevelen燃料和燃料兼容组分基于C、H和O含量的分类

9.3 催化热裂解

9.3.1 生物油升级催化剂的需求和范围

将生物油升级为矿物燃料兼容组分的概念方案如图9.8所示。化石燃料具有典型的 [CH_2] 成分。大多数含氧的非芳香族生物燃料可以表示为 [xCH_2] 加水。这种水含量（由部分氧化引起的，例如，乙醇可以被认为是乙烯加水的元素组成）降低了它的能量密度（与碳氢化合物相比）。对于生物质和生物油，H/C 值约为0.5。这与化石原油相似，生物质/生物油的成分中也含有大量的氧 [高达40%（质量分数）]。

如前所述，在图9.8中，原油精炼厂通过焦化或氢化作用沿 x 轴进行。为了制造一种与化石燃料兼容的生物油，生物精炼法需要去除碳和氧，即脱羧和（或）脱碳，而不是焦化。通过氢化脱水是将氧气含量转化为水的另一种方法，这是一种昂贵的方法。一个完整的脱氧过程即便在没有氢化反应参与的情况下也能进行（如 $C_6H_8O_4 \longrightarrow 4.6CH_{1.2} + 1.4CO_2 + 1.2H_2O$），并且由于生物质的氢含量较低（H/C 值约为1.3）[18]，容易得到 H/C 值为 1~1.2 的芳烃混合物。在完全脱氧的情况下，如图9.7所示，有机物产量约为42%（质量分数），这相当于生物量原料的50%的能量回收。不完全脱氧，即在有机组分中保留一些氧，将有助于提高液体的产量；然而，只有当最终产品具有与矿物燃料/燃料添加剂相容的特性时，才是一个选择。

9.3.2 选择性脱氧

一般来说，生物质的脱氧会导致氧以碳氧化物和水的形式被脱除，取决于氧去除的程度，会形成含有有机脂肪族/芳香族分子的混合物，如酸、醛和醇。图9.9显示了3种不同脱氧途径对典型糖单体的影响，通过脱羧作用去除CO_2，通过脱碳，通过水脱氢。图9.9显示，通过形成二氧化碳来消除氧，使生物油能够保留原料生物质的最大能量，这是因为脱氧的效率是最优的，只需有一个碳可以脱除两个氧。水的形成降低了脱氧产物的氢含量，因此是最不可取的。如果不可避免的话，与脱氢相比，脱水脱羧是一种较好的折中方案，能够保持脱氧产品中最大能量含量的脱水。

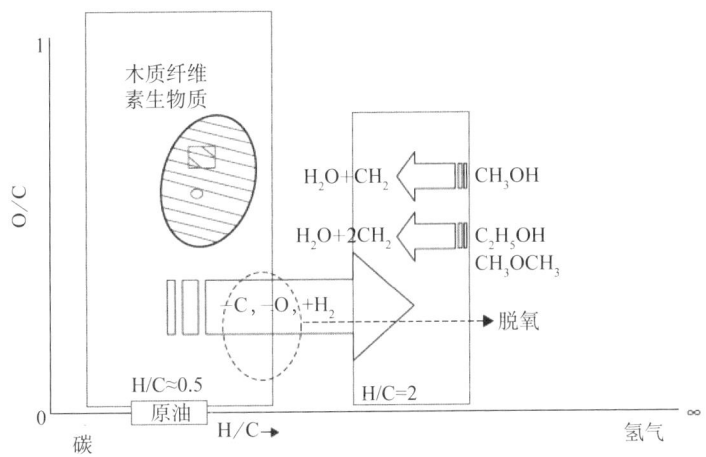

图9.8 将生物质/生物油升级为兼容化石燃料的概念方案

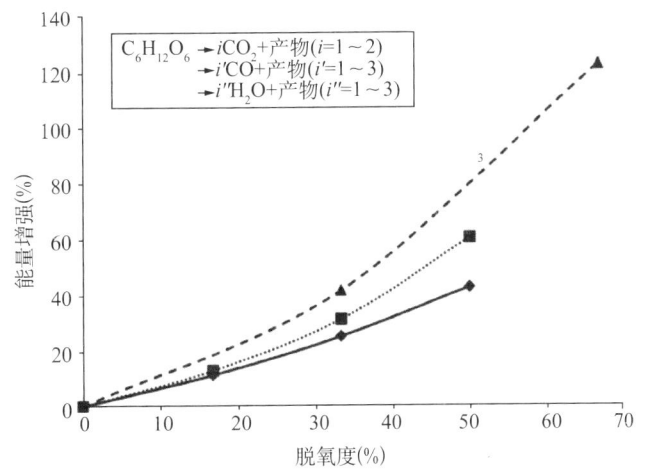

图9.9 生物油的能量增强是3种不同途径脱氧（即脱羧、脱羰和脱水）程度的函数

这意味着热解的催化剂除了对脱氧具有活性外，还应允许通过 CO_2 进行选择性脱氧。这是木质纤维素热解升级催化剂发展的关键设计标准。为了提供更多的与燃料相容的产品，脱氧还应尝试去除一些有害的氧化物质，如羧酸（降低酸度）、导致稳定性问题的醛类/酮类，并保留其他具有较高能量含量的含氧化合物[13,19]。催化剂设计应尝试优化这种选择性脱氧。

通常来说，考虑到操作的温度（450～550℃）、倾向于焦炭的形成、频繁更新的必要性和大规模的过程，多相固体催化剂将是最佳的选择。在热解过程中加入固体催化剂需要非常高效的固体（生物催化剂）接触。目前，研究人员尝试了机械搅拌、碾磨、催化剂前体浸渍等方法。

在实践中，生物质在热解温度下迅速蒸发，而蒸汽与固体催化剂（液体催化剂床）或在流动（固定床）下游的固体催化剂接触是工艺设计的可能选择。

9.3.3 固体酸催化剂

原位催化裂解被认为是克服上述裂解油问题特征的一种选择，氧含量是最重要的。首先，催化剂可以在生物质的主要分解过程中发挥作用，并促进必要的产品产生和防止产品不必要的反应。最重要的是，生物质热解将主要在偏远地区进行，并以分布式方式进行（1～10t/h）。因此，这一过程和催化剂应该是廉价和易于使用的。

脱氧反应是由酸催化的，研究最多的是固体酸，如沸石和黏土。Atutxa 等[20] 使用包含 H-MFI（HZSM-5）的锥形喷泉床反应器以及 Lapas 等使用 H-MFI 和 H-USY（蒸汽稳定 H-FAU）在循环流化床研究沸石催化热解（400～500℃）。他们都观察到了催化剂上过量的焦炭形成，与非催化裂解相比，气态产物（主要是 CO_2 和 CO）和水的产量大量增加，有机液体和炭产量相应减少。所获得的液体产品具有较低的腐蚀性，比热解油更稳定。一般来说，考虑到石油产量的损失，石油的轻微改进是不值得的。

通过对 H-MFI 沸石催化剂对固定床系统稻壳中生物质热解的影响研究发现[22]，当 H-MFI 存在时，原料中的脱氧在低温下（低于 500℃）主要是水，在高温下（高于 550℃）是 CO/CO_2。在较高温度下，催化实验获得的生物油含有大量的单环芳烃和多环芳烃（PAHs），因为它们具有更深层的脱氧作用[23]。不同商业催化剂的评价，包括 H-MFI、FCC 催化剂、过渡金属（铁/铬）和氧化铝（α，γ）生物质热解，都是在固定床反应器中进行的。从本研究中可以看出，H-MFI 是一种具有选择性地生产芳香烃的催化剂，而过渡金属催化剂则可从生物质原料中选择性地生产苯酚和轻质酚醛树脂。甘油或山梨糖醇的脱氧过程，作为模型化合物代表生物油、几种催化剂 [H-MFI、$\gamma-Al_2O_3$ H-FAU（USY）和商业 FCC 催化剂] 被实验[25]，并得出结论，使用 H-FAU 催化剂可以实现高脱氧水平，芳烃（化石燃料兼容）和焦炭是主要产物。

Huber [24] 报道了在 H-MFI 存在下纤维素的热解实验。在专门的反应器内，600℃

条件下，反应后获得了芳香族化合物，包括萘、乙苯、甲苯、苯；副产品包括焦炭、水和二氧化碳。生物质的低氢含量意味着，将其转化为烃类燃料时芳烃将会很容易形成。C_6、C_7 和 C_8 芳烃可以与汽油混合。同时 Huber 还提出以生物质为原料，在工艺优化后，也可产生与纯纤维素相似的结果。

我们自己的研究中，如图 9.10 所示，阐释了 H-FAU 基催化剂对整个生物质热解的影响[13]。这些实验是以松木为实验原料进行的，仅对生物油的化学成分有微弱的影响。相比于 20MJ/kg[13] 的热/非催化实验，生物油的能量密度为 22MJ/kg。从图 9.11 可以看到，当酸性沸石存在时，液体产量下降。正如预期的那样，H-FAU 的 BrØnsted 酸度造成更多的裂缝，提高气体的产率和促进炭/焦炭的形成[13]。在 H-FAU 存在下，我们也发现了较高的脱水过程和水形成。HZSM-5 催化剂也观察到类似的结果[13]。设计催化剂时，必须考虑到以下因素：(1) 从生物质基质中逃逸的有机分子（大分子的摩尔质量高达 2000g/mol）的体相性质；(2) 需要控制热解/开裂的程度；(3) 化学键的选择性分离，即 C-C>C-O>C-H，帮助最大化氧清除二氧化碳。因此，纹理（孔隙大小、几何形状等）和酸度（酸的强度、浓度）是设计的两个重要参数。

高沸石酸度导致了深度脱氧和严重的焦炭形成[25]。为了解决这个问题，目前已经开发出了具有较温和酸性的中孔材料，如 SBA-15、Al-MSM-41 和 Al-MSU-F[16]。然而，与 BrØnsted 强酸性沸石 H-FAU 与 H-MFI 等相比，这些催化剂的脱氧程度很低。

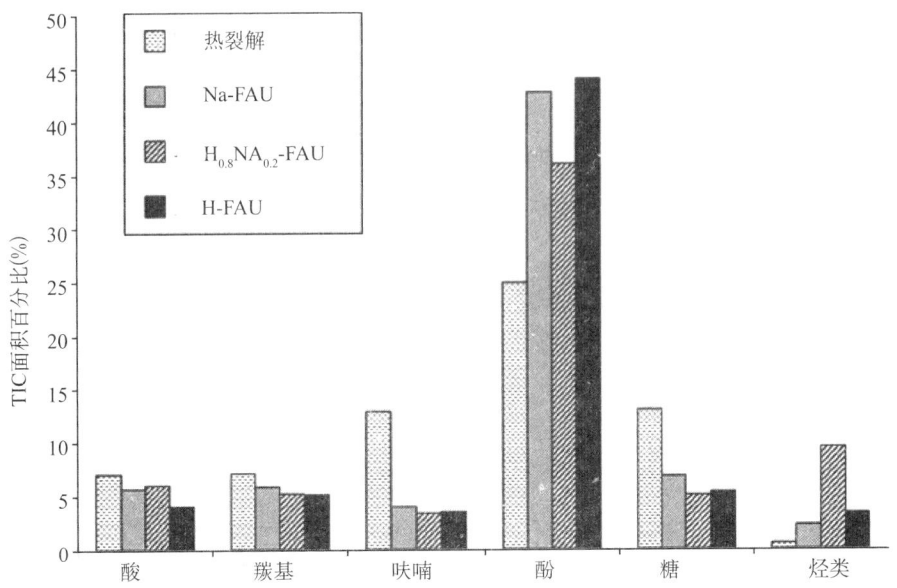

图 9.10　生物油组分为变量，沸石固体酸对木质纤维素热解的影响

（松木，500℃，7s 接触时间）

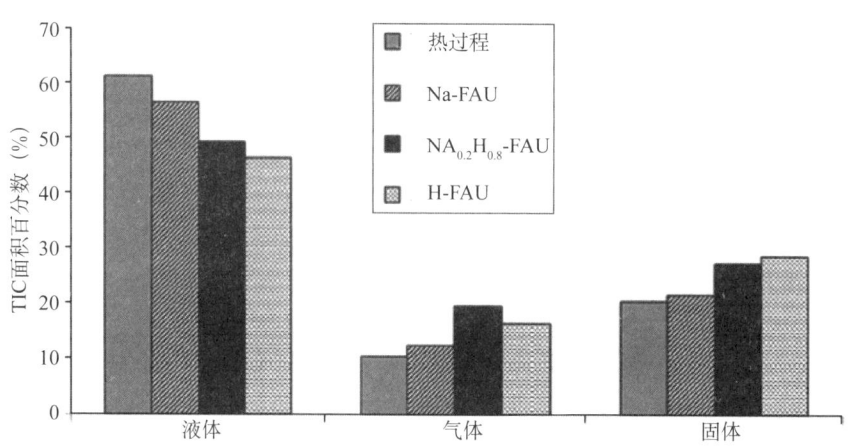

图9.11 在产品收益率变化下沸石固体酸对木质纤维素热解的影响（松木，500℃，7s接触时间）

9.3.4 碱金属催化剂

一些研究人员发现，原料中的碱会影响热解产物的产量和组成[27]。例如[28]，研究人员观察到脱盐玉米秸（不含碱，通过用稀硝酸洗涤获得）导致热解油中含有约20%（质量分数）左旋糖［通常1%～3%（质量分数）脱水左旋葡聚糖存在于热解油中］。近年来，碱金属和碱土金属已成为生物油升级的重要催化剂。最近[29]，发现八面体基质中钠离子的存在有助于改善生物质热解蒸汽的脱氧，减少了酸、醛／酮的量，提高了油气含量，从而提高了生物油的能量密度[13]。然而，用 Na-FAU 催化剂的脱氧效果仍不理想。我们还发现，Na_2CO_3 广泛的脱氧作用在催化热解的小球藻中可以显著增加能量密度，在 450℃ 条件下[9]，生物燃油从 21MJ/kg（非催化）增长到 32MJ/kg（Na_2CO_3）。在热解过程中，Na_2CO_3 与白松的结合导致催化生物油具有明显的脱氧作用[30]。

Sooknoi 等人[31] 将 Cs 催化剂与沸石 NaX 结合，用于甲基酯脱氧，发现 Cs 在甲基酯脱羧过程中起着至关重要的作用，当 Cs 在沸石中不存在时，脱羧催化剂的活性降低。近期的研究表明，与 Na_2CO_3 相比，负载在 $\gamma-Al_2O_3$ 上的 Na_2CO_3 能够有效减少氧含量，并提高生物的能量[8]。碱金属的改性是一种选择，因为碱金属也是一种很好的脱氧催化剂[8]。

9.3.5 案例研究：钠催化剂的催化热裂解

在这一节中，以松木为原料，钠作催化剂的热解实验将作为一个案例研究来阐述可以获得的产物以及其中的细节。催化剂被放置在固定床上，下游到热解室，使生物质蒸汽与催化剂有效接触。本研究使用的催化剂的详细情况见表9.3。选择这个系统是基于以下事实：(1) 到目前为止，这是一个最值得信任的研究；(2) 催化剂价格低廉并且容易准备；(3) 作者是研究小组的一员，因此很容易获得结果和细节。

表9.3 研究中所使用的催化剂及其特征

样品	负载 [%（质量分数）]	预处理过程	比表面积（m²/g）
γ-Al$_2$O$_3$	—	焙烧	249
Na$_2$CO$_3$	—	焙烧	低于检测下限
Na$_2$CO$_3$/γ-Al$_2$O$_3$	20	浸渍法/焙烧	196

热解实验的细节和相应的结果见表9.4。在表9.4中，催化实验中获得37%（质量分数）的总液体产量（有机+水溶液）低于热热解[61%（质量分数）]。这是由于：(1) 在催化剂表面的热解蒸汽的裂解过程中，碳的损失增加，而非异质炭；(2) 形成了更多的气态产物。由于催化剂和生物质是物理分离的，因此催化剂不会干扰生物质的主要分解。由于所有热解实验都是在相同条件下进行的，因此在热解室中形成的焦炭产量在所有情况下都是相同的。表9.4所示的质量守恒支持这一解释[两个实验的焦化率为19%（质量分数）]。催化剂还将部分热解蒸汽转化为多相炭[15%（质量分数）]和更多的气体（与热解相比，产量增加了近一倍）。

表9.4 催化与非催化生物质热裂解的质量守恒

催化剂	产率（%）					
	有机相①	水相①	炭②	焦炭③	气体	总量
热解	61④	—	19	0	13	93
γ-Al$_2$O$_3$	7	37	19	9	18	90
Na$_2$CO$_3$	13	27	18	17	16	91
20%（质量分数）Na$_2$CO$_3$/γ-Al$_2$O$_3$	11	26	19	15	23	94

反应条件：$T_{热解}$=500℃，$T_{催化剂床}$=500℃，$t_{气体停留}$=4s，p=1 bar，He$_{流率}$=70mL/min。
① 生物油的两种不同的相不相混，有机相和水相的总和等于总的液体产量。
② 热解腔中残留的非均相焦炭。
③ 在催化剂上形成的多相炭/焦炭。
④ 在热裂解过程中没有相分离，因此这里的值是所有液体的产率。

从表9.4可以推断出，催化剂对生物质蒸汽脱氧的影响。可以看出，在基于钠的催化剂上对CO_2的形成是有利的。CO产量也有所增加，但幅度较小。与热实验相比，水的形成只是轻微地增强。众所周知，路易斯酸和Brønsted酸存在于γ-Al$_2$O$_3$表面，可以使得有机化合物脱水热解气体，从而促进水的形成[32]。

在热解过程中形成的异质炭和均匀炭的含氧量也见表9.4。除了H_2O和CO_x的产量增加外，催化剂还影响了生物质在异质炭形成中的脱氧。在实验误差范围内，在所有情况下，炭的基本成分为78.7%（质量分数）C、2.8%（质量分数）H和18.8%（质量分数）O（无灰烬）。这与文献中所报道的快速热解所得到的炭的成分相似[33]，这证实了实验中模拟了实际的快速热解。另外，催化剂导致了异质炭的形成，其组成与炭的组成不同。所得异质炭的含氧量为41.5%（质量分数）。该异质炭具有高含氧量和相对较高的15%（质量分数）的产量（表9.4），使得基于钠的催化剂上的异质炭生成是一种重要的脱氧途径。值得注意的是，从生物质中提取的生物油中所得到的脱氧浓度非常高，只有6.9%（质量分数）[O]，其余分布在水（43.1%）、CO_x（28.6%）、异质炭（13.7%）和炭（7.7%）中。与非催化实验相比，在催化升级过程中，[O] 通过 CO_x 减少了14%（质量分数）[O]，通过炭减少了13.7%（质量分数）的 [O]。这表明，通过异质炭和天然气形成的脱氧对高品质生物油具有同等重要的作用。

总之，钠支持氧化铝催化剂表现出改善的行为与非催化测试相比，在水形成方面仅有小幅增长 [从20%到22%（质量分数）]；显著增加的二氧化碳产量 [从5.1%到12.2%（质量分数）]；与非催化热解相比，存在一个重要的脱氧过程，即形成含氧的非均相焦炭。表9.3表明，$Na_2CO_3/\gamma-Al_2O_3$ 催化剂对热解蒸汽脱氧过程而言前景广阔。催化生物油含氧量约为12%（质量分数），热裂解油为42%。这是一个重要的脱氧水平。值得注意的是，由此产生的生物油（有机相）的能量含量（37MJ/kg）接近于传统的燃料油[8]。这个结果表明，20%（质量分数）$Na_2CO_3/\gamma-Al_2O_3$ 是一个潜在的催化剂生物质蒸汽关于能源的升级内容。

在生物油中所需要的化合物中，烃类是最有价值的燃料成分，因为它们具有很高的热值。在表9.5中可以看到，催化剂显著地增强了碳氢化合物的形成，而碳氢化合物从0.5%（非催化油）增加到17.8%（催化油）。HC浓度的增加与生物油能量密度的巨大增加有关（表9.6）。在生物质热解过程中，通过3种可能的途径之一，可以形成碳氢化合物：(1) 脱碳、脱羧和糖类脱水产物的低聚反应，即从呋喃转化为芳烃；(2) 羧酸脱羧为脂肪族碳氢化合物和二氧化碳；(3) 加氢/氢解作用的酚类芳烃[34]。从表9.5中可以看出，酸和糖均已完全去除，催化生物油中酚类物质的含量与非催化生物油相比增加了。这表明，路线(1) 和路线(2) 的贡献大于路线(3)。此外，由于芳香型碳氢化合物是所有碳氢化合物（表9.5）的主导，因此可以推断，糖是研究碳氢化合物中的主要研究对象。

表9.5 利用气相色谱—质谱法分析的生物油的组成

单位：%（质量分数）

催化剂	酸	羰基	呋喃	酚类	糖	烃类	其他
热解	12.0	14.1	12.9	25.0	14.0	0.5	1.7
$\gamma-Al_2O_3$	4.6	22.5	6.8	27.0	0.0	22.0	0.1
Na_2CO_3	0.0	24.0	5.9	50.3	0.5	2.5	1.4
20%$Na_2CO_3/\gamma-Al_2O_3$	0.0	40.0	0.4	33.0	0.0	12.4	1.4

木材热解导致了羧酸和其他酸性成分的形成，使生物油具有腐蚀性，并对其作为燃料的适用性产生负面影响。在生物油的各种成分中，羧酸对生物油的酸度影响最大（60%～70%）。其他成分主要是酚（5%～10%）和糖（20%）[19]。羧酸和糖是不需要的成分，而且它们对生物油的酸度有很大的贡献。如表9.5所示，催化剂已完全去除生

物油中的羧酸。两种羧酸最初存在于非催化油中,即乙酸和丙酸,其含量分别为6.8%和5.1%,在催化油中均未见。生物油中的糖也有同样的趋势。在非催化生物油中观察到的主要糖成分是$D-$阿洛糖,在催化油中也完全被去除。

表9.6　催化剂对生物油脱氧的影响

催化剂	CO_2[①]	CO[①]	H_2O[①]	C[②]	H[②]	O[②]	HHV[③]
热解	5.1	5.0	21	52	5.7	42	19
$\gamma-Al_2O_3$	8.3	7.8	34	67.8	8.6	22.8	32
Na_2CO_3	10.4	5.8	24	67.9	8.2	23.3	31
$20\%Na_2CO_3/\gamma-Al_2O_3$	12.2	7.2	24	78.2	8.7	12.3	37

① 产率是基于最初的生物质重量[%(质量分数)]。
② 有机相的元素组成(热解除外)是以干燥为基础。氧含量由差值计算。
③ 高热值(MJ/kg)(热解除外)以干燥为基础。

图9.12显示了生物油中羧酸含量与酸性度值的直接关系[总酸数(TAN)]。在催化剂存在的情况下,热解蒸汽中的羧酸和糖组分被完全去除,因此可以预期从该催化剂中获得的生物油的酸度比非催化的低。在TAN的测量中,每克的催化生物油仅需要3.8mg的KOH,而非催化油的含量为119mg。pH值与此结果相吻合,催化生物油在pH6.5的情况下几乎是中性的,而非催化生物油是酸性的(pH值为2.6)。因此,从这种催化剂中获得的油对金属容器和管道的腐蚀性要低得多,并且更加安全。

在GC-MS分析中观察到,酸(乙酸和丙酸)的去除伴随着酮,即丙酮、2-丁酮和3-戊酮的去除,在非催化油中没有。此外,在基本催化剂$CeO_2/1\%K_2O/TiO_2$中,乙酸可以转化为丙酮,具有很高的转化率和选择性(大于99%)[35]。因此,$Na_2CO_3/\gamma-Al_2O_3$催化剂进行羧酸的转化以以下机理进行。

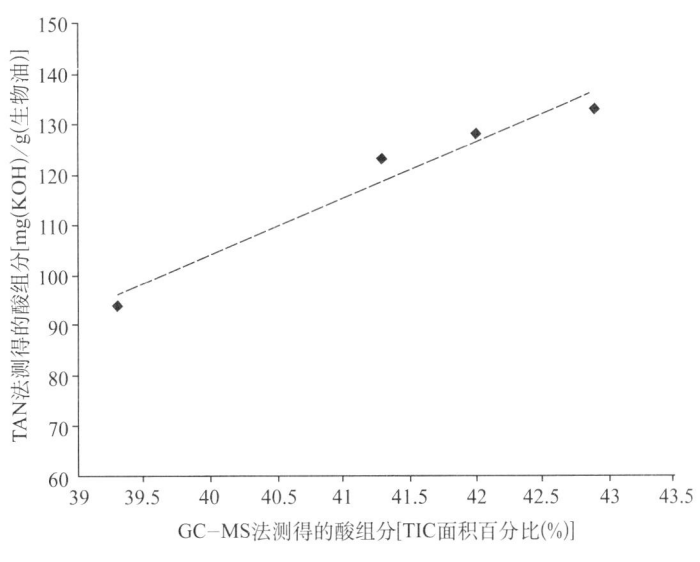

图9.12　用GC-MS和TAN测定酸组分的关系

羧基的去除：

$R_1COOH+R_2COOH \longrightarrow R_1COR_2+CO_2+H_2O$

根据这条路线去除羧酸仍然存在问题，因为酸的脱氧是通过脱羧和脱水反应以及酮的形成，而酮是生物油不稳定的前体。一般来说，酮类和醛类的存在会通过缩合反应引起生物油稳定性的问题，从而促进了高分子量组分的形成，增加了黏度[36]。

然而，这个问题在一定程度上被抵消了，因为羧酸也可以分解为二氧化碳和碳氢化合物（脱羧）。图9.13揭示了羧酸的减少与气流中CO_2产量增加之间的关系。催化剂设计应考虑好脱羧活性，因为这有多个优点：（1）它对生物油的酸度有很大的影响，因为羧酸贡献最大；（2）相应地，以二氧化碳为主要形式的脱氧作用发生是必需的；（3）分解的一部分产品，碳氢化合物是高能燃料组分。近年来的研究表明，在含碳基催化剂的作用下，热解作用在很大程度上降低了生物油的羰基含量，同时Cs是一种很好的催化剂，可以选择性地从木质纤维素中形成脂肪族碳氢化合物。因此，以Cs为基础的催化剂的推广是一个很有吸引力的选择[37]。

到目前为止，讨论的结果表明，存在$Na_2CO_3/\gamma-Al_2O_3$时，热解期间允许广泛的脱氧和由此产生的生物油具有良好的特点，适用于燃料应用。这一催化剂也能经受3次焦炭燃烧再生，显示其对催化裂化反应器的实际应用前景[8]。在接下来的章节分析了催化剂及其性质与性能的关系。

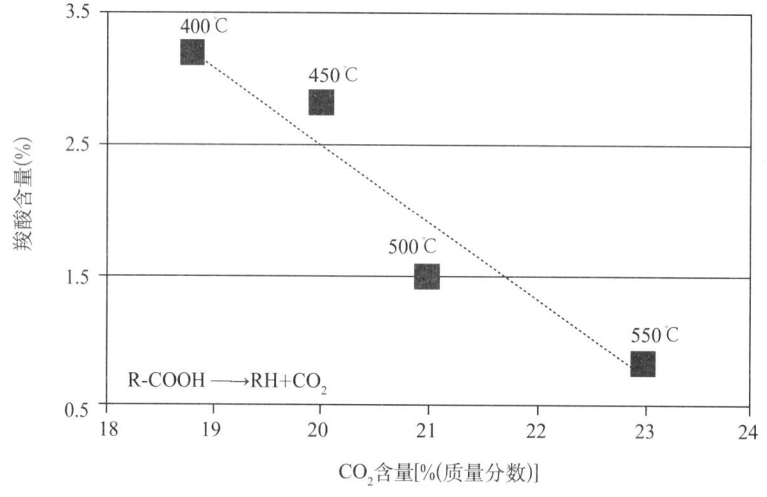

图9.13 生物油中羧酸含量与热解过程中CO_2生成的相关性（数据来自不同的催化实验）

氧化铝的XRD结果类似于$\gamma-Al_2O_3$。没有发现与任何钠化合物相对应的锐晶峰。于是从XRD图可以推断，Na_2O_3在$\gamma-Al_2O_3$上以分散的小团簇形式存在。EDX元素图还表明，Na在氧化铝基体上分散成小簇（小于100nm）。催化剂的热重分析（TGAs）及其两个组分如图9.14所示。众所周知，当加热时，亚稳$\gamma-Al_2O_3$转变为热稳定$\alpha-Al_2O_3$，通过两个过渡阶段形成$\delta, \theta-Al_2O_3$。这些阶段的变化通常伴随着羟基的移除，这解释了加热时 γ-Al_2O_3 质量减少的原因（图9.14）。此外，这种材料在不高于 800℃ 时质量减少 2.8%，与文献完全一致，化学吸附水移除 γ-Al_2O_3 样本时加热到 800℃ 有类似的比表面积[32]。

另外，到 850℃ 时，Na_2CO_3 非常稳定；高于此温度时，质量大幅度减少，这是因为相关材料分解成 Na_2O 和 CO_2。反应如下所示：$Na_2CO_3 \longrightarrow Na_2O + CO_2$。根据反应的化学计量，如果假设 Na_2CO_3 100% 转换，则可以计算出质量损失 41.5%。然而，从图 9.14 可以看出，Na_2CO_3 在 1100℃ 质量减少 62.6%，这明显高于上述理论最大值。这可以解释为，在较高的温度下，在 Na_2CO_3 样品中几乎同时发生了分解、熔化和蒸发 3 个过程。Na_2CO_3 的蒸发导致了额外的质量减少。然而，这些变化几乎没有影响 Na_2CO_3 活动，因为所有催化剂催化实验温度为 500℃，远低于 TGA 的 900℃。

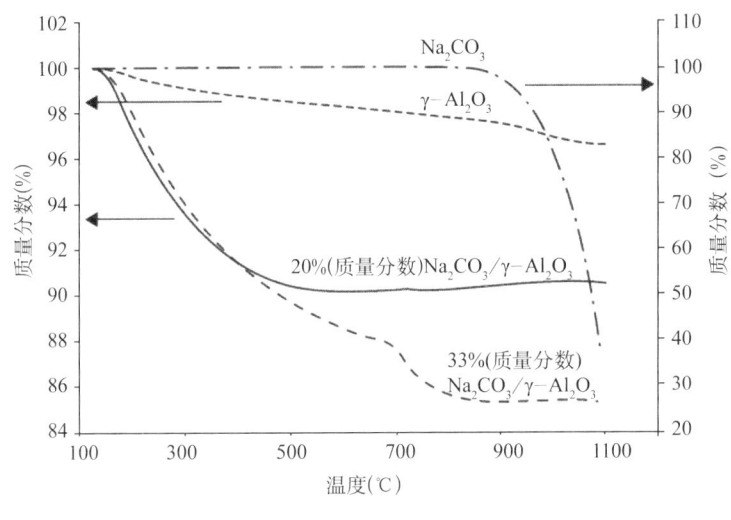

图9.14 催化剂的TGA

20%（质量分数）Na_2CO_3/γ-Al_2O_3 催化剂的情况则完全不同，在 135℃ 时质量就已经减少。由于 γ-Al_2O_3 [1.2%（质量分数）500℃ 脱水] 存在，这个质量减少的速率更快，比最大可能的质量损失更大。这是非常有趣的，正如前面提到的，因为纯 Na_2CO_3 直到 850℃ 才分解。这也表明，Na_2CO_3 由于 γ-Al_2O_3 的存在而被完善，最终体现为不同化学物种的催化剂。在图 9.14 中，在 500℃ 进行热解实验，催化剂的质量减少 9.6%。考虑其质量分数为 80% 的催化剂，水通过 γ-Al_2O_3 减少的质量是 1.2%。因此，额外减重 8.4%。考虑到 Na_2CO_3 的负载为 20%（质量分数），其分解为 Na_2O 的质量损失 8.3%。用 MS 来分析 TGA 的挥发分，表明在质量减少过程中 CO_2 和水都被释放了。这表明，Na 作为水合碳酸盐相可能存在于催化剂中。

^{23}Na（魔角旋转核磁共振）MAS NMR 分析催化剂与 Na_2CO_3 的结果如图 9.15 所示。纯 Na_2CO_3 的 ^{23}Na 谱具有典型特征[40]，其峰值为 5.5ppm，宽约为 -8.5ppm，峰值为 -1ppm。-1 和 -8.5 的峰值通常与 Na^+ 和羟基的相互作用有关，即水化物种[41]。对

于 $Na_2CO_3/\gamma-Al_2O_3$，有趣的是，这两个主导峰几乎消失了（5.5ppm）或强度降低，成为一个肩膀（−8.5ppm）。与此同时，峰值 −1ppm 的（相对）强度显著增加。对质量分数为 5%～20% 的 $Na_2CO_3/\gamma-Al_2O_3$ 样品进行 NMR 分析，谱图中的 -1ppm 的峰值可以初步归结于 Na^+ 与羟基氧化钴的结合[41]。这种相互作用有可能是形成一个水化的 Na_2CO_3 物种，如图 9.15 所示，在较低的温度下分解。

有趣的是，在 TGA 实验中看到了与 Na_2CO_3 分解为 Na_2O 相对应的质量减轻。在这个过渡过程中还看到，MS 信号与 CO_2 和水相对应。这也意味着钠在催化剂中是一种水化的 Na_2CO_3。热解温度下的催化活性物质，可以是与水汽相中的水和二氧化碳相平衡的氧化铝的氢氧根。生物质热解包括碳碳键、碳氢键和碳氧键的断裂，催化剂的酸碱性质在这方面起着重要的作用。交互的钠离子的羟基氧化铝 $\gamma-Al_2O_3$ 的酸碱性质可能改变。催化剂性能的提高可归因于此。

表 9.7 中比较了非催化油、催化生物油和燃料油的关键性能。可以看到，20%（质量分数）$Na_2CO_3/\gamma-Al_2O_3$ 可以制得生物油，这是迄今为止优于非催化石油并拥有与传统石油非常相似特性的一种生物油。催化生物油含氧量低 [12.3%（质量分数）]，几乎中性（pH6.5），能量密度高（37MJ/kg）。为了将这种催化生物油的含氧量降低到与燃料油相同的水平，需要一种温和的氢化反应。此外，还需要加氢，以尽量减少这种生物油中羰基的含量，并增加生物油的产量。

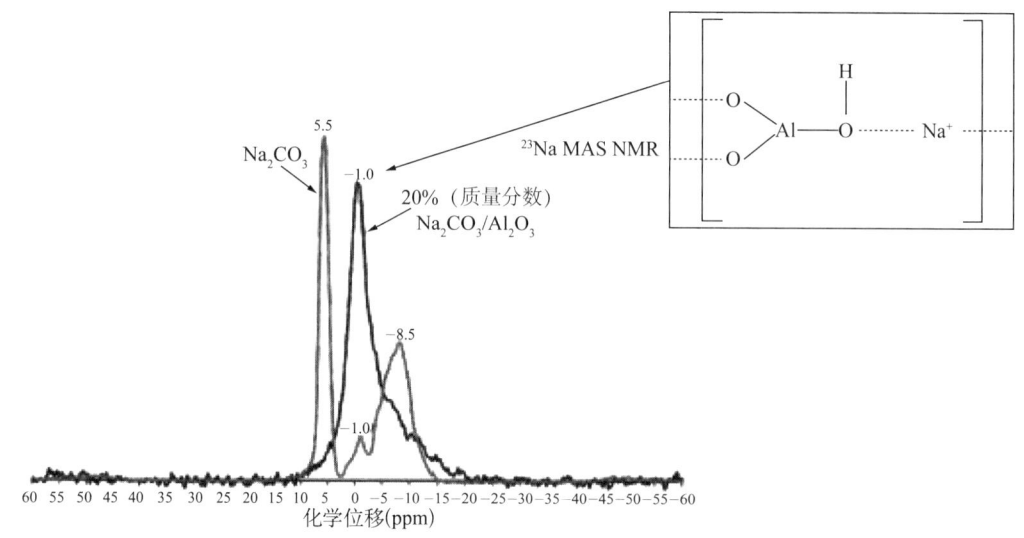

图 9.15　^{23}Na 催化剂的 MAS NMR 光谱

表 9.7　通过 20%（质量分数）$Na_2CO_3/\gamma-Al_2O_3$ 催化及非催化过程得到生物油与燃料油的比较

特征	非催化油	催化生物油	燃料油
含水量 [%（质量分数）]	34	3	0.1
C（干燥）[%（质量分数）]	52	78.2	85.3

续表

特征	非催化油	催化生物油	燃料油
H（干燥）[%（质量分数）]	5.7	8.7	11.5
O（干燥）[%（质量分数）]	42	12.3	0.1
HHV（MJ/kg）	19	37	40
pH 值	2.6	6.5	5.7

注：HHV 是批高位燃烧热值。

催化升级过程最大的缺点是理想产品催化生物油的低产量 [9%（质量分数）]。由于这种低产量，生物质中只有 21% 的初始能量被转移到这种催化生物油中，而非催化实验中只有 48%，尽管催化油的能量密度和其他性质更适合于燃料的应用。生物油能量回收的上述差异是由初始生物质能量的再分配转化为异质炭和催化液体的水相。因此，为了克服这一问题并提高工艺的能量效率，需要从上述两种产品中提取能量，例如，通过燃烧异质炭来产生过程热和重整水相以产生氢气。简而言之，尽管 Na/Al_2O_3 催化剂具有高脱氧性能，但在催化剂上形成的异质焦量极大，不仅降低了生物油的收率，而且降低了能源的回收效率，同时也给催化剂的处理带来了巨大的问题。因此，在催化剂设计时，应在催化剂的设计过程中，在实际应用前对催化剂上的异质炭形成进行抑制。从表 9.4 可以看出，从催化裂解实验中得到的液体产物包括 22%（质量分数）的水、9%（质量分数）的有机相和 6%（质量分数）的水相（氧合物）。这个有机相包含了 12.3%（质量分数）的氧气。因此，通过氢化的方式完全脱氧，1kg 的总液体中需要 1.86mol 氢气。在生物油的水相中，氧的转化可以产生氢气。最近发现[42]，通过蒸汽重整和 WGS 反应的组合，从这些氧化产物中产生的最大氢气量为 15.6mol/kg（总液体）。这些计算表明，从水相获得的氢的数量足以使有机相脱氧，从而达到与燃料油相似的氧含量。因此，使用集成工艺，水相重整制氢的同时提升有机相质量这一路线在经济性上具有很好的前景。

9.4 结论

木质纤维素生物质催化液化仍处于萌芽阶段。这些过程需要廉价而可靠的催化剂，能够处理复杂原料引起的严重污染和中毒情况。本章以廉价的钠催化剂为基础，对固体木质纤维素生物质进行了改良，表明催化裂解具有巨大的潜力。催化裂解是一项具有挑战性的工作，因为生物质/生物油的复杂性，缺乏对热解产物进行完全分析的工具以及对炭/焦炭形成的高反应性。所有这些因素都阻碍了合适的催化剂的开发。然而，就像多年前的化石燃料开发一样，高效的多相催化剂已经成为一种事实，而对木质纤维素生物质的催化热解作用的前景也很有希望。

参考文献

[1] (a) Huber, G. W.; Iborra, S.; Corma, A., Synthesis of transportation fuels from biomass: Chemistry, catalysis, and engineering. *Chemical Reviews* 2006, 106, 4044; (b) Kersten, S. R.A.; van Swaaij, W. P. M.; Lefferts, L.; Seshan, K., Options for catalysis in the thermochemical conversion of biomass into fuels. *Catalysis for Renewables* 2007, 119.

[2] Greene,N. N. R. D. C., http://www.nrde/ org/air/energy/biofuels /biofuels. pdf 2004.

[3] Huber, G. W.; Corma. A., Syngeries between bio-oil and refineries for the production of fuels from biomass. *Angewandte Chemie International Edition* 2007, 46, 7184.

[4] Ragauskas, A J,; Nagy, M.; Kim, D. H.; Eckert, C. A.; Hallett,J. P.; liotta, C. L.; From wood to fuels-Integrating biofuels and pulp production. *Industrial Biotechnology* 2006, 2, 55.

[5] Corma, A.; Huber, G.W.; Sauvanaud, L.; O'Connor, P.; Processing biomass-derived oxygenates in the oil refinery: Catalytic cracking (FCC) reaction pathways and role of catalyst. *Journal of Catalysis* 2007, 247, 307.

[6] Bridgwater, A. V.; Peacocke, G. V. C., Fast pyrolysis processes for biomass. *Renewable & Sustainable Energy Reviews* 2000 ,4, 1.

[7] Goudnaan. F.; van de Beld, B.; Boerefijn. F. R.; Bos, G. M.; Naber.J. E.; van der Wal, S.; Zeevalkink J. A., Thermal efficiency of the HTU® process for biomass liquefaction. In *Progress in Thermochemical Biomass Conversion*; Bridgwater, A.V., Ed.; Blackwell Science: Oxford, England, 2001, 1312−1325.

[8] Nguyen, T. S.; Zabeti, M.; Lefferts, L.; Brem, G.; Seshan, K., Conversion of lignocellulosic biomass to green fuel oil over sodium based catalysts. *Bioresource Technology* 2013, 142, 353−360.

[9] Babich, I. V.; van der Hulst, M.; Lefferts. L.; Moulijn, J. A.; O'Connor, P.; Seshan. K., Catalytic pyrolysis of microalgae to high-quality liquid bio-fuels. *Biomass and Bioenergy* 2011. 35 (7), 3199−3207.

[10] Czernik. S.; Bridgwater. A. V., Overview of applications of biomass fast pyrolysis oil. *Energy & Fuels* 2004, 18 (2), 590−598.

[11] Scott, D. S.; Majerski, P.; Piskorz, J,; Radlein, D., A second look at fast pyrolysis of biomass—The RTI process. *Journal of Analytical and Applied Pyrolysis* 1999, 51 (1/2), 23−37.

[12] Meier, D.; van de Beld, B.; Bridgwater, A V.; Elliott, D. C.; Oasmaa, A.; Preto, F., State-of-the-art of fast pyrolysis in IEA bioenergy member countries. *Renewable & Sustainable Energy Reviews* 2013, 20, 619−641.

[13] Nguyen, T. S.; Zabeti, M.; Lefferts, L.; Brem, G.; Seshan, K.; Catalytic upgrading of biomass pyrolysis vapours using faujasite zeolite catalysts. *Biomass and Bioenergy* 2013, 48, 100−110.

[14] Meier,D.; Scholze, B., Fast pyrolysis liquid characteristics. *Biomass Gasification and Pyrolysis: State of the Art and Future Prospects* 1997, 431−441.

[15] (a) Priecel, P.; Capek, L.; Kubicka, D.; Homola, F.; Rysanek, P.; Pouzar, M., The role of alumina support in the deoxygenation of rapeseed oil over NiMo-alumina catalysts. *Catalysis Today* 2011. 176 (1). 409−412; (b) Stefanidis, S. D.; Kalogiannis, K. G.; Iliopoulou, E. F.; Lappas, A. A.; Pilavachi, P A., In-situ upgrading of biomass pyrolysis vapors: Catalyst screening on a fixed bed reactor. *Bioresource Technology* 2011, 102 (17), 8261−8267.

[16] (a) Fernandez, M.B.; Sanchez, J.F.; Tonetto, G. M.; Damiani, D. E., Hydrogenation of sunflower oil over different palladium supported catalysts, Activity and selectivity *Chemical Engineering Journal* 2009, 155 (3), 941−949; (b) Fisk, C, A.; Morgan, T.; Ji, Y Y.; Crocker. M.; Crofcheck C.; Lewis, S. A., Bio-oil upgrading over platinum catalysts using *in situ* generated hydrogen. *Applied Catalysis A: General* 2009, 358 (2), 150−156 (c) Lohitharn, N.; Shanks, B, H., Upgrading of bio-oil: Effect of light aldehydes on acetic acid removal via esterification. *Catalysis Communications* 2009, 11 (2), 96−99,

[17] Mahfud, F. H.; Melian-Cabrera. I.; Manurung. R.; Heeres. H. J.; Biomass to fuels—Upgrading of flash pyrolysis oil by reactive distillation using a high boiling alcohol and acid catalysts. *Process Safety and Environmental Protection* 2007, 85 (B5), 466−472.

[18] Bridgwater, A.V.; Meier. D.; Radlein. D., An overview of fast pyrolysis of biomass. *Organic Geochemistry* 1999,30 (12). 1479−1493.

[19] Oasmaa, A.; Elliott, D. C.; Korhonen, J., Acidity of biomass fast pyrolysis bio-oils. *Energy & Fuels* 2010, 24, 6548−6554.

[20] Atutxa, A.; Aguado, R.; Gayubo, A. G.; Olazar, M.; Bilbao, J.; Kinetic description of the catalytic pyrolysis of biomass in a conical spouted bed reactor. *Energy & Fuels* 2005, 19(3). 765−774.

[21] Lappas, A. A.; Samolada, M. C.; Iatridis, D. K.; Voutetakis, S. S.; Vasalos, I. A., Biomass pyrolysis in a circulating fluid bed reactor for the production of fuels and chemicals. *Fuel* 2002. 81 (16). 2087−2095.

[22] Williams, P. T.; Nugranad, N, Comparison of products from the pyrolysis and catalytic pyrolysis of rice husks. *Energy* 2000, 25 (6). 493–513.

[23] Samolada, M. C.; Papafotica, A.; Vasalos, I. A., Catalyst evaluation for catalytic biomass pyrolysis, *Energy & Fuels* 2000 ,14(6). 1161–1167.

[24] Ritter, S., A fast track to green gasoline. *Chemical and Engineering News* 2008, 86 (16),10.

[25] (a) Bridgwater. T., *Fast Pyrolysis of Biomass, A Handbook*, 2008, Vol 2, CPL press, ISBN Nr 1872 6914 71; (b) Carlson, T. R.; Tompsett, G. A.; Conner, W. C.; Huber. G. W., Aromatic production from catalytic fast pyrolysis of biomass-derived feedstocks. *Topics in Catalysis* 2009, 52 (3), 241–252; (c) Thring. R. W.; Katikaneni, S. P. R.; Bakhshi, N. N., The production of gasoline range hydrocarbons from Alcell (R) lignin using HZSM-5 catalyst. *Fuel Processing Technology* 2000. 62 (1),17–30; (d) Williams, P. T.; Horne, P. A., The influence of catalyst type on the composition of upgraded bio-mass pyrolysis oils. *Journal of Analytical and Applied Pyrolysis* 1995, 31, 39–61.

[26] (a) Jackson, M. A.; Compton, D. L.; Boateng. A. A., Screening heterogeneous catalysts for the pyrolysis of lignin. *Journal of Analytical and Applied Pyrolysis* 2009, 85 (1/2), 226–230; (b) Pattiya, A., Titiloye, J. O.; Bridgwater, A. V.; Fast pyrolysis of cassava rhi-zome in the presence of catalysts, *Journal of Analytical and Applied Pyrolysis* 2008, 81(l), 72–79; (c) Triantafyllidis, K. S.; Komvokis, V. G.; Papapetrou, M. C,; Vasalos, I. A.; Lappas, A. A., Microporous and mesoporous aluminosilicates as catalysts for the crack-ing of Fischer-Tropsch waxes towards the production of "clean" bio-fuels. From Zeolites to Porous Mof Materials: The 40th Anniversary of International Zeolite Conference, *Proceedings of the 15th International Zeolite Conference* 2007,170, 1344–1350.

[27] Agblevor, F. A.; Besler, S., Inorganic compounds in biomass feedstocks. 1. Effect on the quality of fast pyrolysis oils. *Energy & Fuels* 1996, 10 (2), 293–298.

[28] Patwardhan, P. R.; Satrio, J. A.; Brown, R.C.; Shanks, B. H., Influence of inorganic salts on the primary pyrolysis products of cellulose. *Bioresource Technology* 2010, 101 (12),4646–4655.

[29] (a) Fahmi, R.; Bridgwater. A. V.; Darvell, L. I,; Jones, J. M.; Yates, N.; Thain, S.; Donnison, I. S., The effect of alkali metals on combustion and pyrolysis of Lolium and Festuca grasses, switchgrass and willow. *Fuel* 2007, 86 (10/11),1560–1569; (b) Mullen, C. A; Boateng; A. A.; Chemical composition of bio- oils produced by fast pyrolysis of two energy crops. *Energy & Fuels* 2008, 22 (3),2104–2109.

[30] O'Connor. P.; Stamires, D.; Daamen, S., Process for the conversion of biomass to liquid fuels and specialty chemicals. US Patent 2012190062 2012.

[31] Sooknoi, T.; Danuthai,T.; Lobban, L. L.; Mallinson, R. G.; Resasco, D. E., Deoxygenation of methylesters over CsNaX. *Journal of Catalysis* 2008, 258 (1), 199−209.

[32] Medema. J.; Van Bokhoven, J.J. G. M.; Kuiper. A. E. T., Adsorption of bases on γ-Al_2O_3. *Journal of Catalysis* 1972,25 (2),238−244.

[33] (a) Henrich. E.; Bürkle, S.; Meza-Renken, Z. L.; Rumpel, S., Combustion and gasification kinetics of pyrolysis chars from waste and biomass. *Journal of Analytical and Applied Pyrolysis* 1999, 49(1/2), 221−241; (b) Stals, M.; Carleer, R.: Reggers, G.; Schreurs, S.; Yperman. J., Flash pyrolysis of heavy metal contaminated hardwoods from phytore-mediation: Characterisation of biomass, pyrolysis oil and char/ash fraction. *Journal of Analytical and Applied Pyrolysis* 2010, 89(1), 22−29.

[34] Huber,. G. W.; Iborra, S.; Corma, A., Synthesis of transportation fuels from biomass: Chemistry. catalysts, and engineering. *Chemical Reviews* 2006, 106 (9), 4044−4098.

[35] Deng, L.; Fu, Y.; Guo, Q., Upgraded acidic components of bio−oil through catalytic ketonic condensation. *Energy Fuels* 2008, 23 (1), 564−568.

[36] Diebold, J., A review of the chemical and physical mechanisms of the storage stability of fast pyrolysis bio-oils; Report No. SR-570-27613; National Renewable Energy Laboratory: Golden, Colorado, January 2000, p.60.

[37] Zabeti, M.; Nguyen, T. S.; Lefferts, L.; Heeres, H. J.; Seshan, K., *In situ* eatalytic pyrolysis of lignocellulose using alkali-modified amorphous silica alumina. *Bioresource Technology* 2012, 118, 374−381.

[38] Khaleel. A.; Al-Mansouri. S., Meso-macroporous γ-alumina by template-free sol-gel synthesis: The effect of the solvent and acid catalyst on the microstructure and textural properties. *Colloids and Surfaces A* 2010, 369(1−3),272−280.

[39] (a) Zhou, R. S.; Snyder, R. L., Structures and transformation mechanisms of the eta, gamma and theta transition aluminas. *Acta Crystallographica Section B* 1991, 47, 617−630; (b) Santos, H. D.; Santos, P. D., Pseudomorphic formation of aluminas from fibrillar pseudoboehmite. *Materials Letters* 1992, 13 (4/5), 175−179; (c) Bodaghi, M.; Mirhabibi, A. R.; Zolfonun, H.; Tahriri, M.; Karimi, M.; Investigation of phase transition of γ-alumina to α-alumina via mechanical milling method. *Phase Transitions* 2008, 81 (6), 571−580.

[40] Jones, A. R.; Winter, R.; Greaves, G. N.; Smith, I. H.; ^{23}Na, ^{29}Si. and ^{13}C MAS NMR investigation of glass-forming reactions between Na_2CO_3 and SiO_2. *Journal of Physical Chemistry B* 2005, 109 (49), 23154−23161.

[41] Deng. F.; Du. Y.; Ye, C,; Kong, Y., Adsorption of Na$^+$ onto γ-alumina studied by solid-state ^{23}Na and ^{27}Al nuclear magnetic resonance spectroscopy. *Solid State Nuclear Magnetic Resonance* 1993, 2 (6), 317−324.

[42] de Vlieger. D. J. M., Design of efficient catalysts for gasification of biomass- derived waste streams in hot compressed water. Towards industrial applicability. PhD dissertation, 2013, University of Twente, the Netherlands, ISBN Nr 9789 0365 3492. 5.

第 10 章 水煤气变换和 PROX 反应净化氢气流的研究进展

A. Sepúlveda-Escribano, J. Silvestre-Albero

本章主要综述了催化剂在低温条件下的氢气流净化研究进展，主要涉及两类反应：水煤气变换反应（$CO+H_2O \longrightarrow H_2+CO_2$）和富 H_2 条件下的 CO 优先氧化反应（PROX）。

10.1 导论

氢气是一种非常有前景的能源载体，目前的能源结构依然依赖于化石燃料，而氢能可以作为其替代品或是补充[1]。氢能可以从可再生资源中无污染地获得，并且它被便捷、有效地转化为化学和电化学能量[2-4]。在这个前提下，未来的用能技术将基于燃料电池，如质子交换膜燃料电池（PEMFC）等。

氢气的来源非常广泛，包括化石燃料（天然气、石油、煤炭）和可再生能源（水、生物质）。所需能量可以从化石燃料、核能和可再生能源（如日光）中获得。通常需要根据不同的原料而使用不同的方法来制氢。使用化石燃料和生物质时，涉及的技术主要是重整（在高温下与蒸汽反应）、气化（与氧反应，但避免完全氧化）和热解（惰性气氛下的高温反应）。使用光解和电解水通常能够得到非常纯净的氢气流。

目前，尽管可以使用许多其他含氢化合物制氢气（如 C_2-C_4 烃[5]、甲醇和乙醇[6, 7]等醇类），但是最广泛使用的制氢技术是甲烷蒸汽重整。这一过程最大的缺点是会生成 CO 副产物，CO 的相对含量由采用的原料和技术决定。因此，甲烷蒸汽重整得到的氢气流必须经过进一步的处理，才能够除去 CO 和 CO_2，进而得到更为纯净的氢气流。CO 的存在对电极有着强烈的毒性[1, 8-10]，因此当制氢用于 PEMFC 等低温燃料电池时，净化步骤至关重要。水煤气变换（WGS）反应能够将重整物流中高浓度的 CO 通过与水反应生成 CO_2 和 H_2 而去除。然而水煤气变换反应后，CO 的残留浓度仍然高达约 $1000mL/m^3$ [10]，不能满足低温燃料电池的正常工作需求。通常燃料电池的阳极能够承受进料气体中约 $50mL/m^3$ 的 CO[8-10]，但重整得到的物流中含有 1%～3%（体积分数）的 CO[11]，这一点非常关键。富 H_2 条件下 CO 的优先氧化（PROX）被视为降低 CO 残留量的最佳方法之一，能够将剩余浓度降低到燃料电池阳极允许的范围内。PROX 催化剂必须能够满足两个基本条件：一是能够在低温下（通常指 80 ~ 150℃）发生 CO 氧化反应；二是不会催化 H_2 的氧化反应。在本章，将回顾低温水煤气变换和 PROX 这两种反应的催化剂研究进展。有关的报道和文献数量非常多，本书不可能把所有相关文献进行总结归纳，而是侧重涵盖其主要的成就和发展趋势。

10.2 水煤气变换反应

自 20 世纪中叶以来，水煤气变换反应是工业制氢的重要步骤，合成甲醇、合成氨以及费托合成等多种工艺的氢气均来源于此。水煤气变换反应被用于调控重整物流中的 CO/H_2 值，通过 CO 和水蒸气之间的反应生成 CO_2 和 H_2，能够在不同的应用场景下按照需求近乎完全地去除有毒的 CO：

$$CO + H_2O \rightleftharpoons CO_2 + H_2 \quad \Delta H_{298K}^0 = -41.1 \text{kj/mol}$$

这一反应是放热反应，并且在高温下存在着热力学限制，使得反应被分为两个阶段：一是铁催化剂存在下的高温转化（623 ~ 643K）[12]；二是铜催化剂下的低温转化（473 ~ 493K）[13]。然而，当用于小规模运行（如移动式或固定式燃料电池）的氢气流的净化时，传统的低温铜催化剂并不适用，这是因为这类催化剂在小规模运行时表现出严重的弊端：需要长期的活化过程，会发生自燃现象，在循环的启动/关闭过程中表现较差，并且在毒物、水分冷凝和氧化等情况下耐受性差[9, 14]。因此，开发具有高活性和高稳定性的，并且能够在燃料电池工作适宜温度条件下发生反应的催化剂是一个令人期待的课题。

关于水煤气变换反应，已经有多种涵盖不同金属和载体的催化剂组成被研究。载体方面，使用如 CeO_2 或 TiO_2 等部分可还原的载体时，反应表现出优异的性能[15, 16]。将金属纳米颗粒负载在这些氧化物上，催化剂表面被还原，表面温度减小，还原性能增强，使得氧化还原性能得到增强。这一点非常重要，现有被提出的各类机理通常涉及参与反应的载体表面。因此，氧化还原或"再生"机理[17-19]会影响金属颗粒表面上发生的第一步——CO 化学吸附，同时载体在金属—氧化物界面处提供的氧使得氧化反应继续进行，导致载体表面产生氧空位，氧空位继而被水填充，生成 H_2。反应（M 为载体中的金属阳离子；*为活性金属）如下：

$$CO + * \longrightarrow CO*$$

$$H_2O + M-O \longrightarrow H_2 + M-O_2$$

$$M-O_2 + CO \longrightarrow CO_2 + M$$

另外,缔合机理[20-23]认为,吸附CO与活性OH基团在载体表面相互作用发生反应,生成含碳的表面中间产物,如甲酸酯、羧基、碳酸酯和(或)碳酸氢盐,随后分解生成CO_2和H_2,载体表面再度被氧化。

$$H_2O + 2* \longrightarrow HO* + H*$$

$$CO + * \longrightarrow CO*$$

$$CO* + HO* \longrightarrow *O-CH=O$$

$$*O-CH=O \longrightarrow CO_2 + H*$$

$$2H* \longrightarrow H_2 + 2*$$

因此,载体表面氧化还原性质在可拓展性方面(需要大的表面积,使其能够形成大的金属氧化物表面界面位置)和还原性方面极其重要。另外,活性金属能够活化其表面上的CO,并且与氧化物载体相互作用。从这个意义上说,在CeO_2负载的催化剂中,反应活性物是原子级分散的金属,$[Au-O_x]$-Ce或$[Pt-O_x]$-Ce,这些金属强烈地与载体结合,而金属纳米粒子在这个过程中仅被归为旁观者一类[15, 24]。

低温WGS反应中常用铂和金;然而,由于铂和金的可用性不高并且价格昂贵,因此对镍和铜等贱金属也进行了研究。

10.2.1 Pt 催化剂

铂被认为是有前景的低温WGS反应催化剂,许多使用各类金属氧化物为载体的研究都以铂为研究对象来展开,在这些研究中,主要是用CeO_2[15, 25-28]、TiO_2[29-31]及混合氧化物[27, 32]。

如前所述,普遍认为WGS反应发生在金属颗粒与氧化物表面的界面处。于是,使用不同的载体和实验方法,研究相关界面位点的重要性和性质已成为诸多研究的主题。

最近,Aranifard等采用密度泛函理论和微动力学模型研究了负载在CeO_2(111)表面Pt的三相界面上WGS反应的机理[33]。他们发现界面位点的活化程度比Pt(111)和Pt台阶面位点高2～3个数量级,因此这些位点能够决定催化剂整体活性。由此可见,在催化剂制备过程中将这类界面位点的数量最大化极为重要,最大化的关键在于减小金属纳米颗粒的粒度。

已有研究者进行了各种尝试来改变界面位点的性质,以此提高氧化物载体的还原性。最常见的方法是通过添加第二种金属来改变CeO_2载体,形成组成各异的混合氧化物。为此,Kalamaras等最近制备了La^{3+}掺杂的CeO_2载体,用于制备较小的(1.0～1.2nm)铂纳米颗粒[32]。他们的结论是,WGS反应遵循催化剂上的"氧化还原"和"缔合"机理，具体的情况需要根据不同的载体组成来决定。此外，Pt/$Ce_{0.8}La_{0.2}O_2$的催化活性比载于纯CeO_2或纯La_2O_3上的铂催化活性都要高，这一现象是由于反应区域增大、活性位点反应性增强所致。事实上，混合氧化物的形成增强了不稳定氧的形成及其在表面上的流动性。

Boaro等[34]研究了CeO_2–ZrO_2混合氧化物的组成对Pt和Au催化行为的影响。他们先是在Au上获得了更好的催化性能。而对于Pt，他们没有发现WGS活性与载体组分之间具有显著的相关性。这些作者的结论是，载体的氧化还原和结构性质在反应中起次要作用，并且这类性质可以通过添加Zr来改变，而金属—载体界面的性质相比而言则更为重要；这可以通过选取适当的金属前驱物和合成步骤来定制。然而，Duarte de Farias等人发现向CeO_2中加入Zr^{4+}对Pt的活性有着正面的作用，在$Ce_{75}Zr_{25}$、$Ce_{50}Zr_{50}$和$Ce_{60}Zr_{40}$上负载Pt的活性更高，而在$Ce_{25}Zr_{75}$载体上Pt催化剂的活性则会降低。根据结果，Pt/$Ce_{50}Zr_{50}$的活性比Pt/CeO_2高50%。从这项研究可以得出结论，控制催化性能的主要因素是氧化物载体的化学组分，而且其化学组分的还原性并不会影响催化剂的活性和稳定性[35]。

使用CeO_2–TiO_2混合氧化物作为Pt纳米粒子的载体，在低温WGS反应中也表现出了期待中的结果[27, 36]。最近的报道中给出了Ce/Ti值对催化性能的影响[31]。在$Ce_{1-x}Ti_xO_2$（x=0，0.2，0.5，0.8，1.0）载体上负载尺寸为1.2～2.0nm的Pt纳米颗粒，并且在200～350℃的WGS反应中研究它们的催化行为。在250℃下，Pt/$Ce_{0.8}Ti_{0.2}O_2$催化剂的CO转化率比Pt/TiO_2催化剂大2.5倍，比Pt/CeO_2催化剂大1.9倍。反应条件下的结构稳定性、适宜的酸碱度、低温下的还原性能够解释这一结果。由此可知，载体的化学组成对负载铂的催化性能有着很大的影响。

尽管载体为部分还原氧化物的Pt基WGS催化剂被广泛研究，但当使用碱和碱土阳离子作为助剂时，也可采用二氧化硅或活性炭等非还原性载体[37-40]。有种观点认为，反应活性位点是部分氧化的Pt-碱-$O_x(OH)_y$物质，CO吸附和H_2O活化都能够在其上发生，并且需要碱的存在来稳定这些物质[38]。该方法已用于制备SiO_2包覆Na作为助剂的Pt催化剂，碱金属作为助剂的Pt-OH_x活性位点上能够发生水解离和羟基再生步骤。此外，这些催化剂的核/壳结构对反应条件（350℃）下的稳定性有益[39]。已有证据表明，具备活性的Pt催化剂不需要金属氧化物载体。因此，在最近的研究中，Zugic等发现，使用理想进料流（只有CO和H_2O），在多壁碳纳米管上负载并由Na^+作为助剂的Pt催化剂，在低于300℃条件下对WGS反应具有活性，而碳载Pt催化剂在这一反应中不具有活性[41]。

活性炭也可被用作Pt的载体，这种情况下使用CeO_2作为助剂。为了获得更大的比表面积，通常需要获得并稳定小CeO_2晶粒，以提供大量的界面Pt-CeO_2位点并同时减少催化剂成分对CeO_2含量的需求[42]。Pt的前驱体[Pt(NH_3)$_4$](NO_3)$_2$也存在一定的影响。使用铂前体的水溶液制备的Pt-40%（质量分数）CeO_2催化剂效果最好，使用程序升温还原实验评估可知，效果最好的原因是该催化剂中Pt和CeO_2晶体之间具有更好的相互作用。能够表现出比传统的 Pt/CeO$_2$ 催化剂更为优越的性能，而对比发现载于活性炭上的 Pt 没有活性。

10.2.2 Au 催化剂

Haruta 发现小粒径 Au 纳米粒子在一些反应中表现出非凡的催化性能[43]，因此近 10 年来人们开始更多地关注用于低温 WGS 反应的 Au 催化剂的开发[44-46]。已有研究主要使用部分可还原的金属氧化物作为载体，其中 CeO$_2$ 负载 Au 的性能最为优异[47-51]。此外，还有人对 TiO$_2$、Fe$_2$O$_3$ 和混合氧化物等负载 Au 催化剂也做了一些研究。

Andreeva 等是最早报道用于低温 WGS 反应的 Au 催化剂的研究小组之一，引起了人们的关注。他们首先研究了 Au/α–Fe$_2$O$_3$ 催化剂，发现由于 Au 和载体之间的某种相互作用，使得该催化剂能够在低温下表现出非常高的活性[52]。针对这一体系可以提出一种缔合机理，在小粒径 Au 纳米颗粒上解离的水和形成的活性羟基通过溢流作用转移到与载体相邻的位置。载体通过 Fe^{2+} 和 Fe^{3+} 之间的氧化还原循环参与到含碳物质的形成和分解过程中[53]。他们还研究了不同制备途径的影响，采用新制备的氢氧化铁沉淀氢氧化金制备，可以获得效果最好的催化剂[54]。几年后，该团队开始研究 Au/CeO$_2$ 体系。使用两种不同的沉积沉淀法——使用煅烧的 CeO$_2$ 或新制的 Ce(OH)$_3$ 作为载体，研究了制备路线的差异[55]，他们发现通过 CeO$_2$ 可以制得更小粒径的 Au 颗粒，因而通过该途径能够获得催化性能更好的催化剂。

有人认为，在 Au/CeO$_2$ 体系中，低温 WGS 反应活性相有可能是具有良好分散特性的 Au 纳米颗粒和 Au 氧化物，并且能够通过 CeO$_2$ 表面的氧空位与 CeO$_2$ 相互作用来稳定它们[15, 56]。由此可知，制备路线非常重要，不仅会决定 Au 纳米粒子的大小，还能够确定 CeO$_2$ 载体的尺寸和结晶度，进一步地，还决定了其可还原性及其与担载 Au 的相互作用[57]。此外，氧化物载体在反应路径中也起着重要作用，能够促进水解离，还能在 CO 和羟基间的反应界面处提供活性位点[58-60]。

如前所述，CeO$_2$ 在 Au/CeO$_2$ 催化剂中的主要作用之一是通过金属与表面氧空位的相互作用实现 Au 纳米粒子的分散和稳定。在这个意义上，能够表现出大比表面积的小 CeO$_2$ 晶粒是理想产物。结果显示，粒径在 3～4nm 之间的 CeO$_2$ 纳米颗粒和大量的表面空位能够表现出强化的 CO 氧化活性[61]。然而，由于反应气流的温度和（或）成分变化会引起 Au 表面–CeO$_2$ 界面的塌缩或重组，因此在某些情况下会观察到催化剂失活。Ta 等[57]使用原子分辨率环境透射电子显微镜（ETEM）来观察 Au/CeO$_2$ 催化剂在接近于 WGS 反应条件下的行为，观察到 Au 纳米颗粒的尺寸和形状受到反应条件的影响。他们认为，可以通过增加 Au 与 Ce 的相互作用（如在约 673K 下进行热处理）来阻止这种负面效应的产生。对比之前探讨的 Pt 催化剂中使用少量其他金属掺杂 CeO$_2$ 载体，他们还研究了掺杂不同量其他金属的 CeO$_2$ 载体对 Au 催化剂的影响。Tabakova 等人通过与尿素共沉淀法制备了不同组成的 Ce–Fe 混合氧化物，并将其用作 Au 催化剂的载体[51]。他们观察到温度范围为 400～600K 时，载体的 Fe 对 WGS 反应活性的不利影响，其原因有二：一是 Au 颗粒尺寸差异，这是由载体组成决定的；二是混合氧化物中氧空位以及 Ce^{3+} 浓度较低。最近，Vindigni 等制备了混合的 CeO_2-ZrO_2 氧化物，并通过沉积沉淀法制备 Au 催化剂[62]。他们获得了以下的催化活性趋势，$AuCe_{50}Zr_{50}$ > $AuCe_{80}Zr_{20}$ > AuCe，氧化锆在载体上的结构特性、酸碱性能和 Au 粒度差异能够解释不同载体对活性的影响。若采取恰当的制备途径[63]，铁、锰掺杂 CeO_2 也能够制得活性催化剂，增加了载体上的 Ce^{3+} 含量来增加氧空位数量起到了主要作用。

10.2.3 非贵金属催化剂

由于 Pt 和 Au 等贵金属的价格高且可用性差，使得人们更热衷于对其他较低价格的金属进行研究；其中 Ni 和 Cu 得到了最好的结果[17, 21, 64, 65]。

Ni 催化剂性能良好，但在 WGS 反应中会对甲烷化反应也起作用而消耗一部分氢气[66]。目前，许多研究都关注于如何尽可能地减少甲烷化反应发生。有报道指出，可以在大量 Ni 粉末上添加 K，从而限制甲烷化[67]。同时，由于有一定量的炭沉积，WGS 的活性得到增强，并且催化剂稳定性也有所增加。

Lin 等使用金属胶体制备氧化铝负载的 Ni、Cu 和双金属 Cu-Ni 纳米颗粒[68, 69]。用 Cu 核、Ni 壳组成的核壳型 Cu-Ni 颗粒获得了与纯 Ni 催化剂相似的催化活性，同时还降低了甲烷化反应的催化活性。

Ni/CeO_2 体系一直是诸多研究的中心[21, 64, 70]。值得注意的是，在这种体系中存在强烈的金属载体相互作用，能够改变 Ni 粒子的结构特性，使其在高温下由氢气还原，从而起到催化作用。在 CeO_2-Ni 混合氧化物还原制备的催化剂中，观察到的甲烷化反应十分有限[70]。

10.2.4 催化剂载体的重要性

从前面讨论的实例可以清楚地看出，CeO_2 是低温 WGS 活性催化剂的主要成分之一，其性质对催化行为的影响是研究热点。除了表面性质（酸碱性和氧化还原性质）之外，其结构性质也可以影响催化行为，这一现象既可以从 CeO_2 与活性金属相互作用的角度说明，也可以从 CeO_2 直接参与反应路径的角度出发进行解释。

Agarwal 等[71]研究了 CeO_2 形状和形态对其在 WGS 反应中催化性能的影响。他们自行制备了棒状、立方体等形状的 CeO_2，并且购买了市售八面体 CeO_2 纳米颗粒，在 350℃ 的温度和大气压下，以 1∶3 的 CO/H_2O 进料比进行 WGS 反应，评价形状和形态的影响。结果表明，八面体和棒状的 CeO_2 的 WGS 面积比活性相同，而立方体形状的活性相对更强。他们使用傅里叶变换红外（FTIR）观察吸附的 CO 和 OH 基团，分析结果显示，八面体和棒状的催化剂表面结构相似，与立方体的表面结构有着明显的不同。透射电子显微镜（TEM）分析结果表明，八面体和棒状催化剂具有相似反应性的原因在于它们都暴露了（111）表面，而立方体CeO_2则是暴露了（100）表面，这使得立方体在反应条件下活性更强。然而，理论计算表明，不同CeO_2晶体表面阴离子空位的形成能量遵循（110）＜（100）＜（111）[72]的顺序，从而表明CeO_2纳米棒是最适合的载体。事实上，其他研究人员已经发现，使用富含氧空位的纳米棒能够增强WGS中的Au活性[47, 73]，并且还会增加CO氧化[74]。这些作者通过水热法制备纳米棒、纳米立方体和纳米多面体，并通过沉积/沉淀法引入Au纳米颗粒。他们注意到CeO_2载体和Au纳米颗粒之间存在不同程度的相互作用，这种相互作用对于CeO_2纳米立方体来说尤其弱。与这些观察结果一致，WGS的反应性按照"多面体"＞"立方体"顺序逐渐降低。这些结果也得到了其他研究的证实，其中棒状CeO_2载体比Al_2O_3球形纳米粒子具有更高的CO氧化活性，这是由于它们更加容易产生氧空位[75]。在最近的一篇论文中，Vindigni等人[76]用不同的方法制备了两种CeO_2载体：一种是用尿素对$(NH_4)_2Ce(NO_3)_6$水溶液进行均相沉淀（尿素凝胶共沉淀，UGC）；另一种是用K_2CO_3对$Ce(NO)_3 \cdot 6H_2O$水溶液进行沉淀。他们使用这些载体来制备Au/CeO_2催化剂，两种催化剂的Au含量相同，并且暴露出的Au位点量也相似，但是他们观察到使用UGC载体获得的催化剂催化效果更好。对这些载体进行表征，使用UGC方法获得的载体比表面积大、粒径较小。这种合成路线产生的CeO_2载体缺陷较大，能够使还原条件下Ce^{4+}位点形成Ce^{3+}的反应性能增强。作者认为，这种较高的反应性能可能有利于水解离，进而整体上提高WGS活性。

10.3 富H_2流中CO的优先氧化

如前面部分所述，碳氢化合物或醇的自热重整产生氢气后进行WGS反应，产生的物流中仍然含有大量的CO（约1%），若要将其应用于聚合物电解质膜燃料电池（PEMFC），则必须除去CO[77]。在富氢气流中，有许多技术能够将CO含量减少到$10mL/m^3$以下的痕量水平，包括Pd膜分离[78]、催化甲烷化[79]和CO优先氧化（PROX）[80-82]等，其中PROX反应是最有前景的。

CO优先氧化反应基于两个竞争反应：

$$CO + \frac{1}{2}O_2 \longrightarrow CO_2 \quad \Delta H_{298} = -283kJ/mol$$

$$H_2 + \frac{1}{2}O_2 \longrightarrow H_2O \quad \Delta H_{298} = -242kJ/mol$$

热力学上，两个反应非常相似。目前主要的难点在于如何设计选择性催化剂，将CO氧化成CO_2，能够避免从H_2转化为H_2O的氧化反应，减少氢气损耗。此外，考虑到PROX反应步骤位于WGS装置（约在200℃下工作）和PEMFC（约在80℃下工作）之间，因此所设计的催化剂必须能够在宽温度范围内正常运行，并且对二氧化碳具有良好的催化活性和选择性[83]。目前用于PROX反应的催化剂可分为ⅧB族金属催化剂（Pt、Ru、Ir和Rh）和ⅠB族金属催化剂（Cu、Ag和Au催化剂）。除了金属纳米粒子的性质之外，载体也是设计催化剂时的关键组分，通常分为惰性载体（例如，Al_2O_3、SiO_2和碳）或活性载体（例如，CeO_2和TiO_2）。接下来将简要总结这些成分的主要优缺点，尤其侧重对Pt族金属催化剂的介绍。

10.3.1 ⅧB族金属催化剂

10.3.1.1 单金属催化剂

Pt族催化剂（主要是Pt和Rh）应该是较早被研究的PROX反应体系。这类体系在60~150℃的温度范围内具有良好的催化性能，并且对CO_2的选择性较好，这类催化剂大多数在助催化剂（可还原的金属氧化物载体）存在下制备的。当在惰性载体存在下使用时，这些体系在低反应温度下的活性难以满足要求。负载在氧化铝、沸石和碳材料上的单金属铂纳米颗粒已被广泛研究[84-93]。通常，未加助剂的Pt催化剂在高于150~200℃时（接近100%转化率）显示出明显的PROX活性，对CO_2的选择性通常高于50%。有趣的是，惰性载体上的催化性能不仅取决于反应条件（O_2浓度、气体组成等），还取决于载体的表面化学性质、金属前体的性质以及纳米粒子尺寸。Jardim等人使用负载在多壁碳纳米管上的Pt催化剂，据报道，在煅烧温度升高之后，点火温度降低到较低值（图10.1）[93]。显然，大的铂纳米颗粒在CO的转化中表现出较佳的性能，虽然这也使得选择性轻微降低。

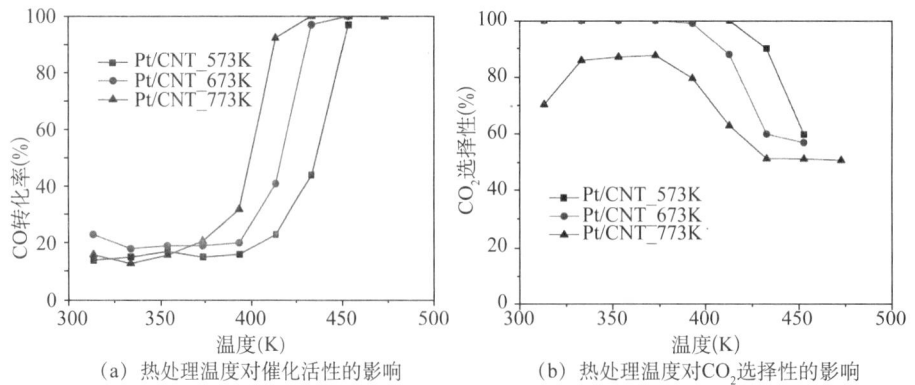

(a) 热处理温度对催化活性的影响　　(b) 热处理温度对CO_2选择性的影响

图10.1　对于1%（质量分数）的Pt/MWCNT催化剂在PROX反应中以不同反应温度进行时，热处理温度对催化活性和对CO_2选择性的影响

(重印自Jardim E O, et al. Appl. Catal. B: Environ., 2012, 113–114: 72.已授权)

如前所述，可以通过改变进料组成来调节催化性能。一般来说，尽管由于 H_2 的竞争性氧化会生成 H_2O 而一定程度地降低选择性，增加气体入口中的 O_2 浓度会使 CO 转化率得到提高[84, 87, 94]。此外，掺入水和（或）二氧化碳来模拟真实的反应条件能够发现催化活性和选择性改变明显。Manasilp 等人报道了当 Pt/Al_2O_3 催化剂体系内加入水后，CO 转化率增加了 10 倍，而当 CO_2 掺入后转化率急剧下降[84]。

另一种重要的 PROX 反应催化剂是负载单金属 Rh 和 Ru 的纳米粒子[95]。与 Pt 纳米粒子相似，Ru 和 Rh 催化剂的催化性能对制备条件（金属前体、还原剂和预处理条件）高度敏感[95-101]。Chin 等人对比了通过金属前体（$RuCl_3$）和硝酸盐衍生物前体 [$Ru(NO)(NO_3)_3$] 制备得到的催化剂，报道了金属前体（$RuCl_3$）中 Cl^- 带来的不利影响[96]。氯化催化剂中，CO 转化率较低，因为 Cl^- 或 Cl^- 诱导的结构重排会阻断活性位点。比较不同的金属含量，Kim 等发现，对于 CO 和 O_2 具有较低化学吸附能力的 5%（质量分数）Ru/Al_2O_3 催化剂在活性和选择性方面较好（60℃ 下的 CO 转化率为 8.3%，CO_2 选择性为 61%）[98]。Han 等研究了 $Ru/\gamma\text{-}Al_2O_3$ 催化剂，X 射线光电子能谱（XPS）结果显示，低温下 CO 转化率与催化剂表面 RuO 含量密切相关[99]。显然，低温下的反应是通过还原 Ru 纳米粒子上 O_2 的活化来调控，在这些纳米粒子上发生两种不同的反应：(1) H_2 与 CO 的甲烷化反应；(2) O_2 与 CO 的氧化反应。

在实际条件下（H_2O 和 CO_2 存在下）开展催化研究工作，使用负载在不同沸石（A 型沸石）上的 Rh 纳米颗粒。研究表明，沸石组成（反离子的性质）、孔径和晶体结构为催化的重要参数，能够调节并决定 PROX 活性和 CO_2 甲烷化反应[100, 101]。适当的催化剂组成和反应条件（如缺氧条件）能够实现在 80～120℃ 温度范围内达到 100% 的 CO 转化率，并且对 CO_2 有着较好的选择性（高于 35%）。

综上所述，催化研究结果表明，未加入助剂的 Pt 族金属催化剂在高温（150℃ 以上）PROX 反应中表现出良好的性能，其中 Ru 的催化性能最好。然而，在 PROX 反应中，使用第二种金属（双金属体系）或使用"活性"载体改善低温下的催化性能十分必要。

10.3.1.2 双金属催化剂

现有的各种催化剂组成研究中，与单金属催化剂相比，负载在不同载体（氧化铝、二氧化硅和丝光沸石）上的 Pt-Ru 双金属催化剂具有更好的低温反应性能，因此在 PROX 反应中应用前景十分广阔[102-104]。无论载体是 Al_2O_3 还是 SiO_2，Pt-Ru 催化剂在 100～150℃ 的温度范围内对 CO 转化率都接近 100%，而对 CO_2 的选择性高于 50%[102, 103]。结果显示，当类似的催化剂负载在丝光沸石上时，在 150℃ 下也有着优异的 CO 转化率（约 90%），并且对 CO_2 的选择性接近 90%[104]。

除了 Pt-Ru 这一双金属组合外，在 PROX 反应中还研究了其他双金属组合物（例如，Pt-Au、Pt-Pd）。Nakman 等人发现，负载在沸石 A 上的 Pt-Au 体系与单金属 Pt 催化剂相比，起燃温度降低了 50℃[105]。Parinyaswan 等人提出了掺入微量 Pt（Pd/Pt=7）并

负载在 CeO_2 上的 Pd 催化剂,这种催化剂在 90～100℃ 的温度范围内 CO 转化率接近 100%[106]。Eichhorn 等人使用更复杂的合成方法制备了金属纳米粒子核壳催化剂（M-Pt），这类催化剂的 PROX 反应催化活性和选择性均十分出色[107]。通常地,与单金属催化剂相比,双金属催化剂在 H_2O 和（或）CO_2 存在下能够表现出更好的稳定性。

10.3.1.3 可还原金属氧化物作为助剂的催化剂

可还原金属中,氧化铁和氧化铈在 PROX 反应中研究最为广泛。这些氧化物作为助剂或载体引入金属—载体界面上（来自载体的活性晶格氧）,提供额外的氧气供应,因此可以在 PROX 反应中表现出完全不同的催化行为。Qiao 等人报道,与常规催化剂相比,FeO_x 上负载 Pt 纳米颗粒（80℃下,CO 转化率高于 95%）能够改善其催化性能;若能得到高度分散的纳米颗粒（Pt_1/FeO_x 催化剂）,则催化性能提升 2～3 倍之多[108]。同样,Watanabe 等人报道了在丝光沸石上负载的 Pt-Fe 催化剂,其催化性能优于传统的 Pt/Al_2O_3 和 Pt/丝光沸石催化剂[109]。Pt 作为助剂的 FeO_x/丝光沸石催化剂在 80～150℃ 的温度范围内具有 100% 的 CO 转化率。Fu 等对掺入铁后的催化性能提升的原因进行了研究,他们认为与金属—载体界面上形成的配位不饱和亚铁位点以及活化的双氧物种有关[110]。由于铜和氧化铁向 Pt-Cu 合金纳米粒子提供活性氧而产生协同作用,Fe_2O_3 的助催化作用也可以拓展到双金属体系如 Pt-Cu,低温下其催化活性也能够得到类似的提升[111]。

如前所述,在 PROX 反应中,CeO_2 系贵金属催化剂一直被广泛研究。与未加助剂的 Pt 催化剂相比,Pt/CeO_2 和 $Pt/Ce_xZr_{(1-x)}O_2$ 催化剂在低温（60～100℃）下表现出更好的行为[112-121]。有一部分可还原的 CeO_2 扮演着 O_2 缓冲器的角色,在贵金属—载体界面处提供活性氧。从图 10.2 可以看出,CeO_2 基 Pt 催化剂对氯化物的存在也是高度敏感的,主要是由于在高温还原处理后,形成了能够抑制活性晶格氧可用性的 CeOCl 物种[120]。如图 10.2 所示,在高温（500℃）下进行还原处理将促进 CeOCl 物质生成。

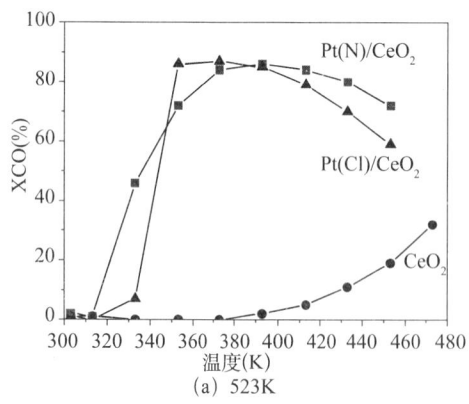
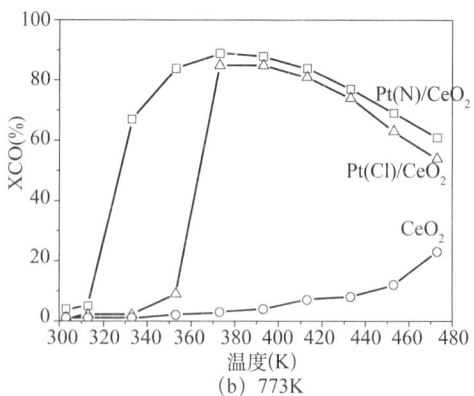

图 10.2 CeO_2、Pt(N)/CeO_2 和 Pt(Cl)/CeO_2 催化剂的 CO 氧化点火曲线

XCO——一氧化碳转化率

除了金属前体（氯基前体）的性质之外，载体形态也是需要考虑的重要参数。Gao 等人报道了载体形态（CeO_2 立方体、CeO_2 棒和 CeO_2 八面体）对 Pt 负载的纳米颗粒在 PROX 反应中的氧化还原性及催化性能的影响[121]。Jardim 等人报道，与传统的 Pt/CeO_2 催化剂相比，多壁碳纳米管（MWCNTs）上负载的 Pt/CeO_2 催化剂在催化活性和选择性方面均表现出优异的性能[93]。尽管 CeO_2 起到了助剂作用，但由于 H_2 的持续消耗，这些体系对 CO_2 的选择性较低（约40%）。

在 PROX 反应的 Pt 催化剂中，对其他助剂如 Sn、Co、Cu 和 Ni 等也进行了评估。与传统的 Pt 催化剂[122]相比，加入这些第二类物质会导致金属间化合物（如 Pt_3Co）的形成，这类化合物具有完全不同的催化性能。Kugai 等人指出，Pt–Cu/CeO_2 催化剂具有较高的 O_2 转化率和 CO_2 选择性[123]。体系中出现的部分还原的 Pt–CuO_x 纳米颗粒被看作是催化活性位点，这些颗粒是由于强烈的金属—载体相互作用而产生的。还有一些研究涉及 Co 对 Pt 催化剂的促进作用[124-126]。在 Pt–Co 类型的催化剂中，即便存在二氧化碳和水，Pt–Co/YSZ 能够在 110~150℃ 的温度范围内将 CO 浓度降低到 $10mL/m^3$ 以下[126]。类似地，Pt–Ni 催化剂担载在不同载体时（如碳纳米管或氧化铝），也可以被看作能够用于 CO 低温 PROX 反应的活性催化剂[127, 128]。Ko 等报道，与通过顺序浸渍制备得到的系统相比，共浸渍得到的 Pt–Ni/γ–Al_2O_3 催化剂具有更好的性能[127]。有趣的是，即便是在宽温度范围且有 2% H_2O 和 20% CO_2 存在的条件下，这些催化剂也可以表现出高 CO 转化率。除 Pt 纳米粒子之外，文献中还描述了使用可还原氧化物作为助剂的贵金属基催化剂（主要是 Ir）用于 PROX 反应。最近研究表明，在 CeO_2、TiO_2 或 $Ce_xZr_{(1-x)}O_2$ 中负载 Ir 催化剂，只要 80℃ 的温度就能够达到近 70% 的高 CO 转化率和高催化活性[112, 129-132]。与 Pt 纳米粒子相似，由于形成 Ce–O–Cl 物种，来自金属前体（H_2IrCl_6）的氯会导致较差的催化活性，因此抑制了氧气表面的迁移率[1311]。结合两种不同的制备方法（沉积和嵌入 Ir），Lin 等开发了一种双床反应器，一种使用位于顶部的 Ir–in–CeO_2 催化剂，另一种使用位于底部的 Ir–on–CeO_2 催化剂[1133]。实验结果表明，双床在宽温度范围（80~200℃）内具有较高的 CO 转化率，同时具有良好的 CO_2 选择性（超过70%）。

10.3.2　IB 族金属催化剂

在 IB 族金属中，PROX 反应中应用最广泛的是 Au。最初，认为 Au 在 CO 氧化中不具有活性，但 Haruta 等人发现低于临界直径的 Au 纳米颗粒表现出惊人的催化活性[134]。自 Haruta 等人开创性的工作以来，许多研究致力于将精细分散的 Au 纳米颗粒分散在合适的载体上[135]。类似于ⅧB 族金属催化剂，Au 催化剂在低温惰性载体的条件下表现出较差的催化活性[136-140]。Quinet 等人发现，Au/TiO_2 催化剂在低温下具有高活性，而 Au/Al_2O_3 催化剂则不具有这种活性[136]。Au 催化剂的催化活性取决于颗粒尺寸（约为 2nm 的小粒径纳米颗粒具有高活性）和 H_2 是否存在（氢在低温下促进 CO 氧化）。已经有人建议将第二种金属（双金属体系）引入 Au 催化剂，以实现在低温并使用惰性载体时将催化活性改善几个数量级。与其组成元素相比，沉积在惰性载体（如 SiO_2 或 MgO）上的 AuSr、AuCu 或 AuAg 纳米颗粒在 PROX 反应中表现出优异的催化性能（CO 转化率和选择性提升）[137-140]。

提高 Au 纳米粒子催化活性的另一个重要途径是使用可还原的氧化物。氧化物由于存在强金属—载体相互作用而使得较小粒径的颗粒得以稳定，而且能够稳定作为 PROX 反应活性位点的 Au 离子物质（Au^{3+}/Au^+）[65-67, 141-143]。有趣的是，Au/CeO_2 催化剂的催化活性可以通过在金属氧化物网络中引入掺杂阳离子来进一步提高。Odriozola 等、Bocuzzi 等发现，引入 Eu、Zr、Zn、Sm 或 Fe 掺杂阳离子，可以促使 CeO_2 上氧空位的形成，其原因在于氧空位和 Au 纳米粒子之间存在着特定的相互作用[144-146]。与常规 Au/CeO_2 催化剂相比，催化性能的提升是由于 Au-Ce-M（M= 掺杂阳离子）之间的协同作用而导致的，与改性剂的性质无关，即 CeO_2 载体的还原性越高，CO 转化率也越高。此外，与 Au/CeO_2 催化剂相比，掺杂阳离子的存在提高了这些催化剂对 CO_2 失活的抵抗能力[147]。

尽管 Au 催化剂在低温下具有优异的催化性能，但由于 H_2 氧化反应的竞争，Au 催化剂在高温下催化性能差，长时间操作下会发生高度失活。此外，Au 催化剂对制备条件敏感性较高，这使得 Au 催化剂在 PROX 反应中的实际应用价值较小。

除 Au 催化剂之外，近年来，其他 ⅠB 族金属催化剂主要包括 CuO_x/CeO_2 和 $Au/CuO_x/CeO_2$[148-150]。铜催化剂用作贵金属催化剂的替代物，在 PROX 反应中能够表现出更好的催化性能。Liu 等人认为由于存在强烈的铜—氧化铈相互作用，催化性能与催化剂表面的 Cu^+ 物种的稳定性相关[148]。反应路径通常假定为遵循氧化还原机理，这一机理涉及铜（Cu^{2+}/Cu^+）和铈（Ce^{4+}/Ce^{3+}）的氧化态变化，并且认为界面位点是反应的活性位点。这些催化剂通常在低温（高 CO 转化率）下表现出更好的催化性能以及对 CO_2 的高选择性。Luo 等人报道，与通过常规浸渍制备的 Cu/CeO_2 催化剂相比，使用表面活性剂模板化方法制备得到的 Cu/CeO_2 催化剂具有更高的 CO 转化率（在 80℃下转化率为 100%）[151]。催化性能的提升与高比表面积纳米 $CuO-CeO_2$ 的存在有关，这意味着可用比表面积与 CO 转化率之间存在着一定的相关性。除了载体的总比表面积和表面铜物质的性质之外，催化剂制剂也影响催化活性。Mai 等人提出，$Ce_{0.80}Cu_{0.20}O_2$ 纳米复合催化剂是催化活性和稳定性方面非常优秀的催化剂配方[152]。铜催化剂具有良好的催化性能，但 CO_2 和 H_2O 对反应有着很强的抑制作用，因此这一体系对 CO_2 和 H_2O 的存在非常敏感[153]。

10.3.3 反应机理

PROX 的反应机理在很大程度上取决于催化剂性质，而与是否添加助剂无关。对于无助剂的贵金属催化剂，反应遵循竞争性的 Langmuir-Hinshelwood 机制，其中 CO、O_2 和 H_2 竞争相同的反应位点，即贵金属纳米粒子[154-157]。在低反应温度下，CO 强烈地吸附在金属纳米颗粒上，如前所述，这解释了为何这些催化剂在低温下对 PROX 反应呈现出较低的催化活性。为了使 O_2 和 H_2 发生化学吸附，需要较高的温度来解吸覆盖在金属纳米颗粒上的 CO。因此，CO 解吸和 O_2 吸附为速率决定步骤，见下式：

$$r = A\exp\left(\frac{-E_a}{RT}\right) p_{CO}^{\alpha} p_{O_2}^{\beta}$$

式中，E_a 为活化能；p_{CO} 和 p_{O_2} 为两种反应物的气体分压；α 和 β 分别为 CO 和 O_2 的反应级数。

在这些前提下，贵金属纳米颗粒上的低温 CO 转化需要弱化 CO-贵金属键，以允许 O_2 进入活性位点。在弱化 CO-贵金属键的多种方法中，较为可行的是引入更多的正电性金属（前述双金属体系）来改变载体中的结晶相或改变粒度。如图 10.1 所示，与其他晶体取向相比，对 CO 化学吸附较弱的延伸 Pt(111) 平面优先生长，因此大的铂纳米颗粒更具活性[93,158]。不幸的是，大的纳米粒子有助于 H_2 化学吸附并氧化成 H_2O，导致选择性降低。由于 Langmuir-Hinshelwood 机理是针对未加助剂的贵金属催化剂（主要是Ⅷ B 族），故考虑 Au 催化剂时还存在一些争议。在 Au 体系中，反应机制很复杂。现在认为，CO 吸附在 Au 纳米粒子上，并且提出了几种类型的活性位点用于氧活化：界面金属支撑位点、阳离子金位点和低配位金原子[159]。有人提出了几种吸附在 Au 和碳酸氢盐上的反应中间体，并认为羧酸盐和羟基羰基吸附在 Au 或颗粒—载体界面上[135]。

在金属氧化物作为助剂的贵金属催化剂过程中，涉及的反应机理更为复杂。普遍认可的反应机理是非竞争性的 Langmuir-Hinshelwood 机理，CO 吸附在金属纳米粒子上并与金属—载体界面处由载体提供的氧气发生反应[160]。然而，一些氧化物载体的部分还原性使整个反应过程可能会存在其他反应机理。其中，最广泛接受的是 Mars-van Krevelen 机理，认为表面的氧晶格直接参与了 CO 氧化反应，并且由于没有贵金属纳米粒子的参与从，而留下了氧空位[161]。由于在这些空位附近能够产生富电子环境，氧从气相中沿着反应的氧空位可以被恢复。然而，对 Au 纳米颗粒负载在不同金属氧化物（Al_2O_3、ZnO、ZrO_2 和 TiO_2）上的反应产物进行时间分析后表明，在贵金属纳米颗粒存在下，贵金属辅助的 Mars-van Krevelen 机理也是可能存在的[162,163]。以上研究表明，贵金属纳米粒子在催化反应中有助于表面晶格氧的移出和恢复。

参考文献

[1] A. Dermirbas, *Bio-hydrogen for future engine fuel demands*. Springer-Verlag London

Ltd. London (2009).

[2] J.A. Turner, *Science* 285 (1999) 687.

[3] K. Liu, C. Song, V. Subramani, *Hydrogen and syngas production and purification technologies.* Wiley. Canada (2010).

[4] G.W. Huber, S. Iborra, A. Corma, *Chem. Rev.* 106 (2006) 4044.

[5] P.K. Cheekatamada, C.M, Fimmerty, *J. Power Sources* 160 (2006) 490.

[6] D.R. Palo, R.A. Dagle, J.D. Holladay, *Chem. Rev* 107 (2007) 3992.

[7] G.A. Deluga, J.R. Salge, L.D. Schmidt, X. Verykios, *Science* 303 (2004) 993.

[8] R.M. Navarro, M.A. Peña, J.L.G. Fierro, *Chem. Rev.* 107 (2007) 3952.

[9] J.M. Zale, D.G. Löffler, *J. Power Sources* 111 (2002) 58.

[10] R. Farrauto, S. Hwang, L Shore, W. Ruettinger, J. Lampert, T. Giroux, Y. Liu, O. Ilinich, *Anmu. Rev. Mater. Res.* 33 (2003) 1.

[11] D.L. Trimm, Z.I. Önsan, *Catal. Rev. Sci. Eng.* 43 (2001) 31.

[12] D.S Newsome, *Catal. Rev. Sci. Eng.* 21 (1980) 275.

[13] F. Huber, H. Meland, M. Roning, H. Venvik, A. Holmen, *Top. Catal.* 45 (2007) 101–104.

[14] C. Ratnasamy, J. P. Wagner, *Catal. Rev-Sci. Eng.* 51 (2009) 325.

[15] Q. Fu, H. Saltsburg, M. Flytzani-Stephanopoulos, *Science* 301 (2003) 935.

[16] Q. Fu, S. Kudriavtseva, H. Saltsburg, M. Flytzani-Stephanopoulos, *Chem. Eng. J.* 93 (2003) 41.

[17] Y.Li, Q. Fu, M. Flytzani-Stephanopoulos, *Appl. Catal. B: Environ.* 27 (2000) 179.

[18] C.M. Kalamaras, P. Panagiotopoulou, D. J. Kondarides, A.M. Efstathiou, *J. Catal.* 264 (2009) 117.

[19] R.J. Gorte, S. Zhao, *Catal. Today* 104 (2005) 18.

[20] T. Shido, Y. Iwasawa, *J. Catal.* 141 (1993) 71.

[21] G. Jacobs, E. Chenu, P.M. Patterson, L. Williams, D. Sparks, G. Thomas, B.H. Davis. *Appl. Catal. A: Gen.* 258 (2004) 203.

[22] E. Chenu, G. Jacobs, A.C. Crawford, R.A. Keogh, P.M. Patterson, D.E. Sparks. B.H. Davis, *Appl. Catal. B: Environ.* 59 (2005) 45.

[23] C.M. Kalamaras, D. Dionysiou, A.M. Efstathiou, *ACS Catalysis* 2 (2012) 2729.

[24] W. Deng, A.I. Frenkel, R. Si, M. Flitzany-Stephanopoulos, *J. Phys. Chem.* C 112 (2008) 12834.

[25] C.M. Kalamaras, S. Americanou, A.M. Efstathiou, *J. Catal.* 279 (2011) 287.

[26] S. Ricote, G Jacobs, M. Milling, Y. Ji, P. M. Paterson, B.H. Davis, *Appl. Catal. A: Gen.* 303 (2006) 35.

[27] J. B. Park, J. Graciani, J Evans, D. Stacchiola, S.D. Senanayake, L. Barrio, P Liu, J.F. Sanz, J. Hrbek, J.A. Rodriguez, *J. Am. Chem. Soc.* 132 (2010) 356.

[28] P. Panagiotopoulou, D.I. Kondarides, *Catal. Today* 112 (2006) 49.

[29] K. G. Azzam, I. V. Babich, K. Seshan, L. Lefferts, *Appl.Catal. B: Environ.* 80 (2008) 129.

[30] X. Zhu, M Shen, L. L. Lobban, R.G. Mallinson, *J. Catal.* 278 (2011) 123.

[31] K. C. Patallidou, K. Polychronopoulou, S. Boghosian, S García-Rodríguez, A.M Efstathiou, *J. Phys Chem. C* 117 (2013) 25467.

[32] C.M. Kalamaras, K.C. Patallidou, A. M. Efstathiou, *Appl. Catal. B: Environ.* 136–137 (2013) 225.

[33] S. Aranifard, S. C. Ammal, A. Heyden, *J. Catal.* 309 (2014) 314.

[34] M. Boaro, A. Vicario, J. Llorca, C. de Leitenburg, G. Dolcetti, *Appl. Catal. B: Environ.* 88 (2009) 272.

[35] A. M. Duarte de Farias, D. Nguyen-Thanh, M. A. Fraga, *Appl. Catal. B: Environ.* 93 (2010) 250.

[36] I. D. Gonzalez, R.M. Navarro, M.C. Alvarez-Galan, F Rosa, J. L. G. Fierro, *Catal. Commun.* 9 (2008) 1759.

[37] Y. Amenomiya, P. Pleizier, *J. Catal.* 76 (1982) 345.

[38] Y. Zhai, D. Pierre, R Si, W. Deng, P. Ferrin, A.U. Nilekar, G. Peng et al., *Science* 329 (2010) 1633.

[39] Y. Wang, Y. Zhai, D. Pierre, M. Flytzani-Stephanopoulos, *Appl. Catal. B: Environ.* 127 (2012) 342.

[40] J. H. Pazmiño, M.Shekhar, W.D. Williams, M.C. Akatay. J.T. Miller, W. N. Delgass, F.H. Ribeiro, *J. Catal.* 286 (2012) 279.

[41] B. Zugic, D.C. Bell, M. Flytzani-Stephanopoulos, *Appl. Catal. B: Environ.* 144 (2014) 243.

[42] R. Buitrago, J. Ruiz-Martínez, J. Silvestre-Albero, A. Sepúlveda-Escribano, F.Rodríguez-Reinoso, *Catal. Today* 180 (2012) 19.

[43] M. Haruta, N. Yamada, T. Kobayashi, S. J. Iijima, *J. Catal.* 115 (1989) 301.

[44] F. Bocuzzi, A. Chiorino, M. Manzoli, D. Andreeva, T. Tabakova, L. Ilieva, V. Iadakiev, *Catal. Today* 75 (2002) 169.

[45] J. Lin, N. Ta, W. Song, E. Zhan, W. Shen, *Gold Bulletin* 42 (2009) 48.

[46] J.Li, J. Chen, W. Song, J. Liu, W. Shen, *Appl. Catal A: Gen.* 334 (2008) 321.

[47] N. Yi, R. Si, H. Saltsburg, M. Flytzani-Stephanopoulos, *Energy Environ. Sci.* 3 (2010) 831.

[48] G. Jacobs, S. Ricote, P.M. Patterson, U.M. Graham, A. Dozier, S. Khalid, E. Rhodus, B.H. Davis, *Appl. Catal. A: Gen.* 292 (2005) 229.

[49] H. Sakurai, T. Akita, S. Tsubota, M. Kiuchi, M. Harula, *Appl. Catal. A: Gen.* 291 (2005) 179.

[50] B.S. Caglayan, A.E Aksoylu, *Catal. Comnun.* 12 (2011) 1206.

[51] T. Tabakova, M. Manzoli, D. Paneva, F. Boccuzi, V. Idakiev, I. Mitov, *Appl. Catal. B: Environ.* 101 (2011) 266.

[52] D. Andreeva, V. Idakiev, T. Tabakova, A. Andreev, *J. Catal.* 158 (1996) 354.

[53] D. Andreeva, V. Idakiev, T. Tabakova, A. Andreev, R. Giovanoli, *Appl. Catal. A: Gen.* 134 (1996) 275.

[54] D. Andreeva, T. Tabakova, V. Idakiev, P. Christov, R. Giovanoli, *Appl. Catal. A: Gen.* 169 (1998) 9.

[55] T. Tabakova, E Bocuzzi, M. Manzoli, J.W. Sobczak, V. Idakiev, D. Andreeva, *Appl. Catal. B: Environ.* 19 (2004) 73.

[56] R. Burch, *Phyrs. Chem. Chem. Phys.* 8 (2006) 5483.

[57] N. Ta, J.Y. Liu. S. Chenna. P.A. Crozier. Y. Li, A.L. Chen, W.J. Shen. *J. Am. Chem. Soc* 134 (2012) 20585.

[58] P. Liu, J.A. Rodriguez, *J. Chem. Phys.* 126 (2007) 164705.

[59] J.A. Rodriguez, *Catal. Today* I60 (2011) I60.

[60] M Shekhar, J. Wang, W.-S. Lee, W.D. Williams, S.M. Kim, E.A. Stach, J.T. Miller, W. N. Delgass, F.H. Ribeiro, *J. Am. Chem. Soc.* 134 (2012) 4700.

[61] S. Carretin, P. Concepción, A. Corma, J. M. L. Nieto, V.F. Puntes, *Angew. Chem. Int. Ed.* 43 (2004) 2538.

[62] F. Vindigni, M Manzoli, T. Tabakova, V. Idakiev, F. Bocuzzi, A. Chiorino, *Appl. Catal. B: Environ.* 125 (2012) 507.

[63] T. Tabakova, L. Ilieva, I. Ivanov, R. Zanella, J.W. Sobezak, W. Lisowski, Z. Kaszkur, D. Andreeva, *Appl. Catal. B: Environ.* 136−137 (2013) 70.

[64] S. Hilaire, X. Wang, T. Luo, R. J. Gorte, J. Wagner, *Appl. Catal. A: Gen.* 215 (2001) 271.

[65] N. Schumacher, A. Boisen, S. Dahl, A.A. Gokhale, S. Kandoi, L.C. Grabow, J.A. Dumesic, M. Mavrikakis, I. Chorkendorff, *J. Catal.* 229 (2005) 265.

[66] S.H. Kim, S.W. Nam, H.I. Lee, *Appl. Catal. B: Environ.* 81 (2008) 97.

[67] K.-R. Hwang, C.-B. lee, J-S. Park, *J. Power Sources* 196 (2011) 1349.

[68] J-H. Lin, V.V. Guliants, *ChemCatChem* 4 (2012) 1611.

[69] J.-H. Lin, V.V. Guliants, *Appl. Catal. A: Gen.* 445−446 (2012) 187.

[70] L. Barrio, A. Kubacka, G Zhou, M. Estrella, A. Martínez-Arias, J.C. Hanson, M. Fernández-García, J.A. Rodríguez, *J. Phys. Chem. C* 114 (2010) 12689.

[71] S. Agarwal, L. Lefferts, B.L. Mojet, D.A. J.M. Lighthart, E. J.M. Hensen, D.R.G. Mitchell, W. J. Erasmus et al., *ChemSusChem* 6 (2013) 1898.

[72] T.X.T. Sayle, S.C. Parker, D.C. Sayle, *Phys. Chent. Chem. Phys.* 7 (2005) 2936.

[73] R. Si, M. Flytzani-Stephanopoulos, *Angew. Chem. Int. Ed.* 47 (2008) 2884.

[74] Y. Lee, G. He, A.J. Akey, R. Si, M. Flytzani-Stephanopoulos, *J. Am. Chem. Soc.* 133 (2011) 12952.

[75] Z.M. Tana, J. Li, H. Li, W. Shen, *Catal. Today* 148 (2009) 179.

[76] F. Vindigni, M. Manzoli, T. Tabakova, V. Idakiev, F. Bocuzzi, A. Chiorino, *Phys. Chem. Chem Phys*. 15 (2013) 13400.

[77] I. H. Son, M. Shamsuzzoha, A.M. Lane, *J. Catal*. 210 (2002) 460.

[78] S. Tosti, *Int. J. Hydrogen Energy* 35 (2010) 12650.

[79] Q.H. Liu, L.W. Liao, X.H. Zhou, G.Q. Yin, *Adv. Mater. Res.* 236–238 (2011) 829.

[80] T. V Choudhary, D.W. Goodman, *Catal. Today* 77 (2002) 65.

[81] E.D. Park, D. Lee, H.C. Lee, *Catal. Today* 139 (2009) 280.

[82] K. Liu, A. Wang. T. Zhang. *ACS Catalysis* 2 (2012) 1165.

[83] C.E. Thomas, B.D. James. F. D. Lomax, I.F. Kuhn, *Int. J. Hydrogen Energy* 25 (2000) 551.

[84] A Manasilp, E. Gulari, *Appl. Catal. B: Environ*. 37 (2002) 17.

[85] G. Avgouropoalos, T. Ionnides, Ch. Papadopoulou, J. Batista, S. Hocevar, H. Matralis, *Catal. Today* 75 (2002) 157.

[86] S. Ren, X. Hong, *Fuel Process. Technol*, 88 (2007) 383.

[87] M. Watanabe, H. Uchida, H. Igarashi, M. Suzuki, *Chem. Lett* 24 (1995) 21.

[88] L. Rosso, C. Galletti, G. Saracco, E. Garrone, V. Specchia, *Appl. Catal, B: Environ*. 48 (2004) 195.

[89] R. Andorf, W. Maunz, C. Plog, T. Stengel, US Patent 5955395, 1999.

[90] V. Sebastian, S. Irusta, R. Mallada, J. Santamaria, *Appl. Catal. A: Gen*. 366 (2009) 242.

[91] P. V. Snytnikov, V.A. Sobyanin, V.D. Belyaev, P.G. Tsyrulnikov, N. B. Shitova, D.A. Shlyapin, *Appl. Catal. A: Gen*. 239 (2003) 149.

[92] K. Tanaka, M. Shou, H. Zhang, Y. Yuan, T. Hagiwara, A. Fukuoka, J. Nakamura, D. Lu, *Catal. Lett*. 126 (2008) 89.

[93] E.O. Jardim, M. Goncalves, S. Rico-Francés, A. Sepúlveda-Escribano, J. Silvestre-Albero, *Appl. Catal. B: Environ*. 113–114 (2012) 72.

[94] M. Kotobuki, A. Watanabe, H. Uchida, H. Yamashita, M. Watanabe, *Chem. Lett*. (2005) 866.

[95] S.H. Oh, R.M. Sinkevitch, *J. Catal*. 142 (1993) 254.

[96] S.Y. Chin, O.S. Alexeev, M.D. Amiridis, *Appl. Catal. A: Gen*. 286 (2005) 157.

[97] M. Echigo, T. Tabata, *Appl. Catal. A: Gen*. 251 (2003) 157.

[98] Y.H. Kim, E.D. Park, H.C. Lee, D. Lee, K.H. Lee. *Catal. Today* 146 (2009) 253.

[99] Y.-F. Han, M. Kinne, R.J. Behm, *Appl. Catal. B: Environ*. 52 (2004) 123.

[100] C. Galletti, S. Specchia, G. Saracco, V. Specchia, *Ind. Eng. Chem. Res*. 47 (2008) 5304.

[101] C. Galletti, S. Fiorot, S. Specchia, G. Saracco, V. Specchia, *Top. Catal*. 45 (2007) 15.

[102] S.H. Lee, J. Han, K.-W. Lee, J. Korean, *Chen. Eng*. 19 (2002) 431.

[103] S.Y. Chin, O.S. Alexeev, M.D. Amiridis. *J. Catal*. 243 (2006) 329.

[104] H. Igarashi, H. Uchida, M. Watanabe, *Chem. Lett*. (2000) 1262.

[105] P. Naknam, A. Luengnaruemitchai, S. Wongkasemjit, S. Osuwan, *J. Power Sources* 165 (2007) 353.

[106] A. Parinyaswan, S. Pongstabodee, A. Luengnaruemitchai, *Int. J. Hydrogen Energy* 31 (2006) 1942.

[107] A.U. Nilekar, S. Alayoglu, B. Eichhorn, M. Mavrikakis, *J. Am. Chem. Soc.* 132 (2010) 7418.

[108] B.T. Qiao, A.Q. Wang, X.F. Yang, L.F. Allard, Z. Jiang, Y.T. Cui, J.Y. Liu, J. Li, T. Zhang, *Nat. Chem.* 3 (2011) 634.

[109] M. Watanabe, H. Uchida, K. Ohkubo, H. Igarashi, *Appl. Catal. B: Environ.* 46 (2003) 595.

[110] Q. Fu, W.X. Li, Y.X. Yao, H.Y. Liu, H.-Y. Su, D. Ma, X.-K. Gu et al., *Science* 328 (2010) 1141.

[111] J. Kugai, R. Kitagawa, S. Seino, T. Nakagawa, Y. Ohkubo, H. Nitani, H. Daimon, T.A Yamamoto, *Appl. Catal. A: Gen.* 406 (2011) 43.

[112] F. Mariño, C. Descorne, D. Duprez, *Appl. Catal. B: Environ.* 54 (2004) 59.

[113] O. Pozdnyakova, D. Teschner, A. Wootsch. J. Kröhnert, B. Steinhauer. H. Sauer, L. Toth et al., *J. Catal.* 237 (2006) 1.

[114] J.L. Ayastuy, A Gil-Rodríguez, M.P. González-Marcos, M.A. Gutiérrez-Ortiz, *Int. J. Hydrogen Energy* 31 (2006) 2231.

[115] D. Teschner, A. Wootsch, O. Pozdnyakova-Tellinger, J. Kröhnert, E.M. Vass, M. Hävecker, S. Zafeiratos et al., *J. Catal.* 249 (2007) 318.

[116] O. Pozdnyakova-Tellinger, D. Teschner, J. Kröhnert, P.C. Jentoft, A. Knop-Gericke. R. Schlögl, A. Wootsch, *J. Phys. Chem. C* 111 (2007) 5426,

[117] H.-S. Roh, H.S. Potdar, K.-W. Jun, S.Y. Han, J.-W. Kim, *Catal. Lett.* 93 (2004) 203.

[118] J.L. Ayastuy, M.P. González-Marcos, A. Gil-Rodríguez, J.R. González—Velasco, M.A. Gutiérrez-Ortiz, *Catal. Today* 116 (2006) 391.

[119] A. Wootsch, C. Descorme, D. Duprez, *J. Catal.* 225 (2004) 259.

[120] E.O. Jardim, S. Rico-Francés, F. Coloma, J.A Anderson, J. Silvestre-Albero, A. Sepúlveda-Escribano, *Topics in Catal.* (Submitted).

[121] Y. Gao, W. Wang, S. Chang, W. Huang, *ChemCatChem* 5 (2013) 3610.

[122] H. Xu, Q. Fu, X. Guo, X. Bao, *ChemCatChem* 4 (2012) 1645,

[123] J. Kugai, T Moriya, S. Seino, T. Nakagawa, Y. Ohkubo, H. Nitani, T. Akita, Y. Mizukoshi, T.A. Yamamoto, *Chem. Eng. J.* 223 (2013) 347.

[124] W.S. Epling, PK. Cheekatamarla, A.M. Lane, *Chem. Eng. J.* 93 (2003) 61.

[125] P.V. Snytnikov, K.V. Yusenko, S.V. Korenev, Y,V. Shubin, V.A. Sobyanin, *Kinet. Catal.* 48 (2007) 276.

[126] E.Y. Ko, E.D. Park, H.C. Lee, D. Lee, S. Kim, *Angew. Chem. Int. Ed.* 46 (2007) 734.

Odriozola, *Fuel* 118 (2014) 176.

[151] M.-F. Luo, J.-M. Ma, J.-Q. Lu, Y.-P. Song, Y.-J. Wang, *J. Catal*. 246 (2007) 52.

[152] H. Mai, D. Zhang, L. Shi, T. Yan, H. Li, *Appl. Surf. Sci*. 257 (2011) 7551.

[153] J.L Ayastuy, A. Gurbani, M.P. Gonzalez-Marcos, M.A. Gutierrez-Ortiz, *Int. J. Hydrogen Energy*. 35 (2010) 1232.

[154] Y.-F. Han, M. J. Kahlich, M. Kinne, R. J. Behm, *Phys. Chem. Chem. Phys*. 4 (2004) 389.

[155] M. J. Kahlich, H.A. Gasteiger, R. J. Behm, *J. Catal*. 171 (1997) 93.

[156] A. Sirijaruphan, J.G. Jr. Goodwin, R.W. Rice, *J. Catal*. 227 (2004) 547.

[157] J. Xu, X-C. Xu, L. Ouyang, X.-J. Yang, W. Mao, J. J. Su, Y.-F. Han, *J. Catal*. 287 (2012) 114.

[158] S. Mukerjee. J. Mcbreen, *J. Electroanal. Chem*. 448 (1998) 163.

[159] A Cho, *Science* 299 (2003) 1684.

[160] M.M Schucert, M. J. Kahlich, G. Feldmeyer, M. Hüttner. S. Hackenberg. H.A. Gasteiger, R.J. Behm, *Phys. Chem. Chem. Phys*. 3 (2001) 1123.

[161] X.S. Liu. O Korotkikh, R. Farrauto, *Appl. Catal. A: Gen*. 226 (2002) 293.

[162] D. Widmann, Y. Liu, F Schüth, R.J. Behm, *J. Catal*. 276 (2010) 292.

[163] D. Widmann, R.J. Behm, *Angew. Chem. Int. Ed*. 50 (2011) 10241.

[127] E.-Y. Ko, E.D. Park, K.W. Seo. H.C. Lee. D. Lee, S. Kim, *Catal. Today* 116 (2006) 377.

[128] R.T.Mu, Q. Fu, H Xu. H. Zhang, Y.Y. Huang. Z. Jiang, S. Zhang. D.L Tan, X.H. Bao, *J. Am Chem. Soc.* 133 (2010) 1978.

[129] M. Okumura. N Masuyama. E Konishi. S. Ichikawa, T. Akita, *J. Catal.* 208 (2002) 485.

[130] Y.Q. Huang. A .Q. Wang. X.D. Wang. T. Zhang. *Int. J. Hydrogen Energy* 32 (2007) 3880.

[131] Y.Q. Huang, A .Q. Wang, L Li, X.D. Wang, T. Zhang, *Catal. Commun.* 11 (2010) 1090.

[132] J. Lin, Y.Q. Haang, L. Li. A.Q. Wang, W.S. Zhang, X.D Wang, T. Zhang, *Catal. Today* 180 (2012) 155.

[133] J. Lin, Y.Q. Huang, L Li, B.T. Qiao, X.D. Wang, A.Q. Wang, T. Zhang, *Chem. Eng. J.* 168 (2011)822.

[134] M. Haruta, T. Kobayashi, S. Iijima, F. Delannay, in: M.J. Phillips, M. Ternan (Eds.). *Proc. Int. Congr. Catal.* 9th, vol. 3. 1988, p.1206F.

[135] S. lvanova, V. Pitchon. C. Petit, V. Caps. *ChemCatChem* 2 (2010) 556.

[136] E. Quinet, L. Piccolo, F. Morfin, P. Avenier. F. Diehl, V. Caps, J.-L. Rousset, *J. Catal.* 268 (2009) 384.

[137] A.Q. Wang, J.H. Liu, S. D. Lin, T.S. Lin, C.Y. Mou, *J. Catal.* 233 (2005) 186.

[138] H. Häkkinen, S. Abbet, A. Sanchez, U. Heiz, U. Landman, *Angew. Chem. Int. Ed.* 42 (2003) 1297.

[139] J. C. Bauer, D Mullins, M. Li,Z. Wu, E. A. Payzant, S.H. Overbury,S. Dai, *Phys. Chem. Chem Phvs.* 13 (2011) 2571.

[140] T. Deronzier, F. Morfin, M. Lomello, J-L. Rousset, *J. Catal.* 311 (2014) 221.

[141] L. F. Liotta, C. Di Carlo, G. Pantaleo, A.M. Venezia, *Catal. Today* 158 (2010)56.

[142] X.Y. Liu, A. Wang,T. Zhang, C-Y. Mou,*Nano Today* 8 (2013) 403.

[143] T. Takei, T. Akita, I. Nakamura, T. Fujitani, M.Okumura, J. Huang, T. Ishida, M. Haruta, *Adv. Catal.* 55 (2012) 1.

[144] W.Y. Hernández, F. Romero-Sarria, M.A. Centeno, J.A. Odriozola, *J. Phys. Chem. C.* 114 (2010) 10857.

[145] O.H. Laguna, F Romero Sarria, M. A. Centeno, J.A. Odriozola, *J Catal.* 276 (2010) 360.

[146] M. Manzcii, G. Avgouropoulos, T. Tabakova, J. Papavasiliou, T. Ioannides, F. Bocuzzi, *Catal. Today* 138 (2008) 239.

[147] T. Tabakova, G. Avgouropoulos, J. Papavasiliou, M. Manzoli, F. Bocuzzi, K. Tenchev, F. Vindigni, T. Ioannides, *Appl. Catal. B: Environ.* 101 (2011) 256.

[148] W. Liu, M. Flyzani-Stephanopoulos, *J. Catal.* 153 (1995) 317.

[149] A. Di Benedetto, G. Landi, L. Lisi, G. Russo, *Appl. Catal. B: Environ.* 142−143 (2013) 169.

[150] O.H. Laguna, W.Y. Hernández, G. Arzamendi, L.M. Gandía, M.A. Centeno, J.A.